北大社普通高等教育“十三五”数字化建设规划教材

大学物理

（上）

主　编　匡乐满
副主编　曾浩生　吴　烨

北京大学出版社
PEKING UNIVERSITY PRESS

内容简介

本教材是为适应当前教学改革的需要，根据国家教育事业发展第十三个五年规划提出的要求，以及教育部高等学校《理工科类大学物理课程教学基本要求》(2010 年版)，结合编者多年的教学实践和教学改革经验编写而成.

全书共分两册，上册包括力学基础及热物理学，下册包括电磁学、波动光学和量子物理基础. 教材编写力求简明凝练，内容的深度、难度适中，理论讲解追求够用、实用. 同时，本教材针对各类学校及不同专业对物理知识要求的差异做了适当的安排，以适合他们不同的要求.

本教材适用于高等学校非物理专业理工科类大学物理课程.

本书配套云资源使用说明

本书配有网络云资源，资源类型包括：阅读材料、名家简介、动画视频和应用拓展.

一、资源说明

1. 阅读材料：介绍一些高新技术所蕴含的基础物理原理，对一些相关知识进一步阐述，有利于学生开阔视野、了解物理学与科学技术的紧密联系，激发学生的求知欲.

2. 名家简介：提供相关科学家的简介，加强学生对科学发展史的了解，从而提高学生对物理的认识，以及学习物理的兴趣.

3. 动画视频：针对重要知识点、抽象内容，提供相关演示动画，便于学生理解和掌握.

4. 应用拓展：结合具体应用场景，针对应用物理知识进行拓展.

二、使用方法

1. 打开微信的“扫一扫”功能，扫描关注公众号(公众号二维码见封底).

2. 点击公众号页面内的“激活课程”.

3. 刮开激活码涂层，扫描激活云资源(激活码见封底).

4. 激活成功后，扫描书中的二维码，即可直接访问对应的云资源.

注：1. 每本书的激活码都是唯一的，不能重复激活使用.

2. 非正版图书无法使用本书配套云资源.

前言

本教材是为适应当前教学改革的需要，根据国家教育事业发展第十三个五年规划提出的要求，以及教育部高等学校《理工科类大学物理课程教学基本要求》，结合编者多年的教学实践和教学改革经验编写而成的，具有如下四个特点.

1. 简明

本教材力求文字简明凝练，内容精细紧凑. 对某些专业需要的教学内容可单独自行增补，而大多数学校又没有时间讲授的内容，例如，非线性物理、电磁场的边界条件、电磁场的相对性、色散、波包等，则没有编入教材. 这样处理，并不影响普通物理知识内容和体系的完整性.

2. 适中

与其他同类教材相比，本教材在内容的深度、难度上也做了适当的调整. 一是在对矢量性和相对性的要求上做了适中的选择. 例如，在力学中，我们仍然引入"相对运动"以描述运动的相对性，但并不在动力学中的相关部分深化该问题的讨论；对"矢量性"，只是作为物理概念讲述清楚，而不是刻意用矢量的方法去求解一些偏难的习题. 二是对于数学工具的运用，在保证基本要求的前提下，尽量避免繁杂的数学推演. 例如，在量子物理部分，教材不要求解算二元偏微分方程，而重在讨论方程的解题思路和理解计算结果的物理意义；对于例题和习题则尽量少编入偏难、偏深和思路奇特的内容.

3. 实用

本教材的编写原则是精讲经典，加强近代，选讲现代. 经典物理是工科各专业后续课程的必备基础知识，必须讲透、讲够. 以篇幅而言，教材共 18 章，其中经典内容占 14 章. 例题和习题的训练也集中在经典部分. 对于近代物理部分，主要是突出相对论的时空观和量子思想. 除了讲清这些物理理论知识、注重启迪思维外，还引导学生学习前辈科学家勇于创新的进取精神. 对于现代物理部分，采取专题选讲的形式，重点在为高新科技的生长点打基础，突出物理理论与高新技术的结合. 总之，教材编写的目标是围绕基础，加粗主干，重在实用，重在基本训练，重在为后续课程打基础. 本教材还配套有学习指导，以帮助学生学习和巩固所学知识.

4. 兼容

在本教材的编写中，既考虑到物理体系的完整性和系统性，又要尽量考虑到各类学校及不同专业对物理知识要求的差异. 因此在某些章节的内容前面加有"*"号，教师可以根据学校课程设置、教学专业特点和教学时数进行取舍，也可以跳过这些带"*"号的内容，而不会影响整个体系的完整性和系统性.教材即“一剧之本”，既满足教师在授课“舞台”有据可依的需要，又为教师提供了个性发挥的空间.

党的二十大报告首次将教育、科技、人才工作专门作为一个独立章节进行系统阐述和部署，明确指出：“教育、科技、人才是全面建设社会主义现代化国家的基础性、战略性支撑.”这让广大教师深受鼓舞，更要勇担“为党育人，为国育才”的重任，迎来一个大有可为的新时代.

本教材由匡乐满教授主编，参与编写的人员有曾浩生、杨友田、郑小娟、吴烨、吴松安、贾冬义、谷海红、曹玉瑞等.全书编写得到了中南大学、武汉理工大学、湖南师范大学、湘潭大学、长沙理工大学、广东工业大学、重庆邮电大学、辽宁工业大学等高校物理老师的帮助和指导.苏文华构思并设计了全书在线课程教学资源的结构与配置，余燕编辑了教学资源内容，并编写了相关动画文字材料，胡锐、邓之豪组织并参与了动画制作及教学资源的信息化实现，苏文春、陈平提供了版式和装帧设计方案.在此一并表示衷心的感谢.

由于我们水平有限，书中错误和不妥之处在所难免，恳请读者批评指正.

编　者

目录

第2篇 热物理学

绪论

1. 物理学的起源和发展

追溯物理学的起源就像寻找大江长河的源头一样十分困难. 细小的溪流渐渐汇成小河，小河又汇成真正的“河流”，其间不断有支流加入，河床越变越宽，最后变成汹涌澎湃的洪流注入大洋之中.

使物理学大河诞生的小溪遍布于人类居住的地球表面，但其中多数似乎集中在巴尔干半岛南端，那里居住的人们我们今天称之为“古希腊人”. 如果从古希腊的自然哲学算起，物理学的发展已有 2 600 多年的历史，物理学一词正是从希腊文“自然(φύσιζ)”一词推演而来，是古希腊哲学家亚里士多德对物理学的重要贡献. 在古代欧洲，物理学一词是自然科学的总称，随着科学的发展，它的各部分才逐渐形成独立的学科，如天文学、生物学、地质学等.

物理学真正成为一门精密学科，是从 1687 年牛顿发表《自然哲学的数学原理》开始的. 牛顿在许多科学家，特别是在伽利略、笛卡儿、开普勒、惠更斯等人工作的基础上，提出了著名的牛顿运动三定律，奠定了经典力学的基础.

牛顿通过对重力的研究，得出了地心引力与物体到地心距离平方成反比的结论，并由此得出万有引力定律. 他把这个定律应用到行星绕日的运动，从数学上导出了 17 世纪初开普勒的发现，即半个世纪以来未能得到解释的开普勒行星运动三定律. 18 世纪和 19 世纪的伟大数学家们发展了牛顿的工作，导致天文学中一个重要分支——天体力学的诞生，它使人们能以很高精确度算出太阳系中行星在万有引力作用下的运动. 天体力学的最大成就之一，是分别于 1846 年和 1930 年根据理论预言发现了海王星和冥王星.

牛顿对光学研究也做出了很大贡献，基本上证明了白光实际上是从红到紫的不同颜色的光线的混合. 他还发现了不同颜色的光具有不同的折射本领，从而解释了“虹”这一自然现象. 但是，在光的本性问题上，牛顿遇到了一位对手的挑战，他就是惠更斯. 牛顿坚持光的微粒说，而惠更斯主张光的波动说. 两种学说都能解释光的直线传播、反射、折射等现象，但光的波动说认为光在光密介质中的传播速度小于光在光疏介质中的传播速度，而光的粒子学说却得到相反的结论，因为光线从光疏介质进入光密介质发生折射时要向法线方向偏转，这需要假设光线通过界面时，受到一个垂直于界面的力因而产生加速度. 由于当时无法对光速进行测量，基于牛顿的巨大权威，同时也由于惠更斯未能用严密的数学方法来发展他的学说，在长达一个世纪之久的时间里，牛顿的微粒说一直占了上风. 直到 1800 年，英国物理学家托马斯 · 杨发现了光的干涉现象，这是微粒学说无法解释的，这样光的波动学说才最终取得了胜利.

热力学发展的历史记载着物理学家为解决能源问题而不懈努力的壮丽史诗. 人类始终面临着能源问题的困扰，因而曾一度梦想能一劳永逸地解决能源问题. 在很长一段时间内，人们试图制造一种机器(后被称为第一类永动机)，这种机器能不断地对外做功而不需外界补充任何能量. 19 世纪中叶，德国人迈尔、德国人赫尔姆霍兹、英国人焦耳各自独立地提出了能量守恒定律，包括热现象在内的能量守恒定律称为热力学第一定律. 虽然热力学第一定律否定了制造第一类永动机的可能，但人类寻求解决能源问题的努力并未就此止步. 人们又设想能否制造另一种机器(后被称为第二类永动机)，能将来自单一热源的热量百分之百地转化为机械能，如果可行的话，我们就可利用海水蕴藏的巨大热能做功，但制造第二类永动机的努力始终没有成功，原因何在？德国人克劳修斯发现的热力学第二定律对此做出了回答. 由此结束了人们制造第二类永动机的幻想. 永动机虽然不可能制造，想办法提高热机效率却是可能的，但提高热机效率的途径何在？其效率的提高是否有个限度？1824 年，由法国工程师卡诺提出的卡诺定理，从理论上解决了上述问题，从而为提高热机效率指明了方向.

电学在 18 世纪还处于混沌初开的阶段，其研究是从摩擦起电、天电、电火这样一些实验和观察开始的. 1731 年英国牧师格雷由实验发现：由摩擦产生的电，在玻璃或丝绸这类物体上可被保留下来而不流动，而金属一类物体不能由摩擦而产生电，但它们却可以把电从一处传到另一处. 他第一个分清了导体和绝缘体. 美国的富兰克林从 1746 年起开始研究电的性质，他首次提出电可以分为阳电和阴电两类，这两种电相接触时就产生电火花. 他还于 1753 年发明了避雷针，使电学首次获得了应用. 对电学的定量研究是从英国人卡文迪许开始的，他首先发明了验电器用以比较带电量的大小. 法国人库仑发明了一种“扭秤”用以测量很弱的力，并于 1785 年建立了库仑定律. 电学从此走上了定量研究的科学道路.

人类对磁现象的认识最早来源于磁铁. 磁铁具有吸铁的性质，自由状态时总是指向南北方向，因而磁铁可用来确认方向，指南针就是我国古代的四大发明之一. 然而，电和磁之间的联系人们一直没能抓住，电荷对磁铁丝毫没有影响，磁铁对静止电荷也没有丝毫影响. 电和磁之间联系的发现要归功于丹麦物理学家奥斯特. 1820 年，他首次发现通电导线能使小磁针发生偏转，并将原来互相独立的电学和磁学统称为“电磁学”. 奥斯特的发现传到巴黎，引起了法国物理学家安培的注意. 他很快就发现：不仅电流对磁针有作用，且两个电流之间彼此也有作用；一个载流线圈就相当于一块磁铁. 安培还首次明确表述了电流是电荷沿导线运动的思想.

在奥斯特发现电能产生磁后，英国以法拉第为代表，致力于寻找奥斯特电磁效应的逆效应——由磁产生电. 法拉第在 1824 年，就萌发了一个信念，电与磁既然如此密切相关，电流可以产生磁，则磁也应当可以逆变为电. 但后者显然比前者复杂，因为电流的周围存在磁场，但磁铁的周围并没有电流. 因此，法拉第初期的实验并不顺利，直到 1831 年，法拉第才发现只有变化的磁场才能产生电的“电磁感应定律”. 关于电与磁的相互转化，从奥斯特开始到法拉第为止基本告一段落. 这些重大发现导致技术上产生了电磁铁，产生了电动机，最终西门子于 1867 年制成了发电机，打开了人类进入电气化时代的大门.

就在法拉第发现电磁感应定律那一年，麦克斯韦出生于苏格兰的爱丁堡. 后来他成了一位优秀的数学家和物理学家. 麦克斯韦由法拉第电磁感应定律联想到，既然变化的磁场可以激发电场，那么反过来，变化的电场就一定能激发磁场，并于 1862 年提出了“位移电流”假说. 1864 年，麦克斯韦高度概括了电磁场的规律，总结出被后人称为麦克斯韦方程组的一组方程，于 1865 年预言了电磁波并断定光也是一种电磁波. 1888 年德国物理学家赫兹从实验证实了电磁波的存在，从而导致了无线电通信技术的发展，将人类带进了电信时代.

从 17 世纪末到 19 世纪末，人类经过近 200 年的努力，对物理学的研究取得了巨大的成功，建立了一套完整的经典物理理论体系，几乎能解释自然界的一切物理现象及所有实验事实. 大部分物理学家乐观地认为:经典物理学的宏伟大厦已基本建成.

然而,19 世纪末、20 世纪初涌现出来的许多新的实验事实,是经典物理学无法解释的,这些实验事实从根本上动摇了经典物理学大厦的基础.例如,19 世纪末,人们发现固体热容量只在高温时与经典热力学理论相符,温度越低与经典理论的偏离就越远;氢光谱谱线的规律也无法用经典理论来解释;此外,20 世纪初发现的光电效应、康普顿效应以及为实验所证实的原子有核模型,都是经典理论无法解释的.

在所有与经典理论相矛盾的实验中,最突出的有两个:一是试图测定"以太"存在的迈克耳孙-莫雷实验;二是关于黑体辐射的所谓"紫外灾难".

按照光的波动学说及麦克斯韦的电磁场理论,光波、电磁波是在一个绝对静止的"以太海"里扰动着、传播着,"以太"充满了整个宇宙空间,又绝对静止.迈克耳孙-莫雷试图用光的干涉的方法证实"以太"的存在,从而确定一个绝对静止的参考系.尽管根据经典理论,该方法从实验原理到实验装置无懈可击,然而实验结果却与他们的预想完全相反,于是只有一种可能:该实验的前提是错误的,即根本就不存在"以太"这样一种物质.

19 世纪末,实验物理学家已测得黑体在一定温度下发出的辐射强度曲线,即辐射强度与波长的关系.为了解释这一辐射曲线,许多物理学家付出了巨大的努力.维恩从热力学普遍理论及实验数据分析,得出的辐射强度公式只在高频范围与实验相符;瑞利和金斯根据经典电动力学得出的公式,与维恩公式正好相反,只在低频范围与实验结果相符,在频率较高时与实验产生明显的歧离.并且得出辐射频率越高,强度越大,随辐射频率向高频范围移动,强度将无止境增大的结论.当时,有人将这一矛盾称为"紫外灾难".一来表示由该公式将得出荒谬的结论,高频(紫外)辐射突然夺走辐射体的全部能量,使之冷却到绝对零度;二来借喻经典理论在新实验事实面前遇到的困境.

由于当时大多数物理学家对出现这些理论与实验的矛盾缺乏思想准备,因而对经典理论,既抱固守根基的信念,又有恐其破灭的疑惧.许多物理学家惊叹:我们必须等待第二个牛顿出现,建立一种新的"以太"理论.1900 年,英国物理学家开尔文男爵在《遮盖在热和光的动力理论上的 19 世纪乌云》的演说中,留下了这样的名言:"19 世纪末的物理学上空,犹有两朵乌云,一是迈克耳孙的否定'以太'实验,一是黑体辐射,这两朵乌云定会在未来卷起漫天风暴."

1905 年,爱因斯坦彻底挣脱经典物理学的束缚,抛开绝对时间和绝对空间的概念,把革命的时空观引入物理学,成功地解释了迈克耳孙-莫雷实验,爱因斯坦对时空观的革命最终导致了相对论的建立.

1900 年,普朗克对黑体辐射的维恩公式和瑞利-金斯公式进行了修改,做出了一个大胆而有决定意义的假设:简谐振子的能量不能连续取值,只能取一些分立值.所得公式与实验曲线符合得很好.普朗克对经典物理学中能量连续的观念进行了革命,提出了能量"量子化"的概念,圆满地解决了黑体辐射中"紫外灾难"的难题.爱因斯坦、康普顿、玻尔、德布罗意等物理学家将"量子化"的概念加以推广和应用,解释了许多经典物理学无法解释的实验现象.最终薛定谔和海森伯完成了数学表述,这样,一门新的学科——量子力学诞生了.

伴随着相对论和量子力学的创立,19 世纪末飘浮在物理学晴朗天空中的两朵乌云,在 20 世纪初终被驱散,近代物理的两大支柱得以形成.更为神奇的是,相对论和量子力学并没有否定经典物理学,只是在更深层次上描述了物质世界的客观规律.至此,人类历经 200 多年的努力,通过许多物理学家开创性的工作,凝聚了无数无名英雄默默无闻的奉献,物理学终于发展成为一门十分完美的学科,并以此为起点,向着更高、更深的层次延伸,向着更宽广的应用领域拓展.

2. 物理学概述

物理学是关于自然界最基本形态的科学. 它研究物质的结构和相互作用以及它们的运动规律. 其研究领域十分广泛，尺度从比质子(10^{-15} m)更小的粒子(夸克)，直到目前可探测到的最远距离(10^{26} m)的类星体；包含的时间从短到 10^{-25} s 的最不稳定的粒子寿命，直到长达 10^{39} s 的质子寿命. 其空间尺度跨越 42 个数量级，时间范围跨越 65 个数量级；涉及的温度从接近绝对零度的低温到热核反应的几亿度高温；速度从静止到运动速度的极限——光速. 除研究物质的气、液、固三态外，还研究等离子体态、中子态等.

从微观粒子到巨大的星体，从细菌到人，物质如何聚集起来？这是物理学要回答的另一问题. 物理学的研究表明：物质世界千变万化的现象，归根结底只受四种基本相互作用的支配. 这四种基本相互作用是：① 引力相互作用；② 电磁相互作用；③ 强相互作用；④ 弱相互作用.

引力相互作用支配着宇宙天体的运动规律，电磁相互作用是原子得以存在的基础，强相互作用使原子核不会解体，弱相互作用引起粒子间的某些过程(如衰变等).

进一步研究这四种相互作用的机理和统一，是物理学的另一努力方向.

3. 物理学和其他自然科学及技术科学的关系

物理学是其他自然科学的基础. 运动形式由低级到高级可分为机械运动—物理运动—化学运动—生命运动—社会运动五个层次，高级运动包含着低级运动. 例如化学反应既包含分子、原子的机械运动，又包含发热、发光等物理运动；生命运动既包含血液流动，心脏跳动等机械运动，也包含热能转换等物理运动，还包含食物消化、营养吸收等化学运动；社会运动更为复杂，已不属于自然科学的研究范围，但它必然包含其余四种较为低级的运动. 由此可见，自然界的一切运动都包含机械运动、物理运动等运动形式，这正是物理学的研究范围. 另一方面，物理学所研究的粒子和原子构成了蛋白质、基因、器官、生物体，一切人造的和天然的物质，构成了陆地、海洋和大气等，因此可以说物理学构成了其他自然科学的基础. 物理学的基本概念和技术已被应用到了所有自然科学领域，甚至于某些社会科学领域.

1765 年，经瓦特的重大改进，出现了现代水平的蒸汽机，并导致了第一次工业革命. 此后的 200 多年，科学技术获得了突飞猛进的发展，我们的生活也因此经历了翻天覆地的变化，其成果之巨已无法用“丰厚”“辉煌”等词汇来形容. 机器延伸了人类的体力，电脑延伸了人类的脑力，很多过去人力所不能及的事情现在变得轻而易举. 航天技术使人类挣脱了地球的巨大引力进入太空，人类的足迹已踏上月球，正在向火星进发；信息科技的发展使几十亿人居住的地球变成了一个“村”……科学技术的每一次重大突破，大多植根于物理学这片沃土. 三次工业革命的浪潮，使我们经历了机械化—电气化—信息化的重大变革，彻底改变了人类的生活方式，促进了人类文明的发展，这三次工业革命均无一例外地起源于物理学的重大突破. 可以毫不夸张地说，物理学是许多科学与技术的基础和发源地，没有物理学的发展，就不可能有今天的科学和技术.

4. 物理学和素质教育

现代科学技术的飞速发展导致知识急剧膨胀，更新速度空前加快，学校教育时间的有限性和知识增长的无限性的矛盾，决定了任何人不可能一劳永逸地仅凭学校几年所学受用终生，而是需要不断充实、更新. 另外，社会对人才的需求已越来越由“专才”向“通才”转变，所谓通才，并非样样都通，在知识大爆炸的时代，任何人也没有这个本事，而是要求人们应具有不断获取新知识的能力.素质教育就是要培养学生这种能力.

大学物理不仅仅是一门重要的基础理论课程,而且在素质教育中有着特殊的地位和作用.

物理学家在创立和发展物理学的过程中,不仅发现和创立了物理学概念、规律和理论,它们构成了其他自然科学的基础,而且总结和发展了许多极其精彩的具体研究方法,如观察和实验、假说、类比、归纳和演绎、分析和综合、证明和反驳等.一方面,这些研究方法不仅为物理学家所使用,而且实际上构成了科学研究方法的主体,对其他学科的研究起着指导作用.另一方面,物理学的研究方法也有其独有的特点,如严密的逻辑推理,理论与实验的紧密结合,等等.可见,物理学研究方法既具普遍性,又有典型性,通过物理课程的学习,掌握这些研究方法,十分有利于学生科学素质的提高.

在物理学发展的历史长河中,一代又一代的物理学精英们,站在巨人的肩膀上,向着物理学的一个个高峰奋勇攀登.具有真知灼见、勇于破旧立新的勇敢战士,不畏艰难、孜孜以求的学者和大师不断涌现,他们的辉煌业绩,他们的开拓精神,永远值得我们铭记和学习,是素质教育不可多得的题材.

5. 怎样学好物理学

怎样学好物理学?每个人都应有自己的经验和体会,很难有一个共同的答案,因为每个人都有一套适合于自己的学习方法.笔者仅以个人体会提出几点建议:

(1)正确认识物理学的作用

学习大学物理课程的同学,绝大部分都不是物理专业的学生,在学习过程中,特别是碰到困难的时候,难免会提出这样一个很难准确回答的问题:物理学和我的专业究竟有何关系?

如前所述,物理学是其他自然科学的基础,物理学的研究方法对其他学科起着指导作用.但并不等同于物理学就是其他自然科学,物理学的研究方法可以照搬至其他学科的研究之中.物理学的研究成果转变为技术上的实际应用,有一个酝酿期,短则几年,长则上百年,中间仍需经过许多艰苦的努力.物理学也并非无所不包,物理学的丰富内涵更是一门大学物理课程无法涵盖的.那种认为学完物理课马上就能收到立竿见影的效果的急功近利的想法是不切实际的.当然,认为物理课可有可无的另外一个极端也是错误的.不管物理课与你今后从事的专业有无直接关系,物理学的基础理论、思维方式及研究方法都将使你受益终生.

(2)重视课堂学习

作为一名大学生,经过十余年的读书学习,已经有了一定的自学能力,加之考试的难度比中学要小,因此部分同学忽略了课堂学习,这是完全错误的.学习物理学,最重要的无疑是要学习其物理思想、思维方式及研究方法,这些内容必然融汇于教师的课堂讲授之中,因此平时认真听课是非常重要的.如果只满足于考前背几个公式,做几道习题,考后忘得一干二净,即便考试及格,甚至得到了高分,也达不到学习物理学的真正目的.

(3)认真做作业

作业很容易和应试教育相联系而成为"减负"的对象.当然,片面追求难题、怪题,陷学生于题海之中的做法确需改进,但课后完成数量适中、难度适度的习题,不仅有助于巩固课堂学习内容,而且有利于素质教育.因为每道习题都是要学生思考或解决一个或几个问题,思考的问题多了,学生的逻辑思维能力、解决问题的能力自然得到了提高.

在科学的道路上没有平坦的大道可走,只有那在崎岖小路的攀登上不畏劳苦的人,才有希望到达光辉的顶点.让我们牢记前辈导师的教诲,开始踏上学习大学物理的征程吧!

第1篇

力学基础

力学是物理学中最古老和发展最完美的学科.它起源于公元前 4 世纪古希腊学者亚里士多德关于力产生运动的说法，以及我国《墨经》中关于杠杆原理的论述等，成为一门科学理论则始于 17 世纪伽利略论述惯性运动及牛顿提出的力学三个运动定律.以牛顿运动定律为基础的力学理论称为牛顿力学或经典力学.它所研究的对象是物体的机械运动.经典力学有严谨的理论体系和完备的研究方法，如观察现象、分析和综合实验结果、建立物理模型、应用数学表述、做出推论和预言，以及用实践检验和校正结果等.因此，它曾被人们誉为完美普遍的理论而兴盛了约 300 年.直至 20 世纪初才发现它在高速和微观领域的局限性，从而在这两个领域分别被相对论和量子力学所取代.但在一般的技术领域，如机械制造、土木建筑、水利设施、航空航天等工程技术中，经典力学仍然是必不可少的重要的基础理论.

本篇主要讲述质点力学和部分刚体力学，以及机械振动和机械波.着重阐明动量、角动量和能量诸概念及相应的守恒定律（并简要介绍了对称性与守恒定律的关系）.狭义相对论的时空观和牛顿力学联系紧密，也可归入力学范畴.因此，本篇中介绍了狭义相对论的基本原理.

科学家

阅读材料

知识拓展

第1章

运动的描述

力学所研究的是物体机械运动的规律.宏观物体之间(或物体内各部分之间)相对位置的变动称为**机械运动**(mechanical motion).在经典力学中,通常将力学分为静力学、运动学和动力学.本章只研究运动学规律.**运动学**(kinematics)是从几何的观点来描述物体的运动,即研究物体的空间位置随时间的变化关系,不涉及引发物体运动和改变运动状态的原因.

1.1 参考系 坐标系 物理模型

为了描述物体的运动必须做三点准备,即选择参考系、建立坐标系、提出物理模型.

一、参考系

在确定研究对象的运动时,必须先选定一个标准物体(或相对静止的几个物体)作为基准,那么这个被选作标准的物体或物体群,就称为**参考系**(reference frame).

同一物体的运动,由于所选参考系不同,对其运动的描述就会不同.例如在匀速直线运动的车厢中,物体的自由下落,相对于车厢是直线运动;相对于地面,却是抛物线运动;相对于太阳或其他天体,运动的描述则更为复杂.这充分说明了运动的描述是相对的.

从运动学的角度讲,参考系的选择是任意的,通常以对问题的研究最方便、最简单为原则.研究地球上物体的运动,在大多数情况下,以地球为参考系最为方便(以后如不做特别说明,研究地面上物体的运动,都是以地球为参考系).但是,当我们在地球上发射人造"宇宙小天体"时,则应以太阳为参考系.

二、坐标系

要定量地描述物体的运动,就必须在参考系上建立适当的**坐标系**(coordinate system).在力学中常用直角坐标系.根据需要,我们也可选用极坐标系、自然坐标系、球面坐标系或柱面坐标系等.

总的说来,当参考系选定后,无论选择何种坐标系,物体的运动性质都不会改变.然而,坐标系选择得当,可使计算简化.

三、物理模型 质点

任何一个真实的物理过程都是极其复杂的.为了寻找某过程中最本质、最基本的规律,我们总是根据所研究的问题，对真实过程进行理想的简化，然后经过抽象提出一个可供数学描述的物理模型.

现在我们涉及的问题是确定物体在空间的位置. 若物体的尺度比它运动的空间范围小很多，且不考虑其自身的转动，例如绕太阳公转的地球或平直铁轨上运行的列车，或当物体做平动时，物体上各部分的运动情况（轨迹、速度、加速度）完全相同，这时我们可以忽略物体的形状、大小而把它看成一个具有一定质量的点，称为质点(particle). 质点是我们在力学中所遇到的最基本的物理模型.

若物体的运动在上述两种情形之外，我们还可引入质点系的概念，即把这个物体看成是由许多满足第一种情况的质点所组成的系统. 弄清楚了组成这个物体的各个质点的运动情况，也就描述了整个物体的运动.

综上所述：**选择合适的参考系，以方便确定物体的运动性质；建立恰当的坐标系，以定量地描述物体的运动；提出较准确的物理模型，以确定物体最基本的运动规律.**

1.2 运动的描述

一、位矢、位移、速度及加速度在直角坐标系中的表示式

1. 位置矢量

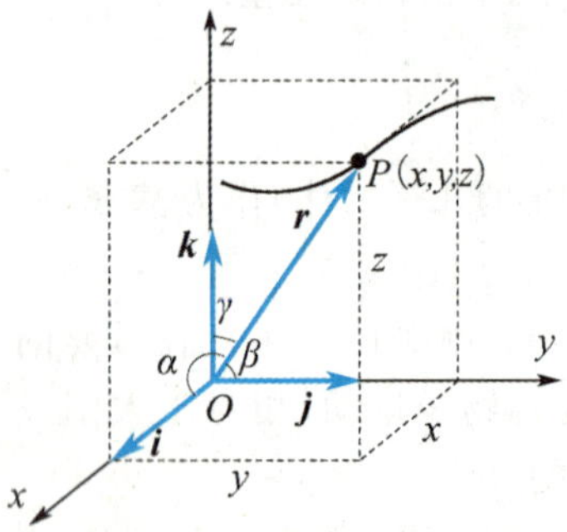

图 1-1 直角坐标系下的位矢

为了表示运动质点的位置，首先应该选参考系，然后在参考系上选定坐标系的原点和坐标轴. 图 1-1 中 P 点在直角坐标系中的位置可由 P 点的三个坐标 x,y,z 来确定，或者用从原点 O 到 P 点的有向线段$\overrightarrow{OP}=\boldsymbol{r}$ 来表示，矢量 $\boldsymbol{r}$ 叫作位置矢量(position vector)（简称位矢）. 相应地，坐标 x,y,z 也就是位矢 $\boldsymbol{r}$ 在坐标轴上的三个分量.

在直角坐标系中，位矢 $\boldsymbol{r}$ 可以表示为

$$\boldsymbol{r} = x\boldsymbol{i} + y\boldsymbol{j} + z\boldsymbol{k}, \tag{1-1}$$

式中 $\boldsymbol{i},\boldsymbol{j},\boldsymbol{k}$ 分别表示沿 x,y,z 轴正方向的单位矢量. 位矢 $\boldsymbol{r}$ 的大小为

$$|\boldsymbol{r}| = r = \sqrt{x^2 + y^2 + z^2}, \tag{1-2}$$

位矢的方向余弦是

$$\cos\alpha = \frac{x}{r}, \quad \cos\beta = \frac{y}{r}, \quad \cos\gamma = \frac{z}{r}.$$

质点的机械运动是质点的空间位置随时间变化的过程，质点的坐标 x,y,z 和位矢 $\boldsymbol{r}$ 都是时间 t 的函数. 表示质点位置与时间关系的函数式称为运动方程(equation of motion)，

$$x = x(t), \quad y = y(t), \quad z = z(t), \tag{1-3a}$$

其矢量形式为

$$\boldsymbol{r} = \boldsymbol{r}(t). \tag{1-3b}$$

已知运动方程，就能确定任一时刻质点的位置，从而确定质点的运动规律. 力学的主要任务之一，正是根据各种问题的具体条件，求解质点的运动方程.

质点在空间的运动路径称为轨迹(orbit). 质点的运动轨迹为直线时,称为直线运动. 质点的运动轨迹为曲线时,称为曲线运动. 从(1-3a)式中消去 t 即可得到轨迹方程.

轨迹方程和运动方程最明显的区别,就在于运动方程是质点坐标与时间的函数关系,而轨迹方程是质点位置坐标之间的函数关系. 例如,已知某质点的运动方程为

$$x = 3\sin\frac{\pi}{6}t,\quad y = 3\cos\frac{\pi}{6}t,\quad z = 0,$$

式中 t 以 s 计, x, y, z 以 m 计. 从 x, y 两式中消去 t 后,得轨迹方程

$$x^2 + y^2 = 9,\quad z = 0.$$

这表明质点是在 $z=0$ 的平面内,做以原点为圆心、半径为 3 m 的圆周运动.

2. 位移

如图 1-2 所示,设质点沿曲线 $\overset{\frown}{AB}$ 运动,在 t 时刻,质点在 A 处,在 $t+\Delta t$ 时刻,质点运动到 B 处. A, B 两点的位矢分别用 $\boldsymbol{r}_1$ 和 $\boldsymbol{r}_2$ 表示,质点在 Δt 时间间隔内位矢的增量

$$\Delta\boldsymbol{r} = \boldsymbol{r}_2 - \boldsymbol{r}_1 \tag{1-4}$$

称为位移(displacement). 它是描述物体位置变动大小和方向的物理量,在图中就是由起始位置 A 指向终止位置 B 的一个矢量. 位移是矢量,它的计算遵守矢量加法的平行四边形法则(或三角形法则).

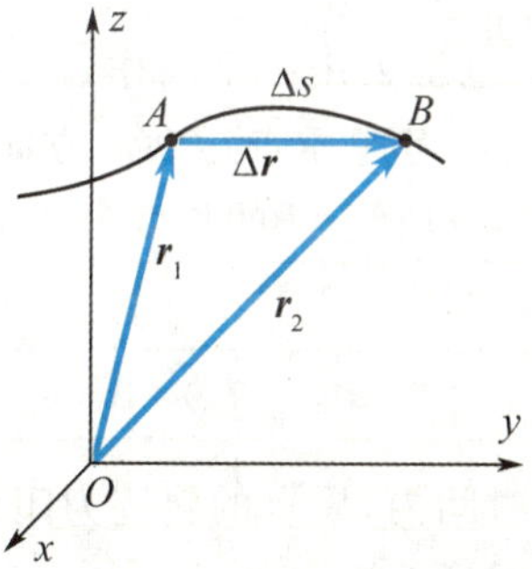

图 1-2 位移

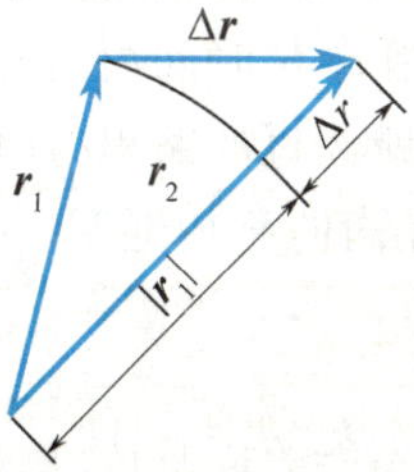

图 1-3 $|\Delta\boldsymbol{r}|$ 与 Δr

动画演示

如图 1-3 所示,位移的大小只能记作 $|\Delta\boldsymbol{r}|$,不能记作 Δr. Δr 通常表示位矢的大小的增量,即 $\Delta r = |\boldsymbol{r}_2| - |\boldsymbol{r}_1|$,而 $|\Delta\boldsymbol{r}|$ 则是位矢增量的大小(即位移的大小),在通常情况下 $|\Delta\boldsymbol{r}| \neq \Delta r$.

必须注意,位移表示物体位置的改变,并非质点所经历的路程. 例如在图 1-2 中,位移是有向线段 $\overrightarrow{AB}$,它的量值 $|\Delta\boldsymbol{r}|$ 为 $\overrightarrow{AB}$ 的长度. 路程是标量,即曲线 $\overset{\frown}{AB}$ 的长度,通常记作 Δs. 一般说来, $|\Delta\boldsymbol{r}| \neq \Delta s$. 当 $\Delta t \to 0$, $\lim\limits_{\Delta t\to 0}\Delta\boldsymbol{r} = \mathrm{d}\boldsymbol{r}$, $\lim\limits_{\Delta t\to 0}\Delta s = \mathrm{d}s$,分别称为元位移和元路程,显然有 $|\mathrm{d}\boldsymbol{r}| = \mathrm{d}s$,即元位移的大小与元路程相等! 应当指出,即使在 $\Delta t \to 0$ 时, $|\mathrm{d}\boldsymbol{r}| \neq \mathrm{d}r$.

在直角坐标系中,位移的表达式为

$$\Delta\boldsymbol{r} = (x_2 - x_1)\boldsymbol{i} + (y_2 - y_1)\boldsymbol{j} + (z_2 - z_1)\boldsymbol{k} = \Delta x\boldsymbol{i} + \Delta y\boldsymbol{j} + \Delta z\boldsymbol{k}, \tag{1-5}$$

位移的大小为

$$|\Delta\boldsymbol{r}| = \sqrt{(x_2 - x_1)^2 + (y_2 - y_1)^2 + (z_2 - z_1)^2}, \tag{1-6}$$

位移和路程的单位均是长度的单位,国际单位制(SI 制)中为米(m).

3. 速度

研究质点的运动,不仅要知道质点的位移,还必须知道在多长一段时间内通过这段位移,即

要知道质点运动的快慢程度.

在时刻 t 到 $t+\Delta t$ 这段时间内，质点的位移为 $\Delta \boldsymbol{r}$，那么 $\Delta \boldsymbol{r}$ 与 Δt 的比值称为质点在 Δt 时间间隔内的平均速度(average velocity)，

$$\bar{\boldsymbol{v}}=\frac{\Delta \boldsymbol{r}}{\Delta t}. \tag{1-7}$$

(1-7)式表明，平均速度的方向与位移 $\Delta \boldsymbol{r}$ 的方向相同，平均速度的大小与在相应的时间间隔 Δt 内单位时间的位移大小相等.

显然，用平均速度描述物体的运动是比较粗略的. 因为在 Δt 时间间隔内，质点各个时刻的运动情况不一定相同，质点的运动可以时快时慢，方向也可以不断地改变，平均速度不能反映质点运动的真实细节. 如果要精确地知道质点在某一时刻或某一位置的实际运动情况，应使 Δt 尽量减小，即 $\Delta t \to 0$，用平均速度的极限值——瞬时速度(instantaneous velocity)(简称速度(velocity))来描述，其数学表示式为

$$\boldsymbol{v}=\lim_{\Delta t\to 0}\frac{\Delta \boldsymbol{r}}{\Delta t}=\frac{\mathrm{d}\boldsymbol{r}}{\mathrm{d}t}. \tag{1-8}$$

可见，速度等于位矢对时间的一阶导数.

速度的方向就是 Δt 趋近于零时，平均速度 $\frac{\Delta \boldsymbol{r}}{\Delta t}$ 或位移 $\Delta \boldsymbol{r}$ 的极限方向，即沿质点所在处轨道的切线方向，并指向质点前进的一方.

速度是矢量，具有大小和方向. 描述质点运动时，我们也常采用一个叫作速率(speed)的物理量. 速率是标量，等于质点在单位时间内所经过的路程，而不考虑质点运动的方向. 如图 1-2 所示，在 Δt 时间间隔内质点所经过的路程为曲线 $\widehat{AB}$ 的长度，设曲线 $\widehat{AB}$ 的长度为 Δs，那么 Δs 与 Δt 的比值就称为 Δt 时间间隔内的平均速率(average speed)，即

$$\bar{v}=\frac{\Delta s}{\Delta t}. \tag{1-9}$$

平均速率与平均速度不能等同看待. 例如，在某一段时间内，质点的轨迹为闭合路径，显然质点的位移等于零，平均速度也为零，而质点的平均速率则不等于零.

在 $\Delta t \to 0$ 的极限条件下，因 $\mathrm{d}s=|\mathrm{d}\boldsymbol{r}|$，故瞬时速率(instantaneous speed)

$$v=\lim_{\Delta t\to 0}\frac{\Delta s}{\Delta t}=\frac{\mathrm{d}s}{\mathrm{d}t}=\frac{|\mathrm{d}\boldsymbol{r}|}{\mathrm{d}t}=|\boldsymbol{v}|, \tag{1-10}$$

即瞬时速率就是瞬时速度的大小.

在直角坐标系中，速度可表示为

$$\boldsymbol{v}=\frac{\mathrm{d}\boldsymbol{r}}{\mathrm{d}t}=\frac{\mathrm{d}x}{\mathrm{d}t}\boldsymbol{i}+\frac{\mathrm{d}y}{\mathrm{d}t}\boldsymbol{j}+\frac{\mathrm{d}z}{\mathrm{d}t}\boldsymbol{k}=v_x\boldsymbol{i}+v_y\boldsymbol{j}+v_z\boldsymbol{k}, \tag{1-11}$$

式中 $v_x=\frac{\mathrm{d}x}{\mathrm{d}t}, v_y=\frac{\mathrm{d}y}{\mathrm{d}t}, v_z=\frac{\mathrm{d}z}{\mathrm{d}t}$ 分别为速度在 x,y,z 轴的分量. 这时速度的大小可以表示为

$$v=|\boldsymbol{v}|=\sqrt{v_x^2+v_y^2+v_z^2}. \tag{1-12}$$

速度和速率在量值上都是长度与时间之比，国际单位制(SI)中它们的单位均为米每秒($\mathrm{m\cdot s^{-1}}$). 表 1-1 列出了一些物体运动的速度值.

■ 表 1-1 一些运动物体速度的量级(近似值) 单位:$m \cdot s^{-1}$

大陆漂移	10^{-9}	空气分子的平均热运动(平均速率,0 ℃时)	4.5×10^{2}
冰川运动	10^{-6}	地球自转在赤道上一点的速率	4.6×10^{2}
春天新竹生长	10^{-5}	步枪子弹离开枪口时	1×10^{3}
蜗牛爬行	5×10^{-3}	第一宇宙速度	7.9×10^{3}
人的行走	1	第二宇宙速度	1.1×10^{4}
猎豹(跑得最快的动物)	2.8×10	地球公转	3×10^{4}
12 级台风(平均)	3.5×10	太阳绕银河系运动	3×10^{5}
喷气式飞机	2.5×10^{2}	北京正负电子对撞机中的电子	99.999998%光速
空气中的声速(20 ℃)	3.3×10^{2}	真空中的光速	3×10^{8}

4. 加速度

在力学中,位矢 $\boldsymbol{r}$ 和速度 $\boldsymbol{v}$ 都是描述物体机械运动的状态参量,即,若 $\boldsymbol{r}$ 和 $\boldsymbol{v}$ 已知,质点的力学运动状态就确定了.我们即将引入的加速度概念则是用来描述速度矢量随时间变化的物理量.

在变速运动中,物体的速度是随时间变化的.这个变化可以是运动快慢的变化,也可以是运动方向的变化,或是速度的方向和大小都在变化.加速度就是描述质点的速度(大小和方向)随时间变化快慢的物理量.如图 1-4 所示,$\boldsymbol{v}_A$表示质点在时刻 t、位置 A 处的速度,$\boldsymbol{v}_B$表示质点在时刻 $t+\Delta t$、位置 B 处的速度,从速度矢量图可以看出,在时间 Δt 内质点速度的增量为

$$\Delta\boldsymbol{v}=\boldsymbol{v}_B-\boldsymbol{v}_A.$$

与平均速度的定义类似,比值 $\dfrac{\Delta\boldsymbol{v}}{\Delta t}$称为 Δt 时间间隔内的平均加速度(average acceleration),即

$$\bar{\boldsymbol{a}}=\frac{\boldsymbol{v}_B-\boldsymbol{v}_A}{\Delta t}=\frac{\Delta\boldsymbol{v}}{\Delta t}. \tag{1-13}$$

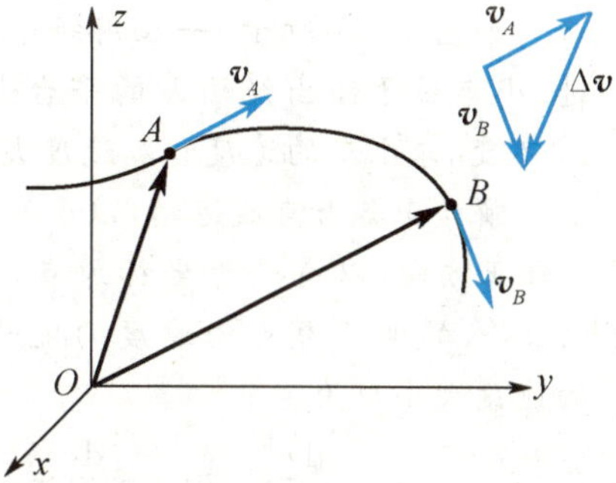

图 1-4 速度的增量

平均加速度只是反映在时间 Δt 内速度的平均变化率.为了准确地描述质点在某一时刻 t(或某一位置处)的速度变化率,需引入瞬时加速度.

质点在某时刻或某位置处的瞬时加速度(instantaneous acceleration)(简称加速度(acceleration))等于 Δt 趋近于零时平均加速度的极限值,其数学式为

$$\boldsymbol{a}=\lim_{\Delta t\to0}\frac{\Delta\boldsymbol{v}}{\Delta t}=\frac{d\boldsymbol{v}}{dt}=\frac{d^2\boldsymbol{r}}{dt^2}. \tag{1-14}$$

可见,加速度是速度对时间的一阶导数,或位矢对时间的二阶导数.

在直角坐标系中,加速度的表示式为

$$\boldsymbol{a}=\frac{d^2\boldsymbol{r}}{dt^2}=\frac{d^2x}{dt^2}\boldsymbol{i}+\frac{d^2y}{dt^2}\boldsymbol{j}+\frac{d^2z}{dt^2}\boldsymbol{k}=a_x\boldsymbol{i}+a_y\boldsymbol{j}+a_z\boldsymbol{k}, \tag{1-15}$$

式中 $a_x=\dfrac{dv_x}{dt}=\dfrac{d^2x}{dt^2}$,$a_y=\dfrac{dv_y}{dt}=\dfrac{d^2y}{dt^2}$,$a_z=\dfrac{dv_z}{dt}=\dfrac{d^2z}{dt^2}$分别为加速度在 x,y,z 轴的分量.加速度的大小为

$$a=|\boldsymbol{a}|=\sqrt{a_x^2+a_y^2+a_z^2}. \tag{1-16}$$

加速度的方向是当 $\Delta t \to 0$ 时，平均加速度 $\frac{\Delta \boldsymbol{v}}{\Delta t}$ 或速度增量的极限方向. 在国际单位制中，加速度的单位是米每二次方秒($\mathrm{m \cdot s^{-2}}$). 表 1-2 给出了一些物体的加速度值.

■ 表 1-2　一些运动物体加速度的量级(近似值)　　单位：$\mathrm{m \cdot s^{-2}}$

质子在加速器中的加速度	$10^{13} \sim 10^{14}$
步枪子弹在枪膛中的加速度	5×10^5
使汽车撞坏的加速度(以 27 $\mathrm{m \cdot s^{-1}}$ 的速度撞到墙上)	1×10^3
太阳表面落体的加速度	2.7×10^2
使人昏倒的加速度	70
火箭升空的加速度	50～100
地球表面自由落体的加速度	9.8
汽车制动的加速度	8
月球表面自由落体的加速度	1.7

实际上，从直角坐标系中位移矢量、速度矢量和加速度矢量的表达式可以看出，质点的任意运动都可看成是沿三个方向上各自独立的直线运动的叠加；反之，一个复杂的运动也可分解为几个简单的直线运动来处理，这个结论具有一般性，称为运动叠加原理(superposition principle of motion)或运动独立性原理.

例 1-1

如图 1-5 所示，一人用绳子拉着小车前进. 小车位于高出绳端 h 的平台上. 人的速率 v_0 不变，求小车的速度和加速度大小.

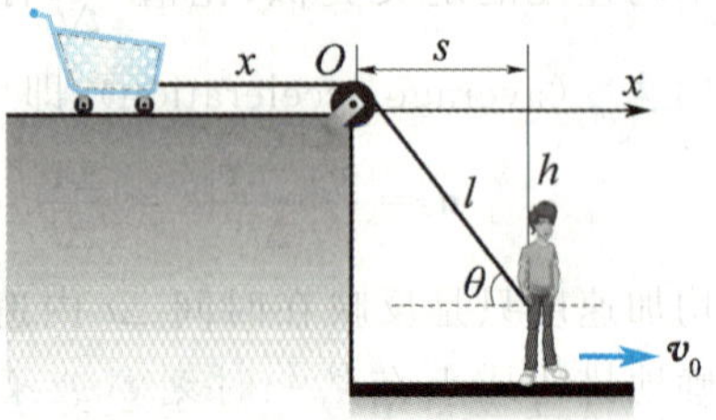

图 1-5

解　小车沿直线运动，以小车前进方向为 x 轴正方向，以滑轮为坐标原点，小车的坐标为 x，人的坐标为 s. 由速度的定义，小车和人的速度大小应为

$$v_{车} = \frac{\mathrm{d}x}{\mathrm{d}t}, \quad v_{人} = \frac{\mathrm{d}s}{\mathrm{d}t} = v_0.$$

由于定滑轮不改变绳长，因此小车坐标的变化率等于小车与滑轮之间的绳长的变化率，即

$$v_{车} = \frac{\mathrm{d}x}{\mathrm{d}t} = \frac{\mathrm{d}l}{\mathrm{d}t}.$$

由图 1-5 可以看出 $l^2 = s^2 + h^2$，两边对 t 求导得

$$2l\frac{\mathrm{d}l}{\mathrm{d}t} = 2s\frac{\mathrm{d}s}{\mathrm{d}t} \qquad ①$$

或

$$v_{车} = \frac{v_{人} s}{l} = \frac{v_0 s}{\sqrt{s^2 + h^2}}.$$

对①式两边求时间的导数，得

$$v_{车}^2 + l\frac{\mathrm{d}v_{车}}{\mathrm{d}t} = v_0^2,$$

其中 $\frac{\mathrm{d}v_{车}}{\mathrm{d}t} = a$ 为小车的加速度. 将 $v_{车}$ 和 l 的表达式代入上式，化简后得到

$$a = \frac{\mathrm{d}v_{车}}{\mathrm{d}t} = \frac{v_0^2 h^2}{(s^2 + h^2)^{\frac{3}{2}}}.$$

二、曲线运动的描述

1. 质点运动在自然坐标中的描述

质点做曲线运动时，$\Delta \boldsymbol{v}$ 的方向和 $\dfrac{\Delta \boldsymbol{v}}{\Delta t}$ 的极限方向一般不同于速度 $\boldsymbol{v}$ 的方向，而且在曲线运动中，加速度的方向总是指向曲线凹进的一侧；如果速率是减小的（$|\boldsymbol{v}_B|<|\boldsymbol{v}_A|$），则 $\boldsymbol{a}$ 与 $\boldsymbol{v}$ 的方向夹角为钝角；如果速率是增大的（$|\boldsymbol{v}_B|>|\boldsymbol{v}_A|$），则 $\boldsymbol{a}$ 与 $\boldsymbol{v}$ 的方向夹角为锐角；如果速率不变（$|\boldsymbol{v}_B|=|\boldsymbol{v}_A|$），则 $\boldsymbol{a}$ 与 $\boldsymbol{v}$ 的方向夹角为直角，如图 1-6 所示.

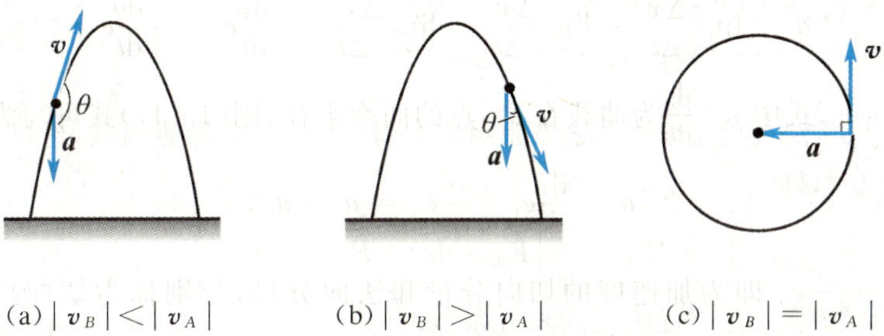

图 1-6 曲线运动中的加速度

为描述方便起见，对于做平面曲线运动的质点，常采用自然坐标系. 在自然坐标系中，“坐标轴”就是曲线运动的轨迹，用轨迹长度来描述质点的位置，位矢 $\boldsymbol{r}$ 是轨道 s 的函数，即 $\boldsymbol{r}=\boldsymbol{r}(s)$.

如图 1-7 所示，O' 为自然坐标系原点，$\boldsymbol{e}_t$ 和 $\boldsymbol{e}_n$ 分别为切向单位矢量和法向单位矢量，并且 $\boldsymbol{e}_n$ 总是指向曲线凹的一侧. 因为 $|\mathrm{d}\boldsymbol{r}|=\mathrm{d}s$，在自然坐标系中元位移、速度可分别表示为

$$\mathrm{d}\boldsymbol{r}=\mathrm{d}s\boldsymbol{e}_t,\quad \boldsymbol{v}=\frac{\mathrm{d}\boldsymbol{r}}{\mathrm{d}t}=\frac{\mathrm{d}s}{\mathrm{d}t}\boldsymbol{e}_t=v\boldsymbol{e}_t.$$

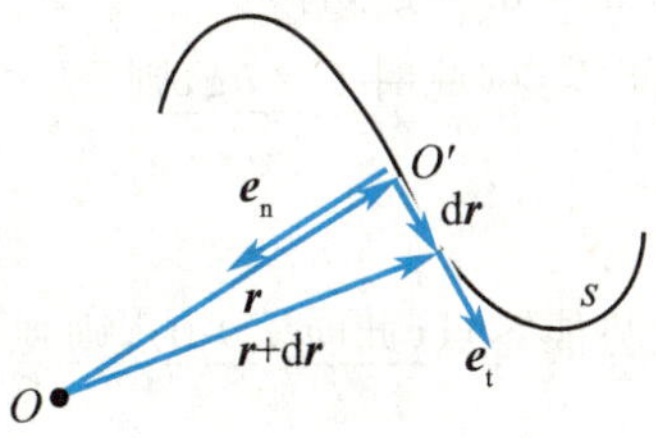

图 1-7 用自然坐标系表示质点的位置

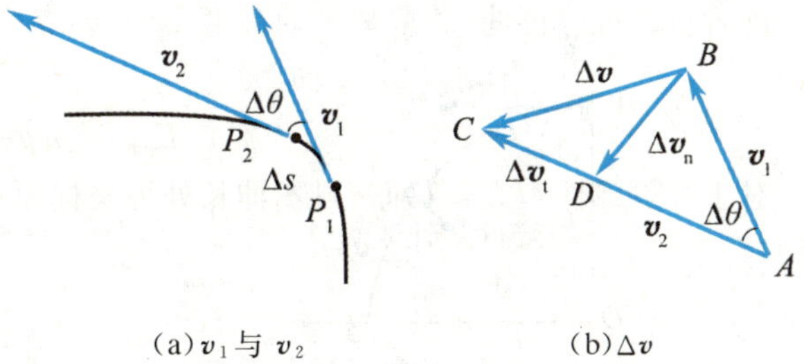

图 1-8 切向加速度与法向加速度

设质点的运动轨迹如图 1-8(a)所示，t 时刻质点在 P_1 点，速度为 $\boldsymbol{v}_1$；$t+\Delta t$ 时刻质点运动到 P_2 点，速度为 $\boldsymbol{v}_2$，P_1，P_2 两点邻边角为 $\Delta\theta$，在 Δt 时间间隔内，速度增量为 $\Delta\boldsymbol{v}$. 图 1-8(b)表示 $\boldsymbol{v}_1$，$\boldsymbol{v}_2$，$\Delta\boldsymbol{v}$ 三者之间的关系，图中 $\Delta\boldsymbol{v}$ 就是矢量 $\overrightarrow{BC}$. 如果在 $\overrightarrow{AC}$ 上截取 $|\overrightarrow{AD}|=|\overrightarrow{AB}|=|\boldsymbol{v}_1|$，则

$$|\overrightarrow{DC}|=|\overrightarrow{AC}|-|\overrightarrow{AB}|=|\boldsymbol{v}_2|-|\boldsymbol{v}_1|=|\Delta\boldsymbol{v}_t|=\Delta v,$$

即

$$|\Delta\boldsymbol{v}_t|=\Delta v,$$

反映了速度大小的增量. 作有向线段$\overrightarrow{BD}$,并记作 $\Delta \boldsymbol{v}_n$,反映了速度方向的增量. 因此,速度增量 $\Delta \boldsymbol{v}$ 包含速度大小的增量和速度方向的增量这两个方面的含义,通过 $\Delta \boldsymbol{v}_t$和 $\Delta \boldsymbol{v}_n$得到了定量的描述,即 $\Delta \boldsymbol{v}=\Delta \boldsymbol{v}_t+\Delta \boldsymbol{v}_n$.

当 $\Delta t\to 0$ 时,$\Delta\theta\to 0$,则$\angle ABD\to\frac{\pi}{2}$,即在极限条件下,$\Delta \boldsymbol{v}_n$的方向垂直于过 P_1 点的切线,即沿曲线在 P_1 点的法线方向;同时,在$\Delta\theta\to 0$ 的极限条件下 $\Delta \boldsymbol{v}_t$沿 $\boldsymbol{v}_1$的方向,即沿曲线在 P_1 点的切向方向.

由图 1-8(b)还可看出,$\Delta\theta\to 0$ 时,$|\Delta \boldsymbol{v}_n|=v\Delta\theta$. 如果以 $\boldsymbol{e}_n$ 表示 P_1 点内法线方向的单位矢量,以 $\boldsymbol{e}_t$ 表示 P_1 点切线方向(且指向质点前进方向)的单位矢量,则有

$$\boldsymbol{a}=\lim_{\Delta t\to 0}\frac{\Delta \boldsymbol{v}}{\Delta t}=\lim_{\Delta t\to 0}\frac{\Delta \boldsymbol{v}_t}{\Delta t}+\lim_{\Delta t\to 0}\frac{\Delta \boldsymbol{v}_n}{\Delta t}=\frac{dv}{dt}\boldsymbol{e}_t+v\frac{d\theta}{dt}\boldsymbol{e}_n. \tag{1-17}$$

由于$\frac{d\theta}{dt}=\frac{d\theta}{ds}\frac{ds}{dt}=v\,\frac{1}{\rho}$,式中 $\rho=\frac{ds}{d\theta}$为曲线在 P_1 点的曲率半径,则(1-17)式可写为

$$\boldsymbol{a}=\frac{dv}{dt}\boldsymbol{e}_t+\frac{v^2}{\rho}\boldsymbol{e}_n=\boldsymbol{a}_t+\boldsymbol{a}_n, \tag{1-18}$$

式中 $\boldsymbol{a}_t=\frac{dv}{dt}\boldsymbol{e}_t$,$\boldsymbol{a}_n=\frac{v^2}{\rho}\boldsymbol{e}_n$ 即为加速度的切向分量和法向分量,分别称为**切向加速度**(tangential acceleration)和**法向加速度**(centripetal acceleration). $\boldsymbol{a}_t$ 反映速度大小的变化;$\boldsymbol{a}_n$ 反映速度方向的变化. 加速度的大小为

$$a=|\boldsymbol{a}|=\sqrt{a_t^2+a_n^2}. \tag{1-19}$$

例 1-2

以速度 $\boldsymbol{v}_0$ 平抛一小球,不计空气阻力,求 t 时刻小球的切向加速度量值 a_t,法向加速度量值 a_n 和轨道的曲率半径 ρ.

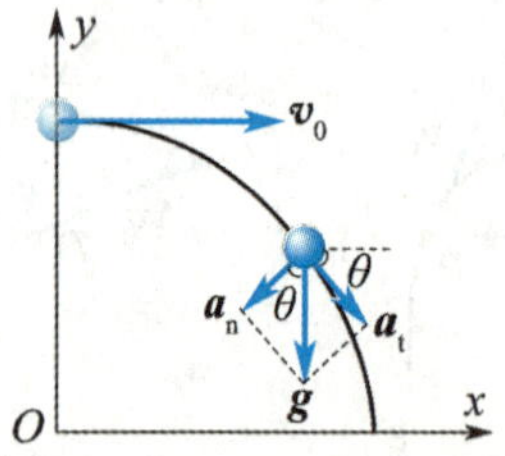

图 1-9

解 依题意和图 1-9所示坐标系,有 $v_x=v_0$,$v_y=gt$,$v=\sqrt{v_0^2+g^2t^2}$和 $a=g$,所以

$$a_t=\frac{dv}{dt}=\frac{g^2t}{\sqrt{v_0^2+g^2t^2}}.$$

又因为 $a_t^2+a_n^2=a^2=g^2$,得

$$a_n=\sqrt{g^2-a_t^2}=\frac{gv_0}{\sqrt{v_0^2+g^2t^2}},$$

而

$$\rho=\frac{v^2}{a_n}=\frac{(v_0^2+g^2t^2)^{3/2}}{gv_0}.$$

另解 依题意和图 1-9 所示坐标系,有

$$a_t=g\sin\theta=g\,\frac{v_y}{v}=\frac{g^2t}{\sqrt{v_0^2+g^2t^2}},$$

$$a_n=g\cos\theta=g\,\frac{v_x}{v}=\frac{gv_0}{\sqrt{v_0^2+g^2t^2}},$$

而 ρ 与前解相同.

质点做圆周运动时,由于其轨道的曲率半径处处相等,而速度方向始终在圆周的切线上,因此对圆周运动的描述,常常采用以平面自然坐标系为基础的线量描述. 圆周运动中的切向加速度和法向加速度为

$$\begin{cases} \boldsymbol{a}_t = \dfrac{dv}{dt}\boldsymbol{e}_t = \dfrac{d^2 s}{dt^2}\boldsymbol{e}_t, \\ \boldsymbol{a}_n = \dfrac{v^2}{\rho}\boldsymbol{e}_n = \dfrac{v^2}{R}\boldsymbol{e}_n, \end{cases} \tag{1-20}$$

式中 R 是圆半径. 所谓匀速圆周运动，是指切向加速度为零的圆周运动，即匀速率圆周运动，而速度方向是不断变化的.

*2. 质点运动在平面极坐标系中的描述

为了描述质点平面运动，还可在该平面内建立极坐标系，如图 1－10 所示. 在参考系上取原点 O，引有刻度的射线 Ox 称为**极轴**，即构成**极坐标系**. 设质点运动至 A 点，引$\overrightarrow{OA}$，称 $\boldsymbol{r}=\overrightarrow{OA}$为质点的位矢；质点位置矢量与极轴所夹的角 θ 叫作质点的**辐角**，通常规定自极轴逆时针转至位置矢量的辐角为正，反之为负. r 和 θ 与平面上质点的位置一一对应，称为质点的极坐标. 质点的运动学方程为

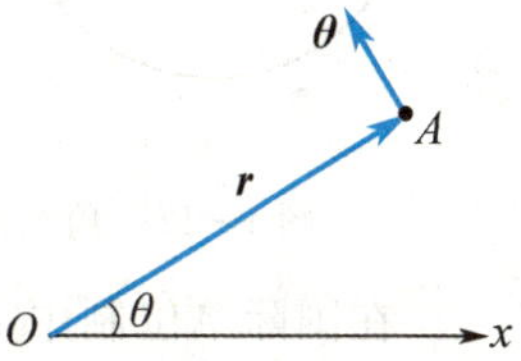

图 1－10 极坐标系

$$r = r(t), \quad \theta = \theta(t), \tag{1-21}$$

消去参数 t，得到轨迹方程的形式为

$$r = r(\theta). \tag{1-22}$$

在极坐标系中亦可对矢量进行正交分解. 图 1－10 中质点在 A 处，沿位置矢量方向称作径向，沿此方向所引单位矢量叫作径向单位矢量，记作 $\boldsymbol{e}_r$；与此方向垂直且指向 θ 增加的方向称作横向，沿此方向的单位矢量叫作横向单位矢量，记作 $\boldsymbol{e}_\theta$，显然，$\boldsymbol{e}_r$ 和 $\boldsymbol{e}_\theta$ 的方向是变化的. 在此平面内的任何矢量均可沿 $\boldsymbol{e}_r$ 和 $\boldsymbol{e}_\theta$ 方向上进行正交分解.

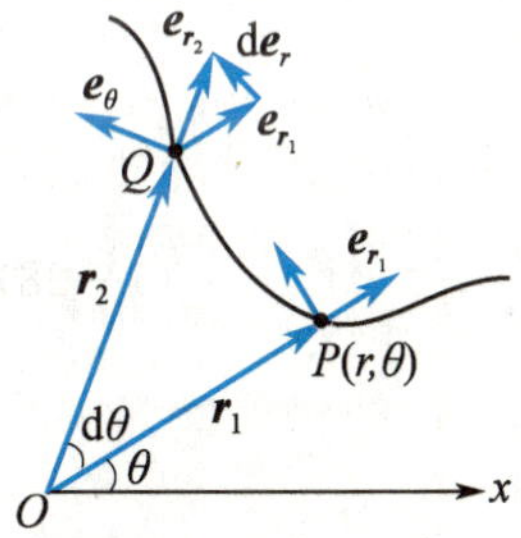

图 1－11 在极坐标系中描写位移

在极坐标系中，位矢记作

$$\boldsymbol{r} = r\boldsymbol{e}_r,$$

质点在 t 时刻的速度为

$$\boldsymbol{v} = \frac{d\boldsymbol{r}}{dt} = \frac{dr}{dt}\boldsymbol{e}_r + r\frac{d\boldsymbol{e}_r}{dt}. \tag{1-23}$$

由于 $\boldsymbol{e}_r$ 是一个变矢量，如图 1－11 所示，当质点由 P 点发生一位移到 Q 点时，在极限情形下，单位矢量 $\boldsymbol{e}_r$ 的元增量 $d\boldsymbol{e}_r$ 与 $\boldsymbol{e}_r$ 垂直，且大小为 $|d\boldsymbol{e}_r| = d\theta$，方向如图 1－11 所示，所以

$$d\boldsymbol{e}_r = d\theta\boldsymbol{e}_\theta,$$

$$\frac{d\boldsymbol{e}_r}{dt} = \frac{d\theta}{dt}\boldsymbol{e}_\theta,$$

即

$$\boldsymbol{v} = v_r\boldsymbol{e}_r + v_\theta\boldsymbol{e}_\theta = \frac{dr}{dt}\boldsymbol{e}_r + r\frac{d\theta}{dt}\boldsymbol{e}_\theta, \tag{1-24}$$

$v_r\boldsymbol{e}_r$ 和 $v_\theta\boldsymbol{e}_\theta$ 分别为**径向速度**(radial velocity)和**横向速度**(transverse velocity). 将速度分解为径向速度和横向速度，是在极坐标系中研究速度的基本方法.

三、圆周运动中线量与角量的描述

如果以圆心为**极点**，并任引一条射线为**极轴**，那么质点位置对极点的矢径 $\boldsymbol{r}$ 与极轴的夹角 θ 就叫作质点的**角位置**(angular position)，用 $\Delta\theta$ 表示位矢在 Δt 时间内转过的**角位移**(angular displacement). 角位移既有大小又有方向，其方向的规定为：用右手四指表示质点的旋转方向，与四指垂直的大拇指则表示角位移的方向，即角位移的方向是按右手螺旋法则规定的. 在图 1－12中，质点逆时针转动，这时角位移的方向垂直于纸面向外. 但有限大小的角位移不是矢量(因为其合成不服从交换律). 可以证明，只有在 $\Delta t\to 0$ 时的角位移才是矢量. 质点做圆周运动时，其角位移只有两种可

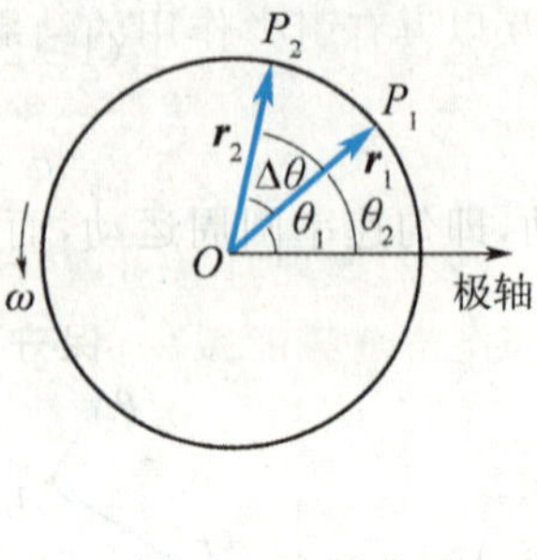

图 1-12　角位移

能的方向，因此，也可以在标量前冠以正、负号来表示角位移的方向．过圆心作一垂直于圆面的直线，任选一个方向规定为坐标轴的正方向，则由上述规定的角位移，其方向与坐标轴正向相同则为正，反之则为负．

如前述引进速度和加速度的方法一样，我们也可以引进**角速度**（angular velocity）和**角加速度**（angular acceleration），即

$$\omega = \lim_{\Delta t \to 0} \frac{\Delta\theta}{\Delta t} = \frac{d\theta}{dt}, \tag{1-25}$$

$$\alpha = \lim_{\Delta t \to 0} \frac{\Delta\omega}{\Delta t} = \frac{d\omega}{dt} = \frac{d^2\theta}{dt^2}. \tag{1-26}$$

在国际单位制中，角速度的单位是弧度每秒（$\mathrm{rad \cdot s^{-1}}$），角加速度的单位是弧度每二次方秒（$\mathrm{rad \cdot s^{-2}}$）．

当质点做圆周运动时，R 为常数，只有角位置是 t 的函数，这样只需一个坐标（即角位置 θ）就可描述质点的位置．这与质点的直线运动颇有些类似．因此，我们也可比照匀变速直线运动的方法建立起描述匀角加速圆周运动的公式．在匀角加速圆周运动中有

$$\begin{cases} \omega = \omega_0 + \alpha t, \\ \theta = \theta_0 + \omega_0 t + \dfrac{1}{2}\alpha t^2, \\ \omega^2 - \omega_0^2 = 2\alpha(\theta - \theta_0). \end{cases} \tag{1-27}$$

不难证明，在圆周运动中，线量和角量之间存在如下关系，即

$$\begin{cases} ds = R d\theta, \\ v = \dfrac{ds}{dt} = R\dfrac{d\theta}{dt} = R\omega, \\ a_t = \dfrac{dv}{dt} = R\dfrac{d\omega}{dt} = R\alpha, \\ a_n = \dfrac{v^2}{R} = R\omega^2. \end{cases} \tag{1-28}$$

角速度的方向就是角位移矢量的方向，如图 1-13 所示．按照矢量的矢积法则，如图 1-14所示，角速度矢量与速度矢量之间的关系为

$$\boldsymbol{v}_P = \boldsymbol{\omega} \times \boldsymbol{r}_P. \tag{1-29}$$

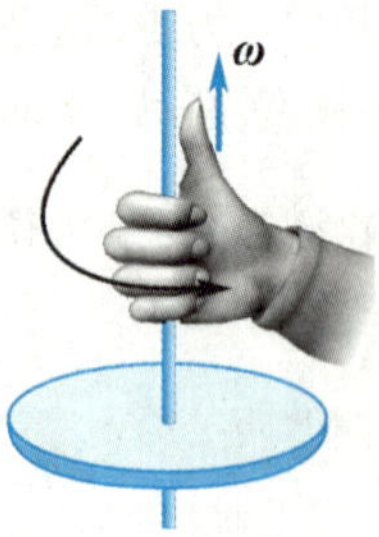

图 1-13　角速度方向

动画演示

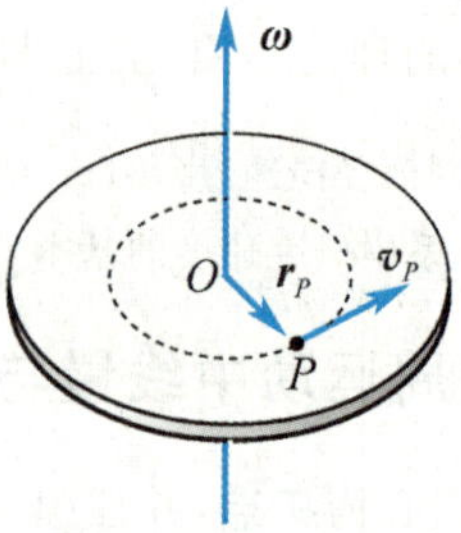

图 1-14　角速度矢量与线速度矢量的关系

例 1-3

一飞轮以转速 $n=1\ 500\ \mathrm{r\cdot min^{-1}}$ 转动，受制动后均匀地减速，经 $t=50$ s 后静止. (1)求角加速度 α 和从制动开始到静止飞轮的转数 N；(2)求制动开始后 $t=25$ s 时飞轮的角速度 ω；(3)设飞轮的半径 $R=1$ m，求 $t=25$ s 时飞轮边缘上任一点的速度和加速度.

解 (1) 由题知 $\omega_0=2\pi n=2\pi\times\dfrac{1\ 500}{60}=50\pi\ (\mathrm{rad\cdot s^{-1}})$，当 $t=50$ s 时，$\omega=0$，故由(1-27)式可得

$$\alpha=\frac{\omega-\omega_0}{t}=\frac{-50\pi}{50}=-3.14\ (\mathrm{rad\cdot s^{-2}}).$$

从开始制动到静止，飞轮的角位移及转数分别为

$$\theta-\theta_0=\omega_0 t+\frac{1}{2}\alpha t^2$$

$$=50\pi\times50-\frac{\pi}{2}\times(50)^2$$

$$=1\ 250\pi\ (\mathrm{rad}),$$

$$N=\frac{1\ 250\pi}{2\pi}=625\ (\mathrm{r}).$$

(2) $t=25$ s 时飞轮的角速度为

$$\omega=\omega_0+\alpha t=50\pi-25\pi.$$

$$=25\pi\ (\mathrm{rad\cdot s^{-1}}).$$

(3) $t=25$ s 时飞轮边缘上任一点的速度为

$$v=R\omega=1\times25\pi$$

$$=78.5\ (\mathrm{m\cdot s^{-1}}).$$

相应的切向加速度和法向加速度分别为

$$a_t=R\alpha=-\pi$$

$$=-3.14\ (\mathrm{m\cdot s^{-2}}),$$

$$a_n=R\omega^2=1\times(25\pi)^2$$

$$=6.16\times10^3\ (\mathrm{m\cdot s^{-2}}).$$

1.3 运动学中的两类基本问题

1. 由已知的运动方程求速度和加速度

由于质点的运动方程包含了质点运动的全部信息，因此只要用求导的方法即可求得速度和加速度.

例 1-4

已知一质点的运动方程为 $\boldsymbol{r}=3t\boldsymbol{i}-4t^2\boldsymbol{j}$，式中 $\boldsymbol{r}$ 以 m 计，t 以 s 计，求质点运动的轨迹方程、速度和加速度.

解 将运动方程写成分量式

$$x=3t,\ y=-4t^2,$$

消去参变量 t 得轨迹方程：$4x^2+9y=0$. 这是一条顶点在原点的抛物线，如图 1-15 所示.

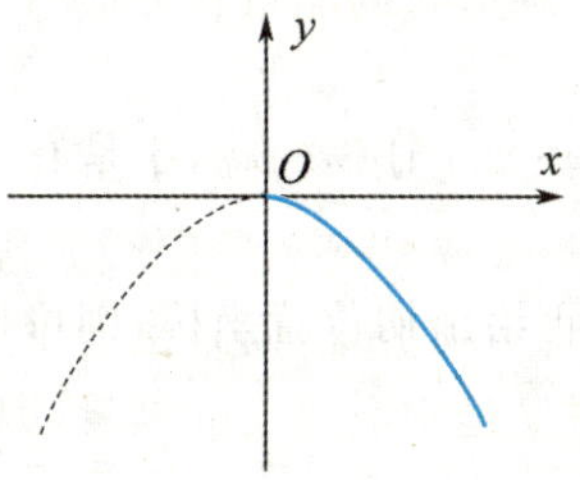

图 1-15

由速度定义得

$$\boldsymbol{v}=\frac{\mathrm{d}\boldsymbol{r}}{\mathrm{d}t}=3\boldsymbol{i}-8t\boldsymbol{j},$$

其大小为 $v=\sqrt{3^2+(8t)^2}$，与 x 轴的夹角 $\theta=\arctan\dfrac{-8t}{3}$.

由加速度的定义得

$$\boldsymbol{a}=\frac{\mathrm{d}\boldsymbol{v}}{\mathrm{d}t}=-8\boldsymbol{j},$$

即加速度的方向沿 y 轴负方向，大小为 $8\ \mathrm{m\cdot s^{-2}}$.

例 1 - 5

一质点沿半径为 1 m 的圆周运动，它通过的弧长 s 按 $s=t+2t^2$ 的规律变化. 问它在 2 s 末的速率、切向加速度和法向加速度各是多少？

解 由速率定义，有

$$v=\frac{ds}{dt}=1+4t.$$

将 $t=2$ s 代入上式，得 2 s 末的速率为

$$v=1+4\times 2=9\ (\mathrm{m\cdot s^{-1}}),$$

其法向加速度为

$$a_n=\frac{v^2}{R}=81\ (\mathrm{m\cdot s^{-2}}).$$

由切向加速度的定义，得 $a_t=\frac{d^2s}{dt^2}=4\ \mathrm{m\cdot s^{-2}}$，为一常数，则 2 s 末的切向加速度为 $4\ \mathrm{m\cdot s^{-2}}$.

例 1 - 6

一飞轮半径为 2 m，其运动方程为 $\theta=2+3t-4t^3$ (SI)，求距轴心 1 m 处的点在 2 s 末的速率和切向加速度.

解 因为

$$\omega=\frac{d\theta}{dt}=3-12t^2,$$

$$\alpha=\frac{d\omega}{dt}=-24t,$$

将 $t=2$ s 代入，得 2 s 末的角速度和加速度分别为

$$\omega=3-12\times 2^2=-45\ (\mathrm{rad\cdot s^{-1}}),$$

$$\alpha=-24\times 2=-48\ (\mathrm{rad\cdot s^{-2}}).$$

在距轴心 1 m 处的速率为

$$v=R\omega=45\ (\mathrm{m\cdot s^{-1}}),$$

切向加速度为

$$a_t=R\alpha=-48\ (\mathrm{m\cdot s^{-2}}).$$

2. 已知加速度和初始条件，求速度和运动方程

如前所述，已知质点的运动方程再运用求导的方法，即可求出它的速度和加速度. 但是，若知道了质点的加速度，能否唯一地求出质点的速度和运动方程？答案是否定的. 要想唯一地确定其速度和运动方程，还需知道质点的初始条件，即已知初始时刻的位矢和速度. 对于这一点，可以从数学的角度来加以理解. 我们知道求解一次不定积分就会出现一个积分常数. 在运动学中，积分常数就是由初始条件来确定的. 设质点做匀加速直线运动，则有

$$v_t=\int a\,dt=at+C_1.$$

若 $t=0$ 时，$v=v_0$，则 $C_1=v_0$，于是有

$$v_t=v_0+at.$$

进一步再给出初位置坐标，则可按上述方法求出其运动方程.

例 1 - 7

跳水运动员沿铅直方向入水，设接触水面瞬间时速率为 v_0. 入水后，运动员所受地球引力和水的浮力相抵消，仅受水的阻力而减速. 加速度 $a=-kv^2$，k 为正常数. 取水面为坐标原点，向下为 x 轴正向，运动员入水时开始计时. (1) 求入水后运动员的下沉速度和位移随时间变化的规律；(2) 若 $k=0.4\ \mathrm{m^{-1}}$，求运动员水中速率降为入水速率 1/10 时，运动员的入水深度.

解 (1) 因为

$$dv=a\,dt=-kv^2\,dt,$$

分离变量得

$$\frac{dv}{v^2}=-k\mathrm{d}t,$$

积分得

$$kt=\frac{1}{v}+C_1. \quad ①$$

由题知 $t=0$ 时，$v=v_0$，所以

$$C_1=-\frac{1}{v_0},$$

代入①式，整理得 $v=\dfrac{v_0}{1+v_0kt}$，再由 $\mathrm{d}x=v\mathrm{d}t$，将 v 的表示式代入，并取积分

$$x=\int\frac{v_0\mathrm{d}t}{1+v_0kt}=\frac{1}{k}\ln(1+kv_0t)+C_2.$$

因 $t=0$ 时，$x=0$. 故 $C_2=0$，于是

$$x=\frac{1}{k}\ln(1+kv_0t).$$

(2) 因为

$$a=\frac{dv}{dt}=\frac{dv}{dx}\frac{dx}{dt}=v\frac{dv}{dx},$$

所以有

$$\frac{v\mathrm{d}v}{\mathrm{d}x}=-kv^2.$$

分离变量，并取积分

$$-\int k\mathrm{d}x=\int\frac{\mathrm{d}v}{v},$$

$$-kx=\ln v+C_3.$$

因 $x=0$ 时，$v=v_0$，故 $C_3=-\ln v_0$，代入，并整理得

$$v=v_0\mathrm{e}^{-kx}.$$

将 $v=v_0/10$，$k=0.4\ \mathrm{m}^{-1}$ 代入上式，即得

$$x=5.76\ (\mathrm{m}).$$

例 1-8

一飞轮受摩擦力矩作用做减速转动过程中，其角加速度 α 与角位置 θ 成正比，比例系数为 $k(k>0)$，且 $t=0$ 时，$\theta_0=0$，$\omega=\omega_0$. 求：(1) 角速度作为 θ 的函数的表达式；(2) 最大角位移.

解 (1) 依题意

$$\alpha=-k\theta,$$

即

$$\alpha=\frac{\mathrm{d}\omega}{\mathrm{d}t}=\frac{\mathrm{d}\omega}{\mathrm{d}\theta}\frac{\mathrm{d}\theta}{\mathrm{d}t}=\frac{\mathrm{d}\omega}{\mathrm{d}\theta}\omega,$$

所以有

$$-k\theta=\frac{\mathrm{d}\omega}{\mathrm{d}\theta}\omega.$$

分离变量并积分，且考虑到 $t=0$ 时，$\theta_0=0$，$\omega=\omega_0$，有

$$-\int_0^\theta k\theta\mathrm{d}\theta=\int_{\omega_0}^{\omega}\omega\mathrm{d}\omega,$$

得

$$\frac{\omega^2}{2}-\frac{\omega_0^2}{2}=-k\frac{\theta^2}{2},$$

故

$$\omega=\sqrt{\omega_0^2-k\theta^2} \quad (取正值).$$

(2) 最大角位移发生在 $\omega=0$ 时，故 $\theta=\dfrac{1}{\sqrt{k}}\omega_0$（只能取正值）.

1.4 相对运动

在 1.1 节中曾指出，由于选取不同的参考系，对同一物体运动的描述就会不同，这反映了运动描述的相对性. 下面我们研究同一质点在有相对运动的两个参考系中的位矢、速度和加速度之间的关系.

当我们研究大轮船上物体的运动时，一方面既要知道该物体对于河岸的运动，另一方面又要知道该物体相对于轮船的运动. 为此，我们就把河岸（即地球）定义为静止参考系，而把轮船定义

为运动参考系. 但是，当我们研究宇宙飞船的发射时，则只能把太阳作为静止参考系而把地球作为运动参考系. 这就是说，**“静止参考系”“运动参考系”的称谓都是相对的**. 在一般情况下，研究地面上物体的运动，把地球作为静止参考系比较方便.

为方便起见，我们把物体相对于静止参考系的运动称为**绝对运动**，把物体相对于运动参考系的运动称为**相对运动**，把运动参考系相对于静止参考系的运动称为**牵连运动**. 显然，这些称谓也是相对的.

如图 1-16 所示，设 S 为静止参考系，S'为运动参考系. 为简单计，假定相应坐标轴保持相互平行，S'相对于 S 沿 x 轴做直线运动. 这时两参考系间的相对运动，可用 S'系的坐标原点 O' 相对于 S 系的坐标原点 O 的运动来代表. 设有一质点位于 S'系中的 P 点，它对 S 系的位矢为 $\boldsymbol{r}$（即绝对位矢），对 S'系的位矢为 $\boldsymbol{r}'$（即相对位矢），而 O'点对 O 点的位矢为 $\boldsymbol{r}_0$（即牵连位矢）. 由矢量加法的三角形法则可知，$\boldsymbol{r},\boldsymbol{r}',\boldsymbol{r}_0$ 之间有如下关系：

$$\boldsymbol{r}=\boldsymbol{r}_0+\boldsymbol{r}', \tag{1-30}$$

即绝对位矢等于牵连位矢与相对位矢的矢量和.

将(1-30)式两边对时间求导，即可得

$$\boldsymbol{v}=\boldsymbol{v}_0+\boldsymbol{v}', \tag{1-31}$$

式中 $\boldsymbol{v}$ 为**绝对速度**，$\boldsymbol{v}_0$ 为**牵连速度**，$\boldsymbol{v}'$为**相对速度**.

将(1-31)式两边对时间求导，可得

$$\boldsymbol{a}=\boldsymbol{a}_0+\boldsymbol{a}', \tag{1-32}$$

式中 $\boldsymbol{a}$ 为**绝对加速度**，$\boldsymbol{a}_0$ 为**牵连加速度**，$\boldsymbol{a}'$为**相对加速度**.

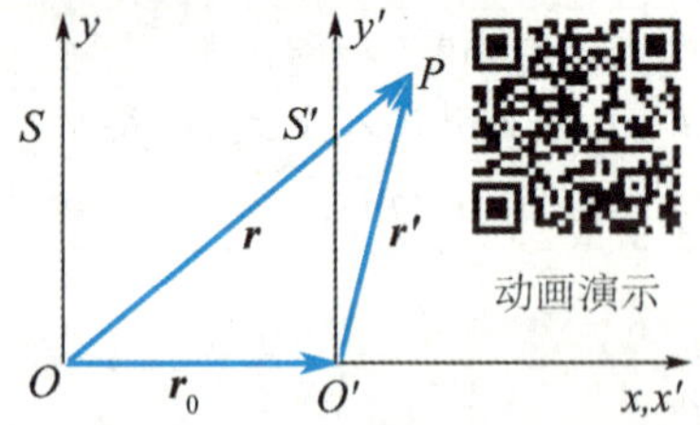

动画演示

图 1-16　运动描述的相对性

需要说明的是，(1-30)，(1-31)，(1-32)三式所表示的位矢、速度和加速度的合成法则，仅当物体的运动速度远小于光速时才成立. 而物体的运动速度可与光速相比时的情形将在第 3 章中讨论.

设某质点系由 A,B 两质点组成. 它们对某一参考系的位矢分别为 $\boldsymbol{r}_A$ 和 $\boldsymbol{r}_B$，如图 1-17 所示. 质点系内 B 质点对 A 质点的位矢显然是由 A 引向 B 的矢量 $\boldsymbol{r}_{AB}$. 由图可知，用矢量减法的三角形法则，则有

$$\boldsymbol{r}_{BA}=\boldsymbol{r}_B-\boldsymbol{r}_A, \tag{1-33}$$

$\boldsymbol{r}_{BA}$ 称为 B 对 A 的相对位矢.

将(1-33)式对时间求一阶导数，可得 B 对 A 的相对速度

$$\boldsymbol{v}_{BA}=\boldsymbol{v}_B-\boldsymbol{v}_A. \tag{1-34}$$

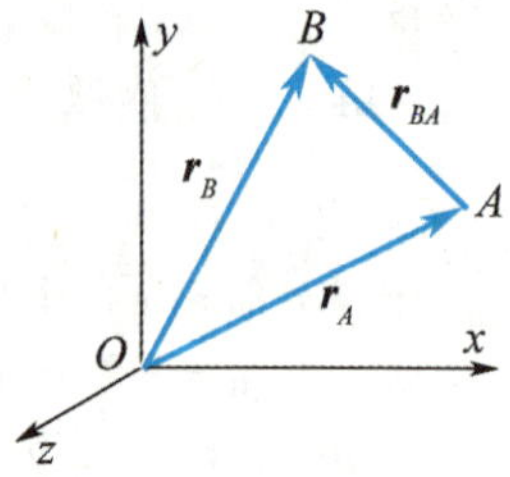

图 1-17　相对位矢

例 1-9

如图 1-18(a)所示，河宽为 L，河水以恒定速度 $\boldsymbol{u}$ 流动，岸边有 A,B 两码头，A,B 连线与岸边垂直，码头 A 处有船相对于水以恒定速率 v_0 开动. 证明：船在 A,B 两码头间往返一次所需时间为

$$t=\frac{\dfrac{2L}{v_0}}{\sqrt{1-\left(\dfrac{u}{v_0}\right)^2}}$$

（船换向时间忽略不计）.

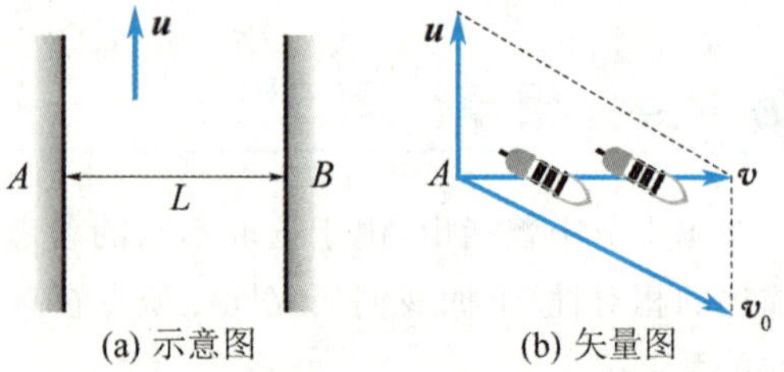

(a) 示意图　　(b) 矢量图

图 1-18

证　设船相对于岸边的速度（绝对速度）

为 $\boldsymbol{v}$，由题知，$\boldsymbol{v}$ 的方向必须指向 A，B 连线，此时河水流速 $\boldsymbol{u}$ 为牵连速度，船对水的速度 $\boldsymbol{v}_0$ 为相对速度，于是有

$$\boldsymbol{v}=\boldsymbol{u}+\boldsymbol{v}_0.$$

据此作出矢量图 1-18(b)，得

$$v=\sqrt{v_0^2-u^2}.$$

读者自己可证当船由 B 返回 A 时，船对岸的速度的模亦由上式给出. 因为在 AB 两码头往返一次的路程为 $2L$，故所需时间为

$$t=\frac{2L}{v}=\frac{2L}{\sqrt{v_0^2-u^2}}=\frac{\dfrac{2L}{v_0}}{\sqrt{1-\left(\dfrac{u}{v_0}\right)^2}}.$$

讨论：

(1) 若 $u=0$，即河水静止，则 $t=\dfrac{2L}{v_0}$，这是显然的.

(2) 若 $u=v_0$，即河水流速 u 等于船对水的速率 v_0，则 $t\to\infty$，即船由码头 A(或 B) 出发后就永远不能再回到原出发点了.

(3) 若 $u>v_0$，则 t 为一虚数，这是没有物理意义的，即船不能在 A，B 间往返.

综合上述讨论可知，船在 A，B 间往返的必要条件是

$$v_0>u.$$

例 1-10

如图 1-19(a) 所示，一汽车 B 在雨中沿直线行驶，其速率为 v_1，下落雨滴的速度方向与铅直方向成 θ 角，偏向于汽车前进方向，速率为 v_2，车后有一长方形物体 A(尺寸如图所示). 问车速 v_1 多大时，此物体刚好不会被雨水淋湿.

解 因为

$$\boldsymbol{v}_{\mathrm{BA}}=\boldsymbol{v}_{\mathrm{B}}-\boldsymbol{v}_{\mathrm{A}},$$

所以

$$\boldsymbol{v}_{雨车}=\boldsymbol{v}_{雨}-\boldsymbol{v}_{车}=\boldsymbol{v}_2-\boldsymbol{v}_1=\boldsymbol{v}_2+(-\boldsymbol{v}_1).$$

据此可作出矢量图 1-19(b)，即此时 $\boldsymbol{v}_{雨车}$ 与铅直方向的夹角为 α，由图 1-19(a) 有

$$\tan\alpha=\frac{L}{h}.$$

由图 1-19(b) 可算得

$$h=v_2\cos\theta,$$

$$v_1=v_2\sin\theta+h\tan\alpha$$

$$=v_2\sin\theta+v_2\,\frac{L}{h}\cos\theta.$$

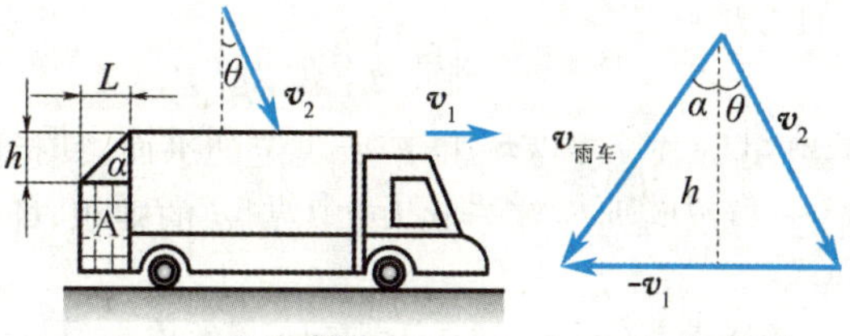

(a) 示意图　　(b) 矢量图

图 1-19

思考题

1-1 $|\Delta\boldsymbol{r}|$ 与 Δr 有无不同？$\left|\dfrac{\mathrm{d}\boldsymbol{r}}{\mathrm{d}t}\right|$ 和 $\dfrac{\mathrm{d}r}{\mathrm{d}t}$ 有无不同？$\left|\dfrac{\mathrm{d}\boldsymbol{v}}{\mathrm{d}t}\right|$ 和 $\dfrac{\mathrm{d}v}{\mathrm{d}t}$ 有无不同？其不同在哪里？试举例说明.

1-2 设质点的运动方程为 $x=x(t)$，$y=y(t)$，在计算质点的速度和加速度时，有人先求出 $r=\sqrt{x^2+y^2}$，然后根据 $v=\dfrac{\mathrm{d}r}{\mathrm{d}t}$ 及 $a=\dfrac{\mathrm{d}^2r}{\mathrm{d}t^2}$ 而求得结果；又有人先计算速度和加速度的分量，再合成求得结果，即

$$v=\sqrt{\left(\frac{\mathrm{d}x}{\mathrm{d}t}\right)^2+\left(\frac{\mathrm{d}y}{\mathrm{d}t}\right)^2} \text{ 及 } a=\sqrt{\left(\frac{\mathrm{d}^2x}{\mathrm{d}t^2}\right)^2+\left(\frac{\mathrm{d}^2y}{\mathrm{d}t^2}\right)^2}.$$

你认为两种方法哪一种正确？为什么？两者差别何在？

1-3 雨点自高空相对于地面以匀速 v 直线下落，在下述参考系中观察时，雨点怎样运动？

(1) 在地面上；

(2) 在匀速行驶的车中；

(3) 在以加速度 $\boldsymbol{a}$ 行驶的车中；

(4) 在自由下落的升降机中.

1-4 回答下列问题并举出符合答案的实例：

(1) 物体能否有一不变的速率而仍有一变化的速度？

(2) 速度为零的时刻，加速度是否一定为零？加速度为零的时刻，速度是否一定为零？

(3) 物体的加速度不断减小，而速度却不断增大，可能吗？

(4) 当物体具有大小、方向不变的加速度时，物体的速度方向能否改变？

1-5 做直线运动的质点，它的运动速度 v 与时间的关系由图 1-20 中曲线所示，问：

(1) t_1 时刻曲线的切线 AB 的斜率表示什么？

(2) t_1 与 t_2 之间曲线的割线的斜率表示什么？

(3) 从 $t=0$ 到 t_3 时间内质点的位移与路程分别由什么表示？

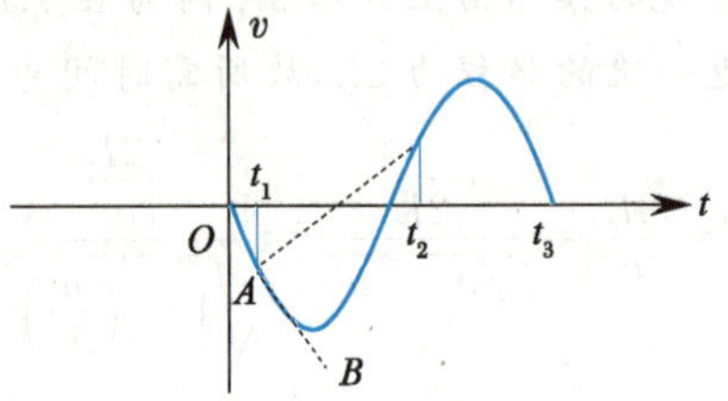

图 1-20

习题

1-1 一质点在 Oxy 平面上运动，运动方程为

$$x=3t+5,\quad y=\frac{1}{2}t^2+3t-4,$$

式中 t 以 s 计，x，y 以 m 计.

(1) 以时间 t 为变量，写出质点位置矢量的表示式；

(2) 求出 $t=1$ s 和 $t=2$ s 时的位置矢量，计算这 1 s内质点的位移；

(3) 计算$t=0$ s 到$t=4$ s内的平均速度；

(4) 求出质点速度矢量的表示式，计算 $t=4$ s 时质点的速度；

(5) 计算 $t=0$ s 到$t=4$ s内质点的平均加速度；

(6) 求出质点加速度矢量的表示式，计算 $t=4$ s 时质点的加速度(请把位置矢量、位移、平均速度、速度、平均加速度和加速度都表示成直角坐标系中的矢量式).

1-2 在离水面高 h 的岸上，有人用绳子拉船靠岸，船在离岸 s 处，如图 1-21 所示. 当人以 v_0 的速率收绳时，试求船运动的速度和加速度的大小.

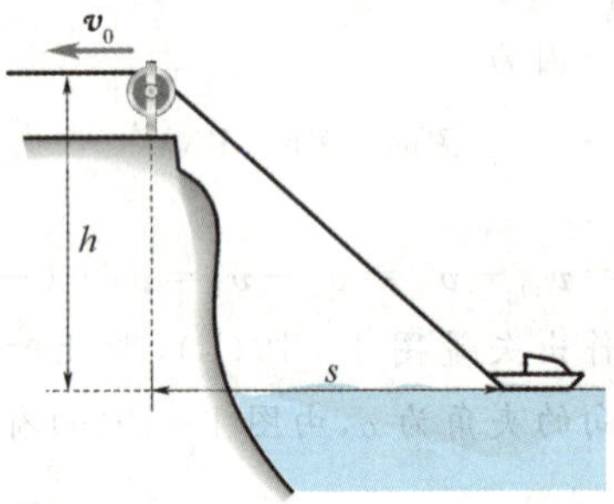

图 1-21

1-3 质点沿 x 轴运动，其加速度和位置的关系为 $a=2+6x^2$，a 的单位为 $\mathrm{m\cdot s^{-2}}$，x 的单位为 m. 质点在 $x=0$ 时，速度为 $10\ \mathrm{m\cdot s^{-1}}$，试求质点在任何坐标的速度值.

1-4 已知一质点做直线运动，其加速度 $a=4+3t\ \mathrm{m\cdot s^{-2}}$. 开始运动时，$x=5$ m，$v=0$，求该质点在 $t=10$ s 时的速度和位置.

1-5 一质点沿 x 轴运动，其加速度 a 与位置坐标 x 的关系为 $a=2+6x^2$(SI). 如果质点在原点处的速度为零，试求其在任意位置的速度.

1-6 一质点沿半径为 1 m 的圆周运动，运动方程为 $\theta=2+3t^2$，式中 θ 以 rad 计，t 以 s 计，求：

(1) $t=2$ s 时，质点的切向加速度和法向加速度；

(2) 当加速度的方向和半径成 45° 角时，其角位移是多少？

1-7 质点沿半径为 R 的圆周按 $s=v_0t-\frac{1}{2}bt^2$ 的规律运动，式中 s 为质点离圆周上某点的弧长，v_0，b 都是常量. 求：

(1) t 时刻质点的加速度；

(2) t 为何值时，加速度在数值上等于 b.

1-8 以初速度 $v_0=20\ \mathrm{m\cdot s^{-1}}$ 抛出小球，抛出方向与水平面成 $\alpha=60^\circ$ 的夹角. 求：

(1) 球轨道最高点的曲率半径 R_1；

(2) 落地处的曲率半径 R_2.（提示：利用曲率半径与法向加速度之间的关系）

1-9 飞轮半径为 0.4 m，自静止启动，其角加速度 $\alpha=0.2\ \mathrm{rad\cdot s^{-2}}$，求 $t=2$ s 时边缘上各点的速度、法向加速度、切向加速度和合加速度.

1-10 质点 P 在水平面内沿一半径为 $R=2$ m 的圆轨道转动. 转动的角速度 ω 与时间 t 的函数关系为 $\omega=kt^2$（k 为常量）. 已知 $t=2$ s 时，质点 P 的速度值为 $32\ \mathrm{m\cdot s^{-1}}$. 试求 $t=1$ s 时，质点 P 的速度与加速度的大小.

1-11 在生物物理实验中用来分离不同种类分子的超级离心机的转速是 $6\times10^4\ \mathrm{r\cdot min^{-1}}$. 在这种离心机的转子内，离轴 10 cm 远的一个大分子的向心加速度是重力加速度的多少倍？

1-12 如图 1-22 所示，物体 A 以相对 B 的速度 $v=\sqrt{2gy}$ 沿斜面滑动，y 为纵坐标，开始时 A 在斜面顶端高为 h 处，物体 B 以速度 u 匀速向右运动，求物体 A 滑到地面时的速度.

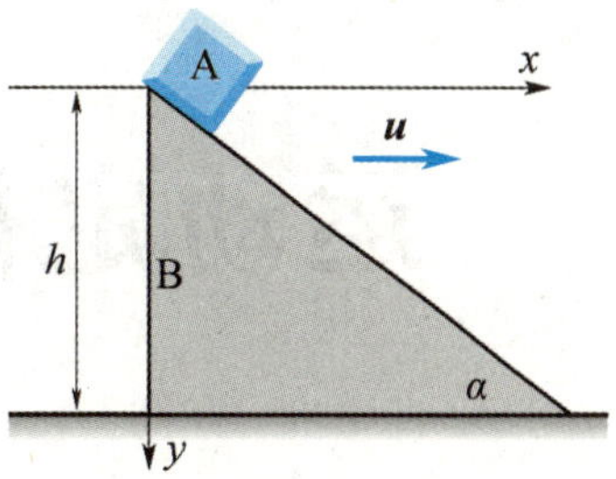

图 1-22

1-13 一船以速率 $v_1=30\ \mathrm{km\cdot h^{-1}}$ 沿直线向东行驶，另一小艇在其前方以速率 $v_2=40\ \mathrm{km\cdot h^{-1}}$ 沿直线向北行驶，问在船上看小艇的速度为何？在艇上看船的速度又为何？

1-14 在河水流速 $v_0=2\ \mathrm{m\cdot s^{-1}}$ 的地方有小船渡河. 如果希望小船以 $v=4\ \mathrm{m\cdot s^{-1}}$ 的速率垂直于河岸横渡，问小船相对于河水的速度大小和方向应如何？

知识拓展

第2章

运动定律与力学守恒定律

物体的运动既与自身的内在因素有关，又取决于物质间的相互作用.在力学中将物体间的相互作用称为力(force)，研究物体在力的作用下运动规律的科学称为动力学(dynamics).

动力学问题中既有以牛顿定律为代表所描述的力的瞬时效应，又有通过动量守恒、机械能守恒、角动量守恒等定律所描述的力在时间和空间过程中的累积效应.而反映力在时间和空间过程中累积效应的这些守恒定律又是与时间和空间的某种对称性紧密相连的.

2.1 牛顿运动定律

一、牛顿运动定律

牛顿第一定律(Newton's first law)：任何物体都保持静止或匀速直线运动状态，直到其他物体所作用的力迫使它改变这种运动状态为止.

牛顿第一定律说明了两个重要的力学概念，即物体的惯性和力.第一，它提出了惯性的概念，所谓惯性(inertia)，就是物体所固有的保持原来运动状态不变的特性.任何物体都具有惯性.在没有其他物体，即不受外力的情况下，物体将保持静止或匀速直线运动的状态.所以，牛顿第一定律又称为惯性定律.惯性的大小与物体的质量成正比.第二，它定性地阐明了力的概念.力在本质上是物体之间的相互作用，在效果上是物体运动状态变化的原因(力还是物体产生形变的原因).物体的运动并不需要力去维持，只有当物体的运动状态(速度)发生变化时才有力的作用.物体运动状态的改变意味着物体获得加速度，在这个意义上来说，力是使物体获得加速度的原因.

惯性定律只能在某些特殊参考系中成立.我们通常把不受力作用的质点称为孤立质点，而相对于孤立质点静止或做匀速直线运动的参考系称为惯性参考系(inertial frame)，简称惯性系.例如，在一个做加速运动的车厢内去观察水平方向可视为孤立质点的小球运动，则小球相对于车厢参考系就有加速度，而相对于地面参考系，其加速度为零，如图 2 - 1 所示.这时地面就是惯性系，而加速运动的车厢是非惯性系.在非惯性系中，牛顿第一定律不成立.

那么，哪些参考系是惯性系呢？严格地讲，要根据大量的观察和实验结果来判断.例如，在研究天体的运动时，常把某些不受其他星体作用的孤立星体(或星体群)作为惯性系.但完全不受其他星体作用的孤立星体(群)是不存在的.所以，以孤立星体(群)作为惯性系也只能是近似的.

地球是最常用的惯性系.伽利略就是在地球上发现惯性定律的.但精确观察表明，地球不是

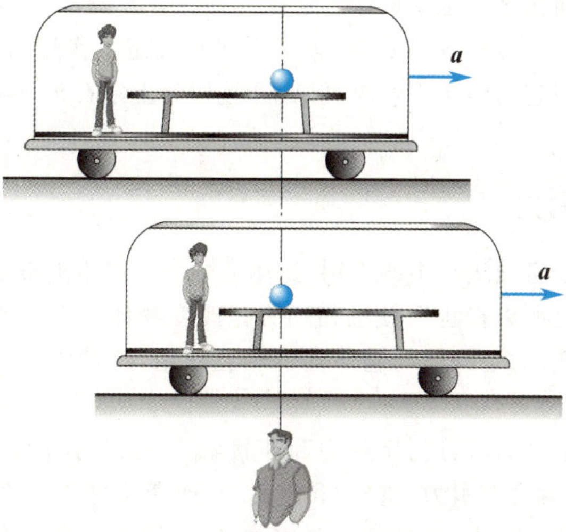

图 2 - 1　在加速运动的车厢内惯性定律不成立

严格的惯性系. 离地球最近的恒星是太阳，两者相距约 1.5×10^{11} m，由于太阳的存在，使地球具有约 5.9×10^{-3} m · s^{-2} 的公转加速度，地球的自转加速度更大，约为 3.4×10^{-2} m · s^{-2}. 但对大多数精度要求不很高的实验，上述效应可以忽略，地球可以作为近似程度很好的惯性系.

太阳是一个精确度很好的惯性系. 但进一步的研究表明，由于太阳受整个银河系分布质量的作用，它与整个银河系的其他星体一起绕其中心旋转，加速度为 10^{-10} m · s^{-2}.

可以证明，凡是相对于某惯性系静止或做匀速直线运动的其他参考系都是惯性系.

牛顿第二定律(Newton's second law)：**当物体受到外力作用时，它所获得的加速度 $\boldsymbol{a}$ 的大小与合外力 $\boldsymbol{F}$ 的大小成正比，与物体的质量成反比；加速度 $\boldsymbol{a}$ 的方向与合外力 $\boldsymbol{F}$ 的方向相同.**

牛顿第二定律的数学形式为

$$\boldsymbol{F} = km\boldsymbol{a}, \tag{2-1}$$

比例系数 k 与单位制有关，在国际单位制(SI)中 $k=1$.

牛顿第一定律只是说明任何物体都具有惯性，但没有给予惯性的度量. 牛顿第二定律指出，同一个外力作用在不同的物体上，质量大的物体获得的加速度小，质量小的物体获得的加速度大. 这意味着质量大的物体要改变其运动状态比较困难，质量小的物体要改变其运动状态比较容易. 因此，**质量就是物体惯性大小的量度**. 牛顿第二定律中的质量也常被称为惯性质量.

牛顿第三定律(Newton's third law)：**当物体 A 以力 $\boldsymbol{F}_1$ 作用在物体 B 上时，物体 B 也必定同时以力 $\boldsymbol{F}_2$ 作用在物体 A 上. $\boldsymbol{F}_1$ 和 $\boldsymbol{F}_2$ 大小相等，方向相反，且力的作用线在同一直线上，即**

$$\boldsymbol{F}_1 = -\boldsymbol{F}_2. \tag{2-2}$$

对于牛顿第三定律，必须注意如下几点：

①作用力与反作用力总是成对且同时出现.

②作用力与反作用力是分别作用在两个物体上，因此不是一对平衡力.

③作用力与反作用力一定是属于同一性质的力. 如果作用力是万有引力，那么反作用力也一定是万有引力；作用力是摩擦力，反作用力也一定是摩擦力；作用力是弹力，反作用力也一定是弹力.

说明：在牛顿力学中强调作用力与反作用力大小相等方向相反，且力的作用线在同一直线上，这种情况只在物体的运动速度远小于光速时成立. 若相对论效应不能忽略时，牛顿第三定律的这种表达就失效了，取而代之的是动量守恒定律. 因此，有人说，牛顿第三定律只是动量守恒定律在经典力学中的一种推论. 另外应当明确，第三定律只确定了作用力与反作用力的关系，而没有给出它们的作用效果，即它们的作用效果可以不同，如鸡蛋碰石头，两者受力大小相同，但鸡蛋会破裂，石头却完好无损.

二、力学中的常见力

力的概念，特别是力在机械运动中的作用，是动力学中最基本的概念. 我国战国时代，墨翟在其著作《墨经》中说"力形之所以奋也"，就已指明力是改变物体运动状态的原因. 后历经伽利略、牛顿等人，人们才最终确定：力是物体与物体间的相互作用，这种作用可使物体的运动状态发生改变或可使物体产生形变.

按照上述关于力的理解. 力可分为接触力和非接触力. 在力学中常见的接触力有弹力（含弹簧弹性力）和摩擦力，非接触力有引力（重力）和电磁力. 或者从另一个角度，人们又把力分为主动力和被动力，像非接触即为主动力，此外还有弹簧弹性力. 因为这些力有其"独立自主"的方向和大小，不受质点所受其他力的影响，而处于主动地位. 诸如物体间的挤压力、绳内张力及摩擦力，因其没有自己独立自主的方向和大小，要视质点受到的主动力和运动状态而定，这类力便被称为被动力. 在力学中，被动力常常作为未知力出现.

牛顿在《自然哲学的数学原理》中指出要"从运动现象去研究自然界的力，然后从这些力去说明其他现象". 为了能对力的性质有个了解，下面介绍力学中最常见的几种力.

1. 引力

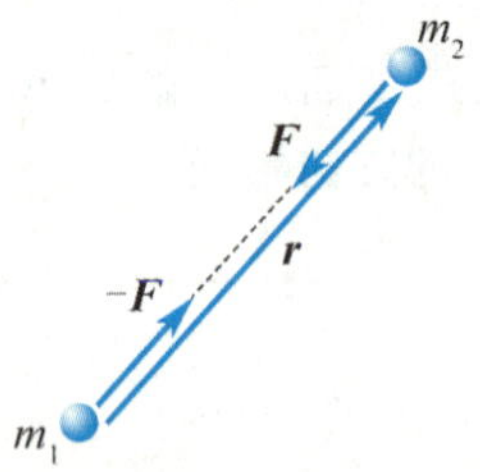

图 2-2 引力

一切物体均具有相互吸引的作用，其规律可用牛顿提出的万有引力定律来描述. 设有两质点，它们之间的引力（gravitational force）$\boldsymbol{F}$ 可用矢量式表示为

$$\boldsymbol{F}=-G\frac{m_1m_2}{r^3}\boldsymbol{r}, \tag{2-3}$$

式中 $G=6.67\times10^{-11}\ \mathrm{N\cdot m^2\cdot kg^{-2}}$ 称为引力常量，m_1 和 m_2 称为两质点的引力质量，$\boldsymbol{r}$ 是 m_2 相对于 m_1 的位矢（见图 2-2），式中负号表示 $\boldsymbol{F}$ 的方向与 $\boldsymbol{r}$ 的方向相反.

2. 重力

处在地面附近的物体，不仅受到地球的引力，还将受到地球自转的影响. 由于地球的自转，地面上的物体将绕地轴做圆周运动. 物体所受地球的引力 $\boldsymbol{F}_e$（指向地心）有一部分提供了向心力，只有余下的分力 $\boldsymbol{W}$ 才是引起物体向地面降落的力. 这个力 $\boldsymbol{W}$ 就称为重力（gravity），也称为物体的重量（见图 2-3）.

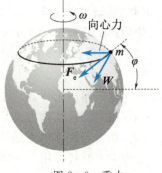

图 2-3 重力

因为

$$\boldsymbol{F}_e=\frac{Gm_em}{R_e^3}\boldsymbol{R}_e,$$

而计算证明 $\boldsymbol{W}$ 与 $\boldsymbol{F}_e$ 有下列数值关系：

$$W = F_e(1-0.003\,5\cos^2\varphi)^{①},$$

式中 φ 为物体所处的地理纬度角，所以通常将重力表示为

$$W = mg$$

或

$$\boldsymbol{W} = m\boldsymbol{g},$$

g 即为重力加速度. 考虑到 $F_e = mg_0$，所以有

$$g = g_0(1-0.003\,5\cos^2\varphi),$$

g_0 应为地球两极$\left(\varphi = \frac{\pi}{2}\right)$处的重力加速度.

3. 弹性力

固体因形变而产生的恢复力，称为**弹性力**(spring force). 作为弹性体代表的弹簧，其形变时产生的弹性力，在弹性限度内遵从胡克定律

$$\boldsymbol{F} = -kx\boldsymbol{i}, \tag{2-4}$$

式中 k 称为弹簧的劲度系数，x 表示弹簧的右端对其平衡位置(弹簧原长时该端点的位置)的坐标，负号表示弹性力 $\boldsymbol{F}$ 的方向总与位移 $x\boldsymbol{i}$ 的方向相反(见图 2-4).

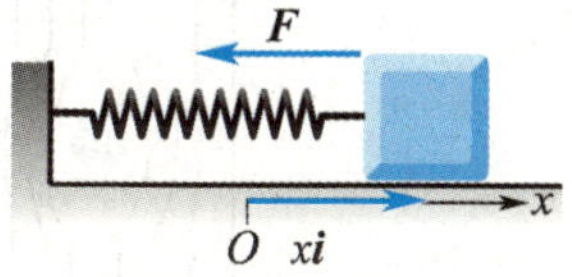

图 2-4 弹性力

4. 摩擦力

当两个相互接触的物体沿接触面有相对运动趋势时，在接触面之间会产生一对阻止上述运动趋势的力，这一对作用力和反作用力称为**静摩擦力**(force of static friction). 测量证明，静摩擦力的大小随引起相对运动趋势的外力而变化，但具有最大值

$$F_{s,\max} = \mu_s F_N, \tag{2-5}$$

式中 F_N 为两物体接触面间的正压力，μ_s 称为**静摩擦系数**，它与两物体的质料和接触面的粗糙程度、干湿程度等有关.

当外力超过最大静摩擦力时，两物体间出现相对滑动，这时仍存在一对阻止相对滑动的摩擦力，称为**滑动摩擦力**(force of kinetic friction). 测量表明，滑动摩擦力

$$F_k = \mu F_N, \tag{2-6}$$

式中 μ 称为**滑动摩擦系数**，它除了与物体的质料和表面粗糙程度、干湿程度有关外，还随相对滑动速度的大小而变化.

μ_s 和 μ 皆为小于 1 的纯数，而且 μ 稍小于 μ_s. 为减小摩擦，常在接触面间添加润滑剂，或者将滑动改为滚动. 当然，在另一些情况下，也可能要设法增大摩擦，例如在传动中应用的摩擦离合器和车辆的轮胎等.

5. 流体阻力

当固态物体穿过液体或气体(统称为流体)运动时，会受到流体的阻力. 这阻力与运动物体的速度方向相反，大小随速度变化. 实验表明，当物体速度不太大时，阻力主要由流体的黏滞性产生. 在运动物体的带动下，流体内只形成有一定层次的平稳流动(层流)，这时物体受的阻力与它的速率成正比[见图 2-5(a)]，

$$F = bv, \tag{2-7}$$

式中 b 为常量，它依赖于流体性质和物体的几何形状.

---

① 这一公式将在 2.2 节中予以证明.

当物体穿过流体的速率超过某限度时(但一般仍低于声速)，流体的层流开始混乱，在物体之后出现旋涡(形成湍流)，这时物体受的阻力与它的速率平方成正比[见图 2－5(b)]，

$$F = cv^2.$$

如果物体与流体的相对速度提高到接近空气中的声速时，这时阻力按

$$F \propto v^3$$

迅速增大[见图 2－5(c)].

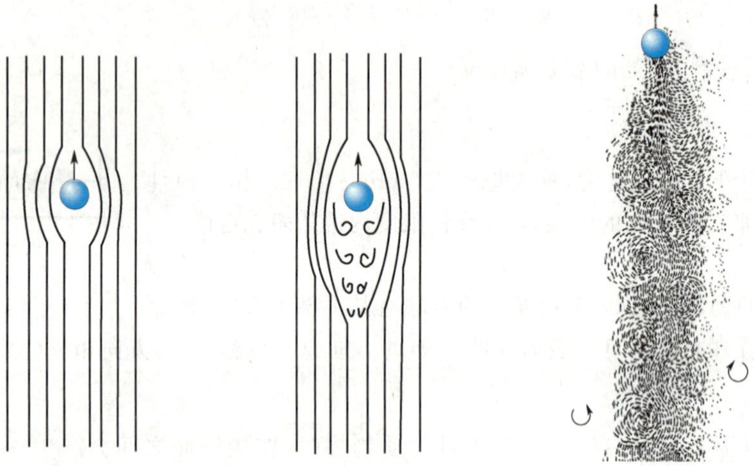

(a) 层流，$F \propto v$　　(b) 湍流，$F \propto v^2$　　(c) $F \propto v^3$

图 2－5　流体阻力

6. 自然界中的基本相互作用力

以上所列举的均是在宏观力学中所遇到的力. 在微观世界中物质间也有相互作用，而且所引起的响应并不一定是加速度或者是形变. 另外，前面所讲引力作用似有"超距作用"(即作用无需物质传递)之嫌；还有，那些接触力的形成机理又是什么呢？要回答这些问题，就要涉及自然界的四种基本相互作用.

现代物理已证明，无论宏观或微观世界(如分子间、原子间、核子间的斥力和引力等)中所存在的形形色色的各类力，究其实质只有四种基本相互作用，而且这四种基本相互作用均是通过各自的场物质来进行传递的.

这四种基本相互作用是：引力作用、电磁作用、强作用和弱作用.

现代理论证明电磁作用是以光子作为传播媒介的，强作用由胶子作为传播媒介，弱作用由中间玻色子作为传播媒介，而引力作用的传播媒介"引力子"则尚待证实.

表 2－1 中列出了四种基本力的特征，其中力的强度是指两个质子中心的距离等于它们直径时的相互作用力.

表 2－1　四种基本自然力的特征

力的种类	相互作用的物体	力的强度	力　程
万有引力	一切质点	10^{-34} N	无限远
弱力	大多数粒子	10^{-2} N	小于 10^{-17} m
电磁力	电荷	10^{2} N	无限远
强力	核子、介子等	10^{4} N	10^{-15} m

正如前面介绍弹力和摩擦力时指出的，存在于宏观物体间的弹力和摩擦力均是相互挤压和摩擦的物体间分子电磁作用的残余作用.

三、牛顿定律的应用

牛顿第二定律描述的是力和加速度间的瞬时关系. 它指出只要物体所受合外力不为零，物体就有相应的加速度，力改变时相应的加速度也随之改变，当物体所受合外力为恒量时，物体的加速度是常数.

牛顿第二定律 $\boldsymbol{F}=m\boldsymbol{a}$ 是矢量式. 在具体运算时，一般先要选定合适的坐标系，然后将牛顿第二定律写成该坐标系的分量式. 在直角坐标系中，它的分量式为

$$\begin{cases} F_x = ma_x = m\dfrac{\mathrm{d}v_x}{\mathrm{d}t} = m\dfrac{\mathrm{d}^2x}{\mathrm{d}t^2}, \\ F_y = ma_y = m\dfrac{\mathrm{d}v_y}{\mathrm{d}t} = m\dfrac{\mathrm{d}^2y}{\mathrm{d}t^2}, \\ F_z = ma_z = m\dfrac{\mathrm{d}v_z}{\mathrm{d}t} = m\dfrac{\mathrm{d}^2z}{\mathrm{d}t^2}. \end{cases} \tag{2-8}$$

在研究曲线运动时，也可用自然坐标系中的法向分量和切向分量式：

$$\begin{cases} F_\mathrm{t} = ma_\mathrm{t} = m\dfrac{\mathrm{d}v}{\mathrm{d}t}, \\ F_\mathrm{n} = ma_\mathrm{n} = m\dfrac{v^2}{\rho}, \end{cases} \tag{2-9}$$

式中 F_t，F_n 分别代表切向分力和法向分力大小.

注意： 牛顿定律只在惯性系中成立，且只能在低速（不考虑相对论效应时）、宏观（不考虑量子效应时）的情况下适用.

例 2-1

一细绳跨过一轴承光滑的定滑轮，绳的两端分别悬有质量为 m_1 和 m_2 的物体（$m_1 < m_2$），如图 2-6 所示. 设滑轮和绳的质量可忽略不计，绳不能伸长，试求物体的加速度以及悬挂滑轮的绳中张力.

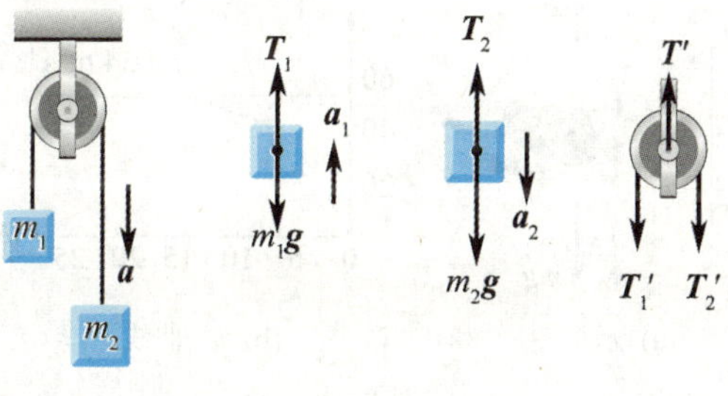

图 2-6

解 分别以 m_1，m_2 及滑轮为研究对象，其隔离体受力如图 2-6 所示.

对 m_1，它在绳子拉力 $\boldsymbol{T}_1$ 及重力 $m_1\boldsymbol{g}$ 作用下以加速度 $\boldsymbol{a}_1$ 向上运动，取向上为正方向，则有

$$T_1 - m_1 g = m_1 a_1. \quad ①$$

对 m_2，它在绳子拉力 $\boldsymbol{T}_2$ 及重力 $m_2\boldsymbol{g}$ 作用下以加速度 $\boldsymbol{a}_2$ 向下运动，以向下为正方向，则有

$$m_2 g - T_2 = m_2 a_2. \quad ②$$

由于定滑轮轴承光滑，滑轮和绳的质量可以略去，因此绳上各部分的张力都相等；又因为绳不能伸长，所以 m_1 和 m_2 的加速度大小相等，即有

$$T_1 = T_2 = T, \quad a_1 = a_2 = a.$$

联立①和②两式得

$$a = \frac{m_2 - m_1}{m_1 + m_2}g, \quad T = \frac{2m_1m_2}{m_1 + m_2}g.$$

由牛顿第三定律知：$T_1' = T_1 = T$，$T_2' =$

$T_2=T$，又考虑到定滑轮质量不计，所以有

$$T' = 2T = \frac{4m_1m_2}{m_1+m_2}g,$$

容易证明

$$T' < (m_1+m_2)g.$$

例 2-2

升降机内有一光滑斜面，固定在底板上，斜面倾角为 θ. 当升降机以匀加速度 $\boldsymbol{a}_1$ 竖直上升时，质量为 m 的物体从斜面顶端沿斜面开始下滑，如图 2-7所示. 已知斜面长为 l，求物体对斜面的压力，物体从斜面顶点滑到底部所需的时间.

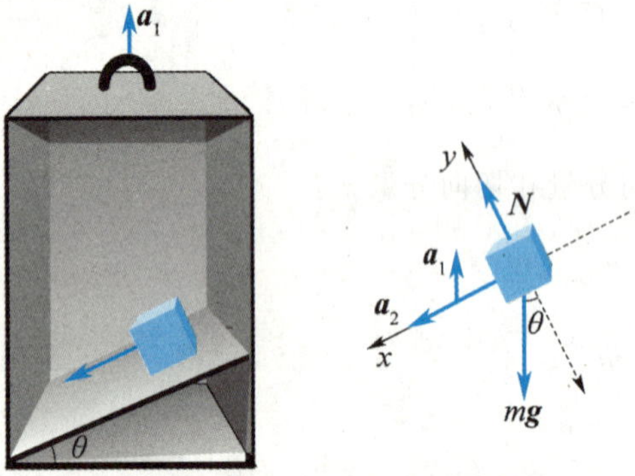

(a) 示意图　　(b) 矢量图

图 2-7

解 以物体 m 为研究对象，其受到斜面的正压力 $\boldsymbol{N}$ 和重力 $m\boldsymbol{g}$. 以地为参考系，设物体 m 相对于斜面的加速度为 $\boldsymbol{a}_2$，方向沿斜面向下，则物体相对于地的加速度为

$$\boldsymbol{a} = \boldsymbol{a}_1 + \boldsymbol{a}_2.$$

设 x 轴正向沿斜面向下，y 轴正向垂直斜面向上，则对 m 应用牛顿定律列方程如下：

x 方向　$mg\sin\theta = m(a_2 - a_1\sin\theta)$，

y 方向　$N - mg\cos\theta = ma_1\cos\theta$，

解方程，得

$$a_2 = (g+a_1)\sin\theta,$$

$$N = m(g+a_1)\cos\theta.$$

由牛顿第三定律可知，物体对斜面的压力 N' 与斜面对物体的压力 N 大小相等，方向相反，即物体对斜面的压力大小为 $m(g+a_1)\times\cos\theta$，垂直指向斜面.

因为 m 相对于斜面以加速度 $a_2=(g+a_1)\sin\theta$，沿斜面向下做匀变速直线运动，所以

$$l = \frac{1}{2}a_2t^2 = \frac{1}{2}(g+a_1)\sin\theta t^2,$$

得

$$t = \sqrt{\frac{2l}{(g+a_1)\sin\theta}}.$$

例 2-3

跳伞运动员在张伞前的俯冲阶段，由于受到随速度增加而增大的空气阻力，其速度不会像自由落体那样增大. 当空气阻力增大到与重力相等时，跳伞员就达到其下落的最大速度，称为终极速度. 一般在跳离飞机大约 10 s，下落 300 ～ 400 m 时，就会达到此速度(约 50 m · s^{-1}). 设跳伞员以鹰展姿态下落，受到的空气阻力为 $F=kv^2$（k 为常量），如图 2-8(a)所示. 试求跳伞运动员在任一时刻的下落速度.

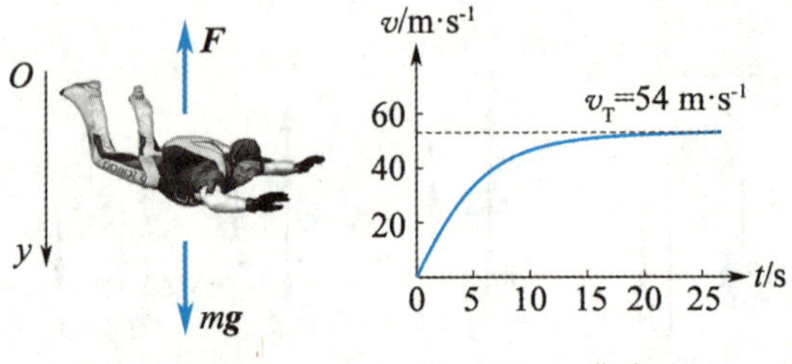

(a) 示意图　　(b) v-t曲线

图 2-8

解 对跳伞运动员应用牛顿第二定律，有

$$mg - kv^2 = m\frac{dv}{dt}.$$

显然，在 $kv^2=mg$ 的条件下对应的速度即为

终极速度，并用 v_T 表示为

$$v_T = \sqrt{\frac{mg}{k}}.$$

代入牛顿第二定律对应的方程后得到

$$v_T^2 - v^2 = \frac{m\mathrm{d}v}{k\mathrm{d}t},$$

$$\frac{\mathrm{d}v}{v_T^2 - v^2} = \frac{k}{m}\mathrm{d}t.$$

因 $t=0$ 时，$v=0$；并设 t 时，速度为 v. 对上式两边取定积分

$$\int_0^v \frac{\mathrm{d}v}{v_T^2 - v^2} = \frac{k}{m}\int_0^t \mathrm{d}t = \frac{g}{v_T^2}\int_0^t \mathrm{d}t,$$

由基本积分公式得

$$\frac{1}{2v_T}\ln\left(\frac{v_T + v}{v_T - v}\right) = \frac{g}{v_T^2}t,$$

最后化简得

$$v = \frac{1 - e^{\frac{-2gt}{v_T}}}{1 + e^{\frac{-2gt}{v_T}}}v_T,$$

当 $t \gg \frac{v_T}{2g}$ 时，$v \to v_T$.

设运动员质量 $m=70$ kg，测得终极速度 $v_T = 54\ \mathrm{m \cdot s^{-1}}$，则可推算出 $k = \frac{mg}{v_T^2} = 0.24\ \mathrm{N^2 \cdot m^2 \cdot s^{-1}}$. 以此 v_T 值代入 $v(t)$ 的公式，可得到如图 2-8(b)所示的v-t函数曲线.

*四、国际单位制和量纲

各国使用的单位制种类繁多. 就力学而言，常用的就有国际单位制、厘米-克-秒制和工程单位制等，这给国际科学技术交流带来很大不便. 为此在第十四届国际计量会议上选择了 7 个物理量为**基本量**，规定了相应单位为**基本单位**，在此基础上建立了国际单位制(SI). 我国国务院在 1984 年把国际单位制的单位定为法定计量单位.

SI 的 7 个基本量为长度、质量、时间、电流、温度、物质的量和发光强度，其相应的单位见书后附录Ⅱ.

有了基本单位，通过物理量的定义或物理定律就可导出其他物理量的单位. 从基本量导出的量称为**导出量**，相应的单位称为**导出单位**. 例如速度的国际单位是 $\mathrm{m \cdot s^{-1}}$，力的国际单位是$\mathrm{kg \cdot m \cdot s^{-2}}$(简称为牛，符号是 N). 因为导出量是基本量导出的，所以导出量可用基本量的某种组合(乘、除、幂等)表示. 这种由基本量的组合来表示物理量的式子称为该物理量的**量纲式**，如果用 L，M 和 T 分别表示长度、质量和时间，则力学中其他物理量的量纲式可表示为

$$[Q] = \mathrm{L}^p \mathrm{M}^q \mathrm{T}^r.$$

例如，在国际单位中力的量纲式为

$$[F] = \mathrm{LMT^{-2}}.$$

量纲式和量纲在物理学中很有用处. 只有量纲式相同的量才能相加、相减或相等，这一法则称为**量纲法则**. 所以我们可以用量纲法则进行单位换算；检验新建方程或检验公式的正确性和完整性；还可为探索复杂的物理规律提供线索. 量纲分析法在科学研究中具有重要作用.

在物理学中，除采用国际单位制以外. 基于不同需要，还常用其他一些非法定计量单位. 如长度在原子线度和光波中常用“埃”(Å)作单位，

$$1\ \text{Å} = 0.1\ \mathrm{nm} = 10^{-10}\ \mathrm{m}.$$

在国家标准 GB3102 中明确指出“推荐使用纳米(nm)”. 对于原子核线度，常用“飞米(fm)”作单位，

$$1\ \mathrm{fm} = 10^{-15}\ \mathrm{m}.$$

在天体物理中，常用“天文单位”和“光年”作长度单位. 一天文单位定义为地球和太阳的平均距离，光年是光在一年时间通过的距离，即

$$1\ \text{天文单位} = 1.496 \times 10^{11}\ \mathrm{m},$$

$$1\ \text{光年} = 9.46 \times 10^{15}\ \mathrm{m},$$

此类单位是属于限制使用的非国际单位.

*2.2 非惯性系中的力学

如前所述，牛顿定律只在惯性系中成立.可是，实际问题中常常需要在非惯性系中观察和处理力学问题.为了能在非惯性系中沿用牛顿定律的形式，需要引入惯性力的概念.

一、在变速直线运动参考系中的惯性力

如图 2-9 所示，有一相对地面以加速度 $\boldsymbol{a}_s$ 做直线运动的车厢，车厢地板上有一质量为 m 的物体，其所受合外力为 $\boldsymbol{F}$，相对于小车以加速度 $\boldsymbol{a}'$ 运动.因车厢有加速度 $\boldsymbol{a}_s$，是非惯性系，故在车厢参考系中牛顿定律不成立，即

$$\boldsymbol{F} \neq m\boldsymbol{a}'.$$

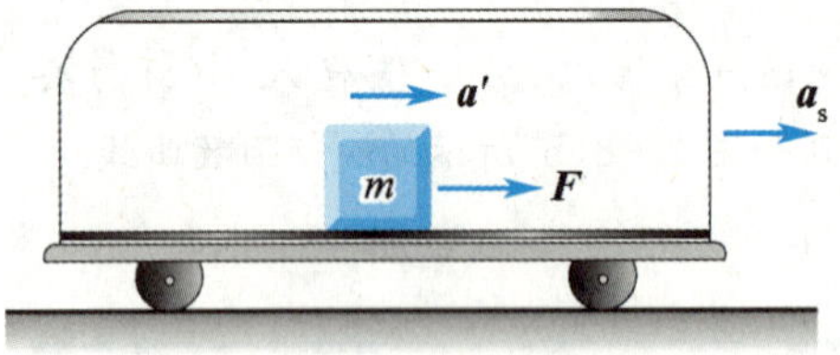

图 2-9　惯性力的引入

若以地面为参考系，则牛顿运动定律成立，应有

$$\boldsymbol{F} = m\boldsymbol{a}_{地} = m(\boldsymbol{a}_s + \boldsymbol{a}') = m\boldsymbol{a}_s + m\boldsymbol{a}'.$$

如果将 $m\boldsymbol{a}_s$ 移至等式左边，令

$$\boldsymbol{F}_{惯} = -m\boldsymbol{a}_s, \tag{2-10}$$

$\boldsymbol{F}_{惯}$ 为惯性力，则(2-10)式可写为

$$\boldsymbol{F} + \boldsymbol{F}_{惯} = m\boldsymbol{a}'. \tag{2-11}$$

(2-11)式表明，若要在非惯性系中仍然沿用牛顿定律的形式，则在受力分析时，除了应考虑物体间的相互作用力外，还必须加上惯性力的作用.

(2-10)式说明，惯性力的方向恒与牵连运动参考系（这里即车厢）相对于惯性系（地面）的加速度 $\boldsymbol{a}_s$ 方向相反，其大小等于研究对象的质量 m 与 a_s 的乘积.

必须注意：惯性力不是物体间的相互作用，故惯性力无施力物体，无反作用力.惯性力仅是参考系非惯性运动的表现，其具体形式与非惯性运动的形式有关.

例 2-4

一个电梯具有 $g/3$ 且方向向下的加速度，电梯内装有一滑轮，其质量和摩擦均不计，一根不可伸长的轻细绳跨过滑轮两边，分别与质量为 $3m$ 和 m 的两物体相连，如图 2-10所示.(1)计算 $3m$ 的物体相对于电梯的加速度；(2)计算连接杆对滑轮的作用力；(3)一个完全隔离在电梯中的观察者如何借助于弹簧秤量出的力来测量电梯对地的加速度？

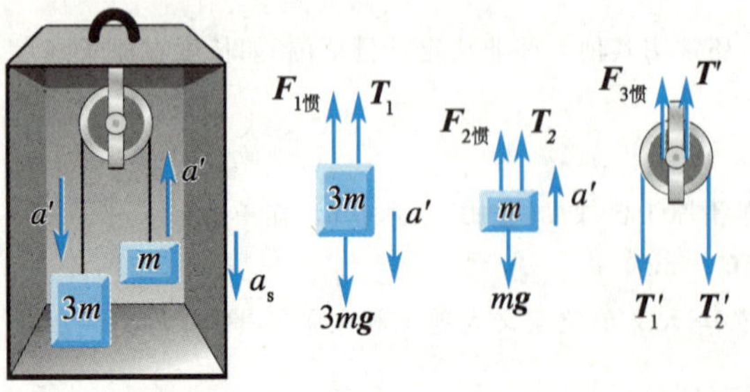

图 2-10

解　分别以 m，$3m$ 和滑轮为研究对象，受力分析如图 2-10 所示，并设两物体对电梯的加速度大小为 a'.

(1)分别对 m，$3m$ 两物体运用非惯性系中牛顿定律形式

$$\begin{cases} F_{2惯} + T_2 - mg = ma', \\ 3mg - T_1 - F_{1惯} = 3ma', \end{cases}$$

式中 $F_{2惯} = \frac{1}{3}mg$，$F_{1惯} = 3m\,\frac{g}{3} = mg$，$T_1 = T_2$.

联立解得

$$a' = g/3,\quad T_1 = T_2 = mg,$$

即 $3m$ 的物体相对于电梯以 $g/3$ 的加速度向下运动.

(2)因滑轮质量不计，所以 $F_{3惯} = 0$.故连接杆对滑轮的作用力

$$T' = 2T_1 = 2mg.$$

(3)对电梯里的观察者，若其测出的力为 T，则对质量为 m 的物体有

$$T + F_{2惯} - mg = ma'.$$

于是

$$F_{2惯} = m(a' + g) - T,$$

则电梯相对于地面的加速度

$$a_s = \frac{F_{2惯}}{m} = (a' + g) - \frac{T}{m}.$$

二、在匀角速转动的非惯性系中的惯性力——惯性离心力 f_c^*

如图 2-11 所示，在光滑水平圆盘上. 用一轻弹簧拴一小球，圆盘以角速度 ω 匀速转动. 弹簧被拉伸后相对圆盘静止.

地面上的观察者认为：小球受到指向轴心的弹簧拉力，所以随盘一起做圆周运动，符合牛顿定律.

圆盘上的观察者认为：小球受到一指向轴心的弹簧力而仍处于静止状态，不符合牛顿定律. 圆盘上的观察者若仍要用牛顿定律解释这一现象，就必须引入一个惯性力——惯性离心力 $\boldsymbol{f}_c^*$，即

$$\boldsymbol{f}_c^* = -m\boldsymbol{a}_s = m\omega^2\boldsymbol{r}. \tag{2-12}$$

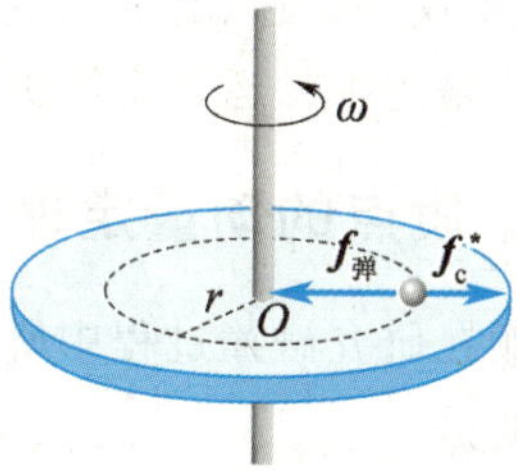

图 2-11 转动参考系中的惯性离心力

值得注意的是，有些读者常把惯性离心力误认为是向心力的反作用力，这是完全错误的：其一，惯性离心力不是物体间的相互作用，故谈不上有反作用力；其二，惯性离心力是作用在小球上，作为向心力的弹簧力也是作用在小球上的，从圆盘观察者来看，这是一对"平衡"力.

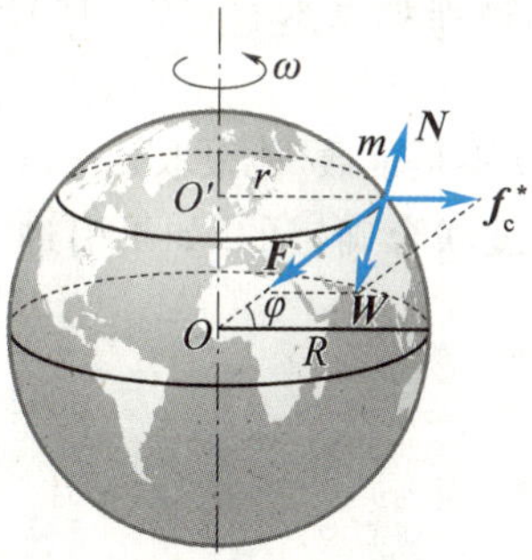

图 2-12 重力与纬度的关系

惯性离心力也是日常生活中经常遇到，例如物体的重量随纬度而变化，就是由地球自转相关的惯性离心力所引起. 如图 2-12 所示，一质量为 m 的物体静止在纬度为 φ 处，其重力等于地球引力和自转效应的惯性离心力之和，即

$$\boldsymbol{W} = \boldsymbol{F}_{引} + \boldsymbol{f}_{惯},$$

可以证明

$$W \approx F_{引} - m\omega^2 R\cos^2\varphi.$$

但由于地球自转角速度很小（$\omega = \dfrac{2\pi}{24\times 3\ 600} \approx 7.3\times 10^{-5}\ \mathrm{rad\cdot s^{-1}}$），故除精密计算外，通常把 $\boldsymbol{F}_{引}$ 视为物体的重力.

三、科里奥利力 f_k^*

在转动的非惯性系中，当研究对象相对于转动参考系还有相对运动时，为了在非惯性系中沿用牛顿定律的形式，除了要加上惯性离心力外. 还须引入科里奥利力 $\boldsymbol{f}_k^*$. 可以证明，若质量为 m 的物体相对于转动角速度为 ω 的参考系具有运动速度 $\boldsymbol{u}_{相}$，则科里奥利力

$$\boldsymbol{f}_k^* = 2m\boldsymbol{u}_{相} \times \boldsymbol{\omega}. \tag{2-13}$$

严格讲，地球是个匀角速转动的参考系，因此凡在地球上运动的物体都会受到科里奥利力的影响，只是由于地球自转的角速度 ω 很小，所以往往不易被人们觉察. 但在许多自然现象中却留下了科里奥利力存在的痕迹. 例如北京天文馆内的傅科摆（摆长为 10 m）的摆平面每隔37 h 15 min 转动一周；北半球南北向的河流，人面对下游方向观察则右侧河岸被冲刷得厉害些；还有南、北半球各自有着自己的"信风"……这些都可以用科里奥利力的影响来加以解释.

2.3 动量 动量守恒定律

从本节开始，我们将从力的时间和空间累积效应出发，根据牛顿运动定律，导出动量定理、动能定理和角动量定理这三个运动定理. 并进一步讨论动量守恒、能量转换与守恒和角动量守恒. 对于求解力学问题，在一定条件下运用这三条运动定理和守恒定律，比直接运用牛顿运动定律往往更为方便.

动量守恒定律、能量转换与守恒定律和角动量守恒定律三条守恒定律，是物理学中的普遍定律. 它们不仅在低速、宏观领域中成立，而且在高速、微观领域中依然成立（虽然存在差异）. 这些守恒定律是比牛顿运动定律更基本的规律.

一、质点的动量定理

牛顿在研究碰撞过程中所建立起来的牛顿第二定律并不是大家熟知的 $\boldsymbol{F}=m\boldsymbol{a}$ 这种形式，他所选择的是

$$\boldsymbol{F}=\frac{\mathrm{d}}{\mathrm{d}t}(m\boldsymbol{v}). \tag{2-14}$$

在牛顿力学中，质量 m 是一个常数，$\boldsymbol{F}=m\boldsymbol{a}$ 在形式上与(2-14)式等价. 近代物理知识告诉我们，惯性质量与物体的运动状态有关，不能看成常数. 这就是说，从近代物理观点来看，(2-14)式具有更广泛的适应性.

但是，牛顿本人将他的第二定律写成(2-14)式时并没有意识到 m 不是常数，他采取(2-14)式，是因为他认为“$m\boldsymbol{v}$”是一个独立的物理量，即乘积 $m\boldsymbol{v}$ 是由质量和速度联合确定的. 如果引进 $\boldsymbol{p}=m\boldsymbol{v}$，那么(2-14)式可写成

$$\boldsymbol{F}=\frac{\mathrm{d}\boldsymbol{p}}{\mathrm{d}t}. \tag{2-15}$$

将(2-15)式分离变量得

$$\boldsymbol{F}\mathrm{d}t=\mathrm{d}\boldsymbol{p}=\mathrm{d}(m\boldsymbol{v}),$$

两边积分

$$\int_0^t \boldsymbol{F}\mathrm{d}t=\int_{\boldsymbol{p}_0}^{\boldsymbol{p}}\mathrm{d}\boldsymbol{p}=\boldsymbol{p}-\boldsymbol{p}_0=m\boldsymbol{v}-m\boldsymbol{v}_0, \tag{2-16}$$

可见物理量 $\boldsymbol{p}=m\boldsymbol{v}$ 是不能由 m 和 $\boldsymbol{v}$ 单独取代的独立物理量. (2-16)式表明力对时间的累积效应使物体的 $m\boldsymbol{v}$ 发生了变化. 牛顿称 $m\boldsymbol{v}$ 为“运动之量”，我们通常简称其为**动量**(linear momentum).

动量是一个矢量，它的方向与物体的运动方向一致；动量也是个相对量，与参考系的选择有关. 在国际单位制中动量的单位为千克米每秒($\mathrm{kg\cdot m\cdot s^{-1}}$).

若将(2-16)式中力对时间的积分 $\int_{t_0}^{t}\boldsymbol{F}\mathrm{d}t$ 称为力的**冲量**(impulse)，并且用 $\boldsymbol{I}$ 表示，即

$$\boldsymbol{I}=\int_{t_0}^{t}\boldsymbol{F}\mathrm{d}t,$$

则(2-16)式又可写成

$$\boldsymbol{I}=\boldsymbol{p}-\boldsymbol{p}_0. \tag{2-17}$$

它表明**作用于物体上的合外力的冲量等于物体动量的增量**，这就是**质点的动量定理**(impulse-momentum theorem).(2－15)式是动量定理的微分形式.

由(2－16)式知,要使物体动量发生变化,作用于物体的力和相互作用持续的时间是两个同样重要的因素.动量定理在冲击和碰撞等问题中特别有用.我们将两物体在碰撞的瞬时相互作用的力称为**冲力**.实践中,在物体动量的变化给定时,常常用增加作用时间(或减少作用时间)来减缓(或增大)冲力.

冲量是矢量.在恒力作用的情况下,冲量的方向与恒力方向相同.在变力情况下,Δt 时间内的冲量是各个瞬时冲量 $\boldsymbol{F}\mathrm{d}t$ 的矢量和,即这时的冲量是由 $\int_{t_0}^{t}\boldsymbol{F}\mathrm{d}t$ 所决定.但无论过程多么复杂,Δt 时间内的冲量总是等于这段时间内质点动量的增量.

由于在冲击和碰撞问题中,作用时间极短,冲力的值变化迅速,所以较难测量冲力的瞬时值(图2－13所示的就是冲力迅变的示意图).但是两物体在碰撞前后的动量和作用持续的时间都较容易测定,于是我们就可根据动量定理求出冲力的平均值,即

$$\overline{\boldsymbol{F}}=\frac{\int_{t_1}^{t_2}\boldsymbol{F}\mathrm{d}t}{t_2-t_1}. \tag{2-18}$$

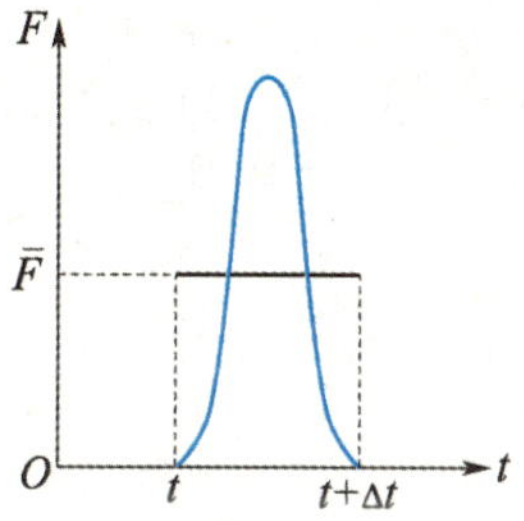

图 2－13　冲力迅变示意图

动量定理的直角坐标系中的分量式为

$$\begin{cases}\int_{t_1}^{t_2}F_x\mathrm{d}t=mv_{2x}-mv_{1x},\\ \int_{t_1}^{t_2}F_y\mathrm{d}t=mv_{2y}-mv_{1y},\\ \int_{t_1}^{t_2}F_z\mathrm{d}t=mv_{2z}-mv_{1z}.\end{cases} \tag{2-19}$$

二、质点系的动量定理

如果研究的对象是多个质点,则称为**质点系**.一个不能抽象为质点的物体也可认为是由多个(直至无限个)质点所组成.从这种意义上讲,力学又可分为质点力学和质点系力学.

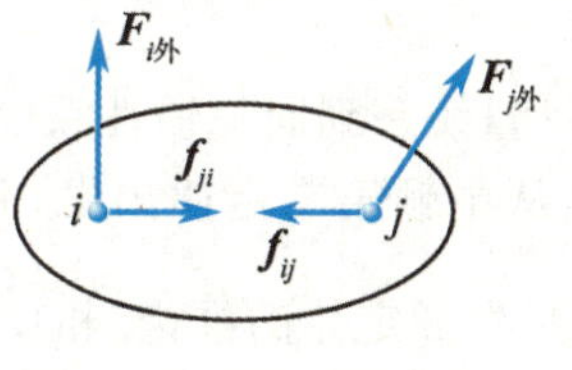

图 2－14　内力示意图

当研究对象是质点系时,其受力就可分为"内力"和"外力".凡质点系内各质点之间的作用称为**内力**(见图 2－14),质点系以外物体对质点系内质点的作用力称为**外力**.由牛顿第三定律可知,质点系内质点间相互作用的内力必定是成对出现的,且每对作用内力都必沿两质点连线的方向.

设质点系是由有相互作用的 n 个质点所组成.现考察第 i 个质点受力情况.首先考察 i 质点所受内力之矢量和.设质点系内第 j 个质点对 i 质点的作用力为 $\boldsymbol{f}_{ji}$,则 i 质点所受内力之和为 $\sum\limits_{\substack{j=1\\(j\neq i)}}^{n}\boldsymbol{f}_{ji}$.若设 i 质点受到的外力为 $\boldsymbol{F}_{i外}$,则 i 质点受到的合力为 $\boldsymbol{F}_{i外}+\sum\limits_{\substack{j=1\\(j\neq i)}}^{n}\boldsymbol{f}_{ji}$,对 i 质点应用动量定理有

$$\int_{t_1}^{t_2}\left(\boldsymbol{F}_{i外}+\sum_{\substack{j=1\\(j\neq i)}}^{n}\boldsymbol{f}_{ji}\right)\mathrm{d}t=m_i\boldsymbol{v}_{i2}-m_i\boldsymbol{v}_{i1}. \tag{2-20}$$

对 i 求和,并考虑到所有质点相互作用的时间 $\mathrm{d}t$ 都相同.此外,求和与积分顺序可互换,于是得

$$\int_{t_1}^{t_2}\Big(\sum_{i=1}^{n}\boldsymbol{F}_{i外}\Big)\mathrm{d}t+\int_{t_1}^{t_2}\Big(\sum_{i=1}^{n}\sum_{\substack{j=1\\(j\neq i)}}^{n}\boldsymbol{f}_{ji}\Big)\mathrm{d}t=\sum_{i=1}^{n}m_i\boldsymbol{v}_{i2}-\sum_{i=1}^{n}m_i\boldsymbol{v}_{i1}.$$

由于内力总是成对出现，且每对内力都等值反向，因此所有内力的矢量和

$$\sum_{i=1}^{n}\sum_{\substack{j=1\\(j\neq i)}}^{n}\boldsymbol{f}_{ji}=\boldsymbol{0},$$

于是有

$$\int_{t_1}^{t_2}\Big(\sum_{i=1}^{n}\boldsymbol{F}_{i外}\Big)\mathrm{d}t=\sum_{i=1}^{n}m_i\boldsymbol{v}_{i2}-\sum_{i=1}^{n}m_i\boldsymbol{v}_{i1}. \qquad (2-21)$$

这就是质点系动量定理的数学表示式，即质点系总动量的增量等于作用于该系统的合外力的冲量. 这个结论说明内力对质点系的总动量无贡献. 但由(2－20)式知，在质点系内部动量的传递和交换中，则是内力起作用.

三、动量守恒定律

由(2－21)式知，若 $\sum\boldsymbol{F}_{i外}=\boldsymbol{0}$，则有

$$\sum_{i=1}^{n}m_i\boldsymbol{v}_{i2}-\sum_{i=1}^{n}m_i\boldsymbol{v}_{i1}=\boldsymbol{0} \qquad (2-22)$$

或

$$\sum_{i=1}^{n}m_i\boldsymbol{v}_{i2}=\sum_{i=1}^{n}m_i\boldsymbol{v}_{i1}.$$

这就是说，一个孤立的力学系统(系统不受外力作用)或受合外力为零的系统，系统内各质点间动量可以交换，但系统的总动量保持不变. 这就是动量守恒定律(conservation of linear momentum).

(2－22)式是矢量式. 因此，当 $\sum_{i=1}^{n}\boldsymbol{F}_{i外}=\boldsymbol{0}$ 时，质点系在任何一个方向上(即沿任何一个坐标方向)都满足动量守恒的条件. 如果质点系所受合外力的矢量和不为零，但合外力在某一方向上的分量为零，则质点系在该方向上的动量也不发生变化. 在实际问题中，若能判断出内力远大于有限主动外力(如重力)，也可忽略有限主动外力而应用动量守恒定律.

由于动量是相对量，所以运用动量守恒定律时，必须将各质点的动量统一到同一惯性系中.

最后需要说明的是，虽然我们在讨论动量守恒定律的过程中，是从牛顿第二定律出发，并运用了牛顿第三定律(即 $\sum_{i=1}^{n}\sum_{\substack{j=1\\(j\neq i)}}^{n}\boldsymbol{f}_{ji}=\boldsymbol{0}$). 但不能认为动量守恒定律只是牛顿定律的推论. 相反，动量守恒定律是比牛顿定律更为普遍的规律. 在某些过程中，特别是微观领域中，牛顿定律不成立，但只要考虑场的动量，动量守恒定律依然成立.

例 2－5

一弹性球，质量 $m=0.20\ \mathrm{kg}$，速度 $v=5\ \mathrm{m\cdot s^{-1}}$，与墙碰撞后弹回. 设弹回时速度大小不变，碰撞前后的运动方向和墙的法线所夹的角都是 α(见图 2－15)，设球和墙碰撞的时间 $\Delta t=0.05\ \mathrm{s}$，$\alpha=60°$，求在碰撞时间内，球和墙的平均相互作用力.

解 以球为研究对象. 设墙对球的平均作用力为 $\overline{f}$，球在碰撞前后的速度为 $\boldsymbol{v}_1$ 和 $\boldsymbol{v}_2$，由动量定理可得

$$\overline{\boldsymbol{f}}\Delta t=m\boldsymbol{v}_2-m\boldsymbol{v}_1=m\Delta\boldsymbol{v}.$$

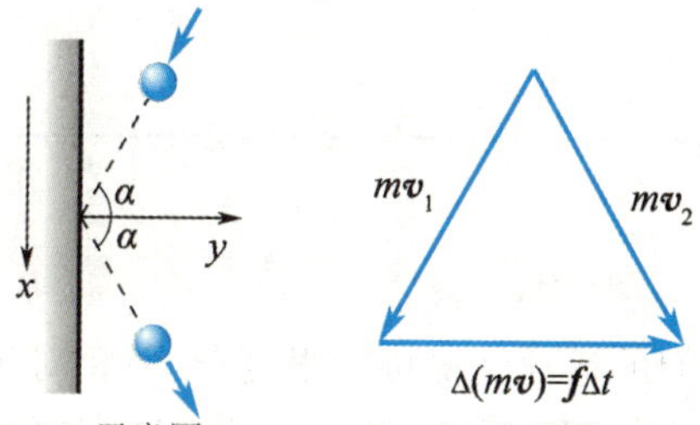

(a) 示意图　　(b) 矢量图

图 2－15

将冲量和动量分别沿图中 y 轴和 x 轴两方向分解得

$$\bar{f}_x\Delta t = mv\sin\alpha - mv\sin\alpha = 0,$$

$$\bar{f}_y\Delta t = mv\cos\alpha - (-mv\cos\alpha) = 2mv\cos\alpha,$$

解方程得

$$\bar{f}_x = 0,$$

$$\bar{f}_y = \frac{2mv\cos\alpha}{\Delta t} = \frac{2\times0.2\times5\times0.5}{0.05} = 20\ (\mathrm{N}).$$

按牛顿第三定律，球对墙的平均作用力和 $\bar{f}_y$ 的方向相反而等值，即垂直于墙面向里.

例 2－6

如图 2－16 所示，一辆装矿砂的车厢以 $v=4\ \mathrm{m\cdot s^{-1}}$ 的速率从漏斗下通过，每秒落入车厢的矿砂为 $k=200\ \mathrm{kg\cdot s^{-1}}$，如欲使车厢保持速率不变，需对车厢施加多大的牵引力(忽略车厢与地面的摩擦)？

解　设 t 时刻已落入车厢的矿砂质量为 m，经过 $\mathrm{d}t$ 后又有 $\mathrm{d}m=k\mathrm{d}t$ 的矿砂落入车厢. 取 $m+\mathrm{d}m$ 为研究对象，系统沿 x 轴方向的动量定理为

$$\begin{aligned} F\mathrm{d}t &= (m+\mathrm{d}m)v - (mv + \mathrm{d}m\cdot 0) \\ &= v\mathrm{d}m = k\mathrm{d}tv, \end{aligned}$$

则

$$F = kv = 200\times4 = 8\times10^2\ (\mathrm{N}).$$

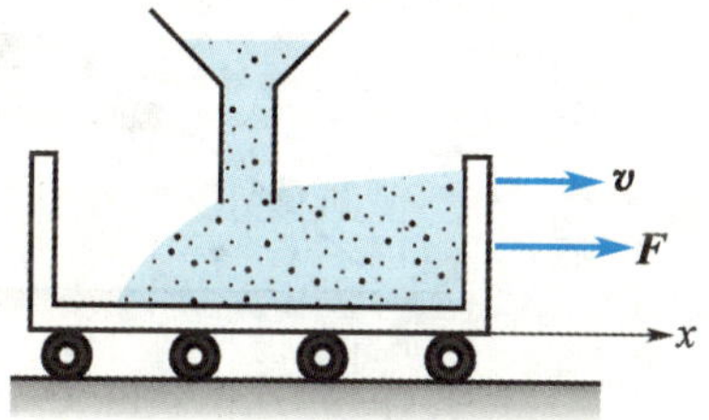

图 2－16

例 2－7

如图 2－17 所示，一质量为 m 的球在质量为 M 的 1/4 圆弧形滑槽中从静止滑下. 设圆弧形槽的半径为 R，所有摩擦都可忽略. 求当小球 m 滑到槽底时，M 滑槽在水平方向上移动的距离.

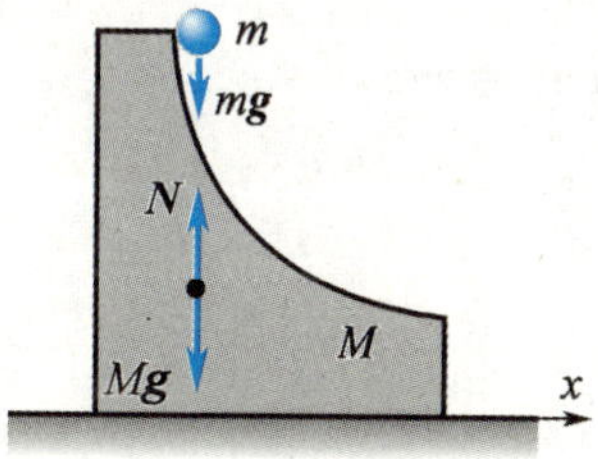

图 2－17

解　以 m 和 M 为研究系统，其在水平方向不受外力(图中所画是 m 和 M 所受的竖直方向的外力)，故水平方向动量守恒. 设在下滑过程中，m 相对于 M 的滑动速度为 $\boldsymbol{v}$，M 对地速度为 u，并以水平向右为 x 轴正向，则在水平方向上有

$$m(v_x - u) - mu = 0,$$

解得

$$v_x = \frac{m+M}{m}u.$$

设 m 在弧形槽上运动的时间为 t，而 m 相对于 M 在水平方向移动距离为 R，故有

$$R = \int_0^t v_x\mathrm{d}t = \frac{M+m}{m}\int_0^t u\,\mathrm{d}t,$$

于是滑槽在水平面上移动的距离

$$s = \int_0^t u\,\mathrm{d}t = \frac{m}{M+m}R.$$

值得注意的是，此题的条件还可弱化一些，即只要 M 与水平支撑面的摩擦可以忽略不计就可以了.

2.4 质心 质心运动定理

一、问题的提出

一个质点系内各个质点由于内力和外力的作用，它们的运动情况可能很复杂. 但相对于此质点系有一个特殊的点，即质心，它的运动可能相当简单，只由质点系所受的合外力决定. 例如，一颗手榴弹可以看作一个质点系. 投掷手榴弹时，将看到它一面翻转，一面前进，其中各点的运动情况相当复杂. 但由于它受的外力只有重力（忽略空气阻力的作用），它的质心在空中的运动却和一个质点被抛出后的运动一样，其轨迹是一个抛物线（见图 2-18）. 又如高台跳水运动员离开跳台后，身体可以做各种优美的翻转伸缩动作，但是他的质心却只能沿着一条抛物线运动.

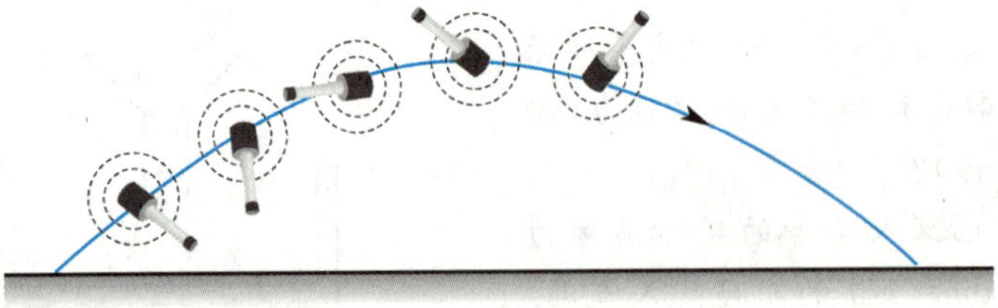

图 2-18　手榴弹质心的运动轨迹

下面做数学推导：

由（2-21）式可写出质点系动量定理的微分式为

$$\left(\sum_{j=1}^{k}\boldsymbol{F}_{j外}\right)\mathrm{d}t=\mathrm{d}\left(\sum_{i=1}^{n}m_i\boldsymbol{v}_i\right)=\mathrm{d}\left(\sum_{i=1}^{n}m_i\frac{\mathrm{d}\boldsymbol{r}_i}{\mathrm{d}t}\right),$$

或

$$\sum_{j=1}^{k}\boldsymbol{F}_{j外}=\frac{\mathrm{d}}{\mathrm{d}t}\left(\sum_{i=1}^{n}m_i\frac{\mathrm{d}\boldsymbol{r}_i}{\mathrm{d}t}\right)=\frac{\mathrm{d}^2}{\mathrm{d}t^2}\left(\sum_{i=1}^{n}m_i\boldsymbol{r}_i\right).$$

当所有质点都有相同加速度时，则 $\boldsymbol{a}_i=\dfrac{\mathrm{d}^2\boldsymbol{r}_i}{\mathrm{d}t^2}$ 与质点序号无关（例如整个质点系只有平动），即有

$$\frac{\mathrm{d}^2}{\mathrm{d}t^2}\left(\sum_{i=1}^{n}m_i\boldsymbol{r}_i\right)=\sum_{i=1}^{n}m_i\frac{\mathrm{d}^2\boldsymbol{r}_i}{\mathrm{d}t^2}=\sum_{i=1}^{n}m_i\boldsymbol{a}_i=m\boldsymbol{a},$$

这说明整个质点系若只有平动，即可简化为一个质点. 而如果令

$$m\boldsymbol{r}_c=\sum_{i=1}^{n}m_i\boldsymbol{r}_i,$$

式中 m 为质点系的全部质量，于是有

$$\sum_{j=1}^{k}\boldsymbol{F}_{j外}=\frac{\mathrm{d}^2}{\mathrm{d}t^2}\left(\sum_{i=1}^{n}m_i\boldsymbol{r}_i\right)=\frac{\mathrm{d}^2}{\mathrm{d}t^2}(m\boldsymbol{r}_c)=m\frac{\mathrm{d}^2\boldsymbol{r}_c}{\mathrm{d}t^2}=m\boldsymbol{a}_c. \tag{2-23}$$

（2-23）式说明，将牛顿定律应用于质点系时，其描述的是质点系中一个特殊点的运动. 这个特殊点对其惯性系的位矢 $\boldsymbol{r}_c$ 可表示为

$$\boldsymbol{r}_c=\frac{1}{m}\sum m_i\boldsymbol{r}_i, \tag{2-24}$$

该点的运动代表了质点系整体的平动特征. 为此把与 $\boldsymbol{r}_c$ 的端点所对应的点叫作质点系的质量分

布中心，简称质心(center of mass).(2-24)式即为质心位置的定义式.

二、质心运动定理

(2-23)式即为质心运动定理的数学表示式.该式表明，不管质点系所受外力如何分布，质心的运动就像是把质点系的全部质量集中于质心，所有外力的矢量和也作用于质心时的一个质点的运动.

由(2-23)式可知，利用质心运动定理只能求出质心的加速度.另一方面，质心运动定理是由质心系动量定理的微分式所导出，因此，内力对质心的运动没有影响.(2-23)式还可表示为

$$\sum_{j=1}^{k}\boldsymbol{F}_{j外} = \frac{\mathrm{d}\boldsymbol{p}}{\mathrm{d}t}, \tag{2-25}$$

式中 $\boldsymbol{p}$ 是质点系的总动量.

三、质心的含义及其计算

由(2-24)式可知，在直角坐标系内，当质量分布不连续时，有

$$\begin{cases} x_c = \dfrac{1}{m}\displaystyle\sum_{i=1}^{n} m_i x_i, \\ y_c = \dfrac{1}{m}\displaystyle\sum_{i=1}^{n} m_i y_i, \\ z_c = \dfrac{1}{m}\displaystyle\sum_{i=1}^{n} m_i z_i; \end{cases} \tag{2-26a}$$

当质量分布连续时，有

$$\begin{cases} x_c = \displaystyle\int \frac{x\mathrm{d}m}{m}, \\ y_c = \displaystyle\int \frac{y\mathrm{d}m}{m}, \\ z_c = \displaystyle\int \frac{z\mathrm{d}m}{m}. \end{cases} \tag{2-26b}$$

计算表明，一个质量分布均匀且有规则几何形状的物体，其质心就在其几何中心处.

重心是重力的合力作用线通过的那一点.设有一个由几个质点所组成的质点系，每个质点所受重力为 $m_i g_i$，则仿照质心坐标的建立方法，可设重心坐标为

$$\begin{cases} x_w = \dfrac{\sum m_i g_i x_i}{W}, \\ y_w = \dfrac{\sum m_i g_i y_i}{W}, \\ z_w = \dfrac{\sum m_i g_i z_i}{W}, \end{cases} \tag{2-26c}$$

式中 $W = \sum m_i g_i$ 为质点系所受重力，这表明质心与重心是两个不同的概念.例如脱离地球引力范围的飞船已不受重力作用，就没有重心可言，而其质心依然存在，且仍遵守质心运动定理.另一方面，比较(2-26a)式和(2-26c)式，可以看出，若质点系所在区域各质点的重力加速度 g_i 都相同，即总重力 $W=mg$，则(2-26c)式可自行退回到(2-26a)式.这时系统的重心和质心就会重合

为同一点. 也就是说，只有当物体的线度与它到地心的距离相比很小时，才可近似认为质点系内各质点所受重力作用线相互平行. 这时重力的合力作用线通过的那一点才与质心重合.

一个由两质点组成的质点系，其坐标位置如图 2-19 所示，由(2-26a)式，质心的坐标为

$$x_c = \frac{m_1 x_1 + m_2 x_2}{m_1 + m_2},$$

$$y_c = \frac{m_1 y_1 + m_2 y_2}{m_1 + m_2}.$$

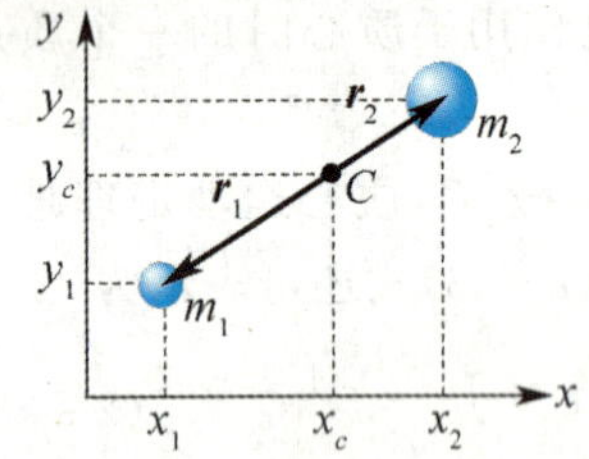

图 2-19　两质点组成的质点系

解得

$$\frac{x_2 - x_c}{x_c - x_1} = \frac{m_1}{m_2}, \quad \frac{y_2 - y_c}{y_c - y_1} = \frac{m_1}{m_2}.$$

如令 C 到 m_1，m_2 的距离分别为 r_1，r_2，则有 $\frac{r_2}{r_1} = \frac{m_1}{m_2}$. 说明质心到各质点的距离与质点的质量成反比，且一定位于两者的连线上.

例 2-8

有一不均匀细棒，其线密度 λ 与距其一端距离 l 成正线性关系 $\lambda = a + kl$，其中 a，k 为常数，求其质心位置(棒长为 L).

解　如图 2-20 所示，以棒的一端为原点建立坐标 Ox 轴，将棒分割，取一质元 $\mathrm{d}x$，则

$$\mathrm{d}m = \lambda \mathrm{d}x = (a + kl)\mathrm{d}x = (a + kx)\mathrm{d}x.$$

根据(2-26b) 式，有

$$x_c = \frac{\int_0^L x \mathrm{d}m}{\int_0^L \mathrm{d}m} = \frac{\int_0^L x(a + kx)\mathrm{d}x}{\int_0^L (a + kx)\mathrm{d}x} = \frac{3aL + 2kL^2}{6a + 3kL}.$$

图 2-20

例 2-9

质量为 m、长为 l 的完全柔软的绳子自静止下落，求下落到离地面高为 y 时地面的作用力(见图 2-21).

解　设绳在任一时刻的质心为坐标 y_c，则

$$y_c = \frac{1}{m}\int_0^y y \frac{m}{l}\mathrm{d}y = \frac{1}{2}\frac{y^2}{l}. \quad ①$$

此时绳受到重力 mg 和地面作用力 $\boldsymbol{F}$，由质心运动定理有

$$F - mg = m\frac{\mathrm{d}^2 y_c}{\mathrm{d}t^2}. \quad ②$$

因为

$$v_c = \frac{\mathrm{d}y_c}{\mathrm{d}t} = \frac{y}{l}\frac{\mathrm{d}y}{\mathrm{d}t} = \frac{y}{l}v, \quad ③$$

式中 $v = \frac{\mathrm{d}y}{\mathrm{d}t}$ 是指没有达到地面的那一部分绳子的速度，由于绳是自由下落，故绳在下落 $l - y$ 距离时的速度为

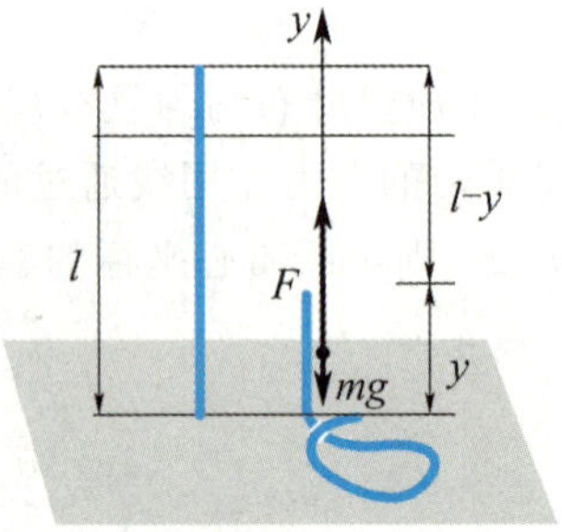

图 2-21

$$v = \sqrt{2g(l - y)},$$

而

$$a_c = \frac{\mathrm{d}v_c}{\mathrm{d}t} = \frac{v}{l}\frac{\mathrm{d}y}{\mathrm{d}t} + \frac{y}{l}\frac{\mathrm{d}v}{\mathrm{d}t} = \frac{v^2}{l} + \frac{y}{l}(-g),$$

式中 $-g=\frac{dv}{dt}$ 即为绳自由下落的加速度，于是

$a_c=2g-3\frac{y}{l}g$，将 $a_c=2g-3\frac{y}{l}g$ 代入②式，得

$$F=3mg\left(\frac{l-y}{l}\right).$$

$y=l$ 时，即绳刚下落瞬间，地面对绳作用力为零；

$y=0$ 时，即绳全部落到地面瞬间，地面对绳作用力为最大，等于 $3mg$，与静置于地面时的 mg 不同.

2.5 功 动能 势能 机械能守恒定律

本节讨论力的空间累积效应，进而讨论功和能的关系.

一、功、功率

1. 功

如图 2-22 所示，一物体做直线运动，在恒力 $\boldsymbol{F}$ 作用下物体发生位移 $\Delta\boldsymbol{r}$，$\boldsymbol{F}$ 与 $\Delta\boldsymbol{r}$ 的夹角为 α，则恒力 $\boldsymbol{F}$ 所做的**功**(work)定义为**力在位移方向上的投影与该物体位移大小的乘积**. 若用 W 表示功，则有

$$W=F\,|\Delta\boldsymbol{r}|\cos\alpha. \tag{2-27}$$

按矢量标积的定义，(2-27)式可写为

$$W=\boldsymbol{F}\cdot\Delta\boldsymbol{r}, \tag{2-28}$$

即**恒力的功等于力与质点位移的标积**. 在国际单位制中，功的单位是焦耳(J).

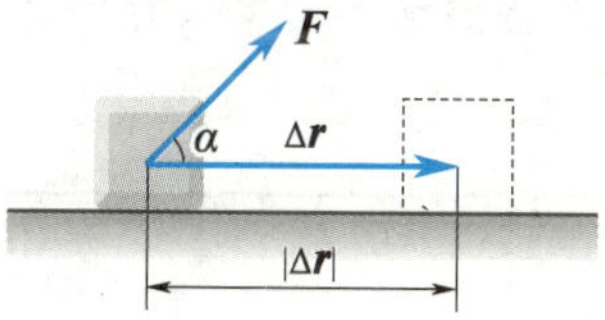

图 2-22 恒力的功

功是标量，它只有大小，没有方向，功的正负由 α 角决定. 当 $\alpha>\frac{\pi}{2}$，功为负值，我们说某力做负功，或说克服某力做功；当 $\alpha<\frac{\pi}{2}$，功为正值，则说某力做正功；当 $\alpha=\frac{\pi}{2}$，功值为零，则说某力不做功，例如物体做曲线运动时法向力就不做功.

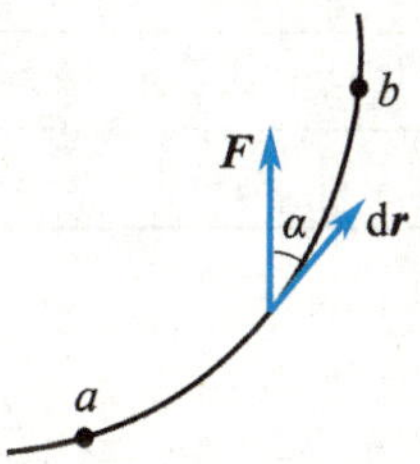

图 2-23 变力的功

如果物体受到变力作用或做曲线运动，那么上面所讨论的功的计算公式就不能直接使用. 如果将运动的轨迹曲线分割成许多足够小的元位移 $d\boldsymbol{r}$，使得每段元位移 $d\boldsymbol{r}$ 中，作用在质点上的力 $\boldsymbol{F}$ 都能看成恒力(见图 2-23)，则力 $\boldsymbol{F}$ 在这段元位移上所做的元功为

$$dW=\boldsymbol{F}\cdot d\boldsymbol{r}.$$

力 $\boldsymbol{F}$ 在轨迹 ab 上所做的总功就等于所有元功的代数和，即

$$W=\int_a^b\boldsymbol{F}\cdot d\boldsymbol{r}=\int_a^b F\cos\alpha\,|d\boldsymbol{r}|=\int_a^b F_t ds, \tag{2-29}$$

式中 $ds=|d\boldsymbol{r}|$，F_t 是力 $\boldsymbol{F}$ 在元位移 $d\boldsymbol{r}$ 方向上的投影. (2-29)式就是计算变力做功的一般方法. 如果建立了直角坐标系，则有

$$\boldsymbol{F}=F_x\boldsymbol{i}+F_y\boldsymbol{j}+F_z\boldsymbol{k},$$
$$d\boldsymbol{r}=dx\boldsymbol{i}+dy\boldsymbol{j}+dz\boldsymbol{k},$$

那么(2-29)式就可表示为

$$W=\int_a^b (F_x\mathrm{d}x+F_y\mathrm{d}y+F_z\mathrm{d}z)=\int_{x_0}^{x} F_x\mathrm{d}x+\int_{y_0}^{y} F_y\mathrm{d}y+\int_{z_0}^{z} F_z\mathrm{d}z. \tag{2-30}$$

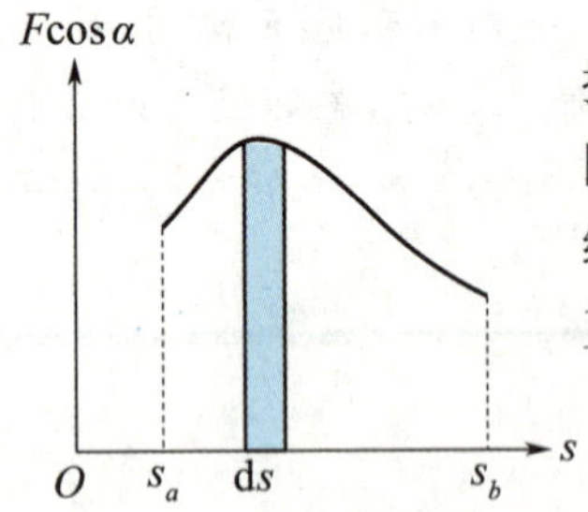

图 2－24　变力做功的示功图

功也可以用图解法计算.以路程 s 为横坐标，$F\cos\alpha$ 为纵坐标，根据 $\boldsymbol{F}$ 的切向分量 F_t 随路程的变化关系所描绘的曲线称为示功图.图 2－24中的狭长矩形面积等于力 F_t 在 $\mathrm{d}s$ 上做的元功.曲线与边界线所围的面积就是变力 $\boldsymbol{F}$ 在整个路程上所做的总功.用示功图求功较直接方便，所以工程上常采用此方法.

2. 功率

单位时间内的功称为功率(power).设 Δt 时间内完成功 W，则这段时间的平均功率为

$$\overline{P}=\frac{W}{\Delta t}. \tag{2-31}$$

当 $\Delta t\rightarrow 0$ 时，则某一时刻的瞬时功率为

$$P=\lim_{\Delta t\rightarrow 0}\frac{W}{\Delta t}=\frac{\mathrm{d}W}{\mathrm{d}t}=\boldsymbol{F}\cdot\boldsymbol{v}, \tag{2-32}$$

即瞬时功率等于力和速度的标积.功率是机械性能的重要指示之一.表 2－2 给出了某些典型值.

表 2－2　功率的典型量级　　单位：W

太阳辐射	3.9×10^{26}
地球所受的太阳辐射	1.7×10^{17}
洲际火箭的推进	2.0×10^{13}
大型发电站	1.0×10^{9}
喷气客机的发动机	2.1×10^{8}
大功率无线电发射台	1.0×10^{5}
汽车的发动机	1.5×10^{5}
地球表面单位面积接受的太阳辐射	1.4×10^{3}
人的平均输出功率	1.0×10^{2}
原子发射光子	1×10^{-10}

在国际单位制中，功率的单位是焦耳每秒($\mathrm{J\cdot s^{-1}}$)，称为瓦特(W).

二、保守力的功

下面通过分析重力、弹簧弹性力和万有引力做功的特点，引入保守力的概念.

1. 重力的功

我们这里讨论的重力是指地面附近几百米高度范围内的重力，可视为恒力.

设质量为 m 的质点在重力 $\boldsymbol{G}$ 作用下由 A 点沿任意路径移到 B 点，如图 2－25 所示，选取地面为坐标原点，z 轴垂直于地面，向上为正.重力 $\boldsymbol{G}$ 只有 z 方向的分量 $F_z=-mg$，应用(2－30)式，可得

$$W=\int_{z_0}^{z}F_z\mathrm{d}z=\int_{z_0}^{z}-mg\,\mathrm{d}z=-(mgz-mgz_0). \tag{2-33}$$

(2-33)式表明,重力的功只由质点相对于地面的始、末位置 z_0 和 z 来决定,而与质点所通过的路径无关.

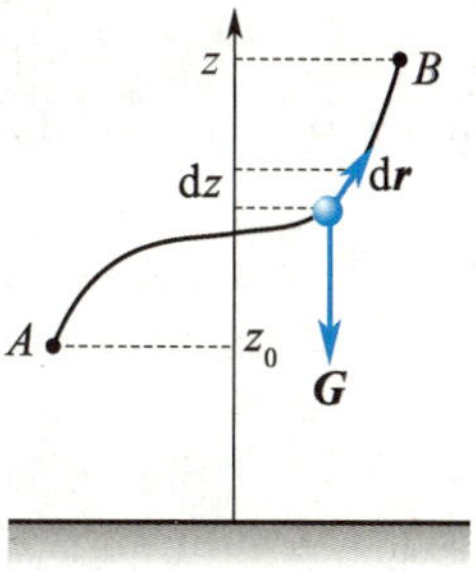

图 2-25 重力做功

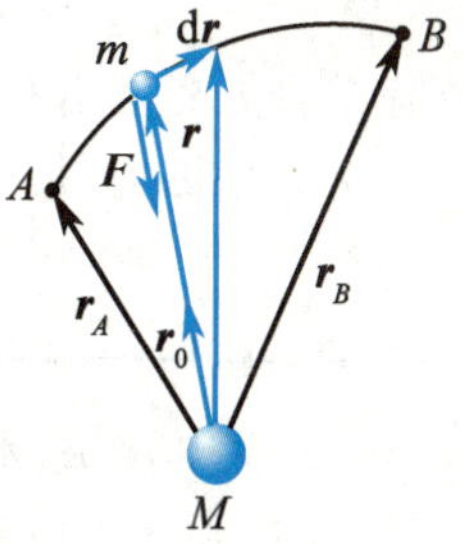

图 2-26 万有引力的功

2. 万有引力的功

考虑质量分别为 m 和 M 的两质点,质点 m 相对于 M 的初位置为 $\boldsymbol{r}_A$,末位置为 $\boldsymbol{r}_B$,如图2-26所示.质点 m 受到 M 的万有引力的矢量式为

$$\boldsymbol{F}=-G\frac{mM}{r^3}\boldsymbol{r}.$$

万有引力的元功为

$$\mathrm{d}W=\boldsymbol{F}\cdot\mathrm{d}\boldsymbol{r}=-G\frac{mM}{r^3}\boldsymbol{r}\cdot\mathrm{d}\boldsymbol{r},$$

因为

$$\begin{aligned}\boldsymbol{r}\cdot\mathrm{d}\boldsymbol{r}&=(x\boldsymbol{i}+y\boldsymbol{j}+z\boldsymbol{k})\cdot(\mathrm{d}x\boldsymbol{i}+\mathrm{d}y\boldsymbol{j}+\mathrm{d}z\boldsymbol{k})=x\mathrm{d}x+y\mathrm{d}y+z\mathrm{d}z\\&=\frac{1}{2}\mathrm{d}(x^2+y^2+z^2)=r\mathrm{d}r,\end{aligned} \tag{2-34}$$

所以

$$\mathrm{d}W=-G\frac{mM}{r^2}\mathrm{d}r.$$

于是质点由 A 点移到 B 点时万有引力的功为

$$W=\int_{r_A}^{r_B}-G\frac{mM}{r^2}\mathrm{d}r=-\left[\left(-G\frac{mM}{r_B}\right)-\left(-G\frac{mM}{r_A}\right)\right], \tag{2-35}$$

这说明万有引力的功也只与始、末位置有关,而与具体的路径无关.

3. 弹簧弹性力的功

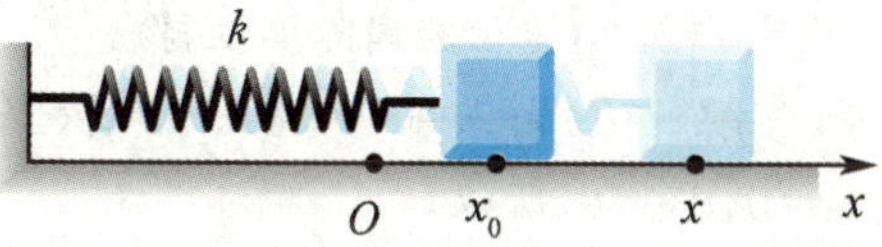

图 2-27 弹性力的功

如图 2-27 所示,选取弹簧自然伸长处为 x 坐标的原点,则当弹簧形变量为 x 时,弹簧对质点的弹性力为

$$F=-kx,$$

式中负号表示弹性力的方向总是指向弹簧的平衡位置,即坐标原点,k 为弹簧的劲度系数.因为作用力只有 x 分量,故由(2-30)式可得

$$W=\int_{x_0}^{x}F_x\mathrm{d}x=\int_{x_0}^{x}-kx\,\mathrm{d}x=-\left(\frac{1}{2}kx^2-\frac{1}{2}kx_0^2\right), \tag{2-36}$$

这说明弹簧弹性力的功只与始、末位置有关,而与弹簧的中间形变过程无关.

综上所述,重力、万有引力、弹簧弹性力的功的特点是,它们的功值都只与物体的始、末位置有关而与具体路径无关. 或者说，当在这些力作用下的物体沿任意闭合路径绕行一周时，它们的功均为零. 在物理学中，除了上述三种力之外，静电力、分子力等也具有这种特性. 我们把具有这种特性的力统称为**保守力**(conservative force). 保守力可用下面的数学式来定义，即

$$\oint_l \boldsymbol{F}_{保} \cdot \mathrm{d}\boldsymbol{r} = 0. \tag{2-37}$$

如果某力的功与路径有关，或该力沿任意闭合路径的功不等于零，则称这种力为**非保守力**(nonconservative force)，例如摩擦力、爆炸力等.

例 2-10

一地下蓄水池，面积 S，蓄水深 h，水面低于地面的深度为 H，要将这些水全部抽到地面最少需做功多少？(设水的密度为 ρ)

解 如图 2-28 所示，以地面为坐标原点，向上为 y 轴正方向，向下取 y 处厚度 $\mathrm{d}y$ 的一层水为研究对象，则其质量为

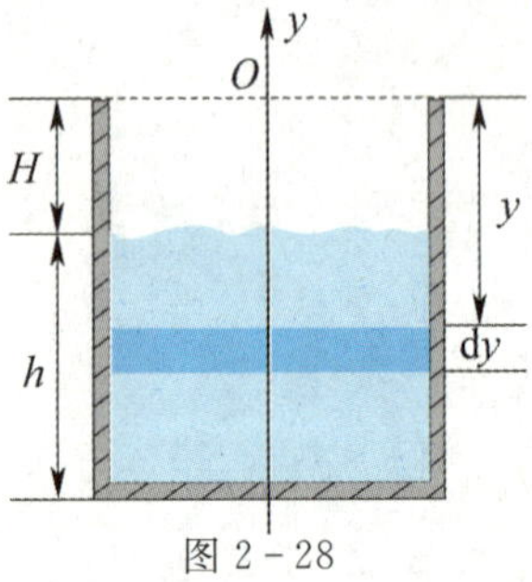

图 2-28

$$\mathrm{d}m = \rho S\mathrm{d}y.$$

将这些水匀速地抽上地面所需外力

$$F_{外} = \mathrm{d}m \cdot g = \rho gS\mathrm{d}y.$$

功的定义源于恒力的功 $W = \boldsymbol{F} \cdot \Delta\boldsymbol{r}$，在选取积分元时，必须使积分元内的元功视为恒力的功. 当我们如此选取 $\mathrm{d}m$ 时，则 $F_{外}$ 把 $\mathrm{d}m$ 这部分水提至地面时，其所做的功可视为恒力的功，故有

$$\mathrm{d}W = yF_{外} = \rho gSy\mathrm{d}y,$$

于是所需的功为

$$W = \int_{-H}^{-(H+h)} \rho Sgy\mathrm{d}y = \frac{1}{2}\rho Sg[(H+h)^2 - H^2].$$

例 2-11

质点所受外力 $\boldsymbol{F} = (y^2 - x^2)\boldsymbol{i} + 3xy\boldsymbol{j}$，求质点由点(0,0)运动到点(2,4)的过程中力 $\boldsymbol{F}$ 所做的功：(1)先沿 x 轴由点(0,0)运动到点(2,0)，再平行 y 轴由点(2,0)运动到点(2,4)；(2)沿连接(0,0)，(2,4)两点的直线；(3)沿抛物线 $y = x^2$ 由点(0,0)到点(2,4)(单位为国际单位制).

解 (1)由点(0,0)沿 x 轴到(2,0). 此时 $y=0$，$\mathrm{d}y=0$，所以

$$W_1 = \int_0^2 F_x \mathrm{d}x = \int_0^2 (-x^2)\mathrm{d}x = -\frac{8}{3}\ (\mathrm{J}).$$

由点(2,0)平行 y 轴到点(2,4). 此时 $x=2$，$\mathrm{d}x=0$，故

$$W_2 = \int_0^4 F_y \mathrm{d}y = \int_0^4 6y\mathrm{d}y = 48\ (\mathrm{J}),$$

则

$$W = W_1 + W_2 = 45\frac{1}{3}\ (\mathrm{J}).$$

(2)因为由原点到点(2,4)的直线方程为 $y=2x$，则

$$W = \int_0^2 F_x \mathrm{d}x + \int_0^4 F_y \mathrm{d}y = \int_0^2 (4x^2 - x^2)\mathrm{d}x + \int_0^4 \frac{3}{2}y^2 \mathrm{d}y = 40\ (\mathrm{J}).$$

(3)因为 $y=x^2$，所以

$$W = \int_0^2 (x^4 - x^2)\mathrm{d}x + \int_0^4 3y^{3/2}\mathrm{d}y = 42\frac{2}{15}\ (\mathrm{J}).$$

可见题中所示力是非保守力.

三、动能定理

现在讨论力对物体做功后，物体的运动状态将发生的变化.

设有一质点沿任一曲线运动.在曲线上取任一元位移 d$\boldsymbol{r}$，则力 $\boldsymbol{F}$ 在这段元位移上的功为

$$dW = \boldsymbol{F} \cdot d\boldsymbol{r} = \frac{d(m\boldsymbol{v})}{dt} \cdot \boldsymbol{v} dt = m\boldsymbol{v} \cdot d\boldsymbol{v}.$$

与 $\boldsymbol{r} \cdot d\boldsymbol{r}$ 类似，$\boldsymbol{v} \cdot d\boldsymbol{v} = v dv$，所以

$$dW = mv dv = d\left(\frac{1}{2}mv^2\right).$$

若质点由初位置 1 处运动到末位置 2 处，其速率由 v_1 增至 v_2，则有

$$W = \int_1^2 dW = \int_{v_1}^{v_2} d\left(\frac{1}{2}mv^2\right) = \frac{1}{2}mv_2^2 - \frac{1}{2}mv_1^2,$$

即

$$\int_1^2 \boldsymbol{F} \cdot d\boldsymbol{r} = \frac{1}{2}mv_2^2 - \frac{1}{2}mv_1^2. \tag{2-38}$$

由(2－38)式可知，如果把$\frac{1}{2}mv^2$ 看作一个独立的物理量，就可发现$\frac{1}{2}mv^2$ 是与力在空间上的累积效应相联系的，$\frac{1}{2}mv^2$ 称为质点的动能(kinetic energy).动能是标量，是与参考系的选择有关的相对量.如果令 $E_k = \frac{1}{2}mv^2$，则(2－38)式又可写成

$$W = E_{k2} - E_{k1}. \tag{2-39}$$

(2－39)式说明外力对质点所做的功等于质点动能的增量.(2－38)式就是质点动能定理(work-kinetic energy theorem)的数学表示式.

例 2－12

一质量为 10 kg 的物体沿 x 轴无摩擦地滑动，$t=0$ 时物体静止于原点.(1)若物体在力 $F=3+4t$ N 的作用下运动了 3 s，它的速度为多大？(2)若物体在力 $F=3+4x$ N 的作用下移动了 3 m，它的速度为多大？

解 (1)由动量定理 $\int_0^t F dt = mv$，得

$$v = \int_0^t \frac{F}{m} dt = \int_0^3 \frac{3+4t}{10} dt = 2.7\ (\text{m} \cdot \text{s}^{-1}).$$

(2)由动能定理 $\int_0^x F dx = \frac{1}{2}mv^2$，得

$$v = \sqrt{\int_0^x \frac{2F}{m} dx} = \sqrt{\int_0^3 \frac{2(3+4x)}{10} dx} = 2.3\ (\text{m} \cdot \text{s}^{-1}).$$

四、势能

在第 1 章已指出，描述质点机械运动状态的参量是位矢 $\boldsymbol{r}$ 和速度 $\boldsymbol{v}$.对应于状态参量 $\boldsymbol{v}$，我们引入了动能 $E_k = E_k(v)$，那么对应于状态参量 $\boldsymbol{r}$ 将引入什么样的能量形式呢？下面讨论这个问题.

在前面的讨论中已指出，保守力的功与质点运动的路径无关，仅取决于相互作用的两物体初态和终态的相对位置. 如重力、万有引力、弹簧力的功，其值分别为

$$W_{重} = -(mgz - mgz_0),$$

$$W_{引} = -\left[\left(-G\frac{mM}{r}\right) - \left(-G\frac{mM}{r_0}\right)\right],$$

$$W_{弹} = -\left(\frac{1}{2}kx^2 - \frac{1}{2}kx_0^2\right).$$

可以看出，保守力做功的结果总是等于一个由相对位置决定的函数增量的负值. 而功总是与能量的改变量相联系的. 因此，上述由相对位置决定的函数必定是某种能量的函数形式. 将其称为**势能**(potential energy)，用 E_p 表示，即

$$\int_1^2 \boldsymbol{F}_{保} \cdot \mathrm{d}\boldsymbol{r} = -(E_{p2} - E_{p1}) = -\Delta E_p. \tag{2-40}$$

(2-40)式定义的只是势能之差，而不是势能函数本身. 为了定义势能函数，可以将(2-40)式的定积分改写为不定积分，即

$$E_p = -\int \boldsymbol{F}_{保} \cdot \mathrm{d}\boldsymbol{r} = E(r) + C, \tag{2-41}$$

式中 C 是一个由系统零势能位置决定的积分常数.

(2-41)式表明只要已知一种保守力的力函数，即可求出与之相关的势能函数. 例如，已知万有引力的力函数为

$$\boldsymbol{F} = -G\frac{mM}{r^3}\boldsymbol{r},$$

那么与万有引力相对应的势能函数形式为

$$E_p = -\int -G\frac{mM}{r^3}\boldsymbol{r} \cdot \mathrm{d}\boldsymbol{r} = -G\frac{mM}{r} + C.$$

如令 $r \to \infty$ 时，$E_{p引} = 0$，则 $C=0$，即取无穷远处为引力势能零点时，引力势能函数为

$$E_{p引} = -G\frac{mM}{r}. \tag{2-42}$$

读者自己可以证明：若取离地面高度 $z=0$ 的点为重力势能零点(此时 $C=0$)，则重力势能函数为

$$E_{p重} = mgz. \tag{2-43}$$

对于弹簧弹性力，若取弹簧自然伸长处为坐标原点和弹性势能零点(此时 $C=0$)，则弹性势能函数为

$$E_{p弹} = \frac{1}{2}kx^2. \tag{2-44}$$

有关势能的几点讨论：

(1) **势能是相对量，其值与零势能参考点的选择有关**. 零势能位置点选得不同，(2-41)式中常数 C 就不同. 上面的讨论说明，对于给定的保守力的力函数，只要选取适当的零势能的位置，总可使 $C=0$. 在一般情况下，这时的势能函数形式较为简洁，如(2-42)式、(2-43)式和(2-44)式. 需要说明的是，并非在任何情况下，(2-41)式中的积分常数一定能为零，这一点在静电场中尤为突出.

(2) **势能函数的形式与保守力的性质密切相关，对应于一种保守力的函数就可引进一种相关的势能函数**. 因此，势能函数的形式不像动能那样有统一的表示式.

(3)**势能是以保守力形式相互作用的物体系统所共有**. 例如,(2-43)式所表示的实际上是某物体与地球互以重力作用的结果;(2-42)式所表示的实际上是 m,M 互以万有引力作用的结果;(2-44)式所表示的则是物块 M 与弹簧相互作用的结果. 在平常的叙述中,说某物体具有多少势能,这只是一种简便叙述,不能认为势能是某一物体所有.

(4)由于势能是属于相互以保守力作用的系统所共有,因此(2-40)式的物理意义可解释如下:**一对保守力的功等于相关势能增量的负值**. 因此,**当保守力做正功时,系统势能减少;保守力做负功时,系统势能增加.**

五、势能曲线

将势能随相对位置变化的函数关系用一条曲线描绘出来,就是势能曲线. 图 2-29(a),(b),(c)分别给出的就是重力势能、弹性势能及引力势能的势能曲线.

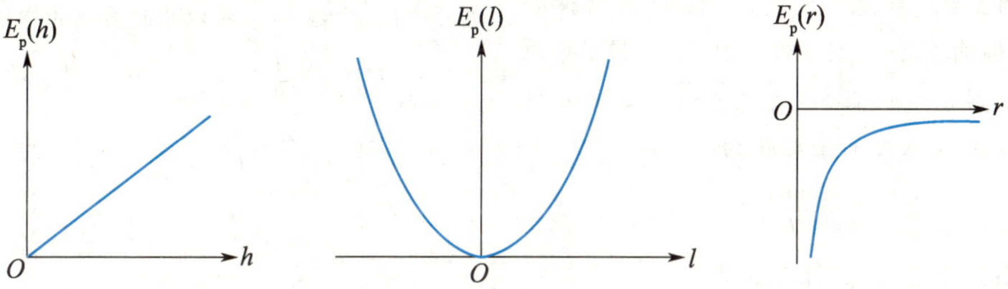

(a) 重力势能曲线　(b) 弹性势能曲线　(c) 引力势能曲线

图 2-29　势能曲线

势能曲线可给我们提供多种信息:

(1)质点在轨道上任一位置时,质点系所具有的势能值.

(2)势能曲线上任一点切线的斜率($\mathrm{d}E_p/\mathrm{d}l$)的负值,表示质点在该处所受的保守力.

设有一保守系统,其中一质点沿 x 轴方向做一维运动,则由(2-41)式有

$$\mathrm{d}E_p = -F(x)\mathrm{d}x,$$

故有

$$F(x) = -\frac{\mathrm{d}E_p}{\mathrm{d}x}. \tag{2-45}$$

由图 2-29 可知,凡势能曲线有极值时,即曲线斜率为零处,其受力为零. 这些位置即为平衡位置. 进一步的理论指出,势能曲线有极大值的位置点是不稳定平衡位置,势能曲线极小值的位置点是稳定平衡位置,如图 2-30 所示.

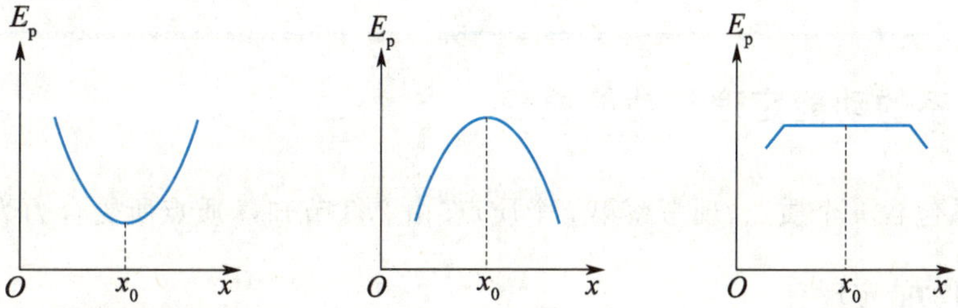

(a) 稳定　(b) 不稳定　(c) 随遇

图 2-30　平衡位置

若质点做三维运动,则有

$$\boldsymbol{F}=F_x\boldsymbol{i}+F_y\boldsymbol{j}+F_z\boldsymbol{k}=-\left(\frac{\partial E_p}{\partial x}\boldsymbol{i}+\frac{\partial E_p}{\partial y}\boldsymbol{j}+\frac{\partial E_p}{\partial z}\boldsymbol{k}\right)=-\nabla E_p, \tag{2-46}$$

这是直角坐标系中由势能函数求保守力的一般式，它表示保守力是对应势能函数梯度的负值.

例 2-13

一劲度系数为 k 的轻质弹簧，下悬一质量为 m 的物体而处于静止状态. 今以该平衡位置为坐标原点，并作为系统的重力势能和弹簧弹性势能零点，那么当 m 偏离平衡位置的位移为 x 时，整个系统的总势能为多少？

解 题中所指系统是地球、弹簧、重物 m 所组成的系统. 为便于叙述，开始时仍以弹簧原长处（即自然伸长处）为坐标原点 O'，并以向下为 x' 轴（x 轴）正向（见图2-31），则 m 位于平衡位置 O 点处的坐标值为

$$x_1'=\frac{mg}{k}.$$

由势能函数的定义，弹性势能为

$$E_{p弹}=\frac{1}{2}kx'^2+C.$$

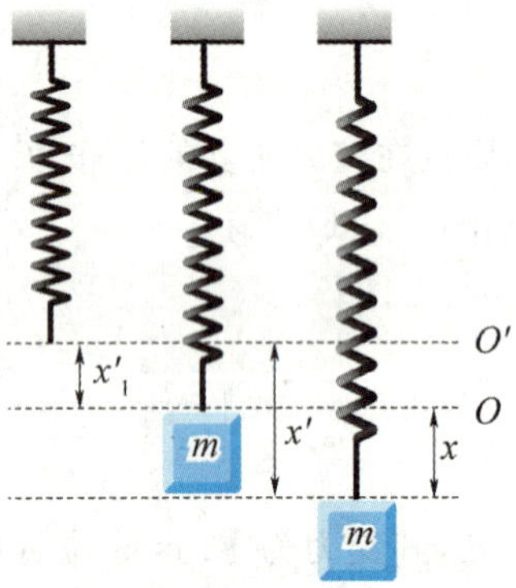

图 2-31

根据题意，选系统在 O 点时 $E_{p弹}=0$，所以 $C=-\frac{1}{2}kx_1'^2$. 以 O 点为弹性势能零点时，系统弹性势能表达式为

$$E_{p弹}=\frac{1}{2}kx'^2-\frac{1}{2}kx_1'^2.$$

当 m 离 O 点为 x 时（见图 2-31），它相对 O' 点的坐标 $x'=x+x_1'$，所以此时系统的弹性势能为

$$\begin{aligned}E_{p弹}&=\frac{1}{2}k(x+x_1')^2-\frac{1}{2}kx_1'^2\\&=\frac{1}{2}kx^2+kx_1'x\\&=\frac{1}{2}kx^2+mgx.\end{aligned}$$

同时，题中又设 O 点处重力势能为零，故 x 处的重力势能为

$$E_{p重}=-mgx,$$

则总势能 E_p 为

$$\begin{aligned}E_p&=E_{p弹}+E_{p重}\\&=\frac{1}{2}kx^2+mgx-mgx\\&=\frac{1}{2}kx^2.\end{aligned}$$

这说明，对竖直悬挂的弹簧，若以平衡位置为坐标原点及重力势能、弹性势能零点，则此系统的总势能（或称系统的振动势能）为$\frac{1}{2}kx^2$. 这种处理方法在讨论弹簧振子的简谐振动能量时极为方便.

六、质点系的动能定理与功能原理

设一质点系包含 n 个质点，现考察第 i 个质点. 由 2.3 节知，i 质点所受合力为 $\boldsymbol{F}_{i外}+\sum_{j=1}^{n-1}\boldsymbol{f}_{ji}$，则对 i 质点运用动能定理有

$$\int_1^2\boldsymbol{F}_{i外}\cdot \mathrm{d}\boldsymbol{r}_i+\int_1^2\sum_{j=1}^{n-1}\boldsymbol{f}_{ji}\cdot \mathrm{d}\boldsymbol{r}_i=\frac{1}{2}m_iv_{i2}^2-\frac{1}{2}m_iv_{i1}^2.$$

对所有质点求和可得

$$\sum_{i=0}^{n}\int_{1}^{2}\boldsymbol{F}_{i外}\cdot \mathrm{d}\boldsymbol{r}_i+\sum_{i=1}^{n}\int_{1}^{2}\sum_{j=1}^{n-1}\boldsymbol{f}_{ji}\cdot \mathrm{d}\boldsymbol{r}_i=\sum_{i=1}^{n}\frac{1}{2}m_i v_{i2}^2-\sum_{i=1}^{n}\frac{1}{2}m_i v_{i1}^2, \tag{2-47}$$

(2-47)式便是质点系的动能定理的数学表示式.

注意:在(2-47)式中,不能先求合力,再求合力的功,这是因为在质点系内各质点的位移 $\mathrm{d}\boldsymbol{r}_i$ 是不同的,不能作为公因子提到求和符号之外.因此在计算质点系的功时,只能先求每个力的功,再对这些功求和.

在质点系内,内力总是成对出现的.因此,我们可以把内力分为保守内力和非保守内力.于是内力的功可分为两部分,即内部保守力的功和内部非保守力的功,分别用 $W_{内保}$ 和 $W_{内非}$ 表示.如果再有 $W_{外}$ 表示质点系外力的功,用 E_k 表示质点系的总动能,则(2-47)式可表示为

$$W_{外}+W_{内非}+W_{内保}=E_{k2}-E_{k1}, \tag{2-48}$$

即质点系总动能的增量等于外力的功与质点系内保守力的功和质点系内非保守力的功三者之和,称为质点系的动能定理.

考虑到一对保守力功之和等于相关势能增量的负值,即有 $W_{内保}=-\Delta E_p=-(E_{p2}-E_{p1})$(式中 E_p 表示系统内各种势能之总和),则(2-48)式又可进一步表示成

$$W_{外}+W_{内非}=(E_{k2}-E_{k1})+(E_{p2}-E_{p1}). \tag{2-49}$$

如令

$$E=E_k+E_p \tag{2-50}$$

表示系统的机械能(mechanical energy),则有

$$W_{外}+W_{内非}=E_2-E_1, \tag{2-51}$$

这就是质点系的功能原理的数学表示式,即系统机械能的增量等于外力的功与内部非保守力功之和.

顺便指出,由于势能的大小与零势能点的选择有关,因此在运用功能原理解题时,应先指明系统的范围,并确定势能零点.

例 2-14

一轻弹簧一端系于固定斜面的上端,另一端连着质量为 m 的物块,物块与斜面的摩擦系数为 μ,弹簧的劲度系数为 k,斜面倾角为 θ,今将物块由弹簧的自然长度拉伸 l 后由静止释放,物块第一次静止在什么位置上(见图 2-32)?

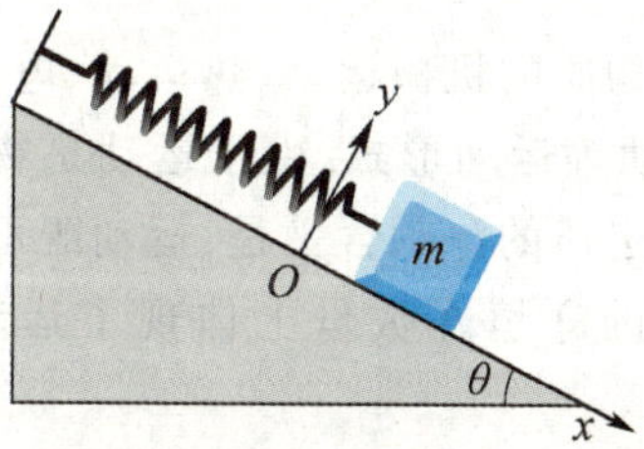

图 2-32

解 以弹簧、物块和地球为系统,取弹簧自然伸长处为原点,沿斜面向下为 x 轴正向,且以原点为弹性势能和重力势能零点,则由功能原理(2-51)式,在物块向上滑至 x 处时,有

$$\left(\frac{1}{2}mv^2+\frac{1}{2}kx^2-mgx\sin\theta\right)-\left(\frac{1}{2}kl^2-mgl\sin\theta\right)=-\mu mg\cos\theta(l-x).$$

物块静止位置与 $v=0$ 对应,故有

$$\frac{1}{2}kx^2-mgx(\sin\theta+\mu\cos\theta)+mgl(\sin\theta+\mu\cos\theta)-\frac{1}{2}kl^2=0.$$

解此二次方程,得

$$x=\frac{2mg(\sin\theta+\mu\cos\theta)}{k}-l,$$

另一根 $x=l$,即初始位置,舍去.

七、机械能守恒定律

机械能守恒的条件应该是一个孤立的保守系统．但在实际应用中条件可以放宽一些．由功能原理(2－51)式可知：

若 $W_{外}+W_{内非}>0$，系统的机械能增加；

若 $W_{外}+W_{内非}<0$，系统的机械能减少；

若 $W_{外}+W_{内非}=0$，则系统的机械能保持不变．

现考虑一种情况，即 $W_{外}=0$．这时有：

若 $W_{内非}>0$，系统的机械能增大．如炸弹爆炸，人从静止开始走动，就属这种情形（这里伴随有其他能量形式转换为机械能的过程）．

若 $W_{内非}<0$，系统的机械能减小．如克服摩擦力做功，这样的非保守力常称为耗散力（这时伴随有机械能转换为其他形式能量的过程）．

若 $W_{内非}=0$，则系统的机械能守恒．

从以上分析可知，**机械能守恒的条件是同时满足 $W_{外}=0$ 和 $W_{内非}=0$**，即系统既与外界无机械能的交换，系统内部又无机械能与其他能量形式的转换．

当系统的机械能守恒时，有

$$E_{k1}+E_{p1}=E_{k2}+E_{p2}, \tag{2-52}$$

或

$$E_{p2}-E_{p1}=-(E_{k2}-E_{k1}),即\ \Delta E_p=-\Delta E_k, \tag{2-53}$$

系统势能的增量等于系统动能减少的量．

八、能量转换与守恒定律

上面的讨论已指出，当 $W_{外}=0$，$W_{内非}\neq0$ 时，系统虽与外界无机械能的交换，但系统的机械能仍不守恒．那么，系统增加的（或减少）的机械能是从何处来的（或向何处去了）呢？现在我们讨论 $W_{外}=0$ 的孤立系统情况（即系统与外界既无能量交换又没有物质交换）．

大量事实证明，在孤立系统内，若系统的机械能发生了变化，必然伴随着等值的其他形式能量（如内能、电磁能、化学能、生物能及核能等）的增加或减少．这说明能量既不能消失也不会创生，只能从一种形式的能量转换成另一种形式的能量．也就是说，**在一个孤立系统内，不论发生何种变化过程，各种形式的能量之间无论怎样转换，但系统的总能量将保持不变**．这就是**能量转换与守恒定律**(conservation of energy)．

能量守恒定律是自然界中的普遍规律．它不仅适用于物质的机械运动、热运动、电磁运动、核子运动等物理运动形式，而且也适用于化学运动、生物运动等运动形式．由于运动是物质的存在形式，而能量又是物质运动的度量，因此，能量转换与守恒定律的深刻含义是：运动既不能消失也不能创造，它只能由一种形式转换为另一种形式．能量的守恒在数量上体现了运动的守恒．表 2－3是某些典型体系的能量值．

表 2-3　一些典型的能量值　　单位:J

太阳的总核能	约 1×10^{45}
地球上矿物的总储能	约 2×10^{23}
1 kg 物质-反物质湮灭	9.0×10^{16}
百万吨级氢弹爆炸	4.4×10^{15}
1 kg 铀裂变	8.2×10^{13}
一次闪电	约 1×10^{9}
1 kg 汽油燃烧	约 1.3×10^{8}
1 人每日需要	约 1.3×10^{7}
1 kg TNT 爆炸	约 4.6×10^{6}
地球表面每平方米接受太阳能	约 1×10^{3}
一个电子的静止能量	8.2×10^{-14}
一个氢原子的电离能	2.2×10^{-18}
一个黄色光子	3.4×10^{-19}

例 2-15

在光滑的水平台面上放有质量为 M 的沙箱,一颗从左方飞来质量为 m 的子弹从箱左侧击入,在沙箱中前进一段距离 l 后停止.在这段时间内沙箱向右运动的距离为 s,此后沙箱带着子弹以匀速运动.求此过程中内力所做的功.

解　如图 2-33 所示,设子弹对沙箱作用力为 $\boldsymbol{f}'$,沙箱位移为 s;沙箱对子弹作用力为 $\boldsymbol{f}$,子弹的位移为 $s+l$,$\boldsymbol{f}=-\boldsymbol{f}'$,则这一对内力的功

$$W=-f(s+l)+f's=-fl\neq0.$$

说明沙箱对子弹做功 $-f(s+l)$ 与子弹对沙箱做的功 $f's=fs$ 两者不相等;而这一对内力做功之和不为零,它等于子弹与沙箱组成的系统的机械能的损失,损失的机械能转化为热能.

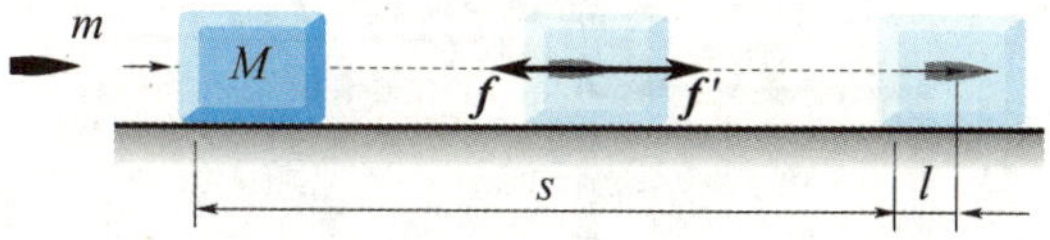

图 2-33

关于一对内力做功之和的一般证明如下:

设质点系内第 i,j 两个质点中,质点 j 对质点 i 的作用力为 $\boldsymbol{F}_{ji}$,质点 i 对质点 j 的作用力为 $\boldsymbol{F}_{ij}$.当 i 和 j 两质点运动时,这一对作用力与反作用力均要做功.这两力所做的元功之和应为

$$dW=\boldsymbol{F}_{ji}\cdot d\boldsymbol{r}_i+\boldsymbol{F}_{ij}\cdot d\boldsymbol{r}_j,$$

由 $\boldsymbol{F}_{ij}=-\boldsymbol{F}_{ji}$ 可以得到

$$dW=\boldsymbol{F}_{ji}\cdot(d\boldsymbol{r}_i-d\boldsymbol{r}_j)=\boldsymbol{F}_{ji}\cdot d(\boldsymbol{r}_i-\boldsymbol{r}_j)=\boldsymbol{F}_{ji}\cdot d\boldsymbol{r}_{ij},$$

式中 $\boldsymbol{r}_i$ 和 $\boldsymbol{r}_j$ 为第 i、第 j 两质点对坐标原点的位矢,$\boldsymbol{r}_{ij}$ 是第 i 个质点对第 j 个质点的相对位矢,$d\boldsymbol{r}_i$ 和 $d\boldsymbol{r}_j$ 则是相应的元位移,$d\boldsymbol{r}_{ij}$ 为两质点间的相对元位移(见图 2-34).

由以上讨论可得到两点结论:

(1)由于 $d\boldsymbol{r}_i$ 与 $d\boldsymbol{r}_j$ 一般不为零,故一对内力的元功之和一般不为零,一对内力做功之和一般也不为零.

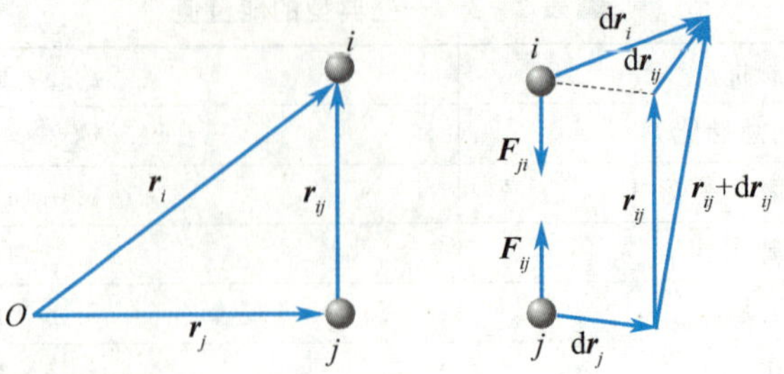

图 2-34　两个质点的相互作用

(2)因相对位矢 $\boldsymbol{r}_{ij}$ 及相对元位移 $d\boldsymbol{r}_{ij}$ 与参考系无关，故一对内力做功之和也与参考系的选择无关，而只与相对位移有关.

例如，当一物体沿着一光滑斜面下滑时，那么物体对斜面的压力与斜面对物体的支持力这一对内力就与它们的相对位移(即物体沿斜面滑动的距离)处处垂直，故这一对内力功之和为零，而且这结论与斜面是否固定无关.

例 2-16

如图 2-35 所示，一质量为 M 的平顶小车，在光滑的水平轨道上以速度 v 做直线运动. 今在车顶前沿放上一质量为 m 的物体，物体相对于地面的初速度为零. 设物体与车顶之间的摩擦系数为 μ，为使物体不致从车顶上跌下去，问车顶的长度 l 最短应为多少?

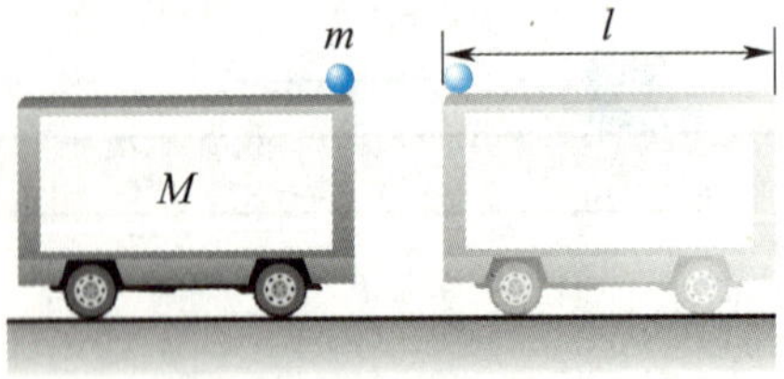

图 2-35

解　由于摩擦力做功的结果，最后使得物体与小车具有相同的速度 u，这时物体相对于小车为静止而不会跌下. 在这一过程中，以物体和小球为一系统，水平方向动量守恒，有

$$Mv=(m+M)u.$$

而 m 相对于 M 的位移为 l，如图 2-35 所示，则一对摩擦力的功为

$$-\mu mgl=\frac{1}{2}(m+M)u^2-\frac{1}{2}Mv^2.$$

联立以上两式即可解得车顶的最小长度为

$$l=\frac{Mv^2}{2\mu g(M+m)}.$$

例 2-17

试分析航天器的三种宇宙速度.

解　(1)第一宇宙速度. 航天器绕地球运动所需的最小速度称为第一宇宙速度. 以地心为原点，航天器在距地心为 r 处绕地球做圆周运动的速度为 v_1，则有

$$G\frac{mM_{地}}{r^2}=m\frac{v_1^2}{r},$$

$$v_1=\sqrt{G\frac{M_{地}}{r}}=\sqrt{\frac{R^2}{r}g_0},$$

式中 $g_0=G\frac{M_{地}}{R^2}$ 为地球表面处的重力加速度. 若 $r=R$ 时，则

$$v_1=\sqrt{Rg_0}\approx 7.9\ (\mathrm{km\cdot s^{-1}}),$$

这就是第一宇宙速度.

(2)第二宇宙速度. 在地球表面处的航天器要脱离地球引力范围而必须具有的最小速度，称为第二宇宙速度. 以地球和航天器为一系统，

航天器在地球表面处的引力势能为 $-G\frac{mM_{地}}{R}$，动能为 $\frac{1}{2}mv_2^2$，航天器脱离地球时，地球的引力可忽略不计，系统势能为零，动能的最小值为零，由机械能守恒定律，有

$$\frac{1}{2}mv_2^2 - G\frac{mM_{地}}{R} = 0,$$

$$v_2 = \sqrt{2Rg_0} = \sqrt{2}v_1 \approx 11.2\ (\mathrm{km \cdot s^{-1}}),$$

这就是第二宇宙速度.

(3)第三宇宙速度. 在地球表面发射的航天器能逃逸出太阳系所必需的最小速度，称为第三宇宙速度. 作为近似处理可分两步进行：第一步，从地球表面把航天器送出地球引力圈，在此过程中略去太阳引力，这一步的计算方法与分析第二宇宙速度类似，所不同的是航天器还必须有剩余动能 $\frac{1}{2}mv^2$，因此有

$$\frac{1}{2}mv_3^2 - G\frac{mM_{地}}{R} = \frac{1}{2}mv^2.$$

由前讨论知：$G\frac{mM_{地}}{R} = \frac{1}{2}mv_2^2$，代入上式有 $v_3^2 = v_2^2 + v^2$.

第二步，航天器由脱离地球引力圈的地点(近似为地球相对于太阳的轨道上)出发，继续运动，逃离太阳系，在此过程中，忽略地球的引力. 以太阳为参考系，地球绕太阳的公转速度(相当于计算地球相对于太阳的第一宇宙速度)为

$$v_1' = \sqrt{G\frac{M_{太}}{r_0}} \approx 30\ (\mathrm{km \cdot s^{-1}}),$$

式中 $M_{太}$ 为太阳的质量，r_0 为太阳中心到地球中心的距离. 以太阳参考系计算，逃离太阳引力范围所需的速度(相当于计算地球相对于太阳的第二宇宙速度)，即

$$\frac{1}{2}mv_2'^2 - G\frac{mM_{太}}{r_0} = 0,$$

$$v_2' = \sqrt{\frac{2GM_{太}}{r_0}} = \sqrt{2}v_1' = 42\ (\mathrm{km \cdot s^{-1}}).$$

为了充分利用地球的公转速度，使航天器在第二步开始时的速度沿公转方向，这样，在第二步开始时，航天器所需的相对地球速度为

$$v = v_2' - v_1' = 12\ (\mathrm{km \cdot s^{-1}}).$$

这就是第一步航天器所需的剩余动能所对应的速度，因此

$$v_3^2 = v_2^2 + v^2,$$

则

$$v_3 = 16.4\ (\mathrm{km \cdot s^{-1}}),$$

这就是第三宇宙速度.

以上三种宇宙速度仅为理论上的最小速度，没有考虑空气阻力的影响.

2.6 角动量　角动量守恒定律

一、质点的角动量

与质点运动时的动量类似，角动量是物体"转动运动量"的量度，是与物体的一定转动状态相联系的物理量. 这里我们先引入运动质点对某一固定点的角动量. 如图 2-36 所示，一个质量为 m 的质点，以速度 $\boldsymbol{v}$ 运动，其相对于固定点 O 的矢径为 $\boldsymbol{r}$，则**质点相对于 O 点的矢径 $\boldsymbol{r}$ 与质点的动量 $m\boldsymbol{v}$ 的矢积为该时刻质点相对于 O 点的角动量**(angular momentum)，用 $\boldsymbol{L}$ 表示，即

$$\boldsymbol{L} = \boldsymbol{r} \times m\boldsymbol{v}, \tag{2-54}$$

角动量是矢量. 由矢积的定义可知，角动量 $\boldsymbol{L}$ 的方向垂直于 $\boldsymbol{r}$ 和 $m\boldsymbol{v}$ 所组成的平面，其指向可用右手螺旋法则确定. $\boldsymbol{L}$ 的大小为

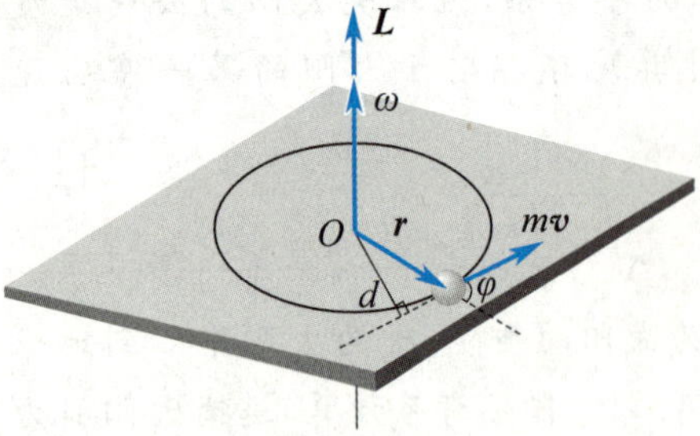

图 2-36　质点的角动量

$$L = rmv\sin\varphi, \tag{2-55}$$

φ 为 $\boldsymbol{r}$ 和 $m\boldsymbol{v}$ 间的夹角. 当质点做圆周运动时，$\varphi=\frac{\pi}{2}$，这时质点对圆心 O 点的角动量大小为

$$L = rmv = mr^2\omega. \tag{2-56}$$

由(2-54)式可知，质点的角动量与质点对固定点 O 的矢径有关. 同一质点对不同的固定点的位矢不同，因而角动量也不同. 因此，涉及质点的角动量时，必须指明是对哪一给定点而言的.

由(2-54)式容易推出，在直角坐标系中，角动量 $\boldsymbol{L}$ 沿各坐标轴的分量为

$$\begin{cases} L_x = yp_z - zp_y, \\ L_y = zp_x - xp_z, \\ L_z = xp_y - yp_x, \end{cases} \tag{2-57}$$

它们分别称为角动量 $\boldsymbol{L}$ 在 x,y,z 轴上的分量式，或称为对 x,y,z 轴的角动量.

在国际单位制中，角动量的单位是千克二次方米每秒($\mathrm{kg\cdot m^2\cdot s^{-1}}$).

二、质点的角动量定理

1. 力矩

为了定量地描述引起质点角动量变化的原因，必须引入力矩的概念. 我们先引入力对某固定点的力矩(torque).

如图 2-37 所示，$\boldsymbol{r}$ 为由 O 点指向力 $\boldsymbol{F}$ 的作用点的矢径，φ 为 $\boldsymbol{r}$ 与 $\boldsymbol{F}$ 的夹角. 力 $\boldsymbol{F}$ 对某固定点 O 的力矩定义为

$$\boldsymbol{M} = \boldsymbol{r}\times\boldsymbol{F}, \tag{2-58}$$

即 $\boldsymbol{M}$ 的方向垂直于 $\boldsymbol{r}$ 和 $\boldsymbol{F}$ 所决定的平面，其指向用右手螺旋法则确定. 力矩的大小等于此力和力臂 d 的乘积，即

$$M = Fd = Fr\sin\varphi. \tag{2-59}$$

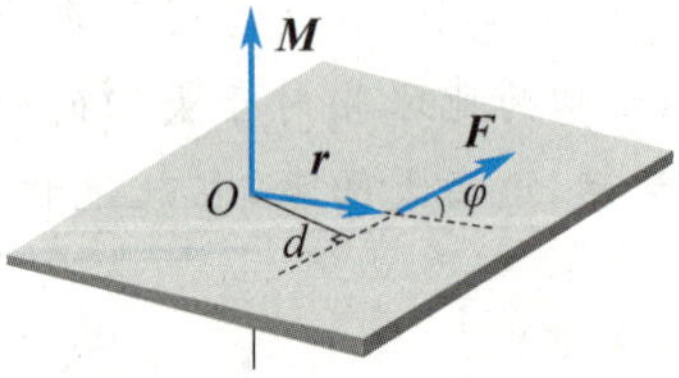

图 2-37　对点的力矩

$\boldsymbol{M}$ 在直角坐标系中的分量为

$$\begin{cases} M_x = yF_z - zF_y, \\ M_y = zF_x - xF_z, \\ M_z = xF_y - yF_x, \end{cases} \tag{2-60}$$

它们也称为对轴的力矩.

力矩为零有两种情况：一是力 $\boldsymbol{F}$ 等于零；二是力 $\boldsymbol{F}$ 的作用线与矢径 $\boldsymbol{r}$ 共线(即力 $\boldsymbol{F}$ 的作用线穿过 O 点)，此时 $\sin\varphi=0$. 如果一个物体所受的力始终指向(或背离)某一固定点，这种力称为有心力，这固定点叫作力心. 显然有心力 $\boldsymbol{F}$ 与矢径 $\boldsymbol{r}$ 是共线的. 因此，有心力对力心的力矩恒为零.

在国际单位制中，力矩的单位是牛顿米($\mathrm{N\cdot m}$).

2. 质点的角动量定理

如果我们将质点对 O 点的角动量 $\boldsymbol{L}=\boldsymbol{r}\times m\boldsymbol{v}$ 对时间 t 求导，可得

$$\frac{\mathrm{d}\boldsymbol{L}}{\mathrm{d}t} = \frac{\mathrm{d}}{\mathrm{d}t}(\boldsymbol{r}\times m\boldsymbol{v}) = \boldsymbol{r}\times\frac{\mathrm{d}(m\boldsymbol{v})}{\mathrm{d}t} + \frac{\mathrm{d}\boldsymbol{r}}{\mathrm{d}t}\times m\boldsymbol{v}.$$

由于 $\boldsymbol{F}=\dfrac{\mathrm{d}(m\boldsymbol{v})}{\mathrm{d}t}$，$\boldsymbol{v}=\dfrac{\mathrm{d}\boldsymbol{r}}{\mathrm{d}t}$，因此

$$\frac{\mathrm{d}\boldsymbol{L}}{\mathrm{d}t}=\boldsymbol{r}\times\boldsymbol{F}+\boldsymbol{v}\times m\boldsymbol{v}.$$

根据矢积性质 $\boldsymbol{v}\times m\boldsymbol{v}=\boldsymbol{0}$，而 $\boldsymbol{r}\times\boldsymbol{F}=\boldsymbol{M}$，于是有

$$\boldsymbol{M}=\frac{\mathrm{d}\boldsymbol{L}}{\mathrm{d}t}. \tag{2-61}$$

(2-61)式说明，作用在质点上的力矩等于质点角动量对时间的变化率. 这就是质点角动量定理的微分形式. 其积分形式为

$$\int_{t_0}^{t}\boldsymbol{M}\mathrm{d}t=\boldsymbol{L}-\boldsymbol{L}_0, \tag{2-62}$$

式中 $\int_{t_0}^{t}\boldsymbol{M}\mathrm{d}t$ 称为角冲量(angular impulse)，这说明：作用于质点的冲量矩等于质点角动量的增量. 在运用角动量定理时，一定要注意，等式两边的力矩和角动量必须都是对同一固定点而言的.

三、质点角动量守恒定律

由(2-61)式知，若 $\boldsymbol{M}=\boldsymbol{0}$，则

$$\boldsymbol{L}=\boldsymbol{r}\times m\boldsymbol{v}=\text{常矢量},$$

即质点所受外力对某固定点的力矩为零，则质点对该固定点的角动量守恒，这就是质点的角动量守恒定律(conservation of angular momentum).

在研究天体运动和微观粒子运动时，常遇到角动量守恒的问题. 例如，地球和其他行星绕太阳的转动，太阳可看作不动，而地球和行星所受太阳的引力是有心力(力心在太阳中心)，因此地球、行星对太阳的角动量守恒. 又如带电微观粒子射到质量较大的原子核附近时，粒子所受到的原子核的电场力就是有心力(力心在原子核心)，所以微观粒子在与原子核的碰撞过程中对力心的角动量守恒.

例 2-18

在光滑的水平桌面上，放有质量为 M 的木块，木块与一弹簧相连，弹簧的另一端固定在 O 点，弹簧的劲度系数为 k，设有一质量为 m 的子弹以初速度 $\boldsymbol{v}_0$ 垂直于 OA 射向 M 并嵌在木块内，如图 2-38 所示. 弹簧原长 l_0，子弹击中木块后，木块 M 运动到 B 点时，弹簧长度变为 l，此时 OB 垂直于 OA，求在 B 点时，木块的运动速度 $\boldsymbol{v}_2$.

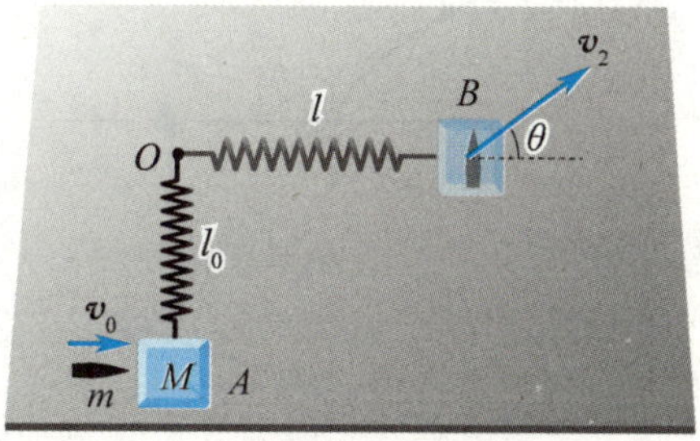

图 2-38

解 击中瞬间，在水平面内，子弹与木块组成的系统沿 $\boldsymbol{v}_0$ 方向动量守恒，设子弹击中木块后的速度为 v_1，即有

$$mv_0=(m+M)v_1. \qquad ①$$

在由 $A\to B$ 的过程中，子弹、木块系统机械能守恒，有

$$\frac{1}{2}(m+M)v_1^2=\frac{1}{2}(m+M)v_2^2+\frac{1}{2}k(l-l_0)^2. \qquad ②$$

在由 $A\to B$ 的过程中木块在水平面内只受指向 O 点的弹性有心力，故木块对 O 点的角动量守恒，设 $\boldsymbol{v}_2$ 与 OB 方向成 θ 角，则有

$$l_0(m+M)v_1=l(m+M)v_2\sin\theta. \qquad ③$$

由①，②式联立求得 $\boldsymbol{v}_2$ 的大小为

$$v_2=\sqrt{\frac{m^2}{(m+M)^2}v_0^2-\frac{k(l-l_0)^2}{m+M}}.$$

由③式求得 $\boldsymbol{v}_2$ 与 OB 方向的夹角为

$$\theta=\arcsin\frac{l_0 m v_0}{l\sqrt{m^2v_0^2-k(l-l_0)^2(m+M)}}.$$

例 2-19

卢瑟福等人发现用 α 粒子(氦原子核)轰击金箔时有些入射粒子散射偏转角很大，甚至超过 90°. 卢瑟福于 1911 年提出：原子必有一带正电的核心，即原子核，此即原子结构的行星模型. 已知 α 粒子的质量为 m，以速度 $\boldsymbol{v}_0$ 接近电荷为 Ze 的重原子核，瞄准距离为 b，如图 2-39(a) 所示. 求 α 粒子接近重核的最近距离. 设原子核质量比 α 粒子大很多，可近似看作静止.

解 α 粒子受静电力始终背向重核中心，α 粒子在一平面内运动，如图 2-39(a) 所示.

设 z 轴垂直于此平面且通过重核中心，则 α 粒子所受静电力对 z 轴的力矩为零，即对 z 轴的角动量守恒. α 粒子以速度 $\boldsymbol{v}_0$ 运动，对 z 轴的角动量是 $rmv_0\sin\gamma$，但 $r\sin\gamma=b$，如图 2-39(b) 所示，故 $rmv_0\sin\gamma=bmv_0$，α 粒子最接近重核(距离为 d)时，既无继续向重核运动的速度，又无远离核的速度. 此刻的速度 $\boldsymbol{v}$ 应与 α 粒子至核的连线垂直，角动量是 dmv. 于是

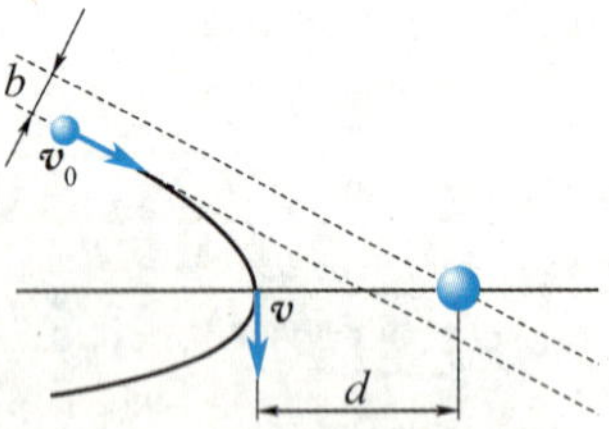

(a) 示意图

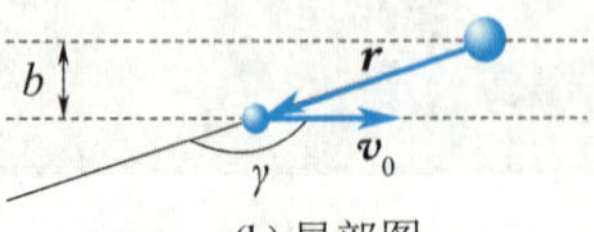

(b) 局部图

图 2-39

$$dmv=bmv_0,$$

所以

$$v=\frac{v_0 b}{d}.$$

在散射过程中，只有静电力作用，故能量守恒. 最初，其能量为动能 $\frac{1}{2}mv_0^2$，到达离核最近时，其总能为 $\frac{1}{2}mv^2+\frac{kZe^2}{d}$，后一项为静电势能，$k$ 为一常数，因此

$$\frac{1}{2}mv^2+\frac{kZe^2}{d}=\frac{1}{2}mv_0^2.$$

把 v 代入上式得

$$\frac{mv_0^2b^2}{2d^2}+\frac{kZe^2}{d}=\frac{1}{2}mv_0^2,$$

$$d^2-\frac{2kZe^2}{mv_0^2}d-b^2=0,$$

解得

$$d=\frac{kZe^2}{mv_0^2}\pm\sqrt{\left(\frac{kZe^2}{mv_0^2}\right)^2+b^2}.$$

因 d 只能为正，故上式中负号无物理意义，舍去.

应用上式，代入必要的实验数据，可推算出 α 粒子到达离核最近的距离，其数值范围是 $10^{-13}\sim10^{-12}$ cm. 它反映了原子核的大小，该结果与后来对原子核半径的测量数值在数量级上大体相符. 这样，用能量守恒和角动量守恒讨论 α 粒子散射的方法就被实验所肯定.

2.7 刚体的定轴转动

前几节讨论的是质点的力学规律，基本上可以代表物体的平动特征. 然而物体除了平动以外还可以转动. 当物体转动时，质点模型已不再适用，因为一个质点是无方位可言的. 如果在研究的问题中，物体微小的形变可以忽略不计，则可引入一个新的物理模型——刚体进行讨论.

所谓刚体(rigid body)，**指在任何情况下都没有形变的物体**.

刚体力学的研究方法是将其视为特殊质点系来处理，即把刚体分割成许多微小部分(称为质元)以适用于质点模型，整个刚体可看成由无数个连续分布的质元所组成的特殊质点系. 各质元间无相对位移，然后将质点系力学规律应用于刚体，即可归纳出刚体所服从的力学规律.

刚体力学的内容非常庞杂，本书只讨论刚体的定轴转动. 本节将讨论刚体定轴转动的运动学描述、基本动力学方程(即转动定律)以及定轴转动的动能定理和角动量定理.

一、刚体定轴转动的描述

在物体运动过程中，如果物体上的所有质元都绕某一直线做圆周运动，这种运动就称为**转动**(rotation)，这条直线称为**转轴**(转轴可以在物体之内，也可以在物体之外的某固定处). 若转轴的方向或位置在物体运动过程中变化，转轴在某个时刻的位置便称为该时刻的转动瞬轴. 若转动轴固定不动，即既不改变方向又不平移，则这个转轴称为**固定轴**(fixed axis)，这种转动称为**定轴转动**.

动画演示

动画演示

平动和转动是刚体运动中两种基本运动形式. 无论刚体作多么复杂的运动，总可以把它看成是平动和转动的合成运动. 例如，一个车轮的滚动可以分解为车轮随着车轴的平动和整个车轮绕着车轴的转动. 定轴转动是刚体运动中最简单的运动形式之一.

为了研究刚体的定轴转动，可定义垂直于固定轴的平面为**转动平面**，如图 2-40 所示. 显然转动平面不止一个，而有无数个. 当研究刚体的转动时，可以任取一个转动平面(通常选取质心所在的转动平面)来讨论. 如果以转轴与转动平面的交点为原点，则该转动平面上的所有质元都绕着这个原点做圆周运动. 这时在转动平面内过原点作一射线作为参考方向(或称极轴)，转动平面上任一质元 P 对 O 点的位矢 $\boldsymbol{r}$ 与极轴的夹角 θ 称为角位置. 于是可以比照质点圆周运动的角量描述那样引入角速度和角加速度，而且对于每个质元而言，线量与角量的关系亦满足(1-28)式.

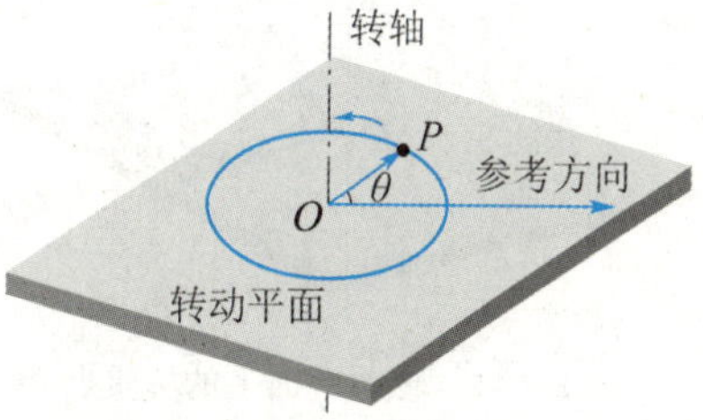

图 2-40　转动平面

由于刚体是个特殊质点系，即各质元之间没有相对移动，因此，在同一转动平面上，它们的角量(即角位移、角速度、角加速度)都相同，但由于各质元到轴的距离不同，因此各质元的线量(即位移、速度、加速度)不同.

刚体做定轴转动时，每个质元的转动方向只有两种可能，如果以转轴为 z 轴，则质元的角速度方向要么与所选 z 轴正向相同，要么相反. 因此，刚体定轴转动时所有角量的方向，都可用标量前的正负号表示. 这样，刚体定轴转动中的匀角加速转动的规律亦可用(1-27)式来描述.

二、质点系的角动量定理

1. 质点系对固定点的角动量定理

设一质点系由 n 个质点组成，其中 i 质点受力为 $\boldsymbol{F}_{i外}+\sum\limits_{\substack{j=1\\j\neq i}}^{n}\boldsymbol{f}_{ji}$，现对 i 质点应用角动量定理，有

$$\boldsymbol{r}_i\times\left(\boldsymbol{F}_{i外}+\sum_{\substack{j=1\\j\neq i}}^{n}\boldsymbol{f}_{ji}\right)=\frac{\mathrm{d}}{\mathrm{d}t}(\boldsymbol{r}_i\times m_i\boldsymbol{v}_i).$$

对 i 求和，

$$\sum_{i=1}^{n}\boldsymbol{r}_i\times\boldsymbol{F}_{i外}+\sum_{i=1}^{n}\sum_{\substack{j=1\\j\neq i}}^{n}\boldsymbol{r}_i\times\boldsymbol{f}_{ji}=\frac{\mathrm{d}}{\mathrm{d}t}\sum_{i=1}^{n}(\boldsymbol{r}_i\times m_i\boldsymbol{v}_i).\tag{2-63}$$

可以证明，一对内力对任一点的力矩之矢量和为零，而内力是成对出现的，因此内力矩总和必定为零，于是有

$$\sum_{i=1}^{n}\boldsymbol{r}_i\times\boldsymbol{F}_{i外}=\frac{\mathrm{d}}{\mathrm{d}t}\sum_{i=1}^{n}(\boldsymbol{r}_i\times m_i\boldsymbol{v}_i),\tag{2-64}$$

即**作用于质点系的外力矩的矢量和等于质点系角动量对时间的变化率**. 这就是**质点系对固定点的角动量定理**. 由(2-64)式亦可看出，内力矩不改变系统的总角动量.

2. 质点系对轴的角动量定理

现讨论一种最简单的情形，设质点系内各质点均在各自的转动平面内绕同一轴转动，并设固定转动轴为 z 轴，则可得质点系对 z 轴的角动量定理为

$$\sum M_{iz}=\frac{\mathrm{d}}{\mathrm{d}t}\sum(r_im_iv_i\sin\theta_i),\tag{2-65}$$

式中 r_i 应理解成 i 质点到转轴的距离，θ_i 是 i 质点的速度 $\boldsymbol{v}_i$ 与 $\boldsymbol{r}_i$ 的夹角，如图 2-41 所示.

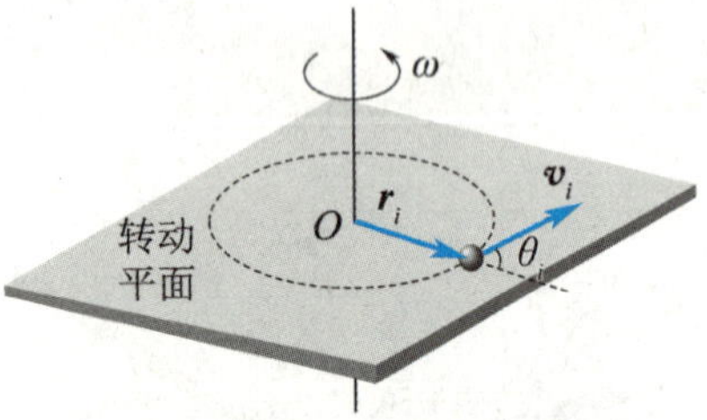

图 2-41 转动平面上的 i 质点

若质点系内所有质点绕轴转动的角速度 ω 相同，则 i 质点的速度 $v_i=r_i\omega$，$\theta_i=\dfrac{\pi}{2}$，则(2-65)式可写成

$$\sum M_{iz}=\frac{\mathrm{d}}{\mathrm{d}t}\left[\left(\sum m_ir_i^2\right)\omega\right].$$

令

$$J=\sum m_ir_i^2,\tag{2-66}$$

称为**转动惯量**(rotational inertia)，则

$$\sum M_{iz}=\frac{\mathrm{d}}{\mathrm{d}t}(J\omega)=\frac{\mathrm{d}L_z}{\mathrm{d}t},\tag{2-67}$$

式中 $L_z=J\omega$，为质点系在此特殊情况下对 z 轴的角动量的表示式.

三、转动惯量的计算

由(2-66)式可知，单个质点的转动惯量为

$$J=mr^2,$$

质点系的转动惯量为

$$J=\sum m_ir_i^2,$$

质量连续分布的刚体的转动惯量为

$$J=\int r^2\mathrm{d}m,\tag{2-68}$$

以上各式中的 r 均应理解成质点(或质元)到转轴的距离.

转动惯量的单位是千克二次方米($\mathrm{kg\cdot m^2}$).

例 2-20

如图 2-42 所示,求质量为 m,长为 l 的均匀细棒的转动惯量:(1)转轴通过棒的中心并与棒垂直;(2)转轴通过棒一端并与棒垂直.

解 (1)转轴通过棒的中心并与棒垂直.

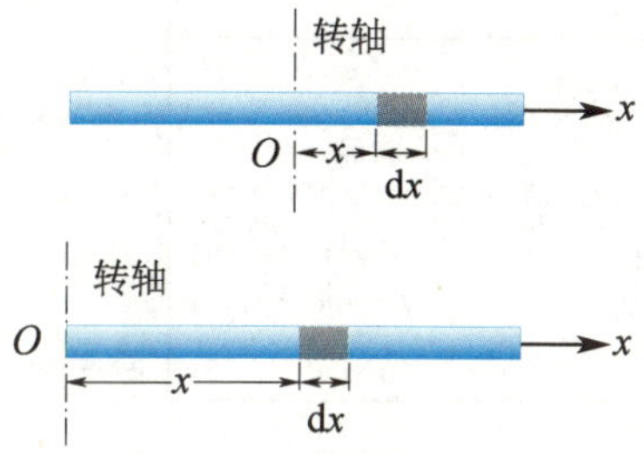

图 2-42

在棒上任取一质元,其长度为 $\mathrm{d}x$,距轴 O 的距离为 x,设棒的线密度(即单位长度上的质量)为 $\lambda=\dfrac{m}{l}$,则该质元的质量 $\mathrm{d}m=\lambda\mathrm{d}x$. 该质元对中心轴的转动惯量为

$$\mathrm{d}J=x^2\mathrm{d}m=\lambda x^2\mathrm{d}x,$$

整个棒对中心轴的转动惯量为

$$J=\int\mathrm{d}J=\int_{-\frac{l}{2}}^{\frac{l}{2}}\lambda x^2\mathrm{d}x=\frac{1}{12}ml^2.$$

(2)转轴通过棒一端并与棒垂直时,整个棒对该轴的转动惯量为

$$J=\int_0^l\lambda x^2\mathrm{d}x=\frac{1}{3}ml^2.$$

由此看出,同一均匀细棒,转轴位置不同,转动惯量也就不同.

例 2-21

设质量为 m、半径为 R 的细圆环和均匀圆盘分别绕通过各自中心并与圆面垂直的轴转动,求圆环和圆盘的转动惯量.

解 (1)求质量为 m、半径为 R 的圆环对中心轴的转动惯量. 如图 2-43(a)所示,在环上任取一质元,其质量为 $\mathrm{d}m$,该质元到转轴的距离为 R,则该质元对转轴的转动惯量为

$$\mathrm{d}J=R^2\mathrm{d}m.$$

考虑到所有质元到转轴的距离均为 R,所以细圆环对中心轴的转动惯量为

$$J=\int\mathrm{d}J=\int R^2\mathrm{d}m=R^2\int\mathrm{d}m=mR^2.$$

(2)求质量为 m、半径为 R 的圆盘对中心轴的转动惯量. 整个圆盘可以看成许多半径不同的同心圆环构成. 在离转轴的距离为 r 处取一小圆环,如图 2-43(b)所示,其面积为 $\mathrm{d}S=2\pi r\mathrm{d}r$. 设圆盘的面密度(单位面积上的质量)

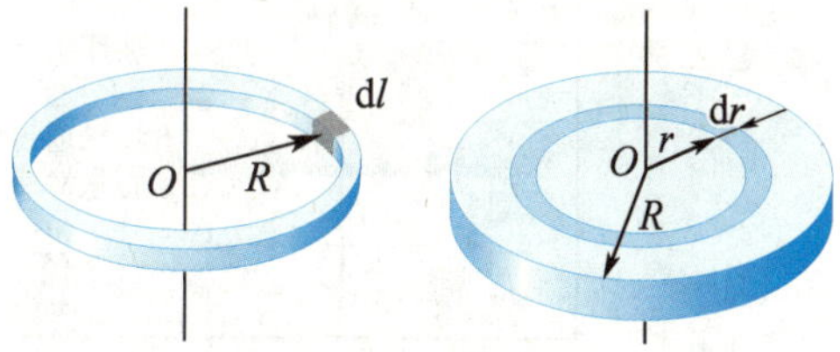

(a) 圆环 (b) 圆盘

图 2-43

$\sigma=\dfrac{m}{\pi R^2}$,则小圆环的质量 $\mathrm{d}m=\sigma\mathrm{d}S=\sigma 2\pi r\mathrm{d}r$,该小圆环对中心轴的转动惯量为

$$\mathrm{d}J=r^2\mathrm{d}m=\sigma 2\pi r^3\mathrm{d}r,$$

则整个圆盘对中心轴的转动惯量为

$$J=\int\mathrm{d}J=\int_0^R\sigma 2\pi r^3\mathrm{d}r=\frac{1}{2}mR^2.$$

以上计算表明,质量相同,转轴位置相同的刚体,由于质量分布不同,转动惯量不同.

由以上两例可以归纳出刚体转动惯量的大小与三个因素有关：

①与刚体的总质量有关；

②与刚体质量对轴的分布有关，质量分布离轴越远，转动惯量越大；

③与轴的位置有关，质量分布均匀的物体，其对中心轴的转动惯量最小.

上述的计算方法，只适用于有规则几何外形的刚体. 对于形状不规则的刚体，其转动惯量可用实验方法测定. 图 2-44 列出了几种质量分布均匀具有简单几何形状的刚体对于不同轴的转动惯量.

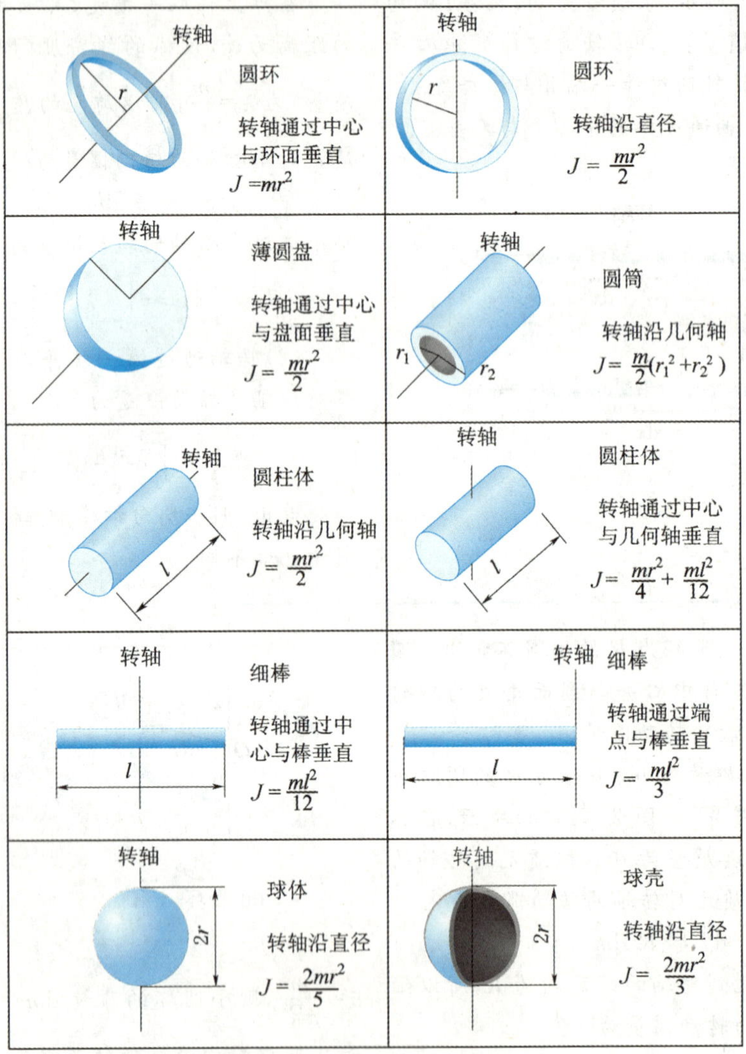

图 2-44　简单几何形状的刚体的转动惯量

最后必须指出，转动惯量具有可加性，即一个具有复杂形状的刚体，如果可以分割成若干个简单部分，则整个刚体对某一轴的转动惯量等于各个组成部分对同一轴转动惯量之和.

四、刚体的转动定律

刚体是个特殊的质点系，即组成刚体的各质点间无相对位移，所以刚体对给定轴的转动惯量是一个常数，于是(2-67)式可进一步写成

$$\sum M_{iz} = J\frac{\mathrm{d}\omega}{\mathrm{d}t} = J\alpha. \tag{2-69}$$

(2-69)式表明:**绕定轴转动的刚体的角加速度与作用于刚体上的合外力矩成正比,与刚体的转动惯量成反比**.这就是**刚体定轴转动的转动定律**.它在定轴转动中的地位相当于牛顿第二定律在质点力学中的地位.

动画演示

例 2-22

如图 2-45(a)所示,质量均为 m 的两物体 A,B. A 放在倾角为 α 的光滑斜面上,通过定滑轮由不可伸长的轻绳与 B 相连.定滑轮是半径为 R 的圆盘,其质量也为 m.物体运动时,绳与滑轮无相对滑动.求绳中张力 T_1 和 T_2 及物体的加速度 a(轮轴光滑).

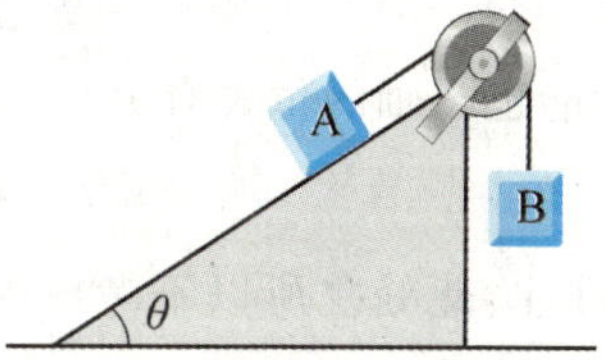

(a) 示意图

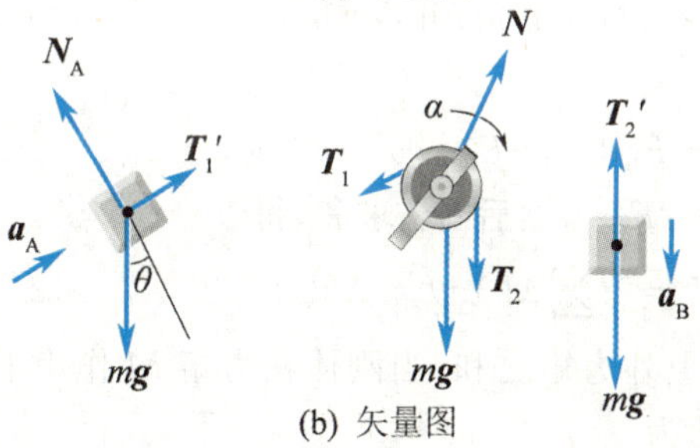

(b) 矢量图

图 2-45

解 物体 A,B 和定滑轮的受力情况如图 2-45(b)所示.对于做平动的物体 A,B 分别应用牛顿定律,得

$$T_1' - mg\sin\theta = ma_{\mathrm{A}}, \quad ①$$

$$mg - T_2' = ma_{\mathrm{B}}. \quad ②$$

对定滑轮,由转动定律得

$$T_2R - T_1R = J\alpha. \quad ③$$

由于绳不可伸长,因此

$$a_{\mathrm{A}} = a_{\mathrm{B}} = R\alpha, \quad ④$$

又

$$J = \frac{1}{2}mR^2, T_1' = T_1, T_2' = T_2, \quad ⑤$$

联立①,②,③,④,⑤式得

$$T_1 = \frac{2+3\sin\theta}{5}mg,$$

$$T_2 = \frac{3+2\sin\theta}{5}mg,$$

$$a_{\mathrm{A}} = a_{\mathrm{B}} = \frac{2(1-\sin\theta)}{5}g.$$

例 2-23

转动着的飞轮的转动惯量为 J,在 $t=0$ 时角速度为 ω_0.此后飞轮经历制动过程,阻力矩 $\boldsymbol{M}$ 的大小与角速度 ω 的平方成正比,比例系数为 k(k 为大于零的常数),当 $\omega=\frac{1}{3}\omega_0$ 时,飞轮的角加速度是多少?从开始制动到此时经历的时间是多少?

解 (1)由题知 $M=-k\omega^2$,故由转动定律有

$$-k\omega^2 = J\alpha,$$

即

$$\alpha = -\frac{k\omega^2}{J}.$$

将 $\omega=\frac{1}{3}\omega_0$ 代入,求得这时飞轮的角加速度为

$$\alpha = -\frac{k\omega_0^2}{9J}.$$

(2)为求经历的时间 t,将转动定律写成微分方程的形式,即

$$M = J\alpha = J\frac{\mathrm{d}\omega}{\mathrm{d}t},$$

$$-k\omega^2 = J\frac{\mathrm{d}\omega}{\mathrm{d}t}.$$

分离变量,并考虑到 $t=0$ 时,$\omega=\omega_0$,两边积分

$$\int_{\omega_0}^{\frac{1}{3}\omega_0}\frac{d\omega}{\omega^2}=-\int_0^t\frac{k}{J}dt,$$

故当 $\omega=\frac{1}{3}\omega_0$ 时，制动经历的时间为 $t=\frac{2J}{k\omega_0}$.

五、定轴转动的动能定理

1. 转动动能

刚体绕定轴转动时的动能，称为**转动动能**. 设刚体以角速度 ω 绕定轴转动，其中每一质元都在各自转动平面内以角速度 ω 做圆周运动. 设第 i 个质元的质量为 Δm_i，离轴的距离为 r_i，它的速度为 $v_i=r_i\omega$，则 i 质元的动能为 $\frac{1}{2}\Delta m_i v_i^2=\frac{1}{2}\Delta m_i(r_i\omega)^2$，整个刚体的转动动能为

$$E_k=\sum_{i=1}^{n}\frac{1}{2}\Delta m_i r_i^2\omega^2=\frac{1}{2}\Big(\sum_{i=1}^{n}\Delta m_i r_i^2\Big)\omega^2=\frac{1}{2}J\omega^2. \tag{2-70}$$

这说明：**刚体绕定轴转动时的转动动能等于刚体的转动惯量与角速度平方乘积的一半**. 与物体的平动动能（即质点的动能）$\frac{1}{2}mv^2$ 相比较，两者形式上十分相似，其中转动惯量与质量相对应，角速度与速度对应. 由于转动惯量与轴的位置有关，因此，转动动能也与轴的位置有关.

2. 力矩的功

如图 2-46 所示，设在转动平面内的外力 $\boldsymbol{F}_i$ 作用于 P 点（注：此处之所以不考虑内力的功，是因为一对内力功之和仅与相对位移有关，而刚体各质元之间不存在相对位移，内力功之和始终为零），经 dt 时间后 P 点沿一圆周移动 ds_i 弧长，矢径 $\boldsymbol{r}_i$ 扫过 $d\theta$ 角，并有 $|d\boldsymbol{r}_i|=ds_i=r_i d\theta$，由功的定义(2-29)式有

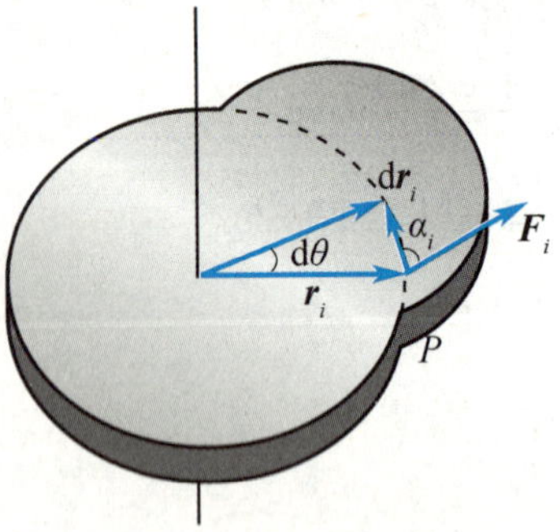

图 2-46　力矩的功

$$dW_i=F_{ti}ds_i=F_{ti}r_i d\theta=M_i d\theta,$$

式中 $F_{ti}=F_i\cos\alpha_i$，$M_i=F_{ti}r_i$，然后对 i 求和，得

$$dW=\left(\sum M_i\right)d\theta=Md\theta, \tag{2-71}$$

式中 M 为作用于刚体上外力矩之和. 当刚体在力矩 M 作用下，由 θ_1 转到 θ_2 时，力矩的功为

$$W=\int_{\theta_1}^{\theta_2}Md\theta, \tag{2-72}$$

力矩的功率是

$$P=\frac{dW}{dt}=M\frac{d\theta}{dt}=M\omega. \tag{2-73}$$

当输出功率一定时，力矩与角速度成反比.

3. 刚体定轴转动的动能定理

如果将转动定律写成如下形式：

$$M=J\alpha=J\frac{d\omega}{dt}=J\frac{d\omega}{d\theta}\frac{d\theta}{dt}=J\omega\frac{d\omega}{d\theta},$$

分离变量并积分，

$$\int_{\theta_1}^{\theta_2}Md\theta=\int_{\omega_1}^{\omega_2}J\omega d\omega,$$

于是

$$\int_{\theta_1}^{\theta_2} M\mathrm{d}\theta = \frac{1}{2}J\omega_2^2 - \frac{1}{2}J\omega_1^2. \tag{2-74}$$

(2-74)式表明,**合外力矩对定轴转动刚体所做的功等于刚体转动动能的增量**. 这就是**刚体定轴转动时的动能定理**.

例 2-24

如图 2-47 所示,一根质量为 m,长为 l 的均匀细棒 OA,可绕固定点 O 在竖直平面内转动. 今使棒从水平位置开始自由下摆,求棒摆到与水平位置成 30°角时中心点 C 和端点 A 的速度.

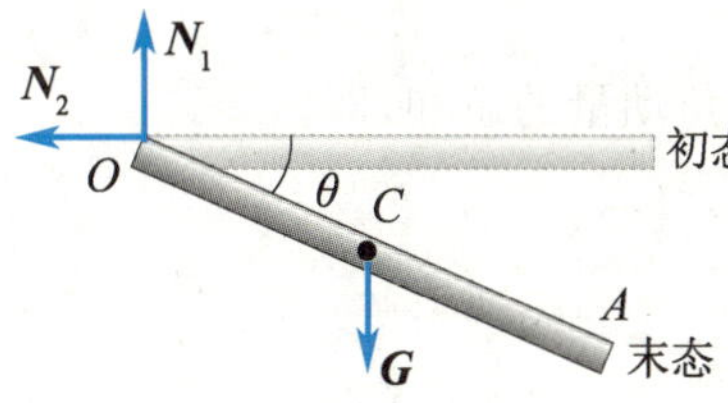

图 2-47

解 棒受力如图 2-47 所示,其中重力 $\boldsymbol{G}$ 对 O 轴的力矩大小等于 $mg\,\frac{l}{2}\cos\theta$,是 θ 的函数,轴的支持力对 O 轴的力矩为零. 由转动动能定理,有

$$\int_0^{\frac{\pi}{6}} mg\,\frac{l}{2}\cos\theta\mathrm{d}\theta = \frac{1}{2}J\omega^2 - \frac{1}{2}J\omega_0^2 = \frac{1}{2}J\omega^2. \quad ①$$

等式左边的积分为重力矩的功,即

$$W_G = \int_0^{\frac{\pi}{6}} mg\,\frac{l}{2}\cos\theta\mathrm{d}\theta = \frac{l}{4}mg = -mg(h_{C末} - h_{C初}),$$

式中 h_C 是棒的质心相对于某一参考点的高度. 这说明,重力矩所做的功,也等于棒的质心 C 的重力势能增量的负值. 可以证明:刚体的重力势能等于将刚体的全部质量都集中在质心处时所具有的重力势能,而与刚体的方位无关. 即刚体的重力势能可表示为 mgh_C,h_C 表示质心相对重力势能零点的高度. 因此,对于刚体组,同样可引入机械能和机械能守恒定律,其守恒条件与质点系的条件相同.

将 $W_G = mg\,\frac{l}{4}$ 及 $J = \frac{1}{3}ml^2$ 代入①式,得

$$\omega = \sqrt{\frac{3g}{2l}},$$

则中心点 C 和端点 A 的速度分别为

$$v_C = \omega\,\frac{l}{2} = \frac{1}{4}\sqrt{6gl},$$

$$v_A = \omega l = \frac{1}{2}\sqrt{6gl}.$$

例 2-25

如图 2-48 所示,物体的质量为 m_1,m_2,且 $m_1 > m_2$. 圆盘状定滑轮的质量为 M_1 和 M_2,半径为 R_1,R_2,质量均匀分布. 绳轻且不可伸长,绳与滑轮间无相对滑动,滑轮轴光滑. 试求当 m_1 下降了 x 距离时两物体的速度和加速度.

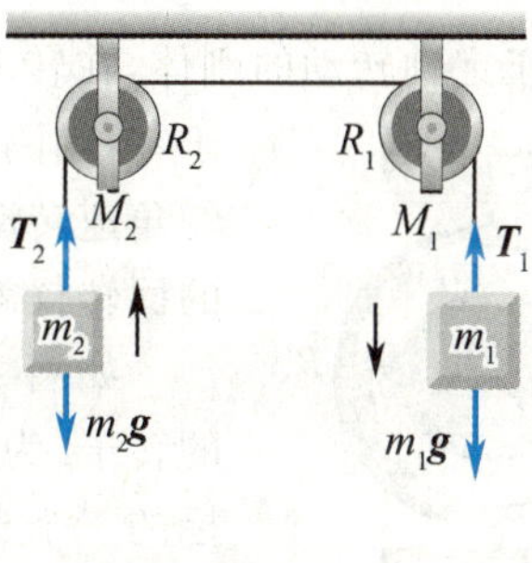

图 2-48

解 以两物体、两滑轮、地球为一系统,$W_{外}=0$,$W_{内非}=0$,故机械能守恒. 以 m_1 下降 x 时的位置为重力势能零点,则有

$$m_1gx + m_2gx = m_2g2x + \frac{1}{2}m_1v^2 + \frac{1}{2}m_2v^2 + \frac{1}{2}J_1\omega_1^2 + \frac{1}{2}J_2\omega_2^2.$$

由于 $v=\omega_1 R_1=\omega_2 R_2$，$J_1=\frac{1}{2}M_1R_1^2$，$J_2=\frac{1}{2}M_2R_2^2$，可解得

$$v^2=\frac{4(m_1-m_2)gx}{2(m_1+m_2)+M_1+M_2}.$$

由于运动过程中物体所受合力为恒力，a 为常数，$v^2=2ax$，因此有

$$a=\frac{2(m_1-m_2)g}{2(m_1+m_2)+M_1+M_2}.$$

六、刚体组对轴的角动量守恒定律

刚体作为一个特殊质点系，当它做定轴转动时，所有质元均绕同一轴以相同角速度 ω 转动，设刚体上某一质元 Δm_i 距轴的距离为 r_i，则其对该轴的角动量大小为

$$L_i=\Delta m_i r_i{}^2\omega.$$

整个刚体对该轴的角动量 L 应等于刚体上所有质元对该轴角动量的总和，即

$$L=\sum_i L_i=\sum_i \Delta m_i r_i{}^2\omega=J\omega,$$

其矢量式为

$$\boldsymbol{L}=J\boldsymbol{\omega},\tag{2-75}$$

其中 J 为刚体对转轴 Oz 的转动惯量. 由上式可知，刚体对某定轴的角动量等于刚体对此轴的转动惯量与角速度的乘积. 刚体对转轴的角动量 $\boldsymbol{L}$ 的方向与角速度 $\boldsymbol{\omega}$ 的方向一致. 由于 $\boldsymbol{L}$ 的方向与转轴平行，因此，通常在设定正方向后用正负来表示 $\boldsymbol{L}$ 的方向.

(2-67)式对刚体的定轴转动亦自动成立. 对(2-67)式分离变量并积分，有

$$\int_{t_0}^{t}\left(\sum M_{iz}\right)\mathrm{d}t=\int_{L_0}^{L}\mathrm{d}L_z=L-L_0.\tag{2-76}$$

(2-76)式说明：定轴转动刚体的角动量增量等于合外力矩的角冲量. 这就是刚体定轴转动的角动量定理.

显然，若 $\sum M_{iz}=0$，则有

$$L=L_0,\tag{2-77}$$

即外力对某轴的力矩之和为零，则该物体对同一轴的角动量守恒. 这就是对轴的角动量守恒定律.

对轴的角动量守恒定律在生产、生活和科技活动中应用极广. 现仅从两方面做一些原理上的说明：

(1)对于定轴转动的刚体，在转动过程中，若转动惯量 J 始终保持不变，只要满足合外力矩等于零，则刚体转动的角速度也就不变. 即原来静止的保持静止；原来做匀角速转动的仍做匀速转动. 例如，在飞机、火箭、轮船上用作定向装置的回转仪就是利用这一原理制成的.

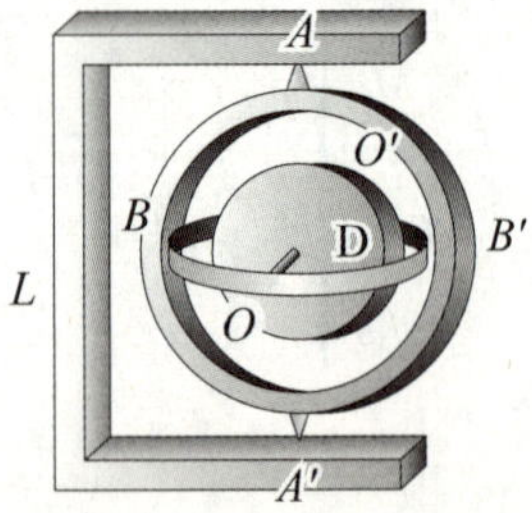

图 2-49 回转仪原理图

如图 2-49 所示，回转仪 D 是绕几何对称轴高速旋转的边缘厚重的转子. 为了使回转仪的转轴可取空间任何方位，设有对应三维空间坐标的三个支架 AA'，BB'，OO'. 三个支架的轴承处的摩擦极小. 当转子高速旋转时，由于摩擦力矩基本上可以忽略，因而在一个较长的时间内都可认为转子的角动量守恒. 由于转动惯量不变. 因而角速度的大小、方向均不变，即 OO' 轴的方向保持不变. 这时无论怎样移动底座，也不会改

变回转仪的自转方向，从而起到定向作用. 在航行时，只要将飞行方向与回转仪的自转轴方向核定，自动驾驶仪就会立即确定现在航行方向与预定方向间的偏离，从而及时纠正航行.

(2)对于定轴转动的非刚性物体，物体上各质元对转轴的距离是可以改变的，即转动惯量 J 是可变的. 当满足合外力矩等于零时，物体对轴的角动量守恒，即 $J\omega=$ 常矢量. 这时 ω 与 J 成反比，即 J 增加时，ω 就变小；J 减少时，ω 就增大. 如图 2-50 所示，当滑冰者伸展四肢时，转动惯量较大，转动的角速度较小，一旦她收拢四肢，让身体各部分尽量靠近过足尖的垂直轴，转动惯量就减小，转动的角速度就会显著变大. 同样，芭蕾舞演员在表演时，也是运用角动量守恒定律来增大或减少身体绕对称竖直轴转动的角速度，从而做出许多优美而漂亮的舞姿.

如果研究对象是相互关联的质点、刚体所组成的物体组，也可推得，当物体组对某一定轴的合外力矩等于零时，整个物体组对该轴的角动量守恒. 这时有

$$\sum J\omega + \sum rmv\sin\theta = \text{常数}. \qquad (2-78)$$

这个式子在解有关力学题时常常用到.

为便于读者对刚体的定轴转动有一个较系统的理解，表 2-4列出了平动和刚体定轴转动的一些重要公式.

动画演示

图 2-50 角动量守恒定律的实例

表 2-4 质点与刚体力学规律对照表

质　点	刚体(定轴转动)
力 $\boldsymbol{F}$，质量 m	力矩 $\boldsymbol{M}=\boldsymbol{r}\times\boldsymbol{F}$，转动惯量 $J=\int r^2\,\mathrm{d}m$
牛顿第二定律 $\boldsymbol{F}=m\boldsymbol{a}$	转动定律 $\boldsymbol{M}=J\boldsymbol{\alpha}$
动量 $m\boldsymbol{v}$，冲量 $\int\boldsymbol{F}\mathrm{d}t$	角动量 $\boldsymbol{L}=J\boldsymbol{\omega}$，角冲量 $\int\boldsymbol{M}\mathrm{d}t$
动量定理 $\int\boldsymbol{F}\mathrm{d}t=m\boldsymbol{v}-m\boldsymbol{v}_0$	角动量定理 $\int\boldsymbol{M}\mathrm{d}t=J\boldsymbol{\omega}-J_0\boldsymbol{\omega}_0$
动量守恒定律 $\sum\boldsymbol{F}_i=\boldsymbol{0}$，$\sum m_i\boldsymbol{v}_i=$ 常矢量	角动量守恒定律 $\boldsymbol{M}=\boldsymbol{0}$，$\sum J_i\boldsymbol{\omega}_i=$ 常矢量
平动动能 $\frac{1}{2}mv^2$	转动动能 $\frac{1}{2}J\omega^2$
力的功 $W=\int_a^b\boldsymbol{F}\cdot\mathrm{d}\boldsymbol{r}$	力矩的功 $W=\int_{\theta_0}^{\theta}M\mathrm{d}\theta$
动能定理 $W=\frac{1}{2}mv^2-\frac{1}{2}mv_0^2$	动能定理 $W=\frac{1}{2}J\omega^2-\frac{1}{2}J\omega_0^2$
功能原理 $W_{外}+W_{内非}=E_{末}-E_{初}$	功能原理 $W_{外}+W_{内非}=E_{末}-E_{初}$

例 2-26

在工程上，两飞轮常用摩擦啮合器使它们以相同的转速一起转动. 如图 2-51 所示，A 和 B 两飞轮的轴杆在同一中心线上. A 轮的转动惯量为 $J_A=10\ \mathrm{kg\cdot m^2}$，B 轮的转动惯量为 $J_B=20\ \mathrm{kg\cdot m^2}$. 开始时 A 轮每分钟的转速为 600 转，B 轮静止，C 为摩擦啮合器. 求两轮啮合后的转速，在啮合过程中，两轮的机械能有何变化？

解 以飞轮 A，B 和啮合器 C 为系统. 在啮合过程中，系统受到轴向的正压力和啮合器之间的切向摩擦力. 前者对轴的力矩为零，后者对转轴有力矩，但为系统的内力矩. 系统所

受合外力矩为零，所以系统的角动量守恒，即

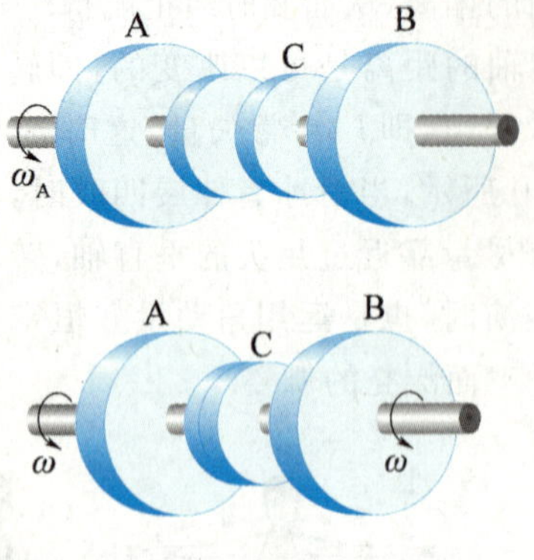

图 2-51

$$J_A\omega_A=(J_A+J_B)\omega,$$

ω 为两轮啮合后的共同角速度，于是

$$\omega=\frac{J_A\omega_A}{J_A+J_B}.$$

把各量代入上式，得

$$\omega=20.9\ (\mathrm{rad\cdot s^{-1}}).$$

在啮合过程中，摩擦力矩做功，机械能不守恒，损失的机械能转化为内能. 损失的机械能为

$$\Delta E=\frac{1}{2}J_A\omega_A^2-\frac{1}{2}(J_A+J_B)\omega^2=1.32\times10^4\ (\mathrm{J}).$$

例 2-27

如图 2-52 所示，质量为 m，长为 l 的均匀细棒，可绕过其一端的水平轴 O 转动. 现将棒拉到水平位置(OA')后放手，棒下摆到竖直位置(OA)时，与静止放置在水平面 A 处的质量为 M 的物块做完全弹性碰撞，物体在水平面上向右滑行了一段距离 s 后停止. 设物体与水平面间的摩擦系数 μ 处处相同，求证

$$\mu=\frac{6Mml}{(m+3M)^2s}.$$

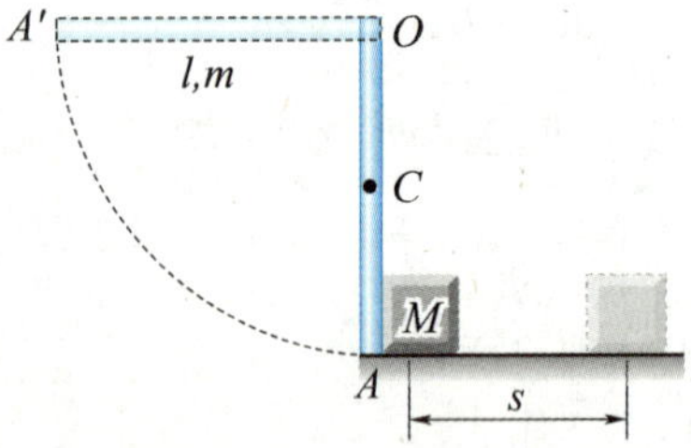

图 2-52

证 此题可分解为三个简单过程：

(1)棒由水平位置下摆至竖直位置但尚未与物块相碰，此过程机械能守恒. 以棒、地球为一系统，以棒的质心 C 在竖直位置时为重力势能零点，则有

$$mg\,\frac{l}{2}=\frac{1}{2}J\omega^2=\frac{1}{6}ml^2\omega^2. \qquad ①$$

(2)棒与物块做完全弹性碰撞，此过程角动量守恒（并非动量守恒）和机械能守恒，设碰撞后棒的角速度为 ω'，物块速度为 v，则有

$$\frac{1}{3}ml^2\omega=\frac{1}{3}ml^2\omega'+lMv, \qquad ②$$

$$\frac{1}{2}\times\frac{1}{3}ml^2\omega^2=\frac{1}{2}\times\frac{1}{3}ml^2\omega'^2+\frac{1}{2}Mv^2. \qquad ③$$

(3)碰撞后物块在水平面滑行，满足动能定理

$$-\mu mgs=0-\frac{1}{2}Mv^2. \qquad ④$$

联立以上四式，即可证得

$$\mu=\frac{6Mml}{(m+3M)^2s}.$$

*2.8 时空对称性和守恒定律

在物理学的各个领域中有许多的定理、定律、守恒律和法则，但它们的地位是不平等的. 若从整个物理学大厦的顶部居高临下地审视各种规律和法则，人们发现它们遵循的框架是：对称性—守恒律—各个领域中的基本定律—定理—定义. 本节将在经典物理的范围内讨论时空对称与力学中的三大守恒律之间的深刻联系.

一、关于对称性

对称性无论在生活、艺术中，还是在科学技术领域都有着非常重要的地位. 它在粒子物理、固体物理及原子物理中都是非常重要的概念. 人们早在 19 世纪末就发现时间和空间的某种对称性分别与力学中(实际上是物理学的)三大守恒律是等效的.

对称性的定义最初源于数学：若图形通过某种操作后又回到它自身(即图形保持不变)，则这个图形对该操作具有对称性.

例如面对称性，就是一种反射对称性，如右手在镜中的像是左手，如图 2-53 所示；轴对称性又可称为旋转对称性，例如一个毫无标记的圆在平面上绕其中心轴无论怎样旋转，总保持原图形，如图 2-54 所示. 若在一个无穷大的平面上有一组无穷多的完全相似的图案，那么在有限视界内平移一个或几个图案，整个图像又能回到原来自身，这就叫作平移对称性，如图2-55所示. 上面所说的几种对称性都是通过一定的“操作”，如反射、转动、平移之后才体现出来的.

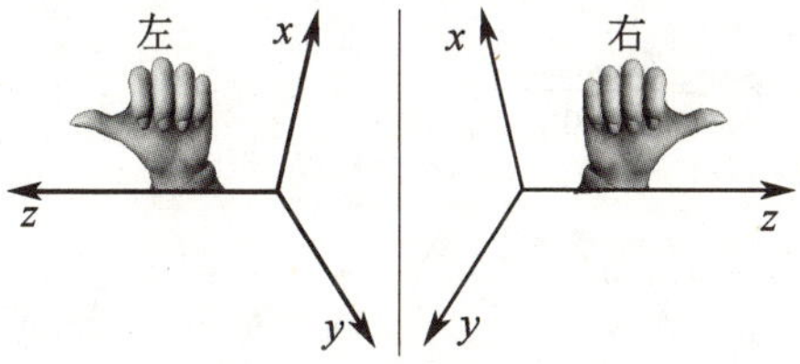

图 2-53　反射对称性

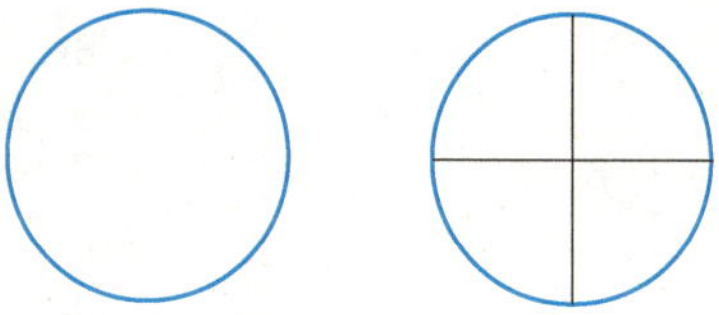

图 2-54　轴对称性

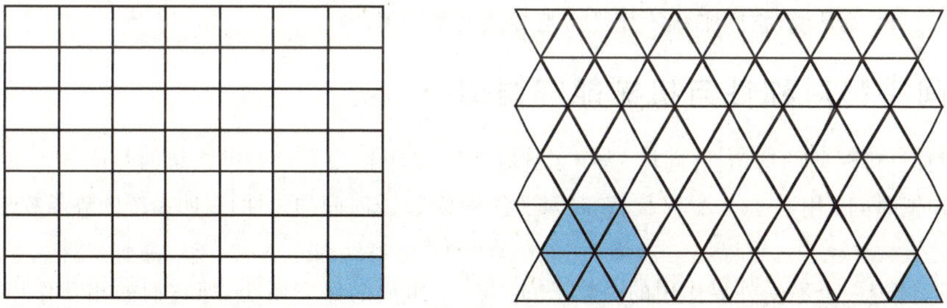

(a) 长方形网格　　(b) 三角形与六边形网格

图 2-55　平移对称性

对称性的概念在物理学中被大大地发展了：首先是被操作的对象，除了图形之外还有物理量和物理规律；其次是操作，例如空间的平移、反转、旋转及标度变换(即尺度的放大和缩小)，时间的平移和反转，时间和空间联合操作及一些更为复杂的非时空操作等. 因此，在物理学中的对称性应理解为：若某个物理规律(或物理量)在某种操作下能保持不变，则这个物理规律(或物理量)对该操作对称.

二、空间平移对称性与动量守恒

空间平移对称性又称为空间平移不变性，即空间是均匀的. 为了了解空间均匀性，设一个系统的势函数为 $E_p = E_p(x)$(为简单计，只讨论一维情况)，并进行空间平移变换，即将空间平移一个无穷小量 Δx(相当于系统在空间整体有一平移)，则系统势函数由 $E_p(x)$变成$E_p(x') = E_p(x+\Delta x)$. 空间平移对称性意味着系统势函数与位置无关，即应有

$$E_p(x') = E_p(x),$$

或表示为

$$\Delta E_p = E_p(x+\Delta x) - E_p(x) = 0. \qquad (2-79)$$

对于一个不受外力作用的两粒子系统 m_1 和 m_2，其势能函数 $E_p = E_p(x_1, x_2)$. 如果系统对空间平移是对称的，则它的势函数在空间平移变换下将保持不变，即

$$\Delta E_p = \frac{\partial E_p}{\partial x_1}\Delta x + \frac{\partial E_p}{\partial x_2}\Delta x = \left(\frac{\partial E_p}{\partial x_1} + \frac{\partial E_p}{\partial x_2}\right)\Delta x = 0,$$

由于 Δx 可取任何值，因此有

$$\frac{\partial E_p}{\partial x_1} + \frac{\partial E_p}{\partial x_2} = 0. \tag{2-80}$$

由势能函数与保守力关系(2-45)式有

$$\frac{\partial E_p}{\partial x_1} = -F_{21}, \quad \frac{\partial E_p}{\partial x_2} = -F_{12},$$

则(2-80)式可写为

$$F_{21} + F_{12} = 0,$$

写成矢量式则为

$$\boldsymbol{F}_{21} + \boldsymbol{F}_{12} = \boldsymbol{0}. \tag{2-81a}$$

由于两粒子系统不受外力，所以 $\boldsymbol{F}_{21}$ 只是粒子 m_2 对粒子 m_1 的作用力，$\boldsymbol{F}_{12}$ 只是粒子 m_1 对粒子 m_2 的作用力，利用动量定理的微分式，有

$$\boldsymbol{F}_{21} = \frac{\mathrm{d}(m_1\boldsymbol{v}_1)}{\mathrm{d}t}, \quad \boldsymbol{F}_{12} = \frac{\mathrm{d}(m_2\boldsymbol{v}_2)}{\mathrm{d}t}.$$

(2-81a)式可改写为

$$\frac{\mathrm{d}}{\mathrm{d}t}(m_1\boldsymbol{v}_1 + m_2\boldsymbol{v}_2) = \boldsymbol{0}, \tag{2-81b}$$

即

$$m_1\boldsymbol{v}_1 + m_2\boldsymbol{v}_2 = 常矢量, \tag{2-82}$$

这就是动量守恒定律．就是说，空间平移不变性必然导致动量守恒．

三、时间平移对称性与机械能守恒律

时间平移对称性即时间的均匀性．同样，为了了解时间的均匀性，设一个一维系统的势函数为 $E_p(x,t)$，并进行时间平移变换，即把时间 t 用 $t'=t+\Delta t$ 来代替．时间平移不变性（或时间均匀性）表明系统的势函数与时间无关，即

$$E_p(x, t+\Delta t) = E_p(x,t). \tag{2-83}$$

为简单起见，讨论一个不受外界作用的两粒子 m_1 与 m_2 组成的保守系统，即它们的相互作用只与两个质点的位置 x_1，x_2 有关．对此系统，(2-83)式可写成

$$E_p(x_1, x_2, t+\Delta t) = E_p(x_1, x_2, t), \tag{2-84}$$

把(2-84)式左边用泰勒级数展开为

$$E_p(x_1, x_2, t+\Delta t) = E_p(x_1, x_2, t) + \frac{\partial E_p}{\partial t}\Delta t + 高次项.$$

若要(2-84)式成立，则必须有

$$\frac{\partial E_p}{\partial t} = 0,$$

即势能函数不能明显包含时间 t，因而有

$$E_p = E_p(x_1, x_2), \tag{2-85}$$

所以两个质点组成的保守系统，其机械能为

$$E = E_k + E_p = \frac{1}{2}m_1 v_1^2 + \frac{1}{2}m_2 v_2^2 + E_p(x_1, x_2).$$

现将 E 对时间 t 求全微商，并考虑质量为常数，有

$$\frac{\mathrm{d}E}{\mathrm{d}t} = m_1 v_1 \frac{\mathrm{d}v_1}{\mathrm{d}t} + m_2 v_2 \frac{\mathrm{d}v_2}{\mathrm{d}t} + \frac{\partial E_p}{\partial x_1}\frac{\partial x_1}{\partial t} + \frac{\partial E_p}{\partial x_2}\frac{\partial x_2}{\partial t}. \tag{2-86}$$

由(2-45)式可知

$$\frac{\partial E_p}{\partial x_1} = -F_{21}, \quad \frac{\partial E_p}{\partial x_2} = -F_{12},$$

上两式中，F_{21}是 m_1 受到 m_2 的保守力，F_{12}是 m_2 受到 m_1 的保守力.

又

$$\frac{\partial x_1}{\partial t}=v_1,\quad \frac{\partial x_2}{\partial t}=v_2,$$

v_1 和 v_2 分别为 m_1 和 m_2 的速率，故(2-86)式可写为

$$\frac{\mathrm{d}E}{\mathrm{d}t}=\left[\frac{\mathrm{d}(m_1 v_1)}{\mathrm{d}t}-F_{21}\right]v_1+\left[\frac{\mathrm{d}(m_2 v_2)}{\mathrm{d}t}-F_{12}\right]v_2.$$

应用 $\boldsymbol{F}=\frac{\mathrm{d}(m\boldsymbol{v})}{\mathrm{d}t}$，则有

$$\frac{\mathrm{d}E}{\mathrm{d}t}=0,$$

即

$$E=\text{常量},$$

这就是说，时间平移对称性必然导致机械能守恒.

实际上，如果系统除了机械能还有其他形式的能量，时间平移对称性必然导致能量守恒，这里不再详细讨论.

四、空间转动对称性与角动量守恒

空间转动对称性等价于空间各向同性，亦即空间在各个方向的物理性质都相同. 因涉及转动，所以系统的势函数选用球坐标表示，记作 $E_\mathrm{p}=E_\mathrm{p}(r,\theta,\varphi)$. 空间转动对称性意味着空间转过一个角度 $\Delta\varphi$，即把 φ 变为 $\varphi'=\varphi+\Delta\varphi$，系统的势函数保持不变，即

$$E_\mathrm{p}(r,\theta,\varphi')=E_\mathrm{p}(r,\theta,\varphi).\tag{2-87}$$

例如氢原子中的电子势函数为

$$E_\mathrm{p}=-\frac{1}{4\pi\varepsilon_0}\frac{e^2}{r},$$

它只与 r 有关，与 θ,φ 无关，因此改变 φ 对 E_p 无影响，因此这种势函数就具有空间转动对称性.

为了找出空间转动对称性与角动量守恒的联系，现将牛顿定律的直角坐标形式转换到球坐标的形式. 在直角坐标系中，牛顿定律为

$$\begin{cases} m\dfrac{\partial^2 x}{\partial t^2}=-\dfrac{\partial E_\mathrm{p}}{\partial x},\\ m\dfrac{\partial^2 y}{\partial t^2}=-\dfrac{\partial E_\mathrm{p}}{\partial y},\\ m\dfrac{\partial^2 z}{\partial t^2}=-\dfrac{\partial E_\mathrm{p}}{\partial z}.\end{cases}\tag{2-88}$$

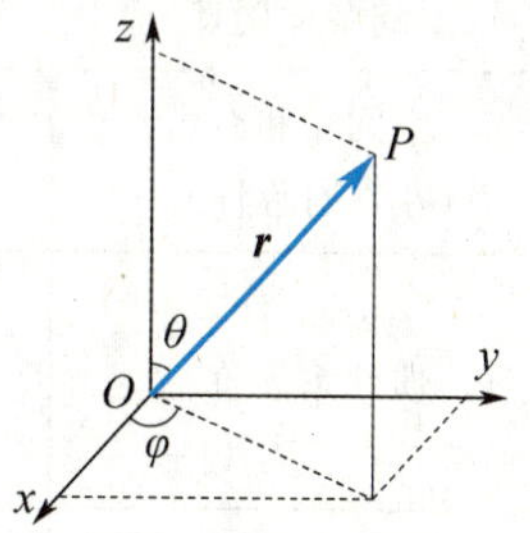

图 2-56　直角坐标系与球坐标系间的关系

由图 2-56 可得

$$\begin{cases} x=r\sin\theta\cos\varphi,\\ y=r\sin\theta\sin\varphi,\\ z=r\cos\theta.\end{cases}\tag{2-89}$$

势函数对 φ 的变化率为

$$\frac{\partial E_\mathrm{p}}{\partial\varphi}=\frac{\partial E_\mathrm{p}}{\partial x}\frac{\partial x}{\partial\varphi}+\frac{\partial E_\mathrm{p}}{\partial y}\frac{\partial y}{\partial\varphi}+\frac{\partial E_\mathrm{p}}{\partial z}\frac{\partial z}{\partial\varphi},\tag{2-90}$$

考虑到(2-89)式，可求得

$$\frac{\partial E_\mathrm{p}}{\partial\varphi}=-y\frac{\partial E_\mathrm{p}}{\partial x}+x\frac{\partial E_\mathrm{p}}{\partial y}.\tag{2-91}$$

将(2-88)式代入(2-91)式，有

$$\frac{\partial E_\mathrm{p}}{\partial\varphi}=my\frac{\partial^2 x}{\partial t^2}-mx\frac{\partial^2 y}{\partial t^2}=-\frac{\partial}{\partial t}\left(xm\frac{\partial y}{\partial t}-ym\frac{\partial x}{\partial t}\right)=-\frac{\partial}{\partial t}(xp_y-yp_x).\tag{2-92}$$

考虑到(2-57)式，则(2-92)式又可写为

$$\frac{\partial E_p}{\partial \varphi}=-\frac{\partial}{\partial t}L_z. \qquad (2-93)$$

因 E_p 具有旋转不变性，即与 φ 无关，故有

$$\frac{\partial E_p}{\partial \varphi}=0,$$

亦即

$$\frac{\partial L_z}{\partial t}=0, \qquad (2-94)$$

故可知此时

$$L_z = 常量,$$

即角动量在与转角 $\Delta\varphi$ 所在的转动平面垂直的 z 轴方向上的分量守恒. 若空间是各向同性的，则转动平面选在任何方向，对垂直于该转动平面的轴，角动量都守恒. 就是说，只要空间各向同性，就必然导致角动量守恒.

对称性与物理学中守恒律的内在联系是广泛而深刻的. 一般说来，一种对称性对应着一种守恒律. 严格的对称性对应着严格的守恒定律，近似的对称性对应有近似的守恒定律. 表 2-5 列出的是目前物理学已证明的对称性与守恒律的对应关系.

对称性有时也会遭到破坏（称为对称性破缺），例如在弱相互作用中宇称就不守恒. 物理学中既有对称也有对称的破缺. 整个大自然就是这种基本上对称而又不完全对称的和谐统一.

■表 2-5　对称性与守恒定律对应表

不可测量性	物理定律变换不变性	守恒定律	精确程度
时间绝对值（时间均匀性）	时间平移	能　量	精　确
空间绝对位置（空间均匀性）	空间平移	动　量	精　确
空间绝对方向（空间各向同性）	空间转动	角动量	精　确
空间左和右（左右对称性）	空间反演	宇　称	在弱相互作用中破缺
惯性系等价	伽利略变换 洛伦兹变换	时空绝对性 时空四维间隔 四维动量	$v \ll c$ 近似成立 精　确 精　确
带电粒子与中性粒子的相对位相	电荷规范变换	电　荷	精　确
重子与其他粒子的相对位相	重子规范变换	重子数	精　确
轻子与其他粒子的相对位相	轻子规范变换	轻子数	精　确
时间流动方向	时间反演		破缺（原因不明）
粒子与反粒子	电荷共轭	电荷　宇称	在弱相互作用中破缺

思考题

2-1 试回答下列问题：

(1) 物体受到几个力的作用时，是否一定产生加速度？

(2) 若物体的速度很大，是否意味着其他物体对它作用的合外力也一定很大？

(3) 物体运动的方向和合外力的方向总是相同的，此结论是否正确？

(4) 物体运动时，如果它的速率不改变，它所受的合外力是否为零？

2-2 有人说："人推动了车是因为推车的力大于车反推人的力."这句话对吗？为什么？

2-3 有两只船与堤岸的距离相同，为什么从小船跳上堤岸比较困难，而从大船跳上堤岸却比较容易？

2-4 用相同的动能从同一地点抛出两个物体，试问在下列两种情况下到达最高点时两物体的动能是否相同？势能是否相同？

(1) 两个物体的质量不同，但均垂直地往上抛；

(2) 两个物体的质量相同，但一个垂直往上抛，另一个斜上抛.

2-5 质量为 m 的炮弹，沿水平飞行，其动能为 E_k，突然在空中爆炸成质量相等的两块，其中一块向后，动能为 $E_k/2$，另一块向前，试问向前这一块的动能是否为 $E_k/2$？

2-6 两个质量相同的物体从同一高度自由下落，与水平地面相碰，一个反弹回去，另一个却粘在地上，问哪一个物体给地面的冲量大？

2-7 下列表述正确吗？如有错误，更正之.

(1) $\boldsymbol{I}=\boldsymbol{F}\mathrm{d}t$；　　(2) $\mathrm{d}\boldsymbol{I}=t\mathrm{d}\boldsymbol{F}$；

(3) $\Delta\boldsymbol{I}=\boldsymbol{F}\Delta t$；　　(4) $\Delta\boldsymbol{I}=\int_{t_1}^{t_2}\boldsymbol{F}\mathrm{d}t$；

(5) $W=\boldsymbol{F}\cdot\mathrm{d}\boldsymbol{r}$；　　(6) $\mathrm{d}W=\boldsymbol{r}\cdot\mathrm{d}\boldsymbol{F}$；

(7) $\Delta W=\int_a^b\boldsymbol{F}\cdot\mathrm{d}\boldsymbol{r}$；　　(8) $W=\int_a^b\boldsymbol{F}\times\mathrm{d}\boldsymbol{r}$；

(9) $W=\int\boldsymbol{F}\cdot\boldsymbol{r}$；　　(10) $\Delta W=\boldsymbol{F}\cdot\Delta\boldsymbol{r}$；

(11) $\boldsymbol{F}\mathrm{d}t=m\boldsymbol{v}_2-m\boldsymbol{v}_1$，$\Delta\boldsymbol{I}=m\boldsymbol{v}_2-m\boldsymbol{v}_1$；

(12) $\boldsymbol{F}\cdot\mathrm{d}\boldsymbol{r}=\frac{1}{2}mv_2^2-\frac{1}{2}mv_1^2$，

$$\Delta W=\frac{1}{2}mv_2^2-\frac{1}{2}mv_1^2.$$

2-8 在汽车顶上悬挂一单摆.当汽车静止时，在小球摆动的过程中，小球的动量、动能、机械能是否守恒？为什么？当汽车做匀速直线运动时，以地面为参考系，小球的动量、动能、机械能又如何？

2-9 用锤压钉很难把钉压入木块，如果用锤击钉，钉就很容易进入木块，这是为什么？

2-10 判断下面几种情况分别描述刚体在做什么样的定轴转动？ω 是角速度，α 是角加速度.

(1) $\omega>0$，$\alpha>0$；　　(2) $\omega>0$，$\alpha<0$；

(3) $\omega<0$，$\alpha>0$；　　(4) $\omega<0$，$\alpha<0$.

2-11 一个圆盘和一个圆环的半径相等，质量也相同，都可绕过中心而垂直盘面和环面的轴转动，当用同样的力矩从静止开始作用时，问经过相同的时间后，哪一个转得更快？

2-12 二氧化碳的温室效应直接导致地球极地冰川融化，而冰川融化将产生多种灾难性的后果，试说明两极冰川融化是地球自转速度变化的原因之一.

2-13 在位置矢量、位移、速度、动量、角动量、力和力矩中，哪些物理量是相对一定点(或定轴)的？哪些量与定点(或定轴)选择无关？

习题

2-1 如图 2-57 所示，一细绳跨过一定滑轮，绳的一边悬有一质量为 m_1 的物体，另一边穿在质量为 m_2 的圆柱体的竖直细孔中，圆柱可沿绳子滑动.今看到绳子从圆柱细孔中加速上升，柱体相对于绳子以匀加速度 a' 下滑，求 m_1，m_2 相对于地面的加速度、绳的张力及柱体与绳子间的摩擦力(绳轻且不可伸长，滑轮的质量及轮与轴间的摩擦不计).

2-2 质量为 16 kg 的质点在 Oxy 平面内运动，受一恒力作用，力的分量为 $f_x=6$ N，$f_y=-7$ N，当 $t=0$时，$x=y=0$，$v_x=-2\ \mathrm{m\cdot s^{-1}}$，$v_y=0$. 求 $t=2$ s 时

质点的位矢和速度.

2-3 一质量为 m 的质点在流体中做直线运动，受到与速度成正比的阻力 kv（k 为常数）作用，$t=0$ 时质点的速度为 v_0，证明：

（1）t 时刻的速度为 $v=v_0\mathrm{e}^{-\left(\frac{k}{m}\right)t}$；

（2）由 0 到 t 的时间内经过的距离为 $x=\left(\frac{mv_0}{k}\right)\left[1-\mathrm{e}^{-\left(\frac{k}{m}\right)t}\right]$；

（3）停止运动前经过的距离为 $v_0\left(\frac{m}{k}\right)$；

（4）证明当 $t=m/k$ 时速度减至 v_0 的 $\frac{1}{\mathrm{e}}$.

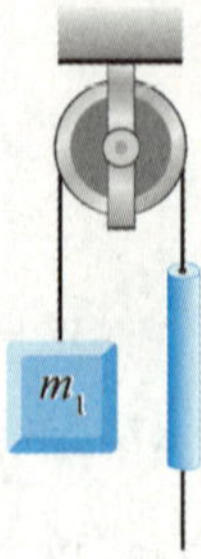

图 2-57

2-4 一质量为 m 的质点以与地面仰角 $\theta=30°$ 的初速 $\boldsymbol{v}_0$ 从地面抛出，若忽略空气阻力，求质点落地时相对抛射时的动量的增量.

2-5 一质量为 m 的小球从某一高度处水平抛出，落在水平桌面上发生弹性碰撞. 在抛出 1 s 后，跳回到原高度，速度仍是水平方向，速度大小也与抛出时相等. 求小球与桌面碰撞过程中，桌面给予小球的冲量的大小和方向. 并回答在碰撞过程中，小球的动量是否守恒？

2-6 作用在质量为 10 kg 的物体上的力为 $\boldsymbol{F}=(10+2t)\boldsymbol{i}$ N，式中 t 的单位是 s.

（1）求 4 s 后，物体的动量和速度的变化，以及力给予物体的冲量；

（2）为了使冲量为 200 N·s，该力应在这物体上作用多久？试分别就一原来静止的物体和一个具有初速度 $-6\boldsymbol{j}$ m·s^{-1} 的物体，回答这两个问题.

2-7 一颗子弹由枪口射出时速率为 v_0，当子弹在枪筒内被加速时，它所受的合力为 $F=(a-bt)$N，其中 a，b 为常数，t 以 s 为单位：

（1）假设子弹运行到枪口处合力刚好为零，试计算子弹走完枪筒全长所需时间；

（2）求子弹所受的冲量；

（3）求子弹的质量.

2-8 设 $\boldsymbol{F}=(7\boldsymbol{i}-6\boldsymbol{j})$N.

（1）当一质点从原点运动到 $\boldsymbol{r}=(-3\boldsymbol{i}+4\boldsymbol{j}+16\boldsymbol{k})$ m 时，求 $\boldsymbol{F}$ 所做的功；

（2）如果质点到 $\boldsymbol{r}$ 处时需 0.6 s，试求平均功率；

（3）如果质点的质量为 1 kg，试求动能的变化.

2-9 一根劲度系数为 k_1 的轻弹簧 A 的下端，挂一根劲度系数为 k_2 的轻弹簧 B，B 的下端又挂一重物 C，C 的质量为 M，如图 2-58 所示. 求这一系统静止时两弹簧的伸长量之比和弹性势能之比.

2-10 如图 2-59 所示，一物体质量为 2 kg，以初速度 $v_0=3$ m·s^{-1} 从斜面 A 点处下滑，它与斜面的摩擦力为 8 N，到达 B 点后压缩弹簧 20 cm 后停止，然后又被弹回，求弹簧的劲度系数和物体最后能回到的高度.

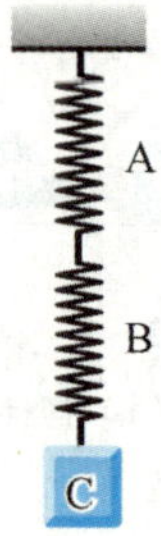

图 2-58

2-11 质量为 M 的大木块具有半径为 R 的 1/4 弧形槽，如图 2-60 所示. 质量为 m 的小立方体从曲面的顶端滑下，大木块放在光滑水平面上，两者都做无摩擦的运动，而且都从静止开始，求小木块脱离大木块时的速度.

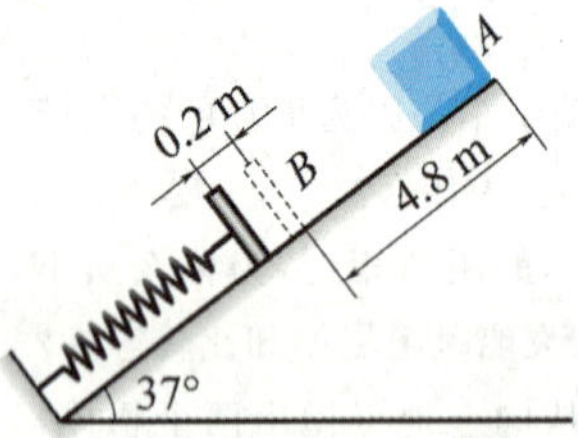

图 2-59

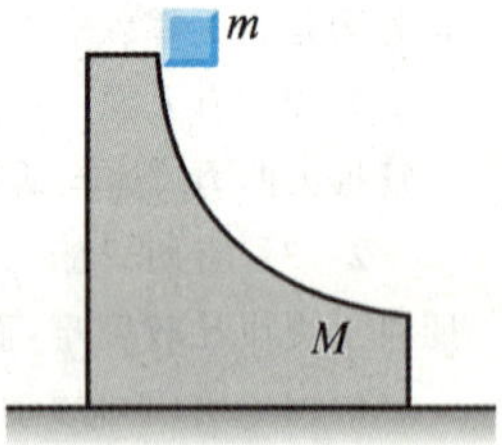

图 2-60

2-12 一质量为 m 的质点位于 (x_1, y_1) 处，速度为 $\boldsymbol{v}=v_x\boldsymbol{i}+v_y\boldsymbol{j}$，质点受到一个沿 x 轴负方向的力 $\boldsymbol{f}$ 的作用，求相对于坐标原点的角动量以及作用于质点上的力的力矩.

2-13 哈雷彗星绕太阳运动的轨道是一个椭圆. 它离太阳最近距离 $r_1=8.75\times10^{10}$ m 时的速率是 $v_1=5.46\times10^4$ m·s^{-1}，它离太阳最远时的速率是 $v_2=9.08\times10^2$ m·s^{-1}，这时它离太阳的距离 r_2 是多少？（太阳位于椭圆的一个焦点.）

2-14 物体质量为 3 kg，$t=0$ 时位于 $\boldsymbol{r}=4\boldsymbol{i}$ m，$\boldsymbol{v}=\boldsymbol{i}+6\boldsymbol{j}$ m·s^{-1}，如一恒力 $\boldsymbol{f}=5\boldsymbol{j}$ N 作用在物体上，求 3 s 后，

（1）物体动量的变化；

（2）相对 z 轴角动量的变化.

2-15 飞轮的质量 m 为 60 kg，半径 R 为 0.25 m，绕其水平中心轴 O 转动，转速为 900 r·min^{-1}. 现利用一制动的闸杆，在闸杆的一端加一竖直方向的制动力 F，可使飞轮减速. 已知闸杆的尺寸如图 2-61 所示，闸瓦与飞轮之间的摩擦系数 $\mu=0.4$，飞轮的转动惯量可按匀质圆盘计算.

（1）设 $F=100$ N，问可使飞轮在多长时间内停止转动？在这段时间里飞轮转了几转？

（2）如果在 2 s 内飞轮转速减少一半，需加多大的

力 F?

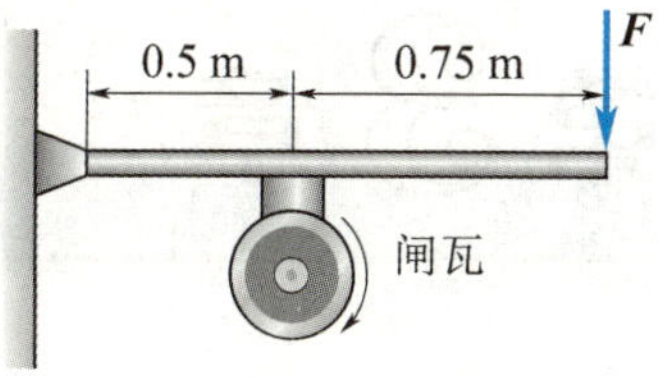

图 2 - 61

2 - 16 固定在一起的两个同轴均匀圆柱体可绕其光滑的水平对称轴 OO' 转动. 设大小圆柱体的半径分别为 R 和 r，质量分别为 M 和 m. 绕在两柱体上的细绳分别与物体 m_1 和 m_2 相连，m_1 和 m_2 则挂在圆柱体的两侧，如图 2 - 62 所示. 设 $R=0.20\ \mathrm{m}$，$r=0.10\ \mathrm{m}$，$m=4\ \mathrm{kg}$，$M=10\ \mathrm{kg}$，$m_1=m_2=2\ \mathrm{kg}$，且开始时 m_1，m_2 离地均为 $h=2\ \mathrm{m}$. 求：

(1) 柱体转动时的角加速度；

(2) 两侧细绳的张力.

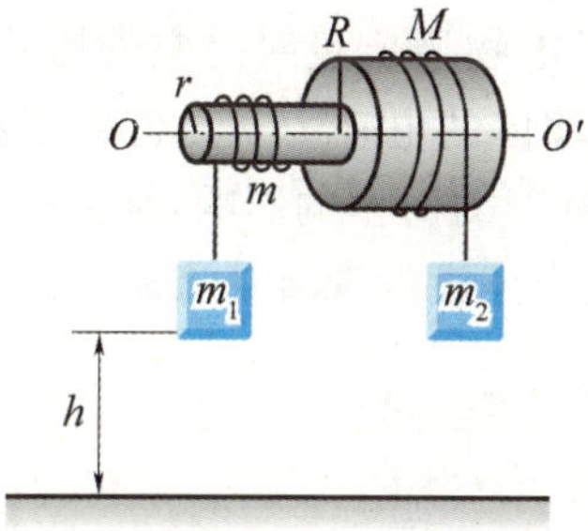

图 2 - 62

2 - 17 计算如图 2 - 63 所示的系统中物体的加速度. 设滑轮为质量均匀分布的圆柱体，其质量为 M，半径为 r，在绳与轮缘的摩擦力作用下旋转，忽略桌面与物体间的摩擦，设 $m_1=50\ \mathrm{kg}$，$m_2=200\ \mathrm{kg}$，$M=15\ \mathrm{kg}$，$r=0.1\ \mathrm{m}$.

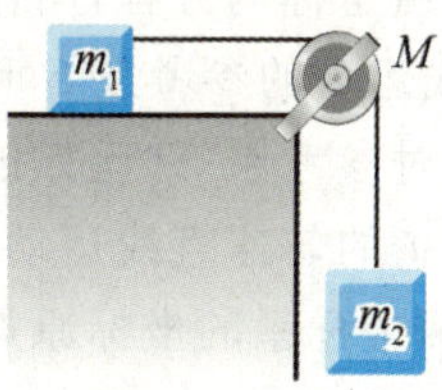

图 2 - 63

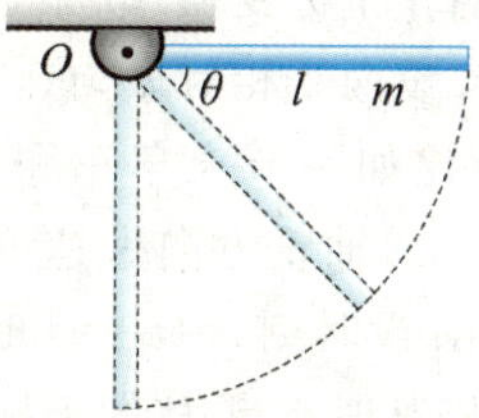

图 2 - 64

2 - 18 如图 2 - 64 所示，一匀质细杆质量为 m，长为 l，可绕过一端 O 的水平轴自由转动，杆于水平位置由静止开始摆下. 求：

(1) 初始时刻的角加速度；

(2) 杆转过 θ 角时的角速度.

2 - 19 如图 2 - 65 所示，质量为 M，长为 l 的均匀直棒，可绕垂直于棒一端的水平轴 O 无摩擦地转动，它原来静止在平衡位置上. 现有一质量为 m 的弹性小球飞来，正好在棒的下端与棒垂直地相撞. 相撞后，使棒从平衡位置处摆动到最大角度 $\theta=30°$ 处.

(1) 设这碰撞为弹性碰撞，试计算小球初速度 v_0 的值；

(2) 相撞时小球受到多大的冲量?

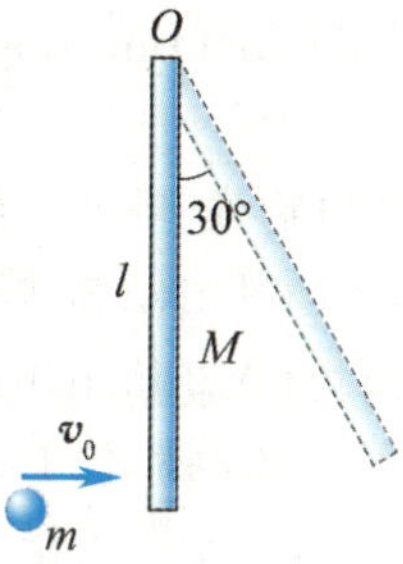

图 2 - 65

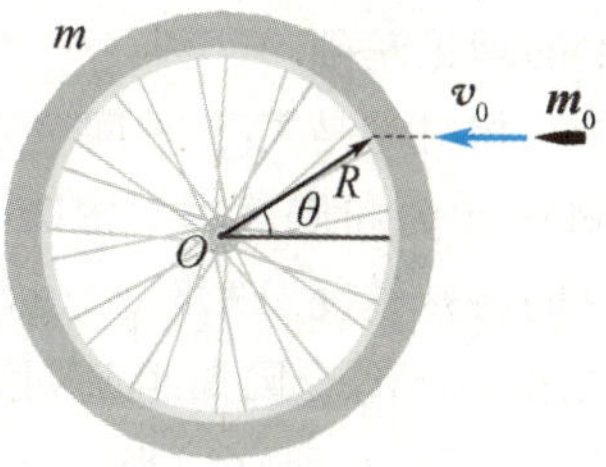

图 2 - 66

2 - 20 一质量为 m、半径为 R 的自行车轮，假定质量均匀分布在轮缘上，可绕轴自由转动. 另一质量为 m_0 的子弹以速度 $\boldsymbol{v}_0$ 射入轮边缘(如图 2 - 66 所示方向).

(1) 开始时轮是静止的，在子弹打入后的角速度为何值?

(2) 用 m，m_0 和 θ 表示系统(包括轮和子弹)最后动能和初始动能之比.

知识拓展

第3章

狭义相对论基础

相对论(relativity)和量子论(quantum theory)是近代物理学的两大理论支柱,是现代高新技术的理论基础.

相对论是关于时间、空间和物质运动关系的理论,通常包括两部分:狭义相对论(special relativity)和广义相对论(general relativity).狭义相对论不考虑物质质量对时空的影响,是相对论的特殊情况.1905年,爱因斯坦(A. Einstein)发表论文《论动体的电动力学》,创立了狭义相对论.1915年,爱因斯坦又创立了广义相对论.广义相对论考虑质量对时空的影响,是关于引力的理论.相对论自建立以来,已经百年,经受了大量实验的检验,至今还没发现有什么实验结果和相对论相违背.

本章仅介绍狭义相对论基础.

3.1 伽利略变换和经典力学时空观

一、伽利略变换 经典力学时空观

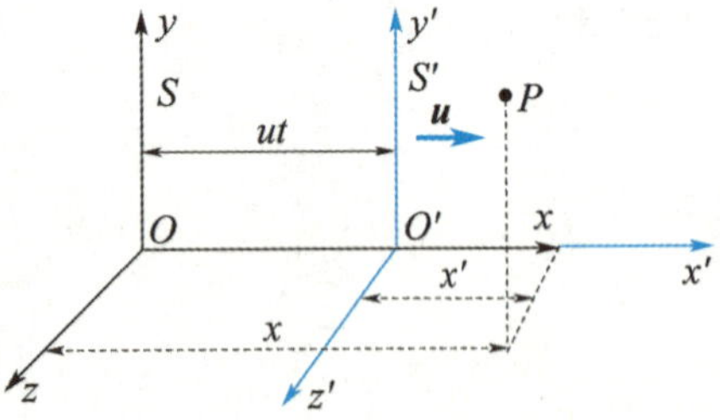

图 3-1 坐标变换

在同一时刻,同一物体的坐标从一个参考系变换到另一个参考系,叫作坐标变换.联系这两组坐标的方程,叫作坐标变换方程.设两个相对做匀速直线运动的参考系 S 和 S',参考系 S'(比如一节火车车厢)相对参考系 S(比如地面)沿共同的 x,x' 轴正方向做速度为 u 的匀速直线运动,如图 3-1 所示.设时刻 $t=t'=0$ 时,两坐标系的坐标原点 O 与 O' 重合,则某时空点 P 的坐标变换方程是

$$\begin{cases} x' = x - ut, \\ y' = y, \\ z' = z, \\ t' = t; \end{cases} \quad \text{或} \quad \begin{cases} x = x' + ut', \\ y = y', \\ z = z', \\ t = t'. \end{cases} \tag{3-1}$$

(3-1)式叫作伽利略坐标变换方程(Galilean coordinate transformation).这个变换方程已经对时间、空间性质做了某些假定.这些假定主要有两条:第一,假定了时间对于一切参考系、坐标系都是相同的,也就是假定存在着与任何具体参考系的运动状态无关的同一的时间,表现为 $t=$

t'. 既然时间是不变的，那么，时间间隔$\Delta t = t_2 - t_1$ 和 $\Delta t' = t_2' - t_1'$在一切参考系中也都是相同的，时间间隔与参考系的运动状态无关. 时间是用钟测量的数值，这相当于假定存在不受运动状态影响的时钟；第二，假定了在任一确定时刻，空间两点间的长度

$$\Delta L = \sqrt{(x_2 - x_1)^2 + (y_2 - y_1)^2 + (z_2 - z_1)^2}$$

对于一切参考系都是相同的，也就是假定空间长度与任何具体参考系的运动状态无关. 空间长度是用尺测量的数量，这相当于假定存在不受运动状态影响的直尺. 用数学式表示就是

$$\Delta L = \Delta L'$$

或

$$\sqrt{(x_2 - x_1)^2 + (y_2 - y_1)^2 + (z_2 - z_1)^2} = \sqrt{(x_2' - x_1')^2 + (y_2' - y_1')^2 + (z_2' - z_1')^2}.$$

这些假定与经典力学时空观是一致的. 牛顿说："绝对的、真正的和数学的时间，就其本质而言，是永远均匀地流逝着，与任何外界事物无关""绝对空间，就其本质而言，是与任何外界事物无关的，它永远不动、永远不变". 这就是经典力学时空观，也称**绝对时空观**. 按照这种观点，时间和空间是彼此独立的，互不相关，并且不受物质和运动的影响. 这种绝对时间可以形象地比拟为独立的不断流逝着的流水；绝对空间可比拟为能容纳宇宙万物的一个无形的、永不动的容器. 伽利略变换就是以这种绝对时空观为前提. 可以说伽利略变换是绝对时空观的数学表述.

二、伽利略相对性原理

早在 1632 年，伽利略曾在封闭的船舱里观察了力学现象，他的观察记录如下："在这里（只要船的运动是等速的），你在一切现象中观察不出丝毫的改变，你也不能够根据任何现象来判断船究竟是在运动还是停止. 当你在地板上跳跃的时候，你所通过的距离和你在一条静止的船上跳跃时所通过的距离完全相同，也就是说，你向船尾跳时并不比你向船头跳时——由于船的迅速运动——跳得更远些，虽然当你跳在空中时，在你下面的船板是在向着和你跳跃相反的方向奔驰着. 当你抛一件东西给你的朋友时，如果你的朋友在船头而你在船尾，你费的力并不比你们站在相反的位置时所费的力更大. 从挂在天花板下的装着水的酒杯里滴下的水滴，将竖直地落在地板上，没有任何一滴水偏向船尾方向滴落，虽然当水滴尚在空中时，船在向前走……"在这里，伽利略描述的种种现象表明：**一切彼此做匀速直线运动的惯性系，对描述运动的力学规律来说是完全相同的**. 在一个惯性系内所做的任何力学实验都不能确定这一惯性系是处于静止还是匀速直线运动状态. 或者说**力学规律对一切惯性系都是等价的**. 这就是**力学的相对性原理**（principle of Newtonian relativity），也称为**伽利略相对性原理**（Galilean principle of relativity），或**经典相对性原理**.

对(3-1)式求时间 t 的导数，得

$$\begin{cases} v_x' = v_x - u, \\ v_y' = v_y, \\ v_z' = v_z, \end{cases} \tag{3-2}$$

这就是 S 和 S'系之间的速度变换法则，称为**伽利略速度变换**（Galilean velocity transformation），或称为**经典速度相加定理**.

对(3-2)式求时间的导数，得到 S 和 S'系加速度变换关系为

$$\begin{cases} a_x' = a_x, \\ a_y' = a_y, \\ a_z' = a_z. \end{cases} \tag{3-3}$$

(3-3)式说明在所有惯性系中，加速度是不变量. 经典力学中认为物体的质量也是与参考系选择无关的物理量，即 $m'=m$，于是，牛顿第二定律在所有惯性系中都具有相同的数学表述，即在惯性系 S 中有 $\boldsymbol{F}=m\boldsymbol{a}$，则在 S' 系中一定有 $\boldsymbol{F}'=m'\boldsymbol{a}'$.

3.2 狭义相对论产生的实验基础和历史条件

经典力学(如声学)的研究表明，波动是机械振动在弹性介质中的传播过程. 没有弹性介质，就不会有机械波. 当时的物理学家认为可以用这样的框架来解释一切波动现象. 19 世纪，特别在法拉第发现电磁感应定律(1831 年)之后，电磁技术被广泛地应用到工业和人类的日常生活之中，促进了对电磁运动规律的深入探索. 1865 年麦克斯韦建立了描述电磁运动普遍规律的麦克斯韦方程组，其地位、作用相当于经典力学中的牛顿运动定律. 麦克斯韦从这组方程出发，预言了电磁波的存在. 1888 年，赫兹实验证实了电磁波的存在，这是物理学发展史上的重大事件. 电磁波就是以波动形式传播的电磁场. 如果将真空中电磁波的波动方程与机械波的波动方程相比较，就会发现电磁波的波速等于光速，于是断定光是特定波长范围的电磁波. 由此麦克斯韦提出了光的电磁学说. 人们在考察这一理论的基础时碰到了一些困难. 当时，这些困难集中在经典电磁学的以太(aether)假说. 以太假说的主要内容是：以太是传播包括光波在内的电磁波的弹性介质，它充满整个宇宙空间. 以太中的带电粒子振动会引起以太变形，这种变形以弹性波的形式传播，这就是电磁波. 当时普遍认为，在相对以太静止的惯性系中，麦克斯韦方程组是成立的，因此导出的电磁波的波动方程成立. 电磁波沿各方向传播的速度都等于恒量 c. 那么，在相对以太运动的惯性系中，按伽利略变换，电磁波沿各方向传播的速度并不等于恒量 c. 这一结果很重要，引起当时物理学家的重视. 下面计算按伽利略速度变换法则预言在相对以太做匀速直线运动的参考系中光在真空中传播的速度.

设 S 系相对以太静止，S' 系相对以太的速度为 u，如图 3-2 所示. 光在 S 系中沿任意方向的速度[设为 $\boldsymbol{v}=\boldsymbol{v}(v_x,v_y,v_z)$]的大小都相等，即

$$v=\sqrt{v_x^2+v_y^2+v_z^2}=c.$$

按伽利略速度变换(3-2)式，分别计算在 S' 系中光沿 x' 轴、y' 轴正负方向传播的速度 v'_x，v'_y. 当光沿 x' 轴正向传播时，要求真空中光速为 $v'_x>0, v'_y=v'_z=0$，(3-2)式中 $v_y=v_z=0$，$v_x=c$，所以，由此变换得到 $v'_x=c-u$. 当光在 S' 系中沿 x' 轴负向传播时，要求 $v'_x<0$，$v'_y=v'_z=0$，(3-2)式中 $v_y=v_z=0$，$v_x=-c$，便得到 $v'_x=-(c+u)$. 当光沿垂直于 x' 轴的方向传播时，比如沿 y' 轴的正方向传播，相当于要求 $v'_x=v'_z=0, v'_y>0$，则(3-2)式中 $v_x=u$，$v_z=0$，再代入前面速度 v 的公式，$u^2+v_y'^2+0=c^2$，得 $v'_y=v_y=\sqrt{c^2-u^2}$. 类似地，沿 y' 轴负向传播时，$v'_y=v_y=-\sqrt{c^2-u^2}$. 其他垂直于 x' 轴方向(如 z 轴正负方向)传播光速，仿此计算，分别为 $\pm\sqrt{c^2-u^2}$.

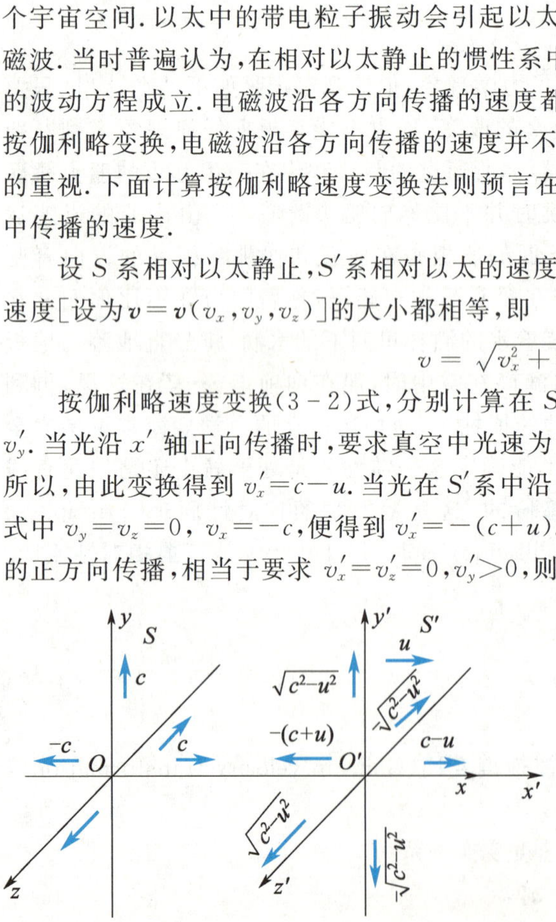

图 3-2　按伽利略速度变换预言 S' 系中光的速度

当时(19 世纪)，人们认为伽利略变换对一切物理规律都是适用的，因此上述的计算结果应该是正确的. 而这里麦克斯韦方程组在伽利略变换下方程的形式发生了变化，只能说明，不是伽利略变换不对，而是麦克斯韦方程组不服

从伽利略变换,它只在相对以太静止的惯性系里才成立.这样,以太就成了一个优越的参考系.既然根据伽利略相对性原理,人们不可能用力学实验找到力学中优越的惯性系(绝对空间),而现在人们便可以用测量运动物体中光速的方法去寻找这一优越的参考系——以太.

若找到以太,则把以太定义为绝对空间,相当于找到了牛顿的绝对空间.于是,人们纷纷设计一些实验来寻找以太.在这些实验中,以迈克耳孙-莫雷的实验精度最高[$(u/c)^2$ 级],最具代表性.

迈克耳孙-莫雷实验的目的是观测地球相对以太的绝对运动.实验装置是迈克耳孙干涉仪.该仪器的光路原理图如图 3-3 所示.实验原理及实验步骤说明如下.

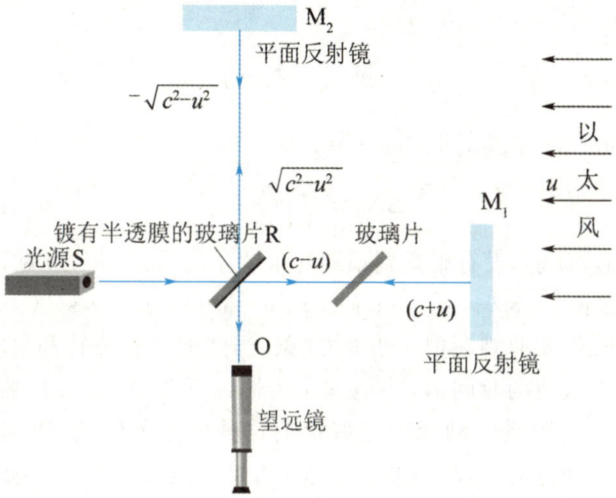

图 3-3 迈克耳孙-莫雷实验的光路原理图

设以太相对太阳系静止(S 系),地球(S'系)相对太阳系速度为 u.那么地球在以太中运动,地球上应感到有迎面而来的"以太风",其速度为 $-u$.实验时,先将干涉仪的一臂(如 RM_1)与地球运动方向平行,另一臂(如 RM_2)与地球运动方向垂直.根据伽利略速度变换法则,在与地球固连的实验室系中,光沿各方向传播的速度大小并不相等,如图 3-3 所示.当两臂长相等时,光程差不为零,可以看到干涉条纹.如果将整个装置缓慢转过 90°,应该发现干涉条纹移动.由条纹移动的数目,可以推算出地球相对以太参考系的绝对速度 u.现在来计算光线通过两臂往返的时间.对 RM_1 臂,臂长 l_1,利用前面我们已经计算的光沿 x' 轴往返的速度,如图 3-3所示,则得

$$t_1 = \frac{l_1}{c-u} + \frac{l_1}{c+u} = \frac{2l_1 c}{c^2-u^2}. \tag{3-4}$$

对 RM_2 臂,臂长 l_2,利用前面计算过的光沿 y' 轴正反方向传播的速度,求得光通过 RM_2 臂往返的时间是

$$t_2 = \frac{2l_2}{\sqrt{c^2-u^2}}. \tag{3-5}$$

时间差为

$$\Delta t = t_1 - t_2 = \frac{2}{c}\left[\frac{l_1}{1-u^2/c^2} - \frac{l_2}{\sqrt{1-u^2/c^2}}\right],$$

转过 90°后,时间差为

$$\Delta t' = t_1' - t_2' = \frac{2}{c}\left[\frac{l_1}{\sqrt{1-u^2/c^2}} - \frac{l_2}{1-u^2/c^2}\right],$$

于是得到干涉仪转动前后，光通过两臂时间差的改变量为

$$\delta t=\Delta t-\Delta t'=\frac{2(l_1+l_2)}{c}\left[\frac{1}{1-u^2/c^2}-\frac{1}{\sqrt{1-u^2/c^2}}\right]. \tag{3-6}$$

考虑$(u/c)^2$是小量，利用近似公式

$$\frac{1}{1-\alpha}\approx 1+\alpha,\ \frac{1}{\sqrt{1-\alpha}}\approx 1+\frac{1}{2}\alpha,\ \alpha=\left(\frac{u}{c}\right)^2,$$

则

$$\delta t\approx\frac{l_1+l_2}{c}\left(\frac{u}{c}\right)^2,$$

干涉条纹移动的数目为

$$\Delta N=\frac{c\delta t}{\lambda}\approx\frac{l_1+l_2}{\lambda}\left(\frac{u}{c}\right)^2,$$

式中λ是真空中光波的波长. 实验时取 $l_1=l_2=l$，则

$$\Delta N\approx\frac{2l}{\lambda}\left(\frac{u}{c}\right)^2.$$

1881年迈克耳孙首次实验，没有观察到预期的条纹移动. 1887年，迈克耳孙和莫雷提高实验精度，使臂长$l=11$ m，光波长$\lambda=5.9\times10^{-7}$ m，如果取$u=3.0\times10^4$ m·s^{-1}（为地球绕太阳公转的速度），预期$\Delta N\approx0.37$条. 但实验观测值小于0.01条. 当然地球有公转和自转，不是一个真正的惯性系，但在实验持续的那么短的时间内，将地球作为惯性系是没问题的. 然而太阳系也是运动着的，为了避免公转速度与太阳系运动速度正好抵消这种偶然可能性，迈克耳孙和莫雷过半年后（此时地球相对太阳系运动方向相反）又重复实验，结果仍然没观察到干涉条纹移动. 之后，许多科学家在地球的不同地点、不同季节里重复迈克耳孙-莫雷实验，结果是相同的，无法测出地球相对以太的运动.

当时人们认为在地球上用实验应该测出地球相对以太的运动，可是一系列实验都否定了这个观点，这是出乎意料的. 于是不少科学家提出许多种理论来解释迈克耳孙-莫雷实验，例如洛伦兹的运动长度收缩的假说，以太完全被实物牵引的假说，等等，都保留了以太，也是可解释迈克耳孙-莫雷实验的；也有人如里兹认为应该抛弃以太，同样可以解释迈克耳孙-莫雷实验的结果. 在多种理论中，只有爱因斯坦的狭义相对论是唯一能圆满地解释迈克耳孙-莫雷实验和其他有关实验、观察事实的理论.

3.3 狭义相对论基本原理　洛伦兹变换

一、狭义相对论的两条基本原理

任何实验都没观察到地球相对以太参考系的运动，爱因斯坦认为应该抛弃以太，根本就不存在那样一个假想的以太参考系，电磁场不是介质的状态，而是独立的实体，是物质存在的一种基本形态.

实验表明，电磁现象（包括光）与力学现象一样，并不存在特殊最优越的参考系（力学中最优越的参考系指牛顿的绝对空间，电磁学中最优越的参考系指以太）. 在所有惯性系中，电磁理论的基本定律（麦克斯韦方程组）具有相同的数学形式，这表明电磁现象也满足物理的相对性原理. 那么，经典电磁理论与伽利略变换矛盾又怎么办？这就要求通过建立惯性系之间新的变换关系式和

新的相对性原理来解决这个基本矛盾. 经典电磁理论应该满足这个新的变换关系式和新的相对性原理,而经典力学则应该受到改造,使之适合这个新的变换关系. 当然在回到宏观世界低速运动时,应该要求新的力学过渡到经典力学,新的坐标变换过渡到伽利略变换. 因为在宏观低速的条件下牛顿力学和伽利略变换都被实验验证是正确的.

实验表明,对任何惯性系,电磁波(光波)在真空中沿任何方向传播的速度量值都为 c,与光源的运动状态无关.

爱因斯坦把上述那些观点概括表述为狭义相对论的两条基本原理:

(1) **相对性原理**(the principle of relativity):**所有物理定律在一切惯性系中都具有相同的形式.** 或者说**所有惯性系都是平权的,在它们之中所有物理规律都一样.**

(2) **光速不变原理**(the constancy of the speed of light):**所有惯性系中测量到的真空中光速沿各方向都等于 c,与光源的运动状态无关.**

这两条基本原理是整个狭义相对论的基础.

爱因斯坦 1905 年建立狭义相对论时,上述两条基本原理称作"两条基本假设",因为当时只有为数不多的几个实验事实. 至今已经百年,大量实验事实直接、间接验证了这两条基本假设和相对论的结论,因此改称为原理.

二、洛伦兹变换

设 S 系和 S' 系是两个相对做匀速直线运动的惯性系(见图 3-1),我们可以适当地选取坐标轴、坐标原点和计时零点,使 S 系与 S' 系的关系满足以下规定:设 S' 系沿 S 系的 x 轴正向以速度 u 相对 S 系做匀速直线运动;使 x', y', z' 轴分别与 x, y, z 轴平行;S 系的原点 O 与 S' 系原点 O' 重合时,两惯性系在原点处的时钟都指示零点. 洛伦兹求出同一事件 P(就是在某时刻在空间某点的物理事件,仅用一个时空点来表示)的两组坐标 (x,y,z,t) 和 (x',y',z',t') 之间的关系是

$$S\to S'\text{的变换(正变换)}\quad \begin{cases} x'=\gamma(x-ut), \\ y'=y, \\ z'=z, \\ t'=\gamma\left(t-\dfrac{u}{c^2}x\right); \end{cases} \tag{3-7a}$$

$$S'\to S\text{系变换(逆变换)}\quad \begin{cases} x=\gamma(x'+ut), \\ y=y', \\ z=z', \\ t=\gamma\left(t'+\dfrac{u}{c^2}x'\right). \end{cases} \tag{3-7b}$$

式中

$$\gamma=\frac{1}{\sqrt{1-\beta^2}}=\frac{1}{\sqrt{1-\dfrac{u^2}{c^2}}},\quad \beta=\frac{u}{c}.$$

早在爱因斯坦建立狭义相对论之前,洛伦兹在研究电磁场理论、解释迈克耳孙-莫雷实验时就提出了这些变换方程式,因此将(3-7)式称为**洛伦兹变换**(Lorentz transformation equations).

三、洛伦兹变换式的推导

仍采用图 3-1 中的两个坐标系 S 和 S'，显然有 $y'=y$，$z'=z$. 现在主要推导 x 和 t 的变换式.

对于 O 点，在坐标系 S 中来观测，不论什么时间，总是 $x=0$，但是在坐标系 S' 中来观测，其在 t' 时刻的坐标是 $x'=-ut'$，亦即 $x'+ut'=0$. 可见同一空间点 O 点，数值 x 和 $x'+ut'$ 同时为零. 因此我们假设在任何时刻、任何点（包括 O 点），x 与 $x'+ut'$ 之间都有一个比例关系为

$$x = k(x'+ut'),\tag{①}$$

式中 k 为不为零的常数. 同样的方法对 O' 这一点的讨论，可以得到

$$x' = k'(x-ut).\tag{②}$$

根据狭义相对性原理，两个惯性系是等价的，除把 u 改为 $-u$ 外，上面两式应有相同的数学形式. 这就要求 $k=k'$. 于是

$$x' = k(x-ut).\tag{③}$$

①，③式是满足狭义相对论第一条基本原理的变换式. 为了求出常数 k，需要由第二条基本原理求出. 设 $t=t'=0$，两坐标系原点重合时，在重合点发出一光信号沿 x 轴传播，则在任一瞬时（在 S 系测量为 t，在 S' 系测量为 t'），光信号到达的坐标对两坐标系来说，分别为

$$x = ct,\qquad x' = ct'.\tag{④}$$

把①和③式相乘，再把④式代入，得

$$xx' = k^2(x-ut)(x'+ut'),$$
$$c^2tt' = k^2tt'(c-u)(c+u),$$

由此求得

$$k = \frac{c}{\sqrt{c^2-u^2}} = \frac{1}{\sqrt{1-u^2/c^2}},$$

则①，③两式即可写成

$$x = \frac{x'+ut'}{\sqrt{1-\left(\frac{u}{c}\right)^2}},\quad x' = \frac{x-ut}{\sqrt{1-\left(\frac{u}{c}\right)^2}}.$$

从这两个式子消去 x' 或 x，便得到关于时间的变换式. 消去 x'，得

$$x\sqrt{1-\left(\frac{u}{c}\right)^2} = \frac{x-ut}{\sqrt{1-\left(\frac{u}{c}\right)^2}}+ut',$$

由此求得

$$t' = \frac{t-\frac{ux}{c^2}}{\sqrt{1-\left(\frac{u}{c}\right)^2}};$$

同样，消去 x 得

$$t = \frac{t'+\frac{ux'}{c^2}}{\sqrt{1-\left(\frac{u}{c}\right)^2}}.$$

把 k 换成参考文献中常用的符号 γ，便得到洛伦兹变换式(3－7)式.

对于洛伦兹变换需做几点说明：

(1)在狭义相对论中，洛伦兹变换占据中心地位. 它以确切的数学语言反映了相对论理论与伽利略变换及经典相对性原理的本质差别. 新的相对论时空观的内容都集中表现在洛伦兹变换上. 相对论的物理定律的数学表达式(如力学规律)在洛伦兹变换下保持不变.

(2)再次强调，洛伦兹变换是同一事件在不同惯性系中两组时空坐标之间的变换方程. 所以，在应用时，必须首先核实(x,y,z,t)和(x',y',z',t')确实是代表了同一个事件.

(3)各个惯性系中的时间、空间量度的基准必须一致. 时间的基准必须选择相同的物理过程，比如某种晶体振动的周期. 空间长度的基准必须选择相同的物体或对象，比如某种原子的半径或某一定频率的电磁波长. 我们将作为基准用的过程和物体分别称为标准时钟和标准直尺，统一规定，各个惯性系中的钟和尺，必须相对于该参考系处在静止状态. 这样，各个惯性系时空度量结果的差异，反映出与这些惯性系固连的标准时钟和标准直尺的运动状态的差异.

(4)从(3－7)式看到，不仅 x' 是 x,t 的函数，t' 也是 x,t 的函数，而且都与两惯性系的相对速度 u 有关. 这就是说，相对论将时间、空间及它们与物质的运动不可分割地联系起来了.

(5)时间和空间的坐标都是实数，变换式中$\sqrt{1-\left(\frac{u}{c}\right)^2}$不应该出现虚数，这就要求 $u\leqslant c$，而 u 代表选为参考系的任意两个物理系统的相对速度. 这就得到一个结论：物体的速度有上限，就是光速 c. 换句话说，任何物体都不能超光速运动. 这是狭义相对论理论本身的要求，它已被现代科技实践所证实.

(6)洛伦兹变换与伽利略变换本质不同，但是在低速$(u\ll c)$和宏观世界范围内(即空间尺度远小于宇宙尺度)，洛伦兹变换可以还原为伽利略变换. 利用这两个条件，$u\ll c$，$\beta=\frac{u}{c}\to 0$，于是

$$\gamma=\frac{1}{\sqrt{1-\frac{u^2}{c^2}}}\to 1,\quad \frac{u}{c^2}x\to 0,$$

代入(3－7)式便过渡为伽利略变换式. 这就说明，伽利略变换只是洛伦兹变换的一种特殊情况，而洛伦兹变换更具普遍性. 通常把 $u\ll c$ 叫作经典极限条件或非相对论条件.

四、洛伦兹速度变换

现在考虑一个质点 P 在某一瞬时的速度. 在 S 系的速度为$\boldsymbol{v}(v_x,v_y,v_z)$，在 S' 系的速度为$\boldsymbol{v}'(v'_x,v'_y,v'_z)$. 根据速度的定义，有

$$v_x=\frac{\mathrm{d}x}{\mathrm{d}t},\quad v_y=\frac{\mathrm{d}y}{\mathrm{d}t},\quad v_z=\frac{\mathrm{d}z}{\mathrm{d}t};$$

$$v'_x=\frac{\mathrm{d}x'}{\mathrm{d}t'},\quad v'_y=\frac{\mathrm{d}y'}{\mathrm{d}t'},\quad v'_z=\frac{\mathrm{d}z'}{\mathrm{d}t'}.$$

对洛伦兹变换(3－7a)式取微分，有

$$\begin{cases} dx' = \gamma(dx - udt) = \gamma\left(\dfrac{dx}{dt} - u\right)dt, \\ dy' = dy, \\ dz' = dz, \\ dt' = \gamma\left(dt - \dfrac{u}{c^2}dx\right) = \gamma\left(1 - \dfrac{u}{c^2}\dfrac{dx}{dt}\right)dt = \gamma\left(1 - \dfrac{uv_x}{c^2}\right)dt. \end{cases}$$

用 dt' 去除它前面的三式，即得

$$\begin{cases} v_x' = \dfrac{dx'}{dt'} = \dfrac{\gamma(v_x - u)dt}{\gamma\left(1 - \dfrac{uv_x}{c^2}\right)dt} = \dfrac{v_x - u}{1 - \dfrac{uv_x}{c^2}}, \\ v_y' = \dfrac{dy'}{dt'} = \dfrac{dy}{\gamma\left(1 - \dfrac{uv_x}{c^2}\right)dt} = \dfrac{v_y}{\gamma\left(1 - \dfrac{uv_x}{c^2}\right)}, \\ v_z' = \dfrac{dz'}{dt'} = \dfrac{dz}{\gamma\left(1 - \dfrac{uv_x}{c^2}\right)dt} = \dfrac{v_z}{\gamma\left(1 - \dfrac{uv_x}{c^2}\right)}. \end{cases} \tag{3-8}$$

根据相对性原理，把上式中的 u 换为 $-u$，带撇的量和不带撇的量对调，便得到从 S' 系到 S 系的速度变换式为

$$\begin{cases} v_x = \dfrac{v_x' + u}{1 + \dfrac{uv_x'}{c^2}}, \\ v_y = \dfrac{v_y'}{\gamma\left(1 + \dfrac{uv_x'}{c^2}\right)}, \\ v_z = \dfrac{v_z'}{\gamma\left(1 + \dfrac{uv_x'}{c^2}\right)}, \end{cases} \tag{3-9}$$

以上速度变换式称为**洛伦兹速度变换式**（Lorentz velocity transformation）. 虽然垂直于运动方向的长度不变，但速度是变的，这是因为时间间隔变了.

当 $u \ll c$ 和 $v_x \ll c$ 时，$\gamma \to 1$，$\dfrac{u}{c^2}x \to 0$，则(3-8)式化简为

$$v_x' = v_x - u, \quad v_y' = v_y, \quad v_z' = v_z,$$

这就是伽利略速度变换式.

在 v 平行于 x 轴的特殊情况下，$v_x = v$，$v_y = 0$，$v_z = 0$，代入(3-8)式，得到

$$v_x' = \frac{v - u}{1 - \dfrac{uv}{c^2}}, \quad v_y' = 0, \quad v_z' = 0; \tag{3-10}$$

在 v' 平行于 x' 轴的特殊情况下，$v_x' = v'$，$v_y' = 0$，$v_z' = 0$，代入(3-9)式，得到其逆变换

$$v_x = \frac{v' + u}{1 + \dfrac{uv'}{c^2}}, \quad v_y = 0, \quad v_z = 0, \tag{3-11}$$

(3-10)式、(3-11)式是常用的特殊情况.

例 3-1

有一辆火车以速度 u 相对地面做匀速直线运动. 在火车上向前和向后射出两道光, 求光相对地面的速度.

解 以地面为 S 系, 火车为 S' 系, 则光相对车向前的速度为 $v'=+c$, 向后的速度 $v'=-c$, 代入(3-11)式, 则得

光向前的速度

$$v=\frac{c+u}{1+\frac{uc}{c^2}}=c,$$

光向后的速度

$$v=\frac{-c+u}{1-\frac{uc}{c^2}}=-c,$$

这正是光速不变原理所要求的.

例 3-2

设有两个火箭 A, B 相向运动, 在地面测得 A, B 的速度沿 x 轴正方向各为 $v_A=0.9c$, $v_B=-0.9c$. 试求它们相对运动的速度.

解 设地球为参考系 S, 火箭 A 为参考系 S'. A 沿 x 轴的正方向运动, x 与 x' 轴同向, 则 $u=v_A$. B 相对 A 的运动速度, 就是以 A 为参考系 S' 中测得 B 的速度 v_x', 现已知 B 在 S 系中的速度 $v_x=v_B=-0.9c$, 代入(3-10)式, 得

$$v_x'=\frac{v_x-u}{1-\frac{uv_x}{c^2}}=\frac{-0.9c-0.9c}{1-\left[\frac{(0.9c)(-0.9c)}{c^2}\right]}$$

$$=-\frac{1.8c}{1.81}\approx-0.994c,$$

这就是 B 相对 A 的速度. 同样可得 A 相对 B 的速度

$$v_x'=0.994c.$$

洛伦兹速度变换表明: 两个小于光速的速度合成小于光速; 两个速度中有一个等于光速, 或两个速度都等于光速, 合成速度等于光速. 这样, 普遍结论是: 通过速度变换, 在任何惯性系中物体的运动速度都不可能超过光速, 也就是说光速是物体运动的极限速度.

3.4 狭义相对论时空观

一、同时的相对性

在相对论时空观念中, 同时的相对性占有重要地位. 经典力学认为所有惯性系具有同一的绝对的时间, 同时是绝对的. 就是说, 如果有两个事件, 在某个惯性系中观测是同时的, 那么在其他惯性系中观测也是同时的. 狭义相对论则指出不能给同时性以任何绝对的意义.

首先定性分析一个理想实验. 如图 3-4 所示, 一相对地面惯性系(S 系)以速度 u 匀速行驶的列车, 通常称为爱因斯坦火车, 取车厢为另一惯性系(S'系). 设在车厢的正中央 M'处有一光源. 当 M'与 S 系中的 M 点重合时(M 是 S 系的发光点), 光源闪光, 如图 3-4(a)所示. 设同一光信号到达车厢前门为事件 1, 到达后门为事件 2. 根据光速不变原理, 在车厢(S'系)中, 光信号沿 x' 轴的正、负方向传播速度都是 c, 光源在车厢正中央, 所以同一闪光信号同时到达前、后门, 即事件 1, 2 为同时事件, 如图 3-4(b)所示. 在地面参考系(S 系)中, 光信号沿 x 轴的正、反方向传播的速度也是 c. 但车厢前、后门随车厢一起沿 x 轴正向以速度 u 相对地面运动, 后门向 M 点接近, 前门远离 M 点. 所以, 地面观测者测到光信号先到达后门, 后到达前门, 即事件 1, 2 不是同时事件, 如

图 3-4(c)所示.

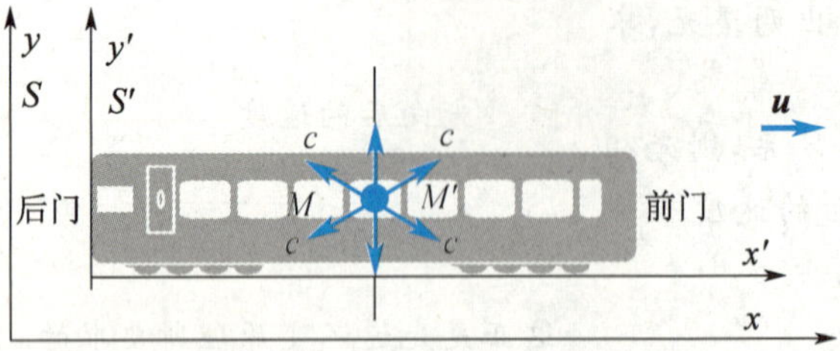

(a) 车厢正中央M'处的灯与地面(S系)中的M点重合时，开始闪光

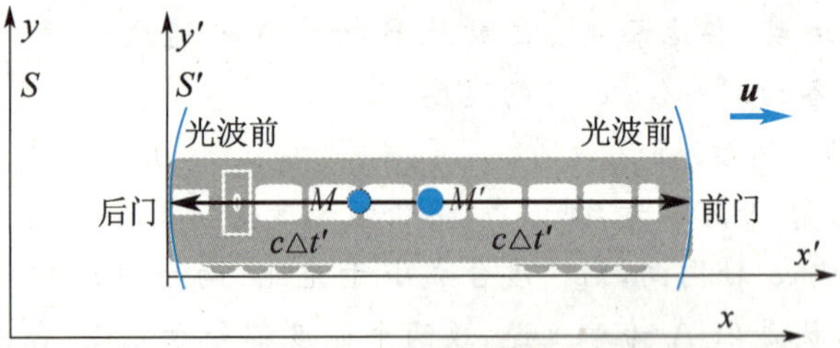

(b) 车厢(S'系)中光向各方向传播的速度都为c，所以同一光信号同时到达前、后门

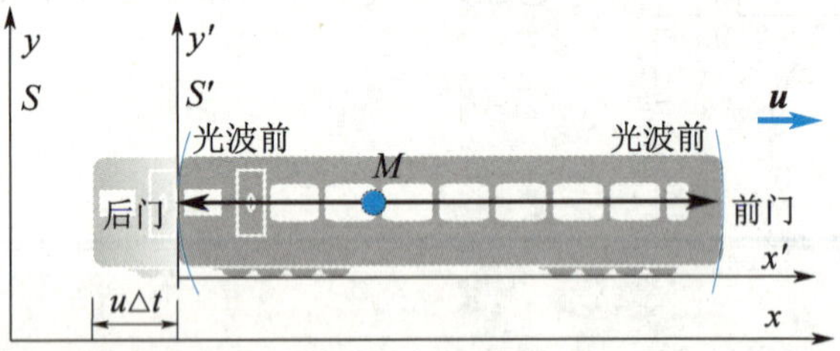

(c) 在地面(S系)上，光速不变，因后门以速度u接近M点，所以同一光信号先到达后门，后到达前门

动画演示

图 3-4　同时的相对性

这个例子说明，在一个惯性系中的两个同时事件，在另一个惯性系中观测不是同时的，这是时空均匀性和光速不变原理的一个直接结果.

如图 3-5 所示，一列爱因斯坦火车以速度 u 通过车站. 车站观测者测到两个闪电同时分别击中车头和车尾. 此时车尾和车头在车站(S 系)中的坐标分别为 x_1 和 x_2. 设击中车尾为事件 1，在 S 系时空坐标为(x_1, t_1)，在火车(S'系)中时空坐标为(x_1', t_1')；设击中车头为事件 2，在 S 系时空坐标为(x_2, t_2)，在 S'系时空坐标为(x_2', t_2').

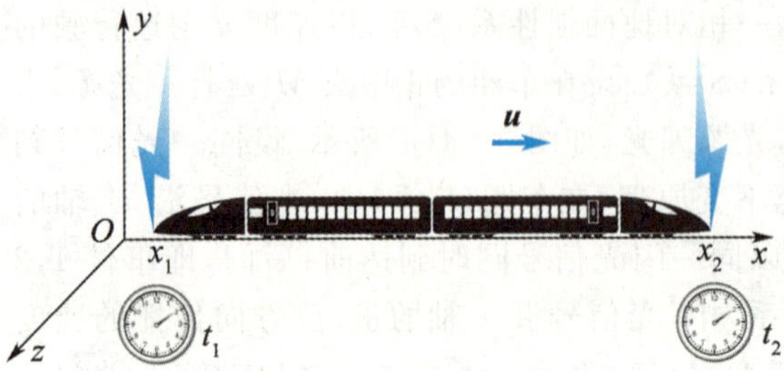

图 3-5　两个闪电同时击中车头和车尾

根据洛伦兹变换，

$$t_1' = \gamma\left(t_1 - \frac{u}{c^2}x_1\right),$$

$$t_2' = \gamma\left(t_2 - \frac{u}{c^2}x_2\right),$$

于是

$$t_2' - t_1' = \gamma\left[(t_2 - t_1) - \frac{u}{c^2}(x_2 - x_1)\right].$$

对车站(S 系)观测者,测得两闪电同时击中:$t_2 = t_1$,则上式变为

$$t_2' - t_1' = -\gamma\frac{u}{c^2}(x_2 - x_1).$$

因为 $u \neq 0$,$x_2 - x_1 \neq 0$,则在火车(S'系)上的观测者测得两闪电不是同时击中车头和车尾的. 按本题条件 $u > 0$,$x_2 - x_1 > 0$,则有 $t_2' - t_1' < 0$,即从火车上观测,先击中车头,后击中车尾. 如果将火车改为后退,$u < 0$,$x_2 - x_1 > 0$,则有 $t_2' - t_1' > 0$,火车上观测者测得的结果是先击中车尾,后击中车头. 火车速度方向改变即参考系改变,因为参考系不同,两事件先后时序一般不同.

但在一参考系中同一地点同时发生的两事件,在另一参考系中看来也是同时的.

二、长度的相对性

设一物体(例如一把直尺)相对坐标系是静止的,物体沿某坐标轴的长度等于两端坐标值之差,这里测量坐标的时间不要求是同时的. 若物体是运动的,如图 3-6所示,物体相对于 S' 系是静止的,相对 S 系则以速度 u 运动. 在 S 系中必须同时记录下物体两端的坐标 x_1 和 x_2,即 $t_1 = t_2$. 在 S 系中测得的长度 $l = x_2 - x_1$,称为物体的**运动长度**,而在 S' 系中测得该物体的长度 $l_0 = x_2' - x_1'$,称为**静止长度**(proper length)或**固有长度**. 根据洛伦兹变换,

$$x_2' = \gamma(x_2 - ut_2),$$
$$x_1' = \gamma(x_1 - ut_1),$$

两式相减,得到

$$x_2' - x_1' = \gamma[(x_2 - x_1) - u(t_2 - t_1)].$$

因为测量要求在 S 系必须同时 $t_2 = t_1$,所以

$$x_2' - x_1' = \gamma(x_2 - x_1),$$

即

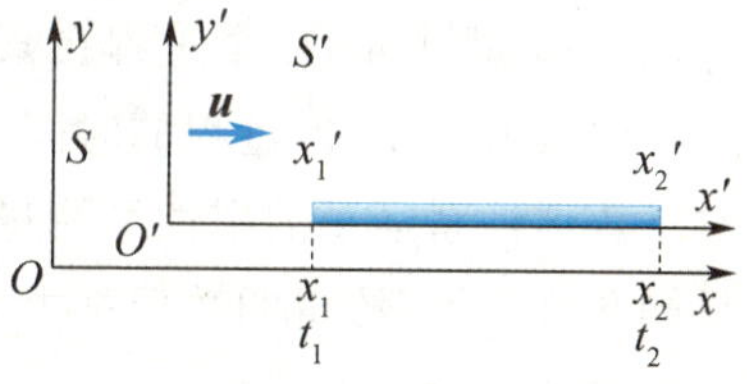

图 3-6 运动长度的测量

$$l_0 = \gamma l,$$

上式又可写为

$$l = \frac{l_0}{\gamma} = \sqrt{1-\beta^2}\, l_0. \tag{3-12}$$

动画演示

这就是说,运动长度缩短了,$\sqrt{1-\beta^2}$ 称为洛伦兹收缩因子(Lorentz contraction factor). 如果 $u \ll c$,则仍有 $l = l_0$.

从以上分析可以看出,相对论中,物体长度的比较在一定意义上是相对的. 长度的收缩是普遍的时空性质,与物体的具体性质(如材料、结构等)无关. 在相对物体静止的惯性系中,测得物体的长度最长. 两个相对静止的物体长度的比较即固有长度的比较,有绝对的意义. 长度的收缩只发生在运动方向上,与运动垂直的方向并不发生长度收缩. 特别要注意的是,长度收缩是测量的结果,不要错误地说成是某人眼睛看见的结果. 因为看见的图像是被观测的物体上各点发出的光同时到达观测者眼睛而感知的总图像. 光速是有限的,同时到达眼睛的光是与眼睛距离不同的各点在不同时刻发出的光,这与前面讲的同时记录 x_1 和 x_2 坐标是不一致的. 测量中观测者的作用仅仅是记录,他只能直接了解他所在地点的事件. 而眼睛看到图像要包含光信号的传输特征,所以观看与测量的图像不是一回事.

三、时间间隔的相对性

在 S' 系中同一地点发生了两个事件，例如某振荡晶体到达相邻的两个正向峰值时，这两个事件的时空坐标是 (x_1', t_1')，(x_2', t_2')，因为是同地事件，$x_1' = x_2'$，时间间隔 $\Delta t' = t_2' - t_1'$ 就是晶体静止时振动的周期. 在 S 系中测这两事件的时空坐标分别是 (x_1, t_1)，(x_2, t_2)，如图 3－7 所示，显然 $x_1 \neq x_2$，t_1 和 t_2 是 S 系中两个同步时钟上的读数. 根据洛伦兹变换，有

动画演示

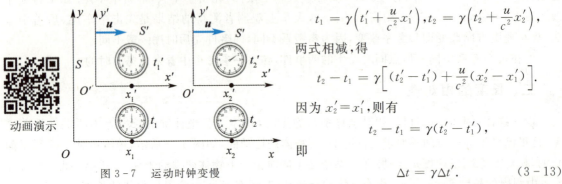

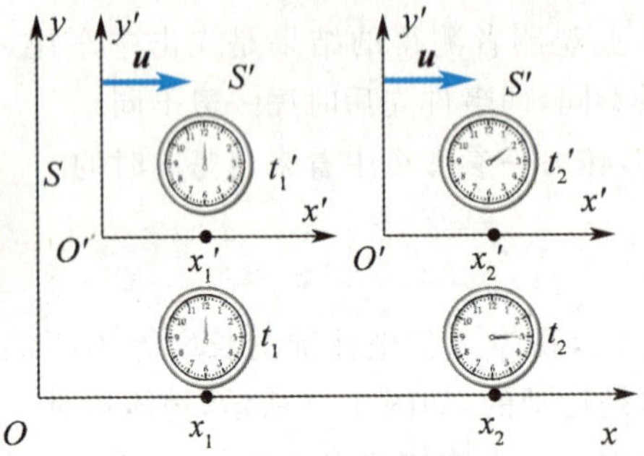

图 3－7　运动时钟变慢

$$t_1 = \gamma\left(t_1' + \frac{u}{c^2}x_1'\right), t_2 = \gamma\left(t_2' + \frac{u}{c^2}x_2'\right),$$

两式相减，得

$$t_2 - t_1 = \gamma\left[(t_2' - t_1') + \frac{u}{c^2}(x_2' - x_1')\right].$$

因为 $x_2' = x_1'$，则有

$$t_2 - t_1 = \gamma(t_2' - t_1'),$$

即

$$\Delta t = \gamma \Delta t'. \tag{3-13}$$

因为 $\gamma > 1$，所以 $\Delta t > \Delta t'$，表示时间膨胀了，或者说 S 系的观察者认为运动的 S' 系上的时钟变慢了.

(3－13)式表示，一个过程在某惯性系发生在同一地点，则相对静止的惯性系测量该过程的时间间隔数值最小，即过程的时间间隔最短，称为该过程的**固有时间**(proper time)，记作 τ_0；其他相对于该惯性系运动的惯性系测量该过程的时间间隔，都不能用一只钟测量，而是用不同地点的两只同步钟测量，测得的数值都大于固有时间，记作 τ，则(3－13)式改写为

$$\tau = \gamma \tau_0. \tag{3-14}$$

$\gamma > 1$，有时称它为时间延缓因子(time delay factor). 时间膨胀效应是一种普遍的时空属性，与过程的具体性质和作用机制无关.

相对论的运动时钟变慢和长度收缩效应，已经为大量的近代物理实验证实.

例 3－3

在实验室测量以 $0.910\,0c$ 高速飞行的 $\pi^{\pm}$ 介子经过的直线路径是 17.135 m，介子固有寿命值是 $(2.603 \pm 0.002) \times 10^{-8}$ s. 试从时间膨胀效应和长度收缩效应说明实验结果与相对论理论符合程度.

解　从时间膨胀效应说明如下：

相对实验室飞行的 $\pi^{\pm}$ 介子，根据飞行路径长度算出它的寿命(运动时)为

$$\tau = \frac{17.135}{0.910\,0c} = \frac{17.135}{0.910\,0 \times 2.997\,9 \times 10^8}$$
$$= 6.218 \times 10^{-8}\ \text{(s)}.$$

时间延缓因子

$$\gamma = \frac{1}{\sqrt{1-\beta^2}} = \frac{1}{\sqrt{1-(0.910\,0)^2}} = 2.412.$$

由(3－14)式求出 $\pi^{\pm}$ 介子固有寿命的相对论理论预言值为

$$\tau_0 = \frac{\tau}{\gamma} = \frac{1}{2.412} \times 6.218 \times 10^{-8}$$
$$= 2.604 \times 10^{-8}\ \text{(s)}.$$

可见理论值与实验值相差 0.001×10^{-8} s，且在实验误差范围之内.

从长度收缩效应说明如下：

在 $\pi^{\pm}$ 介子自身的惯性系中，$\pi^{\pm}$ 介子是静止的，它的寿命当然是固有寿命 τ_0，而整个实

验室以 0.910 0c 相对 $\pi^{\pm}$ 介子自身的惯性系运动. 在 τ_0 时间间隔内实验室飞过的平均距离是

$$l = 0.910\,0c \times \tau_0 \approx 7.101\ (\text{m}).$$

而实验室测得的飞行距离是相对实验室静止的长度，为固有长度，按长度收缩公式(3-12)式，理论值为

$$l_0 = \gamma l = 2.412 \times 7.101 = 17.128\ (\text{m}).$$

与实验值比较相差 0.007 m，在实验误差范围之内，理论和实验符合.

例 3-4

一静止长度为 l_0 的火箭以恒定速度 u 相对参考系 S 运动，如图 3-8 所示. 从火箭头部 A 发出一光信号，问光信号从 A 到火箭尾部 B 须经多长时间？(1)对火箭上的观测者；(2)对 S 系中的观测者.

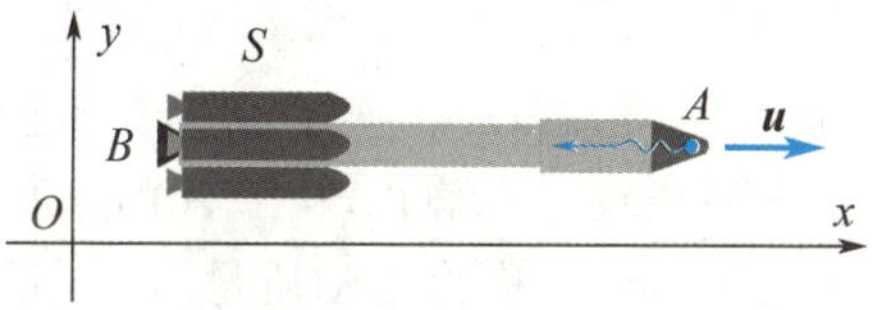

图 3-8 相对 S 系飞行的火箭

解 (1)以火箭为参考系，A 到 B 的距离等于火箭的静止长度，所需时间为

$$t' = \frac{l_0}{c}.$$

(2)对 S 系中的观测者，测得火箭的长度为 $l = \sqrt{1-\beta^2}\,l_0$，光信号也是以 c 传播. 设从 A 到 B 的时间为 t，在此时间内火箭的尾部 B 向前推进了 ut 的距离，所以有

$$t = \frac{l-ut}{c} = \frac{\sqrt{1-\beta^2}\,l_0 - ut}{c},$$

解得

$$t = \frac{\sqrt{1-\beta^2}\,l_0}{c+u} = \sqrt{\frac{c-u}{c+u}}\,\frac{l_0}{c}.$$

四、因果关系

在相对论中，一个时空点(x,y,z,t)表示一个事件. 不同的事件时空点不相同. 两个存在因果关系的事件，必定原因(设时刻 t_1)在先，结果(设时刻 t_2)在后，即$\Delta t = t_2 - t_1 > 0$. 那么，是否对所有的惯性系都如此呢？结论是肯定的. 因为，不论是同地或异地的两事件，空间间隔(距离)$\Delta x \geqslant 0$. 这两个有因果关系的事件必须通过某种物质或信息相联系. 而相对论的结论之一是任何物质运动的速度 $v \leqslant c$. 设在其他惯性系中观测，这两个事件的时间间隔为 $\Delta t' = t_2' - t_1'$. 根据洛伦兹变换式，

$$t_2' - t_1' = \gamma\left[(t_2 - t_1) - \frac{u}{c^2}(x_2 - x_1)\right] = \gamma \Delta t\left(1 - \frac{u}{c^2}\frac{\Delta x}{\Delta t}\right).$$

因联系有因果关系两事件的物质或信息的平均速率必须有 $\bar{v} = \frac{\Delta x}{\Delta t} \leqslant c$，所以 $\left(1 - \frac{u}{c^2}\frac{\Delta x}{\Delta t}\right) > 0$，则 $\Delta t'$ 与 Δt 同号. 说明时序不会颠倒，即因果关系不会颠倒.

如果是两个没有因果关系的事件，则可以有 $\bar{v} = \frac{\Delta x}{\Delta t} > c$，因为$\frac{\Delta x}{\Delta t}$并不是某种物质或信息传递的速度，例如相速可以超光速，并不违背相对论. 在另一个惯性系中观测，时序可以颠倒. 本来就是无因果关系的事件，不存在因果关系颠倒的问题.

3.5 狭义相对论动力学

相对性原理要求物理定律在所有惯性系中具有相同的形式，描述物理定律的方程式应是满足洛伦兹变换的不变式. 这样，描述粒子动力学的物理量，如动量、能量、质量等，都必须重新定义，并且要求它们在低速近似下过渡到经典力学中相对应的物理量.

一、动量、质量与速度的关系

在相对论中定义一个质点的动量 $\boldsymbol{p}$ 为

$$\boldsymbol{p} = m\boldsymbol{u}, \tag{3-15}$$

其中$\boldsymbol{u}$是速度，m 是质点的质量. 不过动量在数量上不一定与$\boldsymbol{u}$成正比，因为 m 不再是常量，可以假定 m 是速度$\boldsymbol{u}$的函数. 由于空间各向同性，m 只与速度$\boldsymbol{u}$的大小有关，而与方向无关，即

$$m = m(u),$$

而且在低速近似下过渡为经典力学中的质量.

下面考察两个全同粒子的完全非弹性碰撞过程. 如图 3-9 所示，A,B 两个全同粒子正碰后结合成为一个复合粒子. 从 S 和 S′两个惯性系来讨论：在 S 系中粒子 B 静止，粒子 A 的速度为 u，它们的质量分别为 $m_B=m_0$，这里 m_0 是静止质量，$m_A=m(u)$，$m(u)$称为运动质量. 在 S′系中 A 静止，B 的速度为 $-u$，它们的质量分别为 $m_A=m_0$，$m_B=m(u)$. 显然，S′系相对于 S 系的速度为 u. 设碰撞后复合粒子在 S 系中的速度为 v，质量为 $M(v)$；在 S′系中速度为 v'，由对称性可知 $v'=-v$，故复合粒子的质量仍为 $M(v)$. 根据守恒定律，有

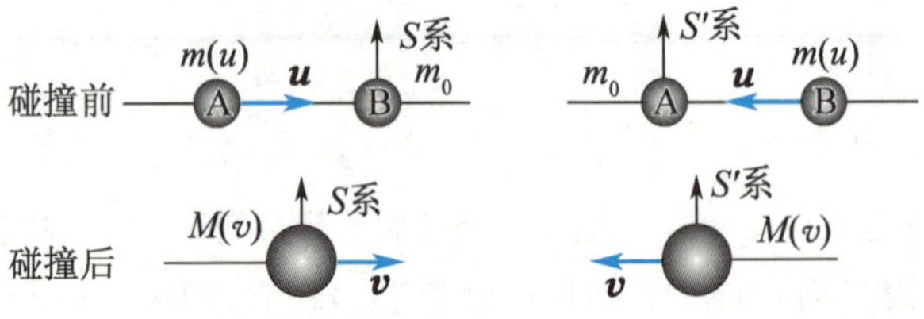

图 3-9　全同粒子的完全非弹性碰撞

质量守恒
$$m(u) + m_0 = M(v), \tag{3-16}$$
动量守恒
$$m(u)u = M(v)v, \tag{3-17}$$
由此两式消去 $M(v)$，解得

$$1 + \frac{m_0}{m(u)} = \frac{u}{v}. \tag{3-18}$$

另一方面，由速度变换式(3-10)式，有

$$v' = -v = \frac{v-u}{1-\frac{uv}{c^2}},$$

即

$$1 - \frac{uv}{c^2} = \frac{u}{v} - 1.$$

等式两边乘以$\frac{u}{v}$并整理为

$$\left(\frac{u}{v}\right)^2-2\left(\frac{u}{v}\right)+\left(\frac{u}{c}\right)^2=0,$$

解得

$$\frac{u}{v}=1\pm\sqrt{1-\frac{u^2}{c^2}}.$$

因为 $v<u$,舍去负号,则

$$\frac{u}{v}=1+\sqrt{1-\frac{u^2}{c^2}},$$

代入(3-18)式,则得到

$$m=\frac{m_0}{\sqrt{1-\frac{u^2}{c^2}}}=\gamma m_0, \tag{3-19}$$

这就是相对论中的质速关系.动量的表达式为

$$\boldsymbol{p}=m\boldsymbol{u}=\frac{m_0\boldsymbol{u}}{\sqrt{1-\frac{u^2}{c^2}}}. \tag{3-20}$$

图 3-10 是几位工作者早年测量电子质量随速度变化的实验曲线,说明质速关系(3-19)式与实验相符.理论和实验都表明:当物体速率远小于光速时,运动质量和静止质量基本相等,可以看作与速度大小无关的常量;但当速率接近光速时,运动质量迅速增大,相对论效应显著;当 $\beta=\frac{u}{c}\to 1$ 时,$m(u)\to\infty$,动量也趋向无穷大.在回旋加速器里,当粒子速率接近光速时就很难再加速.对于 $m_0\neq 0$ 的粒子,速率不能等于光速.光速 c 是一切物体速率的上限.如果速率超过光速,$u>c$,则(3-19)式给出的是虚质量,是无意义的.对于光、电磁辐射等速率 $u=c$,则其静止质量为零.

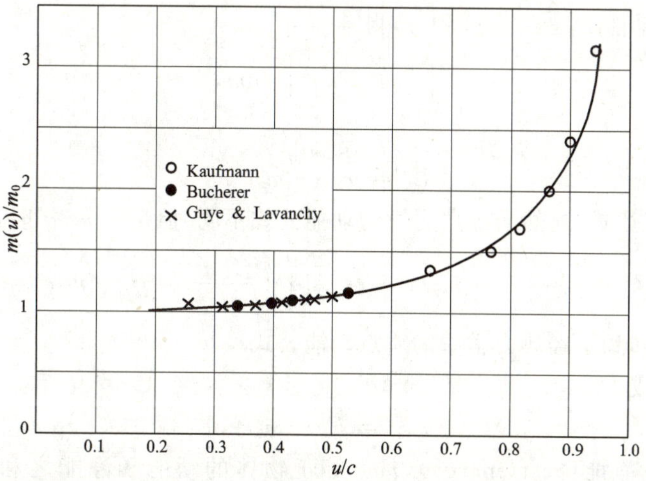

图 3-10 质量随速度变化的实验曲线

二、质量和能量的关系

在相对论中把力定义为动量对时间的变化率,即

$$\boldsymbol{F}=\frac{\mathrm{d}\boldsymbol{p}}{\mathrm{d}t},\tag{3-21}$$

这里$\boldsymbol{p}$是相对论动量.(3-21)式所表示的力学规律，对不同的惯性系，在洛伦兹变换下是不变的.但是，要说明的是质量 m 和速度$\boldsymbol{u}$在不同惯性系中是不同的，所以相对论中力$\boldsymbol{F}$在不同惯性系中也是不同的，它们都不是恒量，不同惯性系之间有其相应的变换关系，这一点与经典力学不同.

在相对论中，功能关系仍具有牛顿力学中的形式.设静止质量为 m_0 的质点，初始静止，在外力作用下，位移 $\mathrm{d}\boldsymbol{r}$，获得速度$\boldsymbol{u}$，质点动能的增量等于外力所做的功，即

$$\mathrm{d}E_k=\boldsymbol{F}\cdot\mathrm{d}\boldsymbol{r}=\boldsymbol{F}\cdot\boldsymbol{u}\mathrm{d}t.$$

将$\boldsymbol{F}=\dfrac{\mathrm{d}(m\boldsymbol{u})}{\mathrm{d}t}$，代入上式，得

$$\mathrm{d}E_k=\mathrm{d}(m\boldsymbol{u})\cdot\boldsymbol{u}=(\mathrm{d}m)\boldsymbol{u}\cdot\boldsymbol{u}+m(\mathrm{d}\boldsymbol{u})\cdot\boldsymbol{u}=u^2\mathrm{d}m+mu\mathrm{d}u.$$

又有

$$m=\frac{m_0}{\sqrt{1-\dfrac{u^2}{c^2}}},$$

将上式微分，得

$$\mathrm{d}m=\frac{m_0u\mathrm{d}u}{c^2\left[1-\left(\dfrac{u}{c}\right)^2\right]^{3/2}},$$

解出

$$\mathrm{d}u=\frac{c^2\left[1-\left(\dfrac{u}{c}\right)^2\right]^{3/2}\mathrm{d}m}{m_0u}.$$

将 m，$\mathrm{d}u$ 的关系式代入 $\mathrm{d}E_k$表达式，并化简，得到

$$\mathrm{d}E_k=c^2\mathrm{d}m.$$

当 $u=0$ 时，$m=m_0$，动能 $E_k=0$.上式积分，得

$$\int_0^{E_k}\mathrm{d}E_k=c^2\int_{m_0}^{m}\mathrm{d}m,$$

即

$$E_k=mc^2-m_0c^2.\tag{3-22}$$

这是**相对论动能**的表达式，显然与经典力学的动能公式不同.但是当 $u\ll c$ 时，有

$$E_k=m_0c^2\left(1-\frac{u^2}{c^2}\right)^{-\frac{1}{2}}-m_0c^2=m_0c^2\left(1+\frac{1}{2}\frac{u^2}{c^2}+\cdots\right)-m_0c^2\approx\frac{1}{2}m_0u^2,$$

这里忽略高阶小量，回到了经典力学中的质点动能公式.

将(3-22)式写成

$$mc^2=E_k+m_0c^2,$$

爱因斯坦称 m_0c^2 为**静能**(rest energy)，mc^2 等于物体的动能和静能之和，称为**总能量**(total energy)

$$E=mc^2,\tag{3-23}$$

这就是**质能关系**(mass-energy relation).

质能关系将能量和质量联系在一起，一定的质量就代表一定的能量，质量和能量是相当的，两者之间的关系只是相差一个常数因子 c^2.质量和能量都是物质属性的量度，质量和能量可以相

互转化，当然，这只能是物质属性的转化. 在相对论中，质量的概念不独立存在，质量守恒定律和能量守恒定律统一为质能守恒定律，简称能量守恒定律. 在能量较高情况下，微观粒子(如原子核、基本粒子等)相互作用，导致分裂、聚合等反应过程. 反应前粒子的静止质量和反应后生成物的总静止质量之差，称为**质量亏损**(mass defect). 质量亏损对应的能量称为**结合能**，通常称为**原子能**. 原子能的利用使人类进入原子时代. 爱因斯坦建立的质能关系式被认为是一个具有划时代意义的理论公式.

例 3-5

已知质子和中子的静止质量分别为

$$m_p = 1.007\,28\ \text{u},$$

$$m_n = 1.008\,66\ \text{u},$$

u 为原子质量单位，1 u $=1.660\times10^{-27}$ kg，两个质子和两个中子结合成一个氦核 ${}_{2}^{4}\text{He}$，实验测得它的静止质量 $m_A=4.001\,50$ u. 计算形成一个氦核放出的能量.

解 两个质子和两个中子的质量为

$$m = 2m_p + 2m_n = 4.031\,88\ \text{u},$$

形成一个氦核的质量亏损为

$$\Delta m = m - m_A = 0.030\,38\ \text{u},$$

相应的能量为

$$\begin{aligned}\Delta E &= \Delta mc^2\\ &= 0.030\,38\times1.660\times10^{-27}\times(3\times10^8)^2\\ &= 0.453\,9\times10^{-11}\ \text{(J)},\end{aligned}$$

这就是形成一个氦核放出的能量.

若形成 1 mol 氦核(4.002 g)放出的能量为

$$\begin{aligned}\Delta E &= 0.453\,9\times10^{-11}\times6.022\times10^{23}\\ &= 2.733\times10^{12}\ \text{(J)},\end{aligned}$$

这相当于燃烧 100 t 煤时放出的热量.

三、动量和能量的关系

将相对论动量定义式 $\boldsymbol{p}=m\boldsymbol{u}$ 平方，得

$$p^2 = m^2u^2,$$

再将质能关系式 $E=mc^2$ 平方，并运算

$$E^2 = m^2c^4 = m^2c^4 - m^2u^2c^2 + m^2u^2c^2 = m^2c^4\left(1-\frac{u^2}{c^2}\right) + p^2c^2 = m_0^2c^4 + p^2c^2,$$

即

$$E^2 = m_0^2c^4 + p^2c^2 = (m_0c^2)^2 + (pc)^2. \qquad (3-24)$$

这就是相对论中总能量和动量的关系式. 可以用一个直角三角形的勾股弦形象地表示这一关系，如图 3-11 所示.

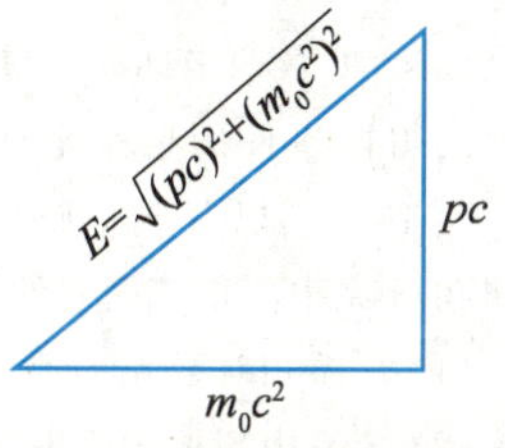

图 3-11 总能量与动量的关系

有些粒子(如光子) $m_0=0$，则 $E=pc$ 或 $p=E/c$，得到

$$p = \frac{E}{c} = \frac{mc^2}{c} = mc,$$

说明静止质量为零的粒子一定以光速运动.

思考题

3-1 根据力学相对性原理判断下列说法哪些是正确的.

(1) 在一切惯性系中,力学现象完全相同,即描述运动的各运动学量和各动力学量都相同;

(2) 在一切惯性系中,力学规律是相同的,即运动学规律和动力学规律都是相同的;

(3) 在一切惯性系中,基本力学规律的数学表达式都是相同的.

3-2 狭义相对论中同时是相对的,为什么会有这种相对性? 如果光速是无限大,是否还有同时性的相对性?

3-3 前进中的一列火车的车头和车尾各遭到一次闪电轰击,据车内观察者测定这两次轰击是同时发生的. 试问,据地面上的观察者测定它们是否仍然同时? 如果不同时,何处先遭到轰击?

3-4 (1) 物体的长度与空间间隔有何不同? 它们分别是怎样测量的?

(2) 固有的时间间隔与运动的时间间隔有何不同? 它们又分别是怎样测量的?

3-5 相对论力学基本方程与牛顿第二定律有什么主要区别与联系?

3-6 经典力学的动能定理与相对论的动能定理有什么相同和不同之处?

3-7 一个具有能量的粒子是否一定具有动量? 如果粒子没有静质量,情况如何?

习题

3-1 惯性系 S' 相对惯性系 S 以速度 u 运动. 当它们的坐标原点 O' 与 O 重合时,$t'=t=0$,发出一光波,此后两惯性系的观测者观测到的该光波的波阵面形状如何? 用直角坐标系写出各自观测到的波阵面的方程.

3-2 设图 3-4 中车厢上观测者测得前后门距离为 $2l$. 试用洛伦兹变换计算地面上的观测者测到同一光信号到达前、后门的时间差.

3-3 惯性系 S' 相对另一惯性系 S 沿 x 轴做匀速直线运动,取两坐标原点重合时刻为计时起点. 在 S 系中测得两事件的时空坐标分别为 $x_1=6\times10^4$ m, $t_1=2\times10^{-4}$ s,以及 $x_2=1.2\times10^5$ m, $t_2=1\times10^{-4}$ s. 已知在 S' 系中测得该两事件同时发生. 试问:

(1) S' 系相对 S 系的速度是多少?

(2) S' 系中测得的两事件的空间间隔是多少?

3-4 长度 $l_0=1$ m 的米尺静止于 S' 系中,与 x' 轴的夹角 $\theta'=30°$,S' 系相对 S 系沿 x 轴运动,在 S 系中观测者测得米尺与 x 轴夹角为 $\theta=45°$. 试求:

(1) S' 系和 S 系的相对运动速度;

(2) S 系中测得的米尺长度.

3-5 一门宽为 a,今有一固有长度 $l_0(l_0>a)$ 的水平细杆,在门外贴近门的平面内沿其长度方向匀速运动. 若站在门外的观察者认为此杆的两端可同时被拉进此门,则该杆相对于门的运动速率 u 至少为多少?

3-6 两个惯性系中的观察者 O 和 O' 以 $0.6c$ 的相对速度相互接近,如果 O 测得两者的初始距离是 20 m,则 O' 测得两者经过多少时间相遇?

3-7 观测者甲乙分别静止于两个惯性参考系 S 和 S' 中,甲测得在同一地点发生的两事件的时间间隔为 4 s,而乙测得这两个事件的时间间隔为 5 s. 求:

(1) S' 相对于 S 的运动速度;

(2) 乙测得这两个事件发生的地点间的距离.

3-8 一宇航员要到离地球为 5 光年的星球去旅行. 如果宇航员希望把这路程缩短为 3 光年,则他所乘的火箭相对于地球的速度是多少?

3-9 论证以下结论:在某个惯性系中有两个事件同时发生在不同地点,在有相对运动的其他惯性系中,这两个事件一定不同时.

3-10 试证明:

(1) 如果两个事件在某惯性系中是同一地点发生的,则对一切惯性系来说这两个事件的时间间隔,只有在此惯性系中最短.

(2) 如果两个事件在某惯性系中是同时发生的，则对一切惯性关系来说这两个事件的空间间隔，只有在此惯性系中最短.

3-11 6 000 m 的高空大气层中产生了一个 π 介子，以速度 $v=0.998c$ 飞向地球. 假定该 π 介子在其自身的静止系中的寿命等于其平均寿命 2×10^{-6} s. 试分别从地球上的观测者和 π 介子静止系中的观测者的角度来判断该 π 介子能否到达地球.

3-12 设物体相对 S' 系沿 x' 轴正向以 $0.8c$ 运动，如果 S' 系相对 S 系沿 x 轴正向的速度也是 $0.8c$，问物体相对 S 系的速度是多少？

3-13 飞船 A 以 $0.8c$ 的速度相对地球向正东飞行，飞船 B 以 $0.6c$ 的速度相对地球向正西方向飞行. 当两飞船即将相遇时飞船 A 在自己的天窗处相隔 2 s 发射两颗信号弹. 在飞船 B 的观测者测得两颗信号弹相隔的时间间隔为多少？

3-14 (1) 火箭 A 和 B 分别以 $0.8c$ 和 $0.6c$ 的速度相对地球向 $+x$ 和 $-x$ 轴方向飞行. 试求由火箭 B 测得 A 的速度.

(2) 若火箭 A 相对地球以 $0.8c$ 的速度向 $+y$ 轴方向运动，火箭 B 的速度不变，求 A 相对 B 的速度.

3-15 静止在 S 系中的观测者测得一光子沿与 x 轴成 60°角的方向飞行. 另一观测者静止于 S' 系，S' 系的 x' 轴与 x 轴一致，并以 $0.6c$ 的速度沿 x 轴方向运动. 试问 S' 系中的观测者观测到的光子运动方向如何？

3-16 (1) 如果将电子由静止加速到速率为 $0.1c$，需对它做多少功？

(2) 如果将电子由速率为 $0.8c$ 加速到 $0.9c$，又需对它做多少功？

3-17 μ 子的静止质量是电子静止质量的 207 倍，静止时的平均寿命 $\tau_0=2\times10^{-6}$ s，若它在实验室参考系中的平均寿命 $\tau=7\times10^{-6}$ s，试问其质量是电子静止质量的多少倍？

3-18 一物体的速度使其质量增加了 10%，试问此物体在运动方向上缩短了百分之几？

3-19 一电子在电场中从静止开始加速，试问它应通过多大的电势差才能使其质量增加 0.4%？此时电子速度是多少？已知电子的静止质量为 9.1×10^{-31} kg.

3-20 一正负电子对撞机可以把电子加速到动能 $E_k=2.8\times10^9$ eV. 这种电子速率比光速差多少？这样的一个电子动量是多大？（电子的静止能量为 $E_0=0.511\times10^6$ eV）

知识拓展

第4章

机械振动

物体在某固定位置附近的往复运动叫作机械振动(mechanical vibration),它是一种常见的运动形式.例如活塞的往复运动、树叶在空气中的抖动、琴弦的振动、心脏的跳动等都是振动.物体在受到打击或摇摆、颠簸、发声时必有振动.

广义地说,任何一个物理量在某一量值附近随时间做周期性变化都可以叫作振动.例如交流电路中的电流、电压,振荡电路中的电场强度和磁场强度等均随时间做周期性的变化,因此都可以称为振动.这种振动虽然和机械振动有本质的不同,但它们都具有相同的数学特征和运动规律.所以,振动不仅是声学、地震学、建筑学、机械制造等必需的基础知识,也是电学、光学、无线电学的基础.

本章主要讨论简谐振动和振动的合成,并简要介绍阻尼振动、受迫振动和共振现象.

4.1 简谐振动的动力学特征

简谐振动是振动中最基本最简单的振动形式,任何一个复杂的振动都可以看成是若干个或是无限多个简谐振动的合成.

一个做往复运动的物体,如果其偏离平衡位置的位移 x(或角位移 θ)随时间 t 按余弦(或正弦)规律变化,即

$$x = A\cos(\omega t + \varphi_0), \tag{4-1}$$

则称这种振动为简谐振动(simple harmonic motion).

研究表明,做简谐振动的物体(或系统),尽管描述它们偏离平衡位置的物理量可以千差万别,但描述它们动力学特征的运动方程或微分方程的形式则完全相同.

一、弹簧振子模型

将轻弹簧(质量可忽略不计)一端固定,另一端与质量为 m 的物体(可视为质点)相连,若该系统在振动过程中,弹簧的形变较小(即形变弹簧作用于物体的力总是满足胡克定律),那么,这样的“弹簧+物体”系统称为弹簧振子(spring-block system).

如图 4-1 所示,将弹簧振子水平放置,使振子在光滑水平面上振动.以弹簧处于自然状态(弹簧既未伸长也未压缩的状态)的稳定平衡位置为坐标原点,当振子偏离平衡位置的位移为 x 时,其受到的弹力作用为

$$F = -kx, \tag{4-2}$$

式中 k 为弹簧的劲度系数(spring constant)，负号表示弹力的方向与振子的位移方向相反. 即振子在运动过程中受到的力总是指向平衡位置，且力的大小与振子偏离平衡位置的位移大小成正比，这种力称为**线性回复力**(linear restoring force).

如果不计阻力(如振子与水平面的摩擦力，在空气中运动时受到的介质阻力及其他能量损耗)，则振子的运动微分方程为

$$-kx = m\frac{\mathrm{d}^2 x}{\mathrm{d}t^2}.$$

令

$$\omega^2 = \frac{k}{m}, \qquad (4-3)$$

则有

$$\frac{\mathrm{d}^2 x}{\mathrm{d}t^2} + \omega^2 x = 0. \qquad (4-4)$$

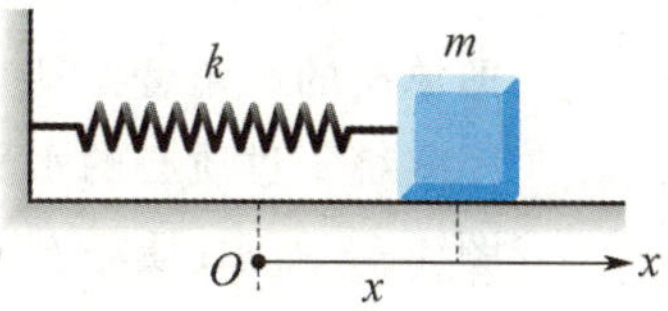

动画演示

图 4-1　弹簧振子

方程(4-4)式的解就是(4-1)式[①]，(4-4)式就是描述简谐振动的运动微分方程. 由此，可以给出简谐振动的一种更普遍的定义：如某力学系统的动力学方程可归结为(4-4)式的形式，且其中常量 ω 仅决定于振动系统本身的性质，则该系统的运动即为简谐振动. 能满足(4-4)式的系统，又可称为**谐振子系统**(simple harmonic oscillator).

二、微振动的简谐近似

上述弹簧振子(谐振子)是一个理想模型. 实际发生的振动大多较为复杂，一方面回复力可能不是弹力，而是重力、浮力或其他的力；另一方面回复力可能是非线性的，只能在一定条件下才可近似当作线性回复力，例如单摆、复摆、扭摆等.

一端固定且不可伸长的细线与可视为质点的物体相连，当它在竖直平面内做小角度($\theta \leqslant 5°$)摆动时，该系统称为**单摆**(simple pendulum)，如图 4-2 所示.

以摆球为研究对象，单摆的运动可看作绕过 C 点的水平轴转动. 显然，摆球在铅直方向 CO 处为平衡位置(即回复力为零的位置)，当摆线偏离铅直方向 θ 角时(θ 此处又称角位移)，摆球受到重力 $\boldsymbol{G}$ 与绳拉力 $\boldsymbol{T}$ 的合力，对过 C 点水平轴的力矩为

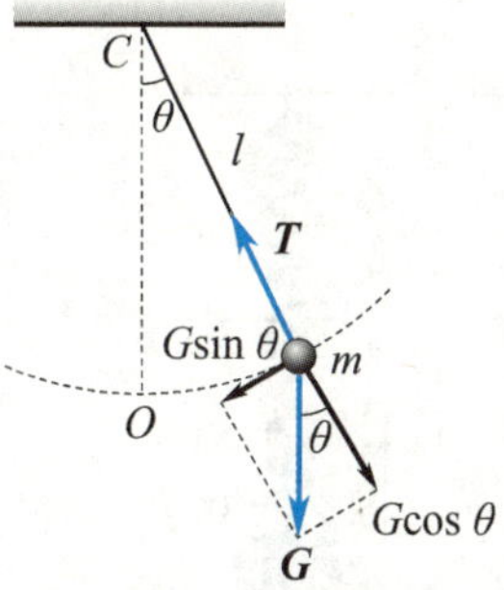

图 4-2　单摆

$$M = -mgl\sin\theta, \qquad (4-5)$$

式中负号表示力矩的方向总是与角位移的方向相反，将 θ 值用弧度表示，在 $\theta \leqslant 5°$ 时，则有 $\sin\theta = \theta - \frac{\theta^3}{3!} + \frac{\theta^5}{5!} - \cdots$，略去高阶无穷小，(4-5)式可近似简化为

$$M = -mgl\theta, \qquad (4-6)$$

此时的回复力矩与角位移成正比且反向.

若不计阻力，由转动定律可写出摆球的动力学方程为

① 根据微分方程理论，方程(4-4)式的通解为 $x = A\mathrm{e}^{\mathrm{i}(\omega t + \varphi_0)} = A\cos(\omega t + \varphi_0) + \mathrm{i}A\sin(\omega t + \varphi_0)$. 在经典物理中我们只用实数部分表示物理量，描述机械振动通常用余弦函数，所以(4-4)式的解取(4-1)式.

$$-mgl\theta = ml^2 \frac{d^2\theta}{dt^2},$$

令

$$\omega^2 = \frac{g}{l}, \tag{4-7}$$

则有

$$\frac{d^2\theta}{dt^2} + \omega^2\theta = 0, \tag{4-8}$$

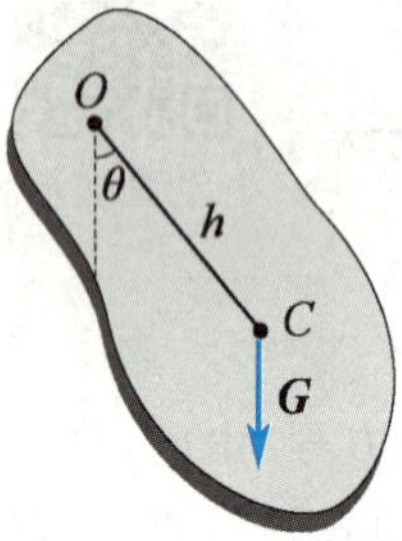

图 4-3　复摆

即单摆的小角度摆动是简谐振动.

绕不过质心的水平固定轴转动的刚体称为**复摆**[①](physical pendulum)，如图 4-3 所示. 质心 C 在铅直位置时为平衡位置，以 OC 至轴心 O 的距离 h 为摆长，同上述分析，当 $\theta \leqslant 5°$ 时复摆的动力学方程为

$$-mgh\theta = J \frac{d^2\theta}{dt^2}, \tag{4-9}$$

令

$$\omega^2 = \frac{mgh}{J}, \tag{4-10}$$

式中 J 为刚体对过 O 点水平轴的转动惯量，于是(4-9)式亦可归为(4-8)式.

由上述讨论可知，单摆或复摆在小角度摆动情况下，经过近似处理，它们的运动方程与弹簧振子的运动方程具有完全相同的数学形式，即(4-4)式和(4-8)式. 进一步的研究表明，任何一个物理量(例如长度、角度、电流、电压以及化学反应中某种化学组分的浓度，等等)的变化规律凡满足方程(4-4)式，且常量 ω 仅决定于系统本身的性质，则该物理量做简谐振动.

例 4-1

一质量为 m 的物体悬挂于轻弹簧下端，不计空气阻力，试证其在平衡位置附近的振动是简谐振动.

证　如图 4-4 所示，以平衡位置 A 为原点，向下为 x 轴正向，设某一瞬时振子的坐标为 x，则物体在振动过程中的运动方程为

$$m\frac{d^2x}{dt^2} = -k(x+l) + mg,$$

式中 l 是弹簧挂上重物后的静伸长. 因为 $mg = kl$，所以上式化简为

$$m\frac{d^2x}{dt^2} = -kx,$$

即

$$\frac{d^2x}{dt^2} + \omega^2 x = 0 \quad (式中\ \omega^2 = \frac{k}{m}),$$

于是该系统做简谐振动.

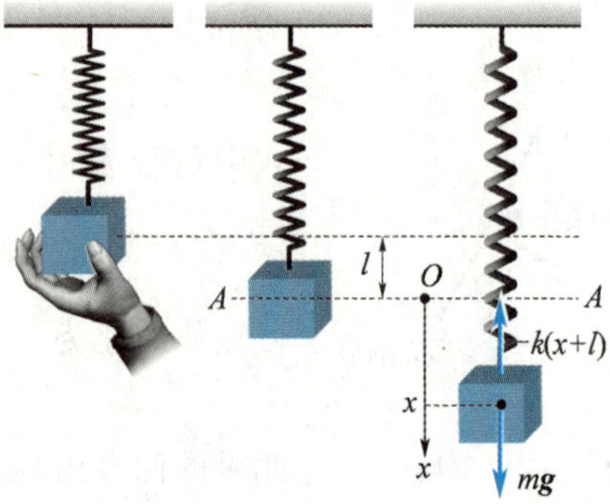

图 4-4

① 若悬线长 l 与"摆球"的线度 r 不满足 $l \gg r$，亦称为复摆.

上例说明:若一个谐振子系统受到一个恒力(以使系统中不出现非线性因素为限)作用,只要将其坐标原点移至恒力作用下新的平衡位置,则该系统仍是一个与原系统动力学特征相同的谐振子系统.此时的回复力$-k(x+l)+mg$称为准弹性力.

4.2 简谐振动的运动学特征

一、简谐振动的运动学方程

如前所述,微分方程$\frac{d^2x}{dt^2}+\omega^2x=0$的解可写作$x=A\cos(\omega t+\varphi_0)$,式中$A$和$\varphi_0$是由初始条件确定的两个积分常数.(4-1)式称为简谐振动的运动学方程.

由于

$$\cos(\omega t+\varphi_0)=\sin\left(\omega t+\varphi_0+\frac{\pi}{2}\right),$$

令$\varphi'=\varphi_0+\frac{\pi}{2}$,则(4-1)式亦可写成

$$x=A\sin(\omega t+\varphi'),$$

可见简谐振动的运动规律也可用正弦函数表示.本教材对简谐振动统一用余弦函数表示.

二、描述简谐振动的三个重要参量

1. 振幅 A

按简谐振动运动学方程,物体的最大位移不能超过$\pm A$,物体偏离平衡位置的最大位移(或角位移)的绝对值A叫作**振幅**(amplitude).

将简谐振动的运动学方程对时间求一阶导数,即得简谐振动的速度方程

$$v=-\omega A\sin(\omega t+\varphi_0). \tag{4-11}$$

将初始条件$t=0,x=x_0,v=v_0$分别代入(4-1)式和(4-11)式,得

$$\begin{cases} x_0=A\cos\varphi_0, \\ -\frac{v_0}{\omega}=A\sin\varphi_0. \end{cases} \tag{4-12}$$

取两式平方和,即可求出振幅

$$A=\sqrt{x_0^2+\left(\frac{v_0}{\omega}\right)^2}. \tag{4-13}$$

例如,当$t=0$时,物体位移为x_0,而速度为零,此时的$|x_0|$即为振幅.又$t=0$时,物体在平衡位置,而初速为v_0,则$A=\left|\frac{v_0}{\omega}\right|$,可见此时初速越大,振幅越大.

2. 周期、频率、圆频率

物体做简谐振动时,完成一次全振动所需的时间叫作简谐振动的**周期**(period),用T表示.由周期函数的性质,有

$$A\cos(\omega t+\varphi_0)=A\cos[\omega(t+T)+\varphi_0]=A\cos(\omega t+\varphi_0+2\pi),$$

由此可知

$$T=\frac{2\pi}{\omega}. \tag{4-14}$$

和周期密切相关的另一物理量是**频率**(frequency)，即单位时间内系统所完成的完全振动的次数，用 ν 表示，

$$\nu=\frac{1}{T}=\frac{\omega}{2\pi}, \tag{4-15}$$

在国际单位制中，ν 的单位是赫兹(Hz).

由(4－15)式，有

$$\omega=\frac{2\pi}{T}=2\pi\nu, \tag{4-16}$$

表示系统在 2π s 内完成的完全振动的次数，称为**圆频率**或**角频率**(angular frequency). 在国际单位制中，其单位是弧度每秒($\mathrm{rad\cdot s^{-1}}$). 由上节讨论可知，简谐振动的角频率 ω 是由系统的力学性质决定的，故又称为固有(本征)角频率. 例如

弹簧振子 $\qquad \omega=\sqrt{\dfrac{k}{m}}$，

单摆 $\qquad \omega=\sqrt{\dfrac{g}{l}}$，

复摆 $\qquad \omega=\sqrt{\dfrac{mgh}{J}}$，

由此确定的振动周期称为固有(本征)周期. 例如

弹簧振子 $$T=2\pi\sqrt{\frac{m}{k}}, \tag{4-17}$$

单摆 $$T=2\pi\sqrt{\frac{l}{g}}, \tag{4-18}$$

复摆 $$T=2\pi\sqrt{\frac{J}{mgh}}. \tag{4-19}$$

3. 相位和初相位

简谐振动的振幅确定了振动的范围，频率或周期则描绘了振动的快慢. 不过仅有参量 A 和 ω 还不能确切描述振动系统在任意瞬时的运动状态. (4－1)式和(4－11)式表明，只有在 A,ω,φ_0 为已知时，系统的振动状态才是完全确定的. 我们把能确定系统任意时刻振动状态的物理量

$$\varphi=\omega t+\varphi_0 \tag{4-20}$$

叫作简谐振动的**相位**(phase)(或称位相、周相). 例如，当相位 $\omega t_1+\varphi_0=\dfrac{\pi}{2}$ 时，有 $x=0, v=-\omega A$，表明系统此时的振动状态是：振子处于平衡位置并以速率 ωA 向 x 轴负方向运动；当相位 $\omega t_2+\varphi_0=3\pi/2$ 时，有 $x=0, v=\omega A$，此时系统的振动状态为：振子处于平衡位置并以速率 ωA 向 x 轴正方向运动. 可见，在 t_1 和 t_2 时刻，振动相位不同，系统的振动状态就不相同.

两振动相位之差 $\Delta\varphi=\varphi_2-\varphi_1$ 称作**相位差**(phase difference). 若相位差等于零或 2π 的整数倍，则称两振动同步，如果两振动的振幅和频率也相同，则表明此时它们的振动状态相同；若 $\Delta\varphi=(2k+1)\pi$，则两振动的相位相反，表明它们的运动状态相反；若 $0<\Delta\varphi<\pi$，则称 φ_2 超前于 φ_1，或说 φ_1 滞后于 φ_2. 总之，相位差的不同，反映了两个振动不同程度的参差错落.

用相位表征简谐振动的运动状态还能充分地反映简谐振动的周期性. 简谐振动在一个周期

内所经历的运动状态每时每刻都不相同，从相位来理解，这相当于相位经历了从 0 到 2π 的变化过程. 因此，对于两个以相同振幅和频率振动的系统，若它们的运动状态相同，则它们所对应的相位差必定为 2π 或 2π 的整数倍.

$t=0$ 时的相位叫作初相位. 由(4-12)式可得

$$\tan\varphi_0=-\frac{v_0}{\omega x_0}, \tag{4-21}$$

可见，初相位也是由初始条件确定的.

由(4-21)式求出的值，代入(4-1)式和(4-11)式，使两式均成立的 φ_0 值即为该时刻的初相位值.

三、简谐振动的旋转矢量表示法

在研究简谐振动问题时，常采用一种较为直观的几何方法，即旋转矢量表示法.

如图 4-5 所示，从坐标原点 O(平衡位置)画一矢量 $\boldsymbol{A}$，使它的长度等于简谐振动的振幅 A，并令 $t=0$ 时 $\boldsymbol{A}$ 与 x 轴的夹角等于简谐振动的初相位 φ_0，然后使 $\boldsymbol{A}$ 以等于角频率 ω 的角速度在平面上绕 O 点做逆时针匀角速转动，这样作出的矢量称为旋转矢量. 显然，旋转矢量 $\boldsymbol{A}$ 任一时刻在 x 轴上的投影 $x=A\cos(\omega t+\varphi_0)$ 就描述了一个简谐振动. 旋转矢量末端沿圆周运动的速度大小等于 ωA，其方向与 x 轴的夹角等于 $\omega t+\varphi_0+\frac{\pi}{2}$，在 x 轴上的投影为 $\omega A\cos\left(\omega t+\varphi_0+\frac{\pi}{2}\right)=-\omega A\sin(\omega t+\varphi_0)$，这就是简谐振动的速度方程；旋转矢量末端做圆周运动的加速度为 $a=\omega^2 A$，它与 x 轴的夹角为 $\omega t+\varphi_0+\pi$，所以加速度在 x 轴上的投影为

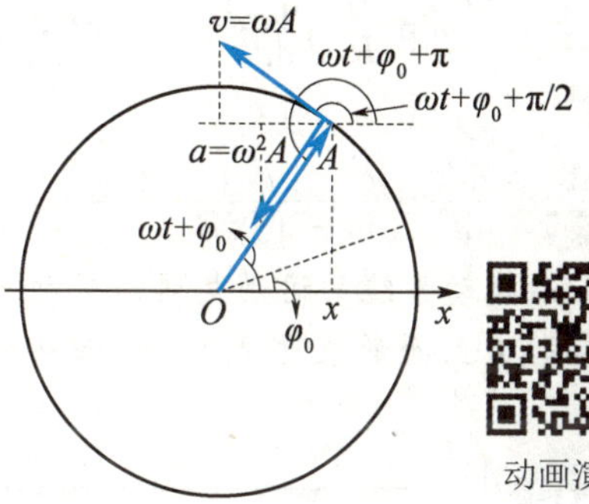

动画演示

图 4-5 旋转矢量法

$$\omega^2 A\cos(\omega t+\varphi_0+\pi)=-\omega^2 A\cos(\omega t+\varphi_0)=-\omega^2 x.$$

以上讨论表明简谐振动速度的相位比位移超前 $\frac{\pi}{2}$，加速度的相位比速度超前 $\frac{\pi}{2}$，比位移超前 π.

例 4-2

如图 4-6 所示，轻质弹簧一端固定，另一端系一轻绳，绳过定滑轮挂一质量为 m 的物体. 设弹簧的劲度系数为 k，滑轮的转动惯量为 J，半径为 R. 若物体 m 在其初始位置时弹簧无伸长，然后由静止释放. (1)试证明物体 m 的运动是简谐振动；(2)求此振动系统的振动周期；(3)写出振动方程.

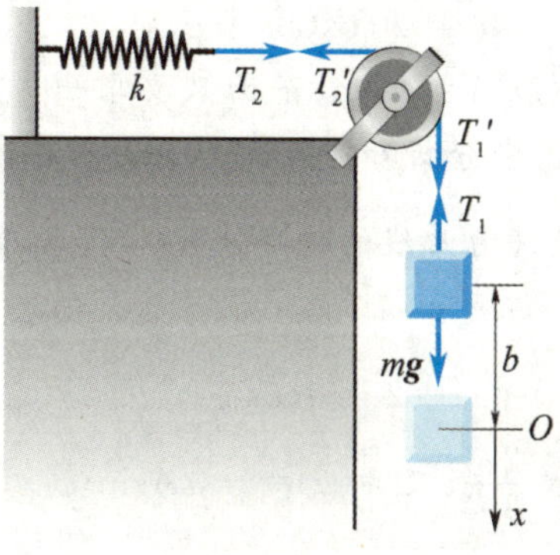

图 4-6

解 (1)若物体 m 离开初始位置的距离为 b 时，受力平衡，则此时有

$$mg=kb \text{ 或 } b=\frac{mg}{k}.$$

以此平衡位置 O 为坐标原点，竖直向下为 x 轴正向，当物体 m 在坐标 x 处时，由牛顿运动定律和定轴转动定律有

$$\begin{cases} mg - T_1 = ma, & ① \\ T_1'R - T_2'R = J\alpha, & ② \\ T_2 = k(x+b), & ③ \\ a = R\alpha, & ④ \\ T_1' = T_1, T_2' = T_2, & ⑤ \end{cases}$$

而加速度 a 为

$$a = \frac{d^2x}{dt^2}.$$

联立①～⑤式解得

$$\left(m + \frac{J}{R^2}\right)\frac{d^2x}{dt^2} + kx = 0,$$

即

$$\frac{d^2x}{dt^2} + \frac{k}{m + (J/R^2)}x = 0,$$

所以，此振动系统的运动是简谐振动.

(2)由上面的表达式知，此振动系统的角频率

$$\omega = \sqrt{\frac{k}{m + (J/R^2)}},$$

故振动周期为

$$T = \frac{2\pi}{\omega} = 2\pi\sqrt{\frac{m + (J/R^2)}{k}}.$$

(3)依题意知 $t=0$ 时，$x_0 = -b, v_0 = 0$，可求出

$$A = \sqrt{x_0^2 + \frac{v_0^2}{\omega^2}} = b = \frac{mg}{k},$$

$$\varphi_0 = \arctan\left(-\frac{v_0}{-\omega x_0}\right) = \pi,$$

振动系统的振动方程为

$$x = \frac{mg}{k}\cos\left[\sqrt{\frac{k}{m + (J/R^2)}}t + \pi\right].$$

例 4-3

已知如图 4-7 所示的简谐振动曲线，试写出振动方程.

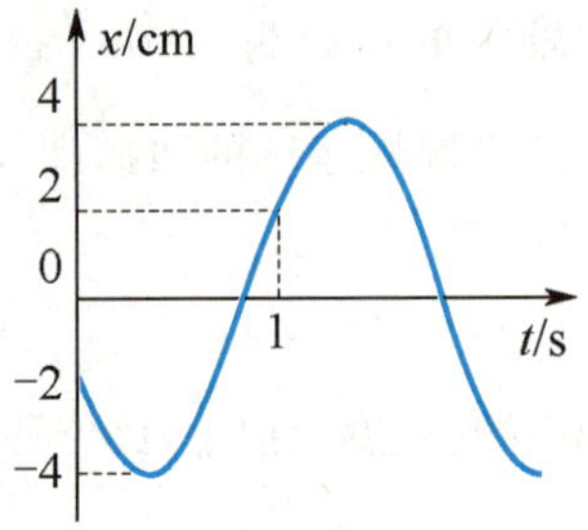

图 4-7

解 设简谐振动方程为

$$x = A\cos(\omega t + \varphi_0),$$

从图中易知 $A = 4$ cm，下面只要求出 φ_0 和 ω 即可. 从图中分析知，$t=0$ 时，$x_0 = -2$ cm，且 $v_0 = \frac{dx}{dt} < 0$（由曲线的斜率决定），代入振动方程，有

$$-2 = 4\cos\varphi_0,$$

故 $\varphi_0 = \pm\frac{2}{3}\pi$，又由 $v_0 = -\omega A\sin\varphi_0 < 0$，得 $\sin\varphi_0 > 0$，因此只能取 $\varphi_0 = \frac{2}{3}\pi$.

再从图中分析，$t=1$ s 时，$x=2$ cm，$v>0$，代入振动方程有

$$2 = 4\cos(\omega + \varphi_0) = 4\cos\left(\omega + \frac{2}{3}\pi\right),$$

即

$$\cos\left(\omega + \frac{2}{3}\pi\right) = \frac{1}{2},$$

所以 $\omega + \frac{2}{3}\pi = \frac{5}{3}\pi$ 或 $\frac{7}{3}\pi$（应注意这里不能取 $\pm\frac{\pi}{3}$）.

同时因要满足 $v = -\omega A\sin\left(\omega + \frac{2}{3}\pi\right) > 0$，即 $\sin\left(\omega + \frac{2}{3}\pi\right) < 0$，故应取 $\omega + \frac{2}{3}\pi = \frac{5}{3}\pi$，即 $\omega = \pi$，所以振动方程为

$$x = 4\cos\left(\pi t + \frac{2}{3}\pi\right) \text{ (cm)}.$$

用旋转矢量法也可以简单地求出简谐振动的 φ_0 和 ω. 如图 4-8 所示，在 x-t 曲线的左侧作 Ox 轴与位移坐标轴平行，由振动曲线可知，a,b 两点对应于 $t=0$，1 s 时刻的振动状态，可确定这两个时刻旋转矢量的位置分别为 $\overrightarrow{Oa}$ 和 $\overrightarrow{Ob}$. 下面做详细说明：由 a 向 Ox 轴作垂线，其交点就是 $t=0$ 时刻旋转矢量端点的投影点. 已知该处 $x_0 = -2$ cm，且此时刻 $v_0 < 0$，

故旋转矢量应在 Ox 轴左侧，它与 Ox 轴正向的夹角 $\varphi_0=\frac{2}{3}\pi$，就是 $t=0$ 时刻的振动相位，即初相；又由 $x-t$ 曲线中 b 点向 Ox 轴做垂线，其交点就是 $t=1$ s 时刻旋转矢量端点的投影点，该处 $x=2$ cm 且 $v>0$，故此时刻旋转矢量应在 Ox 轴的右侧，它与 Ox 轴的夹角 $\varphi=\frac{5}{3}\pi$ 就是该时刻的振动相位，即 $\omega t+\frac{2}{3}\pi=\frac{5}{3}\pi$，解得 $\omega=\pi$.

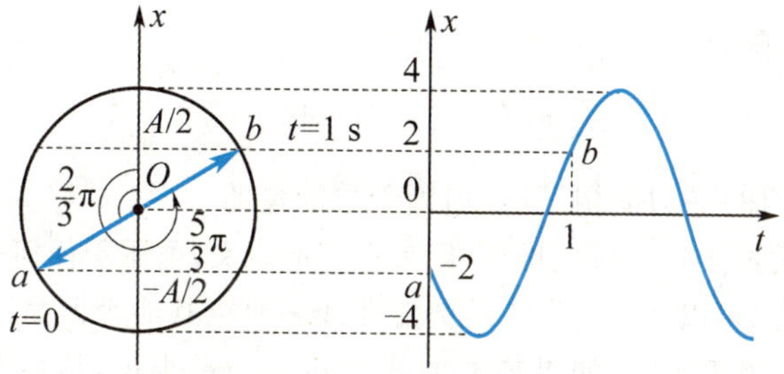

图 4-8　旋转矢量法解例 4-3

4.3　简谐振动的能量

以弹簧振子为例来说明简谐振动的能量.

设振子质量为 m，弹簧的劲度系数为 k，在某一时刻的位移为 x，速度为 v，即

$$x=A\cos(\omega t+\varphi_0),$$

$$v=-\omega A\sin(\omega t+\varphi_0),$$

于是振子所具有的振动动能和振动势能分别为

$$E_k=\frac{1}{2}mv^2=\frac{1}{2}m\omega^2A^2\sin^2(\omega t+\varphi_0)=\frac{1}{2}kA^2\sin^2(\omega t+\varphi_0), \tag{4-22}$$

$$E_p=\frac{1}{2}kx^2=\frac{1}{2}kA^2\cos^2(\omega t+\varphi_0). \tag{4-23}$$

这说明弹簧振子的动能和势能是按余弦或正弦函数的平方随时间变化的. 图 4-9 表示初相位 $\varphi_0=0$ 时，动能、势能和总能量随时间变化的曲线. 显然，动能最大时，势能最小，而动能最小时，势能最大. 简谐振动的过程正是动能和势能相互转换的过程.

将(4-22)式和(4-23)式两式相加，即得简谐振动的总能量为

$$E=\frac{1}{2}kA^2=\frac{1}{2}m\omega^2A^2=\frac{1}{2}mv_{\max}^2, \tag{4-24}$$

即简谐振动系统在振动过程中机械能守恒. 从力学观点看，这是因为做简谐振动的系统都是保守系统. 此外，(4-24)式还说明简谐振动的能量正比于振幅的

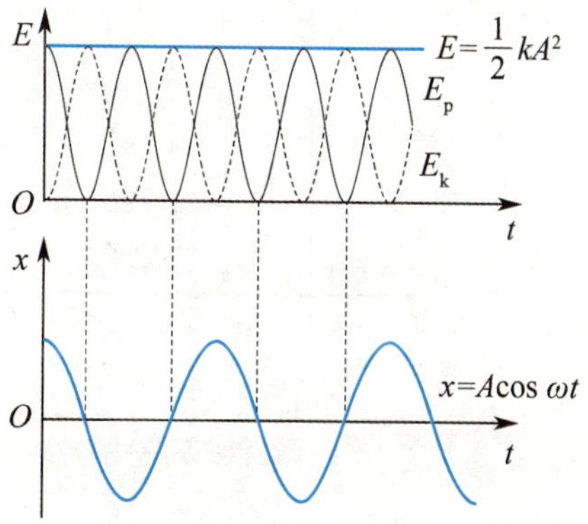

图 4-9　简谐振子的动能、势能和总能量随时间的变化曲线

平方、正比于系统固有角频率的平方，而且简谐振动总是等幅振动.

动能和势能在一个周期内的平均值为

$$\overline{E}_k = \frac{1}{T}\int_0^T E_k(t)\mathrm{d}t = \frac{1}{T}\int_0^T \frac{1}{2}kA^2\sin^2(\omega t+\varphi_0)\mathrm{d}t = \frac{1}{4}kA^2,$$

同理，有

$$\overline{E}_p = \frac{1}{4}kA^2,$$

即

$$\overline{E}_k = \overline{E}_p = \frac{1}{4}kA^2 = \frac{1}{2}E, \tag{4-25}$$

动能和势能在一个周期内的平均值相等，且均等于总能量的一半.

上述结论虽是从弹簧振子这一特例推出，但具有普遍意义，适用于任何一个简谐振动系统.

对于实际的振动系统，可以通过讨论它的势能曲线来研究其能否做简谐振动近似处理. 设系统沿 x 轴振动，其势能函数为 $E_p(x)$，如果势能曲线存在一个最小值，该位置就是系统的稳定平衡位置. 在该位置(取 $x=0$)附近将势能函数用级数展开为

$$E_p(x) = E_p(0) + \left(\frac{\mathrm{d}E_p}{\mathrm{d}x}\right)_{x=0} x + \frac{1}{2}\left(\frac{\mathrm{d}^2E_p}{\mathrm{d}x^2}\right)_{x=0} x^2 + \cdots.$$

由于在 $x=0$ 的平衡位置处有 $\frac{\mathrm{d}E_p}{\mathrm{d}x}=0$，若系统是做微振动，当 $\left(\frac{\mathrm{d}^2E_p}{\mathrm{d}x^2}\right)_{x=0} \neq 0$ 时，可略去 x^3 以上高阶无穷小，得到

$$E_p(x) \approx E_p(0) + \frac{1}{2}\left(\frac{\mathrm{d}^2E_p}{\mathrm{d}x^2}\right)_{x=0} x^2.$$

根据保守力与势能函数的关系 $F=-\frac{\mathrm{d}E_p(x)}{\mathrm{d}x}$，将上式两边对 x 求导可得

$$F = -\left(\frac{\mathrm{d}^2E_p}{\mathrm{d}x^2}\right)_{x=0} x = -kx. \tag{4-26}$$

这说明，一个微振动系统一般都可以当作简谐振动处理. 图 4-10(a)，(b)分别是双原子分子的势能曲线和晶体中晶格离子的势能曲线，由上面讨论可知，这些原子或离子在其平衡位置附近的振动在适当条件下可当作简谐振动.

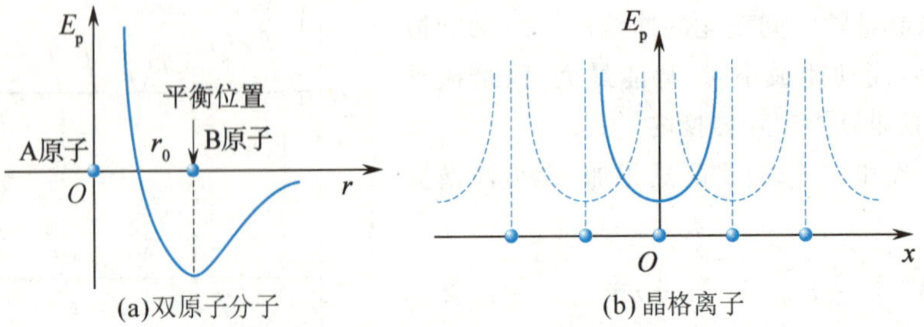

图 4-10　双原子分子和晶格离子的势能曲线

例 4－4

如图 4－11 所示，光滑水平面上的弹簧振子由质量为 M 的木块和劲度系数为 k 的轻弹簧构成. 现有一个质量为 m，速度为 $\boldsymbol{u}_0$ 的子弹射入静止的木块后陷入其中，此时弹簧处于自然伸长状态. (1)试写出该简谐振子的振动方程；(2)求出 $x=\dfrac{A}{2}$ 处系统的动能和势能.

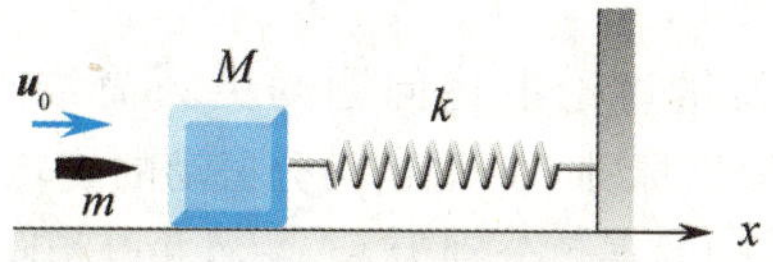

图 4－11

解 (1)子弹射入木块过程中，子弹与木块组成的系统在水平方向动量守恒. 设子弹陷入木块后两者的共同速度为 v，则有

$$mu_0=(m+M)v,$$

$$v=\frac{m}{m+M}u_0.$$

取弹簧处于自然伸长状态时，木块的平衡位置为坐标原点，水平向右为 x 轴正方向，并取木块和子弹一起开始向右运动的时刻为计时起点. 因此初始条件为 $x_0=0, v_0=v>0$，而子弹射入木块后谐振系统的角频率为

$$\omega=\sqrt{\frac{k}{m+M}}.$$

设简谐振动系统的振动方程为 $x=A\cos(\omega t+\varphi_0)$，将初始条件代入，得

$$\begin{cases}0=A\cos\varphi_0,\\ v_0=-\omega A\sin\varphi_0>0.\end{cases}$$

联立求出

$$\varphi_0=\frac{3}{2}\pi,$$

$$A=-\frac{v_0}{\omega\sin\varphi_0}=\frac{mu_0}{\sqrt{k(m+M)}},$$

所以简谐振子的振动方程为

$$\begin{aligned}x&=A\cos(\omega t+\varphi_0)\\&=\frac{mu_0}{\sqrt{k(m+M)}}\cos\left(\sqrt{\frac{k}{m+M}}\,t+\frac{3}{2}\pi\right).\end{aligned}$$

(2)$x=\dfrac{A}{2}$ 时，简谐振系统的势能和动能分别为

$$E_p=\frac{1}{2}kx^2=\frac{1}{2}k\left(\frac{A}{2}\right)^2=\frac{m^2u_0^2}{8(m+M)},$$

$$\begin{aligned}E_k&=E-E_p=\frac{1}{2}kA^2-\frac{1}{8}kA^2\\&=\frac{3}{8}kA^2=\frac{3m^2u_0^2}{8(m+M)}.\end{aligned}$$

4.4 简谐振动的合成[①] *振动的频谱分析

在实际问题中，常常遇到一个物体同时参与两个或更多个振动的情况. 在一定条件下，合振动的位移等于各个分振动位移的矢量和.

一、同方向、同频率简谐振动的合成

设质点同时参与两个同方向同频率的简谐振动

$$x_1=A_1\cos(\omega t+\varphi_{10}),$$

$$x_2=A_2\cos(\omega t+\varphi_{20}),$$

因两分振动在同一方向上进行，故质点的合位移等于两个位移的代数和，即

① 简谐振动的合成又可称为振动的叠加，只有线性振动才能叠加. 因此，本节的各种结论对非线性振动无效.

$$x = x_1 + x_2 = A_1\cos(\omega t + \varphi_{10}) + A_2\cos(\omega t + \varphi_{20}).$$

利用三角函数关系，上式可化简为

$$x = A\cos(\omega t + \varphi_0),$$

式中合振幅 A 和初相位 φ_0 值分别为

$$A = \sqrt{A_1^2 + A_2^2 + 2A_1A_2\cos(\varphi_{20} - \varphi_{10})}, \tag{4-27}$$

$$\varphi_0 = \arctan\frac{A_1\sin\varphi_{10} + A_2\sin\varphi_{20}}{A_1\cos\varphi_{10} + A_2\cos\varphi_{20}}. \tag{4-28}$$

由此可见，同方向同频率的简谐振动合成后仍为一简谐振动，其频率与分振动频率相同，合振动的振幅、相位由两分振动的振幅 A_1，A_2 及初相位 φ_{10}，φ_{20} 决定.

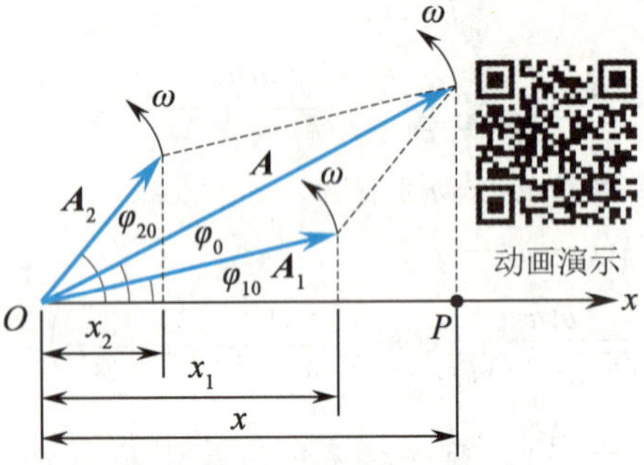

动画演示

图 4-12　旋转矢量法求同一直线两简谐振动的合成

利用旋转矢量讨论上述问题则更为简洁直观. 如图 4-12所示，取坐标轴 Ox，画出两分振动的旋转矢量 $\boldsymbol{A}_1$ 和 $\boldsymbol{A}_2$，它们与 x 轴的夹角分别为 φ_{10}，φ_{20}，并以相同角速度 ω 逆时针方向旋转. 因两分矢量 $\boldsymbol{A}_1$ 和 $\boldsymbol{A}_2$ 的夹角恒定不变，所以合矢量 $\boldsymbol{A}$ 的长度保持不变，而且同样以角速度 ω 旋转. 图中矢量 $\boldsymbol{A}$ 即 $t=0$ 时的合成振动矢量. 任一时刻合振动的位移等于该时刻 $\boldsymbol{A}$ 在 x 轴上的投影，即

$$x = A\cos(\omega t + \varphi_0).$$

可见，合振动是振幅为 A、初相位为 φ_0 的简谐振动，其角频率与两分振动相同，和前文结论一致. 利用图中几何关系，可求得合振动的振幅 A、初相位 φ_0 分别为(4-27)式和(4-28)式.

现进一步讨论合振动的振幅与两分振动相位差之间的关系. 由(4-27)式可知：

(1) 相位差 $\varphi_{20} - \varphi_{10} = \pm 2k\pi, k = 0,1,2,\cdots$ 时，

$$A = \sqrt{A_1^2 + A_2^2 + 2A_1A_2} = A_1 + A_2, \tag{4-29}$$

即两分振动相位相同时，合振幅等于两分振动振幅之和，合成振幅最大.

(2) 相位差 $\varphi_{20} - \varphi_{10} = \pm(2k+1)\pi, k = 0,1,2,\cdots$ 时，

$$A = \sqrt{A_1^2 + A_2^2 - 2A_1A_2} = |A_1 - A_2|, \tag{4-30}$$

即两分振动相位相反时，合振幅等于两分振幅之差的绝对值，合成振幅最小.

一般情况下，两分振动既不同相亦非反相时，合振幅在 $A_1 + A_2$ 与 $|A_1 - A_2|$ 之间.

同方向同频率简谐振动的合成原理，在讨论声波、光波及电磁辐射的干涉和衍射时经常用到.

二、同方向不同频率简谐振动的合成

设质点同时参与两个同方向、角频率分别为 ω_1 和 ω_2 的简谐振动. 为突出频率不同引起的效果，设两分振动的振幅相同，且初相位均等于 φ_0，即

$$x_1 = A\cos(\omega_1 t + \varphi_0),$$

$$x_2 = A\cos(\omega_2 t + \varphi_0),$$

合振动的位移为

$$x = x_1 + x_2 = A\cos(\omega_1 t + \varphi_0) + A\cos(\omega_2 t + \varphi_0).$$

利用三角函数关系可求得

$$x = 2A\cos\left(\frac{\omega_2 - \omega_1}{2}t\right)\cos\left(\frac{\omega_2 + \omega_1}{2}t + \varphi_0\right). \tag{4-31}$$

由上式可知，合振动不是简谐振动. 但若两分振动的角频率满足 $\omega_2 + \omega_1 \gg |\omega_2 - \omega_1|$，(4－31)式中第一项因子 $2A\cos\frac{\omega_2 - \omega_1}{2}t$ 的周期要比另一因子 $\cos\frac{\omega_2 + \omega_1}{2}t$ 的周期长得多. 于是可将(4－31)式表示的运动看作是振幅按照 $\left|2A\cos\frac{\omega_2 - \omega_1}{2}t\right|$ 缓慢变化，而角频率等于 $\frac{\omega_2 + \omega_1}{2}$ 的"准简谐振动"，这是一种振幅有周期性变化的"简谐振动". 或者说，合振动描述的是一个高频振动受到一个低频振动调制的运动，如图 4－13 所示. 这种振幅时大时小的现象叫作"拍"(beat).

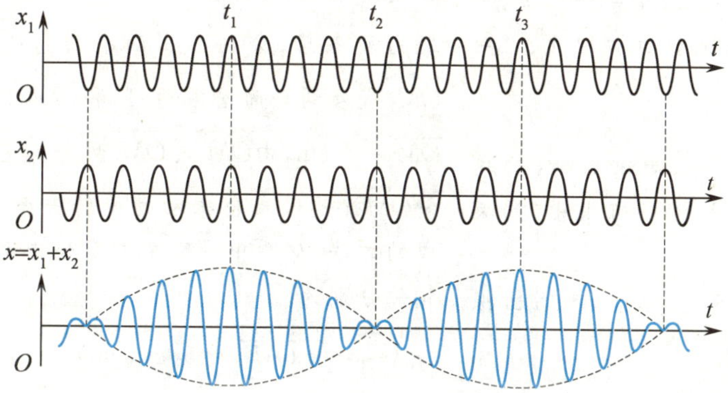

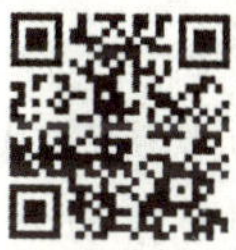
动画演示

图 4－13　拍的形成

合振幅每变化一个周期称为一拍，单位时间内拍出现的次数(合振幅变化的频率)叫作拍频(beat frequency). 由于振幅只能取正值，因此拍的角频率应为调制频率的 2 倍，即

$$\omega_{拍} = |\omega_2 - \omega_1|.$$

于是拍频为

$$\nu_{拍} = \frac{\omega_{拍}}{2\pi} = \left|\frac{\omega_2}{2\pi} - \frac{\omega_1}{2\pi}\right| = |\nu_2 - \nu_1|, \tag{4-32}$$

这就是说，拍频等于两个分振动频率之差.

拍现象在声振动、电磁振荡和波动中经常遇到. 例如，当两个频率相近的音叉同时振动时，就可听到时强时弱的"嗡、嗡……"的拍音. 人耳能区分的拍音低于每秒 7 次. 利用拍现象还可以测定振动频率，校正乐器和制造拍振荡器，等等.

上述关于拍现象的讨论只限于线性叠加. 当两个不同频率的分振动出现物理上非线性耦合时，就可能出现"同步锁模"现象，即两个振动系统锁定在同一频率上. 历史上首先注意这种现象的是 17 世纪的惠更斯，偶然的因素使他发现了家中挂在同一木板墙壁上的两个挂钟因相互影响而同步的现象. 以后的观察表明，这种锁模现象也发生在"生物钟"内. 在电子示波器中，人们充分利用这一原理把波形锁定在屏幕上.

例 4－5

已知两个简谐振动的 $x-t$ 曲线如图 4－14所示，它们的频率相同，求它们的合振动方程.

解　由图中曲线可以看出，两个谐振动的振幅相同，$A_1 = A_2 = A = 5$ cm，周期均为 $T = 0.1$ s，因而角频率为

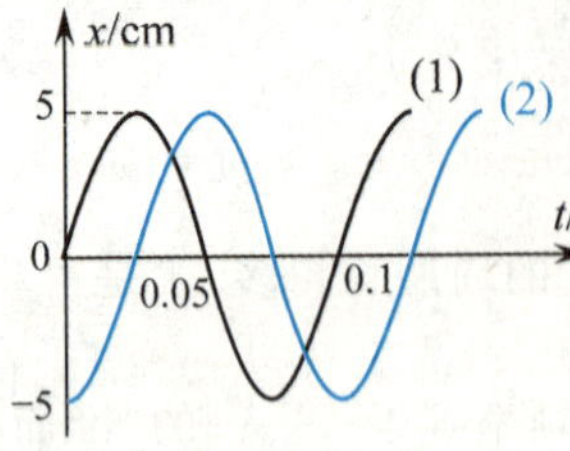

图 4 - 14

$$\omega = \frac{2\pi}{T} = 20\pi.$$

同理可知，简谐振动(1)在 $t=0$ 时，$x_{10}=0$，$v_{10}>0$，因此可求出(1)振动的初相位 $\varphi_{10}=-\frac{\pi}{2}$.

又由 $x-t$ 曲线(2)可知，简谐振动(2)在 $t=0$ 时，$x_{20}=-5\ \text{cm}=-A$，因此可求出(2)振动的初相位 $\varphi_{20}=\pm\pi$.

由上面求得的 A，ω 和 φ_{10}，φ_{20}，可写出振动(1)和(2)的振动方程分别为

$$x_1 = 5\cos\left(20\pi t - \frac{\pi}{2}\right)\ (\text{cm}),$$

$$x_2 = 5\cos(20\pi t \pm \pi)\ (\text{cm}),$$

因此合振动的振幅和初相位分别为

$$\begin{aligned} A' &= \sqrt{A_1^2 + A_2^2 + 2A_1A_2\cos(\varphi_{20} - \varphi_{10})} \\ &= \sqrt{2A^2 + 2A^2 \times 0} \\ &= \sqrt{2}A = 5\sqrt{2}\ (\text{cm}), \\ \varphi_0 &= \arctan\frac{A_1\sin\varphi_{10} + A_2\sin\varphi_{20}}{A_1\cos\varphi_{10} + A_2\cos\varphi_{20}} \\ &= \arctan 1 = \frac{\pi}{4}\ \text{或}\ \frac{5}{4}\pi. \end{aligned}$$

但由 $x-t$ 曲线可知 $t=0$ 时，$x=x_1+x_2=-5\ \text{cm}$，因此 φ_0 应取 $\frac{5}{4}\pi$，故合成简谐振动方程为

$$x = 5\sqrt{2}\cos\left(20\pi t + \frac{5}{4}\pi\right)\ (\text{cm}).$$

事实上，从 $x-t$ 曲线分析出两个分振动(1)和(2)的振动方程后，用旋转矢量法求合振动方程更简单一些. 如图 4 - 15 所示，在取定了 Ox 轴的原点后，分别画出两个旋转矢量 $\overrightarrow{OM_1}$ 和 $\overrightarrow{OM_2}$ 代表两个简谐振动(1)和(2)，其中 $\overline{OM_1}=\overline{OM_2}=5\ \text{cm}$，由 $\overrightarrow{OM_1}$ 与 $\overrightarrow{OM_2}$ 两个矢量合成的矢量 $\overrightarrow{OM}$ 就是代表合振动的旋转矢量，由矢量合成的方法，从图中很容易求出合振动振幅和初相位分别为

$$A' = \sqrt{2}\,\overline{OM_1} = 5\sqrt{2}\ (\text{cm}),\quad \varphi_0 = \frac{5}{4}\pi,$$

合振动方程为

$$x = 5\sqrt{2}\cos\left(20\pi t + \frac{5}{4}\pi\right)\ (\text{cm}).$$

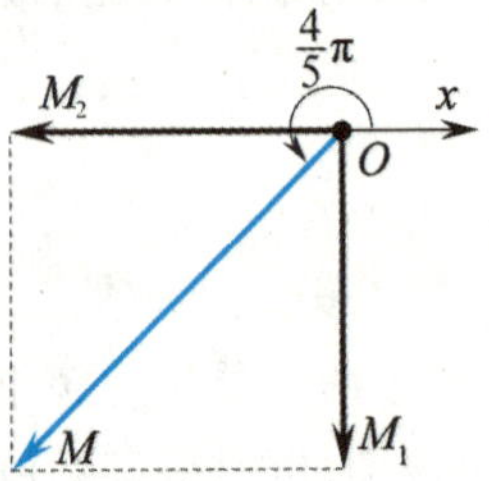

图 4 - 15

*三、振动的频谱分析

由上面讨论可知，几个不同频率的简谐振动合成后可成为一个复杂的振动. 反之，一个复杂的振动也可以分解成若干个或无穷多个简单的简谐振动. 确定一个复杂振动能包含的各种简谐振动的频率及其对应的振幅称为**频谱分析**.

在数学上，一个周期为 T 的周期函数可表示为

$$x(t+T) = x(t), \tag{4-33}$$

按傅里叶级数展开为

$$x(t) = \frac{a_0}{2} + \sum_{n=1}^{\infty}(a_n\cos n\omega t + b_n\sin n\omega t), \tag{4-34}$$

式中 $\omega=2\pi\nu=\frac{2\pi}{T}$. 这就是说,如果把周期振动 $x(t)$ 看成一个复杂的振动,则这一振动可以看成是许多简谐振动的叠加,或者说,可以分解成许多个简谐振动. 这些谐振动中有一个最小的频率 ν_0,称为基频,其他频率都是基频的整数倍,即 $2\nu_0$, $3\nu_0$, …,它们分别称为 2 次,3 次,…谐频. 不同的振动分解为简谐振动时,(4-34)式中的系数 a_n, b_n 是不同的,a_n, b_n 表示 n 次谐频振动的振幅,它可以反映各种频率的振动在合振动中所占的比例. 例如,图 4-16所示的振动,根据数学计算有

$$x=\frac{A}{2}+\frac{2A}{\pi}\sin\omega t+\frac{2A}{3\pi}\sin 3\omega t+\frac{2A}{5\pi}\sin 5\omega t+\cdots=x_0+x_1+x_2+x_3+\cdots,$$

式中第 1 项可看成周期为无穷大的零频项,第 2、第 3、第 4 项就是频率分别为 ν_0, $3\nu_0$, $5\nu_0$ 的简谐振动,其振动曲线分别如图 4-16(b),(c),(d)所示,它们的合振动曲线就接近方波了. 所取项数越多,则合成波越接近方波. 如果以频率为横坐标,各频率对应的振幅为纵坐标,可作出如图 4-17所示的频谱图. 频谱图上可直观地反映出不同频率的振动在合振动中所占的比例. 对于周期振动,其频谱图是分立的,对于非周期振动,例如脉冲等,其频谱图是连续的. 这是因为非周期振动的傅里叶展开是一个积分,即

$$x=f(t)=\int_0^\infty A(\omega)\cos\omega t\,\mathrm{d}\omega+\int_0^\infty B(\omega)\sin\omega t\,\mathrm{d}\omega. \tag{4-35}$$

频谱分析是一种很有用的方法. 例如用钢琴、提琴、手风琴等演奏同一音阶时,听众能分辨出是由哪几种乐器在演奏. 因为它们虽然基频相同,但谐频不同,或者说频谱不同. 只要作出各种乐器的频谱图,就可以用电子琴来模拟. 频谱分析还在机械制造、地震学、电子技术、光谱分析中有重要的应用.

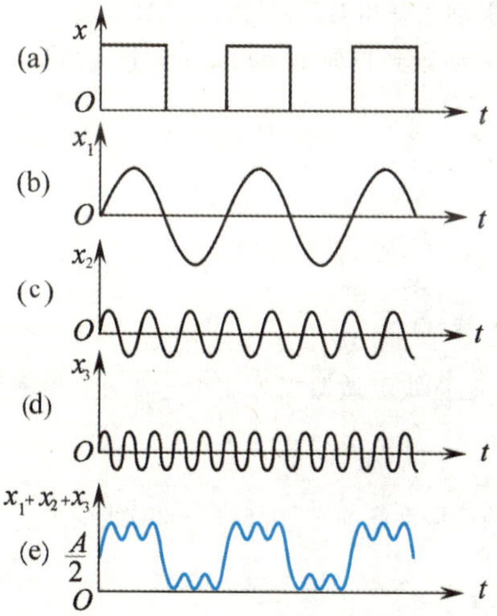

图 4-16 “方波”的分解

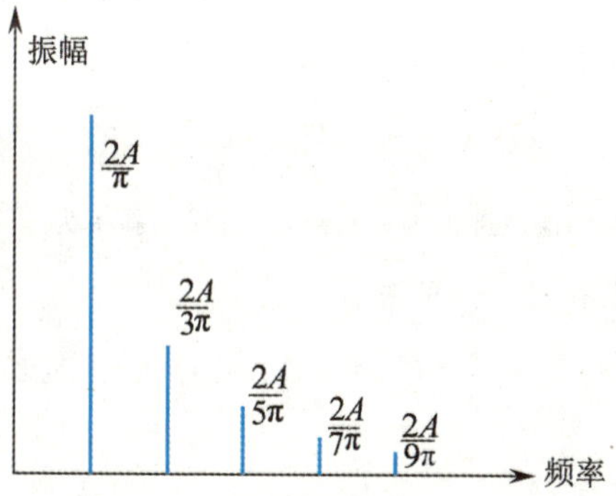

图 4-17 频谱图

*四、两个相互垂直的同频率简谐振动的合成

除了上面讨论的同一直线上两个简谐振动的合成,另外还存在方向不同的两个谐振动的合成问题. 在后一类问题中,特别是两简谐振动相互垂直的情况,在电学、光学中有着广泛而重要的应用.

当一个质点同时参与两个不同方向的简谐振动时,质点的位移是这两个振动的位移的矢量和. 在一般情况下,质点将在平面上做曲线运动. 质点轨迹的各种形状,由两个振动的频率、振幅和相位差等决定. 先讨论两个相互垂直的同频率简谐振动的合成情况.

设质点同时参与两个相互垂直方向上的简谐振动,一个沿 x 轴方向,另一个沿 y 轴方向,并且两振动频率相同,以质点的平衡位置为坐标原点,两个振动方程分别为

$$x=A_1\cos(\omega t+\varphi_{10}),$$
$$y=A_2\cos(\omega t+\varphi_{20}).$$

在任何时刻 t，质点的位置是 (x,y)；t 改变时，(x,y) 也改变. 所以这两个方程就是含参变量 t 的质点的运动方程，消去时间参数 t，便得到质点合振动的轨迹方程

$$\frac{x^2}{A_1^2}+\frac{y^2}{A_2^2}-2\frac{xy}{A_1A_2}\cos(\varphi_{20}-\varphi_{10})=\sin^2(\varphi_{20}-\varphi_{10}). \tag{4-36}$$

由上式可知，质点合振动的轨道一般为椭圆，如图 4-18 所示. 因为质点在两个垂直方向上的位移 x 和 y 只在一定范围内变化，所以，椭圆轨道不会超出以 $2A_1$ 和 $2A_2$ 为边长的矩形范围. 当两个分振动振幅 A_1，A_2 给定时，椭圆的其他性质（长短轴及方位）由两个分振动的相位差 $(\varphi_{20}-\varphi_{10})$ 决定. 下面讨论几种特殊情况：

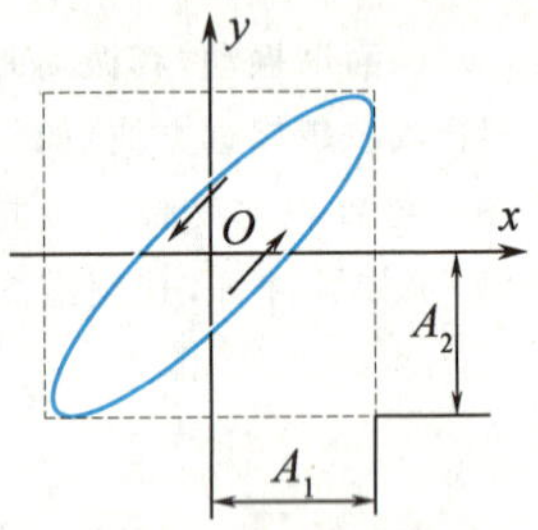

图 4-18　两个相互垂直简谐振动的合成

(1) $\varphi_{20}-\varphi_{10}=0$，即两个分振动相位相同，这时 (4-36) 式变为

$$\left(\frac{x}{A_1}-\frac{y}{A_2}\right)^2=0,$$

即

$$y=\frac{A_2}{A_1}x \quad 或 \quad \frac{x}{A_1}=\frac{y}{A_2}.$$

合振动的轨迹为通过原点且在第一、第三象限内的直线，其斜率为两个分振动的振幅之比 $\frac{A_2}{A_1}$，如图 4-19(a) 所示. 在任一时刻 t，质点离开平衡位置的位移（即合振动的位移）为

$$S=\sqrt{x^2+y^2}=\sqrt{A_1^2+A_2^2}\cos(\omega t+\varphi).$$

上式表明，这种情况下合振动也是简谐振动，且与原来两个分振动频率相同，但振幅为 $\sqrt{A_1^2+A_2^2}$.

(2) $\varphi_{20}-\varphi_{10}=\pi$，即两个分振动相位相反，当其中一个分振动达到正向最大时，另一个达到负向最大，此时 (4-36) 式变为

$$\left(\frac{x}{A_1}+\frac{y}{A_2}\right)^2=0,$$

即

$$\frac{x}{A_1}=-\frac{y}{A_2} \quad 或 \quad y=-\frac{A_2}{A_1}x.$$

其合振动的轨迹仍为一直线，但直线的斜率为 $-\frac{A_2}{A_1}$. 质点将在此直线上做振幅为 $\sqrt{A_1^2+A_2^2}$、角频率为 ω 的简谐振动，如图 4-19(b) 所示.

(3) $\varphi_{20}-\varphi_{10}=\frac{\pi}{2}$，即 y 轴方向上的分振动比 x 轴方向上的分振动超前 $\frac{\pi}{2}$，此时 (4-36) 式变为

$$\frac{x^2}{A_1^2}+\frac{y^2}{A_2^2}=1,$$

即合振动的轨迹为以 x 轴和 y 轴为轴线的椭圆，两个半轴分别为 A_1 和 A_2，如图 4-19(c) 所示. 这时两个分振动方程为

$$x=A_1\cos(\omega t+\varphi_{10}),$$
$$y=A_2\cos\left(\omega t+\varphi_{10}+\frac{\pi}{2}\right).$$

当某一瞬时 $\omega t+\varphi_{10}=0$ 时，则 $x=A_1$，$y=0$，质点在图中 P 点；下一瞬间，有 $\omega t+\varphi_{10}>0$，因而此时 x 将略小于 A_1，同时此瞬间的 $\left(\omega t+\varphi_{10}+\frac{\pi}{2}\right)$ 略大于 $\frac{\pi}{2}$，故 $y<0$，质点将处于第四象限，因此可判定质点沿椭圆的运动方向是顺时针的.

(4) $\varphi_{20}-\varphi_{10}=-\frac{\pi}{2}$，即 x 轴方向上的分振动比 y 轴方向上的分振动超前 $\frac{\pi}{2}$，与上面 (3) 中类似的分析知，合振动的轨迹仍为以 x 轴和 y 轴为轴线的椭圆，如图 4-19(d) 所示，但质点的运动方向是逆时针的.

在上面 (3) 和 (4) 中，若两个分振动的振幅相同，即 $A_1=A_2$，则合振动的轨迹为一圆周.

上面是几种特殊情形，一般情况下，若两个分振动的相位差取其他数值，则合振动的轨迹将为形状与方位各

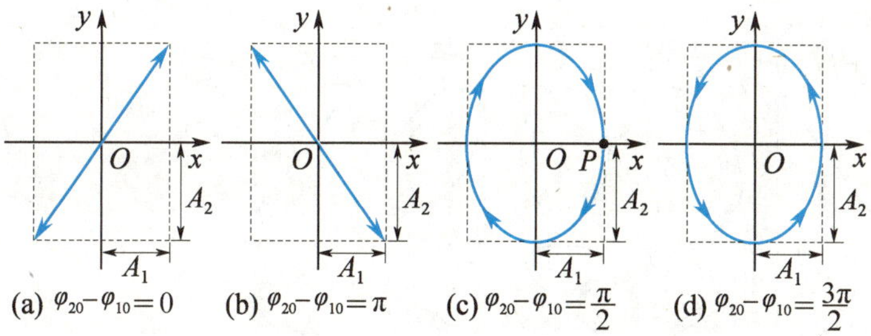

动画演示

图 4－19　两个相互垂直振动取不同相位差时的合成轨迹

不相同的椭圆，质点的运动方向则可能为顺时针或逆时针，如图 4－20 所示.

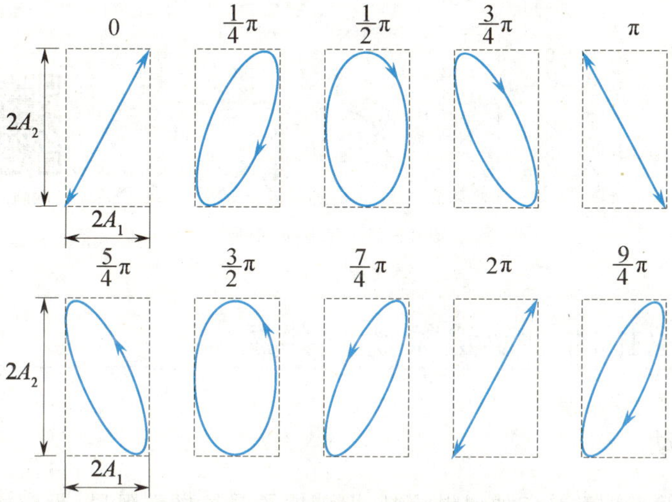

图 4－20　两个相互垂直的振幅不同频率相同的简谐振动取不同相位差时的合成轨迹

总之，一般说来，两个振动方向相互垂直的同频率的简谐振动的合振动轨迹可为一直线、圆或椭圆. 轨道的具体形状、方位和运动方向由分振动的振幅和相位差决定. 在电子示波器中，若使相互垂直的正弦变化的电学量频率相同，就可以在屏上观察到合振动的轨迹.

以上讨论也说明：任何一个直线简谐振动、椭圆运动或匀速圆周运动都可以分解为两个相互垂直的同频率的简谐振动.

*五、两个相互垂直的、不同频率简谐振动的合成

两个相互垂直的、不同频率的谐振动的合成可区分为两种情况：一是其频率比为简单的整数比，另一是其频率比不为简单的整数比. 如果两个分振动的频率成整数比，则合成振动的轨迹为一封闭的稳定曲线，曲线的花样与两分振动的周期比、初相位以及初相位差有关，得出的图形称为李萨如图形. 图 4－21 给出了沿 x 轴和 y 轴的两个分振动的周期比分别为 $T_1 : T_2 = 1:1, 1:2, 1:3, 2:3$ 时几种不同初相位的李萨如图形. 在电子示波器中，若使相互垂直的按正弦规律变化的电学量周期成不同的整数比，就可在荧光屏上看到各种不同的李萨如图形.

由于图形花样与两个分振动的频率比有关，因此可以通过李萨如图形的花样来判断两分振动的频率比，进而由一个振动的已知频率求得另一振动的未知频率. 这是无线电技术中常用的测定未知频率的方法之一. 如果两分振动的频率比不是简单整数比，如比值为$\sqrt{2}$，π 等，由于它们的相位差不是定值，其合振动的轨迹不能形成稳定的图案. 如果两个分振动的频率相差很小，则合振动的轨迹将不断地按图 4－21所示的顺序连续地过渡重复变化.

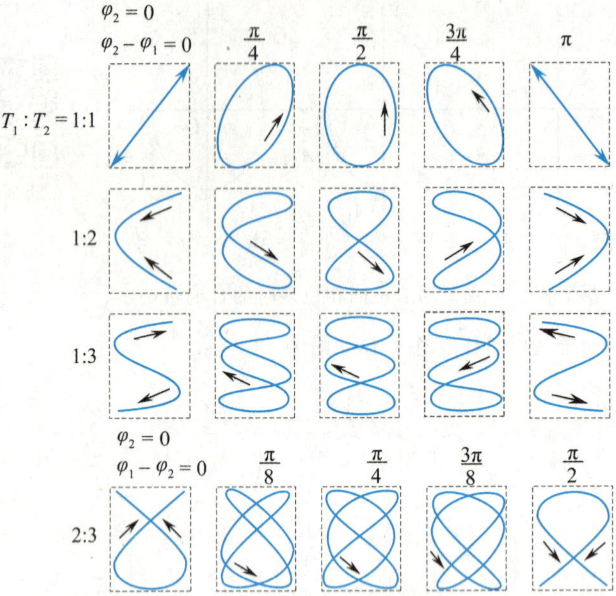

动画演示

图 4-21 李萨如图形

4.5 阻尼振动 受迫振动 共振

一、阻尼振动

前面所讨论的简谐振动是一种理想状况，即谐振子系统做无阻尼（无摩擦和辐射损失）的自由振动. 它是等幅振动. 而在实际中，阻尼是不可消除的，如没有能量补充，由于机械能有损耗，其振幅将不断地衰减. 这种振幅随时间不断衰减的振动叫作**阻尼振动**(damped oscillation).

下面讨论的是谐振子系统受到弱介质阻力而衰减的情况. 弱介质阻力是指当振子运动速度较低时，介质对物体的阻力仅与速度的一次方成正比，即

$$f_r=-\gamma v=-\gamma\frac{\mathrm{d}x}{\mathrm{d}t}, \tag{4-37}$$

γ 称为阻力系数，与物体的形状、大小、物体的表面性质及介质性质有关.

仍以弹簧振子为例，这时振子的动力学方程为

$$m\frac{\mathrm{d}^2x}{\mathrm{d}t^2}=-kx-\gamma\frac{\mathrm{d}x}{\mathrm{d}t}.$$

令 $\omega_0^2=\frac{k}{m}$，$2\beta=\frac{\gamma}{m}$，上式可化成

$$\frac{\mathrm{d}^2x}{\mathrm{d}t^2}+2\beta\frac{\mathrm{d}x}{\mathrm{d}t}+\omega_0^2x=0, \tag{4-38}$$

式中 ω_0 是系统的固有角频率，β 称为阻尼系数.

(4-38)式的解，与阻尼的大小有关. 当 $\beta\ll\omega_0$ 时，称为**弱阻尼**，其方程的解为

$$x=A_0\mathrm{e}^{-\beta t}\cos(\omega t+\varphi_0), \tag{4-39}$$

式中 $\omega=\sqrt{\omega_0^2-\beta^2}$，$A_0$ 和 φ_0 依然是由初始条件确定的两个积分常数. 阻尼振动的位移随时间变

化的曲线如图 4-22所示，图中虚线表示阻尼振动的振幅 $A_0 e^{-\beta t}$ 随时间 t 按指数衰减，阻尼越大（在 $\beta \ll \omega_0$ 范围内）振幅衰减越快. 阻尼振动的准周期为

$$T = \frac{2\pi}{\omega} = \frac{2\pi}{\sqrt{\omega_0^2 - \beta^2}} > \frac{2\pi}{\omega_0}. \tag{4-40}$$

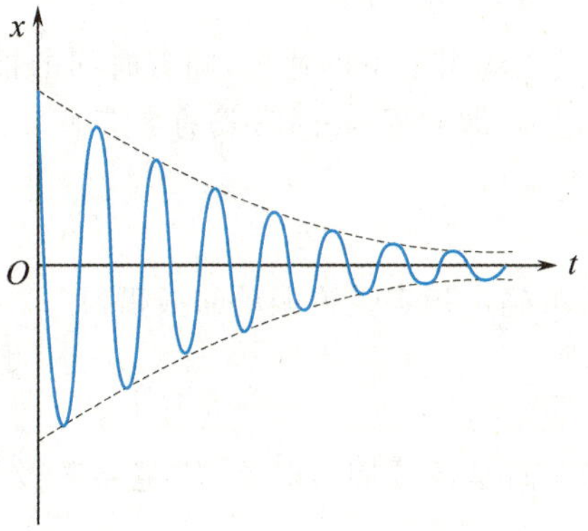

图 4-22 阻尼振动

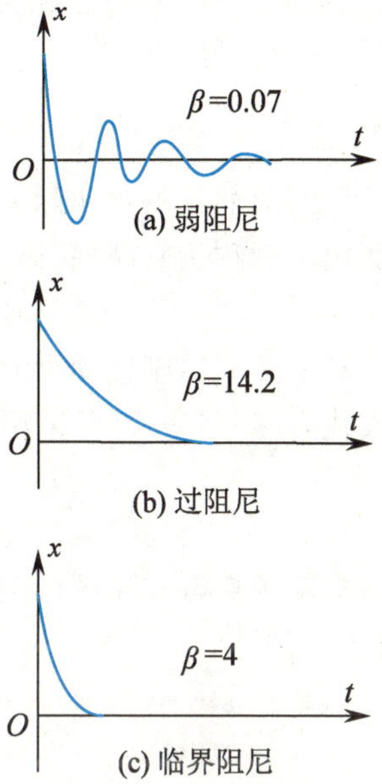

图 4-23 阻尼振动三种情况的比较（$\omega_0 = 4.0 s^{-1}$）

可见，阻尼振动的周期比系统的固有周期长.

若 $\beta = \omega_0$，称为临界阻尼，这时(4-38)式的解为

$$x = (C_1 + C_2 t) e^{-\beta t}, \tag{4-41}$$

此时系统不做往复运动，而是较快地回到平衡位置并停下来，如图 4-23(c)所示.

若 $\beta > \omega_0$，称为过阻尼，此时方程的解为

$$x = C_1 e^{-(\beta - \sqrt{\beta^2 - \omega_0^2})t} + C_2 e^{-(\beta + \sqrt{\beta^2 - \omega_0^2})t}, \tag{4-42}$$

这时系统也不做往复运动，而是非常缓慢地回到平衡位置，如图 4-23(b)所示.

在实际中，常利用改变阻尼的方法来控制系统的振动情况. 例如，各类机器的防震器，大多采用一系列的阻尼装置；有些精密仪器，如物理天平、灵敏电流计中装有阻尼装置并调至临界阻尼状态，使测量快捷、准确.

二、受迫振动

阻尼振动又称减幅振动. 要使有阻尼的振动系统维持等幅振动，必须给振动系统不断地补充能量，即施加持续的周期性外力作用. 振动系统在周期性外力作用下发生的振动叫作受迫振动(forced oscillation). 这个周期性外力叫作策动力.

为简单起见，假设策动力取如下形式：

$$F = F_0 \cos pt, \tag{4-43}$$

式中 F_0 为策动力的幅值，p 为策动力的频率，这种策动力又称谐和策动力.

仍以弹簧振子为例，讨论弱阻尼谐振子系统在谐和策动力作用下的受迫振动，其动力学方程为

$$m\frac{d^2x}{dt^2}=-kx-\gamma\frac{dx}{dt}+F_0\cos pt. \tag{4-44}$$

令 $\omega_0^2=\frac{k}{m}, 2\beta=\frac{\gamma}{m}, f_0=\frac{F_0}{m}$，可得

$$\frac{d^2x}{dt^2}+2\beta\frac{dx}{dt}+\omega_0^2x=f_0\cos pt. \tag{4-45}$$

该方程的解为

$$x=A_0e^{-\beta t}\cos(\omega t+\varphi_0)+A\cos(pt+\varphi). \tag{4-46}$$

由微分方程理论可知，解的第一项实际上是(4－38)式在弱阻尼下的通解，随着时间的推移，很快就会衰减为零，故第一项称为衰减项. 第二项才是稳定项，即方程(4－45)式的稳定解为

$$x=A\cos(pt+\varphi). \tag{4-47}$$

可见，稳定受迫振动的频率等于策动力的频率.

将(4－47)式代入(4－45)式，并采用待定系数法可确定稳定受迫振动的振幅为

$$A=\frac{f_0}{\sqrt{(\omega_0^2-p^2)^2+4\beta^2p^2}}. \tag{4-48}$$

这说明，稳定受迫振动的振幅与系统的初始条件无关，而是系统固有频率、阻尼系数及策动力频率和幅值的函数.

三、共振

共振(resonance)是受迫振动中一个重要而具有实际意义的现象，下面分别从位移共振和速度共振两方面加以讨论.

1. 位移共振

由(4－48)式可知，对于一个给定振动系统，当阻尼和策动力幅值不变时，受迫振动的位移振幅是策动力角频率 p 的函数，它存在一个极值. 受迫振动的位移达到极大值的现象称为位移共振. 将(4－48)式对 p 求导并令 $\frac{dA}{dp}=0$，可求出位移共振的角频率满足

$$p_r=\sqrt{\omega_0^2-2\beta^2}. \tag{4-49}$$

显然，共振位移的大小与阻尼有关，其关系如图 4－24 所示.

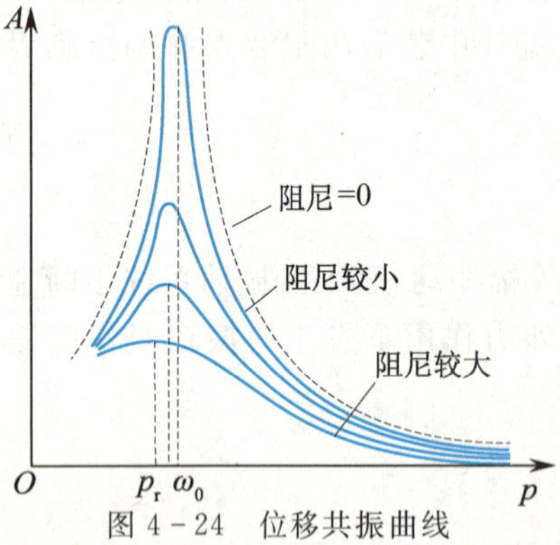

图 4－24 位移共振曲线

2. 速度共振

系统做受迫振动时，其速度也是与策动力角频率相关的函数，即

$$v=-pA\sin(pt+\varphi)=-v_m\sin(pt+\varphi),$$

式中

$$v_m=pA=\frac{pf_0}{\sqrt{(\omega_0^2-p^2)^2+4\beta^2p^2}} \tag{4-50}$$

称为速度振幅，同样可求出当

$$p_v = \omega_0 \tag{4-51}$$

时，速度振幅有极大值，这种现象称为**速度共振**，如图 4-25 所示. 进一步的研究表明，当系统发生速度共振时，外界能量的输入处于最佳状态，即策动力在整个周期内对系统做正功，用以补偿阻尼引起的能耗. 因此，速度共振又称为**能量共振**. 在弱阻尼情况下，位移共振与速度共振的条件趋于一致，所以一般可以不必区分两种共振.

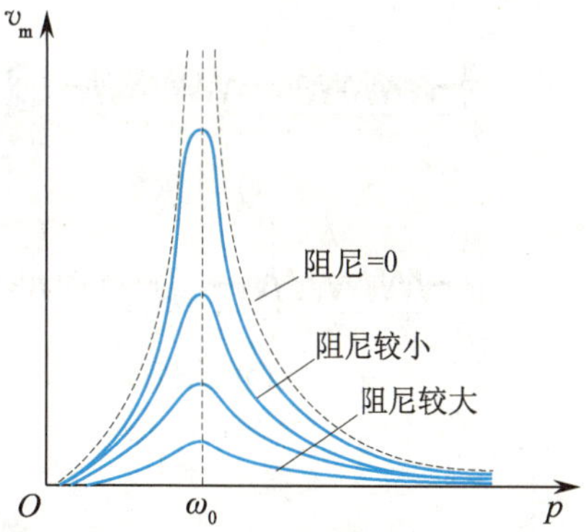

图 4-25 速度共振曲线

共振现象在光学、电学、无线电技术中应用极广. 如收音机的"调谐"就是利用了"电共振". 此外，如何避免共振对桥梁、烟囱、水坝、高楼等建筑物的破坏，也是设计制造者必须考虑的.

思考题

4-1 符合什么规律的运动才是简谐振动？试分析下列运动是不是简谐振动：

(1) 拍皮球时球的运动；

(2) 如图 4-26 所示，一小球在一个半径很大的光滑凹球面内滚动(设小球所经过的弧线很短).

图 4-26

4-2 把单摆的摆球从平衡位置拉开一些，使摆线与竖直方向成 θ_0 角，然后放手任其摆动，那么单摆做简谐振动的初相位是否就是 θ_0 呢？单摆摆动的角速度是否就是角频率？

4-3 一弹簧振子，先后把它拉到离开平衡位置 2 cm 和 4 cm 处放手，任其自由振动，先后两次振动的振幅、周期、初相位是否相同？为什么？

4-4 在简谐振动方程 $x = A\cos(\omega t + \varphi)$ 中，相应于初相位 $\varphi = 0$，$\frac{\pi}{2}$ 和 $\frac{3\pi}{2}$ 时，对水平放置的弹簧振子来说，其物体的初位置分别在哪里？初速度如何？

4-5 能量公式 $E = \frac{1}{2}kA^2$ 是否只适用于弹簧振子？对单摆而言，k 等于什么？

4-6 一个弹簧振子的振幅增大到两倍时，它的振动周期、最大速度和振动能量将如何改变？

4-7 阻尼振动的特征是什么？受迫振动在什么条件下也是简谐振动，其频率决定于什么？共振产生的条件是什么？

习题

4-1 劲度系数为 k_1 和 k_2 的两根弹簧，与质量为 m 的物体按如图 4-27 所示的两种方式连接，试证明它们的振动均为简谐振动，并分别求出它们的振动周期.

4-2 如图 4-28 所示，物体的质量为 m，放在光滑斜面上，斜面与水平面的夹角为 θ，弹簧的劲度系数为 k，滑轮的转动惯量为 J，半径为 R. 先把物体托住，使弹簧维持原长，然后由静止释放，试证明物体做简谐振动，并求振动周期.

4-3 质量为 10×10^{-3} kg 的小球与轻弹簧组成的系统，按 $x = 0.1\cos\left(8\pi t + \frac{2\pi}{3}\right)$ (SI)的规律做简谐振

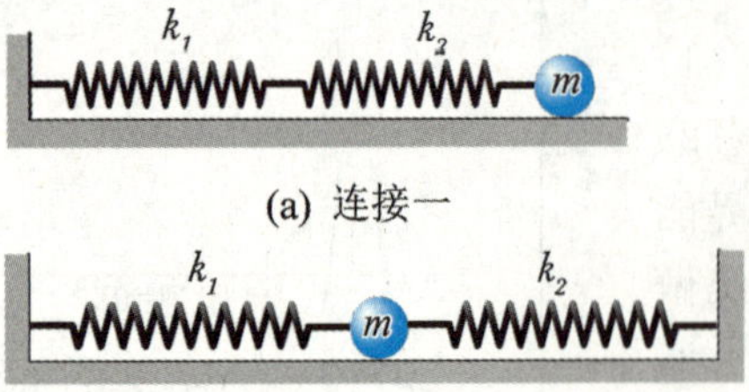

(a) 连接一

(b) 连接二

图 4-27

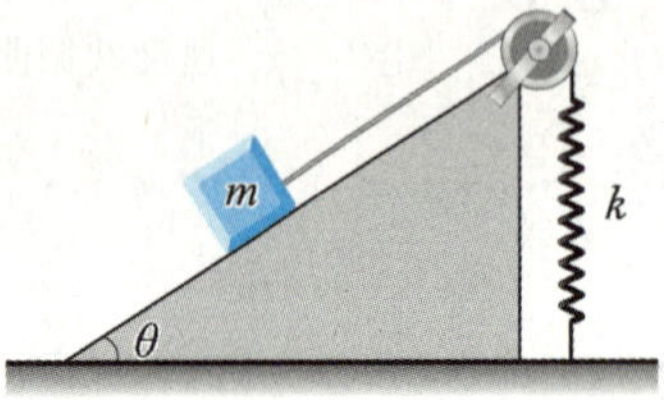

图 4-28

动，求：

（1）振动的周期、振幅、初相位及速度与加速度的最大值；

（2）最大的回复力、振动能量、平均动能和平均势能，以及在哪些位置上动能与势能相等？

（3）$t_2=5$ s 与 $t_1=1$ s 两个时刻的相位差.

4-4 一个沿 x 轴做简谐振动的弹簧振子，振幅为 A，周期为 T，其振动方程用余弦函数表出. 如果 $t=0$ 时质点的状态分别如下：

（1）$x_0=-A$；

（2）过平衡位置向正向运动；

（3）过 $x=\dfrac{A}{2}$ 处向负向运动；

（4）过 $x=-\dfrac{A}{\sqrt{2}}$ 处向正向运动.

试求出相应的初相位，并写出振动方程.

4-5 一质量为 10×10^{-3} kg 的物体做简谐振动，振幅为 24 cm，周期为 4.0 s，当 $t=0$ 时位移为 +24 cm. 求：

（1）$t=0.5$ s 时，物体所在的位置及此时所受力的大小和方向；

（2）由起始位置运动到 $x=12$ cm 处所需的最短时间；

（3）在 $x=12$ cm 处物体的总能量.

4-6 有一轻弹簧，下面悬挂质量为 1.0 g 的物体时，伸长量为 4.9 cm. 用这个弹簧和一个质量为 8.0 g 的小球构成弹簧振子，将小球由平衡位置向下拉开 1.0 cm后，给予向上的初速度 $v_0=5.0\ \text{cm}\cdot\text{s}^{-1}$，求振动周期和振动表达式.

4-7 图 4-29 中所示为两个简谐振动的 $x-t$ 曲线，试分别写出其简谐振动方程.

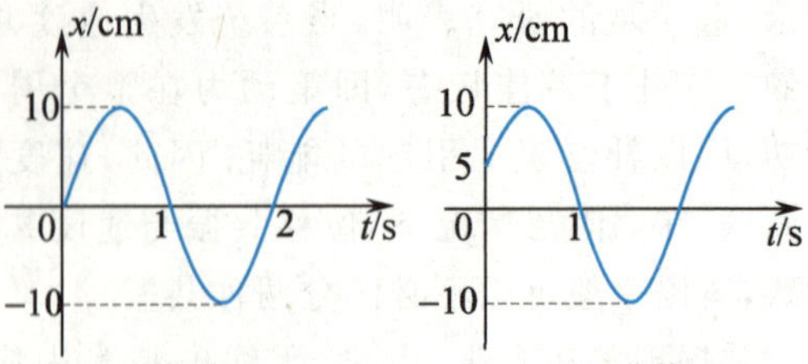

(a) 曲线一　(b) 曲线二

图 4-29

4-8 有一单摆，摆长 $l=1.0$ m，摆球质量 $m=10\times10^{-3}$ kg，当摆球处在平衡位置时，若给小球一水平向右的冲量 $F\Delta t=1.0\times10^{-4}\ \text{kg}\cdot\text{m}\cdot\text{s}^{-1}$，取打击时刻为计时起点（$t=0$），求振动的初相位和角振幅，并写出小球的振动方程.

4-9 有两个同方向、同频率的简谐振动，其合成振动的振幅为 0.20 m，相位与第一振动的相位差为 $\dfrac{\pi}{6}$，已知第一振动的振幅为 0.173 m，求第二个振动的振幅以及第一、第二两振动的相位差.

4-10 试用最简单的方法求出下列两组简谐振动合成后所得合振动的振幅：

$$(1)\begin{cases} x_1=5\cos\left(3t+\dfrac{\pi}{3}\right)\text{cm}, \\ x_2=5\cos\left(3t+\dfrac{7\pi}{3}\right)\text{cm}; \end{cases}$$

$$(2)\begin{cases} x_1=5\cos\left(3t+\dfrac{\pi}{3}\right)\text{cm}, \\ x_2=5\cos\left(3t+\dfrac{4\pi}{3}\right)\text{cm}. \end{cases}$$

4-11 一质点同时参与两个在同一直线上的简谐振动，振动方程为

$$\begin{cases} x_1 = 0.4\cos\left(2t+\dfrac{\pi}{6}\right)\text{m}, \\ x_2 = 0.3\cos\left(2t-\dfrac{5}{6}\pi\right)\text{m}. \end{cases}$$

试分别用旋转矢量法和振动合成法求合振动的振幅和初相位，并写出简谐振动方程.

知识拓展

第5章

机　械　波

如果在空间某处发生的振动，以有限的速度向四周传播，就形成了波. 机械振动在连续介质内的传播叫作机械波(mechanical wave)；电磁振动在真空或介质中的传播叫作电磁波(electromagnetic wave). 近代物理指出，微观粒子以至任何物体都具有波动性，这种波叫作物质波(matter wave). 不同性质的波动虽然机制各不相同，但它们在空间的传播规律却具有共性.

本章以机械波为例，讨论波的运动规律.

5.1　机械波的形成和传播

一、机械波产生的条件

将石子投入平静的水池中，投石处的水质元会发生振动，振动向四周水面传播而泛起的涟漪即为水面波. 音叉振动时，引起周围空气的振动，此振动由近及远在空气中传播形成声波. 可见，机械波的产生必须具备两个条件：①有做机械振动的物体，谓之波源；②有连续介质(从宏观来看，气体、液体、固体均可视作连续体).

如果波动中使介质各部分振动的回复力是弹性力，则称为弹性波. 例如，声波即为弹性波. 机械波不一定都是弹性波，如水面波就不是弹性波. 水面波中的回复力是水质元所受的重力和表面张力，它们都不是弹性力. 下面只讨论弹性波.

二、横波和纵波

按介质中质元振动方向与波传播方向之间的关系，波可分为横波与纵波. 振动方向与传播方向垂直的波叫作横波(transverse wave)，振动方向与传播方向平行的波称为纵波(longitudinal wave).

图5-1是横波在一根弦线上传播的示意图. 将弦线分成许多可视为质点的小段，质点之间以弹性力相联系. 设 $t=0$ 时，质点都在各自的平衡位置，此时质点1在外界作用下由平衡位置向上运动. 由于弹性力的作用，质点1带动质点2向上运动. 继而质点2又带动质点3……于是各质点就先后上、下振动起来. 图中画出了不同时刻各质点的振动状态. 设波源的振动周期为 T. 由图可知，$t=T/4$ 时，质点1的初始振动状态传到了质点4，$t=T/2$ 时，质点1的初始振动状态传到了质点7……$t=T$ 时，质点1完成了自己的一次全振动，其初始振动状态传到了质点13. 此时，质点1

至质点 13 之间各点偏离各自平衡位置的矢端曲线就构成了一个完整的波形. 在以后的过程中，每经过一个周期，就向右传出一个完整波形. 可见，**沿着波的传播方向向前看去，前面各质点的振动相位都依次落后于波源的振动相位**.

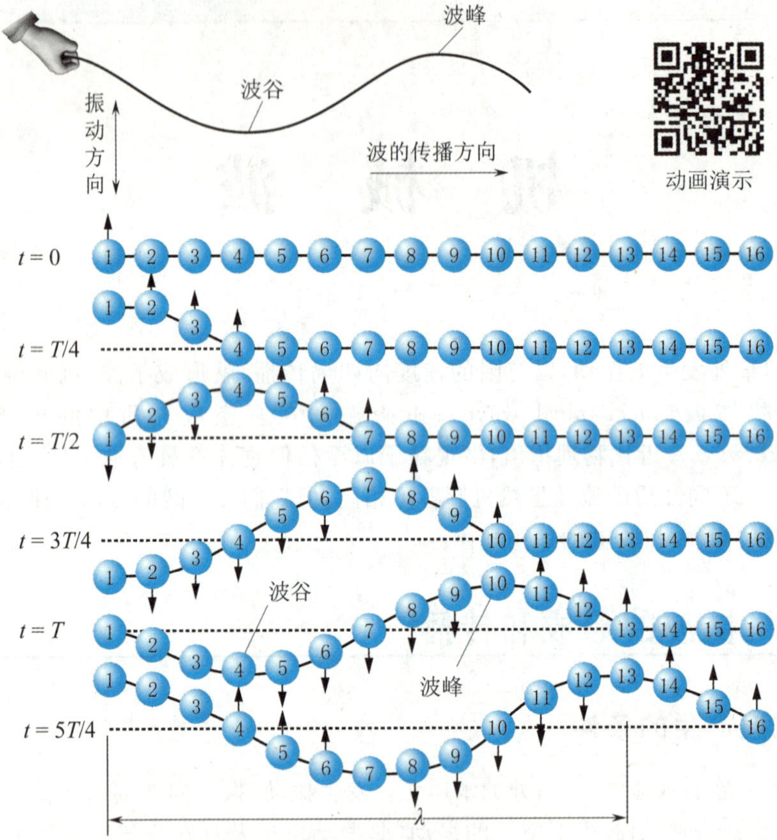

图 5 - 1　横波传播示意图

横波的振动方向与传播方向垂直. 说明当横波在介质中传播时，介质中层与层之间将发生相对错位，即产生切变. 只有固体能承受切变，因此横波只能在固体中传播.

图 5 - 2 是纵波在一根弹簧中传播的示意图. 在纵波中，质点的振动方向与波的传播方向平行，因此在介质中就形成稠密和稀疏的区域，故又称为**疏密波**. 纵波可引起介质产生容变. 固体、液体、气体都能承受容变，因此纵波能在所有物质中传播. 纵波传播的其他规律与横波相同.

在液面上因有表面张力，故能承受切变. 所以液面波是纵波与横波的合成波. 此时，组成液体的微元在自己的平衡位置附近做椭圆运动.

综上所述，机械波向外传播的是**波源（及各质点）的振动状态和能量**.

三、波线和波面

为了形象地描述波在空间中的传播，介绍如下概念.

波传播到的空间称为**波场**(wave field). 在波场中，代表波的传播方向的射线，称为**波射线**，也简称为**波线**(wave ray). 波场中同一时刻振动相位相同的点的轨迹，谓之**波面**(wave front). 某一时刻波源最初的振动状态传到的波面叫作**波前**或**波阵面**，即最前方的波面. 因此，任意时刻只有一个波前，而波面可有任意多个，如图 5 - 3 所示.

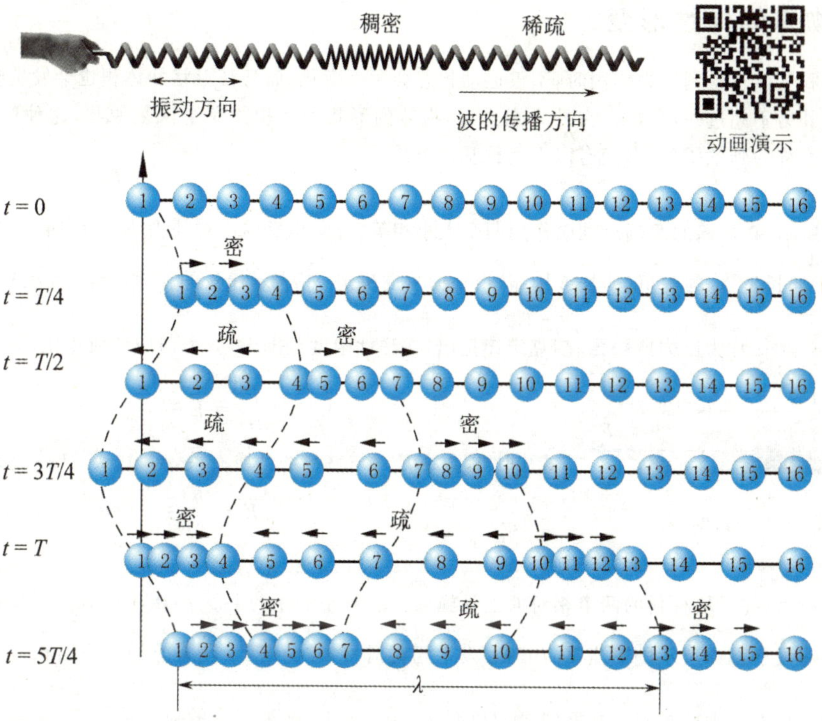

动画演示

图 5 - 2　纵波传播示意图

按波面的形状，波可分为平面波(plane wave)、球面波(spherical wave)和柱面波等. 在各向同性介质中，波线恒与波面垂直.

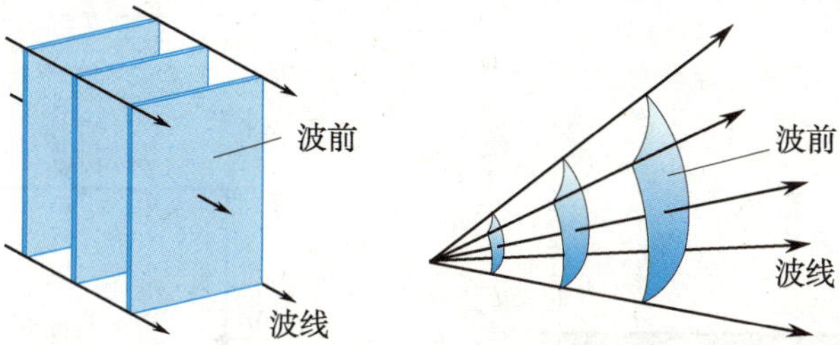

(a) 平面波　　(b) 球面波

图 5 - 3　波线和波面

四、简谐波[①]

一般说来，波动中各质点的振动是复杂的. 最简单而又最基本的波动是**简谐波**(simple harmonic wave)，即波源以及介质中各质点都做正弦或余弦形式的振动. 这种情况只能发生在各向同性、均匀、无限大、无吸收的连续弹性介质中. 以下所提到的介质都是这种理想化的介质. 由于任何复杂的波都可以看成由若干个简谐波叠加而成. 因此，研究简谐波具有特别重要的意义.

---

① 严格说，在简谐波中，介质质点只做正弦或余弦形式的振动，但并非简谐振动. 因为振动频率由波源频率确定，而并非固有频率. 见漆安慎所著的《力学》.

*五、物体的弹性形变

固体、液体和气体在受到外力作用时，不仅运动状态会发生变化，而且其形状和体积也会发生改变，这种改变称为形变. 如果外力不超过一定限度，在外力撤去后，物体的形状和体积能完全恢复原状，这种形变称为弹性形变. 这个外力限度称为弹性限度. 形变有以下几种基本形式：

(1)长变

如图 5-4 所示，在一棒的两端沿轴向作用两个大小相等、方向相反的一对外力 $\boldsymbol{F}$ 和 $\boldsymbol{F}'$ 时，其长度发生变化，由 l 变为 $l+\Delta l$，伸长量 Δl 的正负(伸长或压缩)由外力方向决定，$\frac{\Delta l}{l}$ 表示棒长的相对改变，称为应变或胁变. 设棒的横截面积为 S，则 $\frac{F}{S}$ 称为应力或胁强. 胡克定律指出，在弹性限度范围内，应力与应变成正比，即

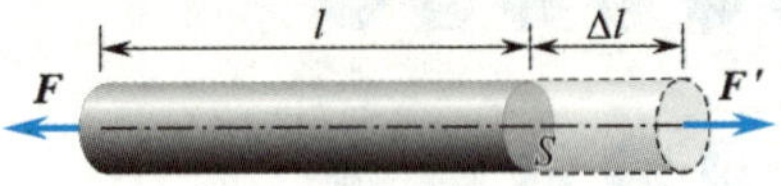

图 5-4　长变

$$\frac{F}{S}=E\frac{\Delta l}{l}, \tag{5-1}$$

式中比例系数 E 只与材料的性质有关，称为杨氏弹性模量，其定义为

$$E=\frac{F/S}{\Delta l/l}. \tag{5-2}$$

(2)切变

如图 5-5 所示，在一块材料的两个相对面上各施加一个与平面平行且大小相等而方向相反的外力 $\boldsymbol{F}$ 和 $\boldsymbol{F}'$ 时. 则块状材料将发生图中所示的形变，即相对面发生相对滑移，称为切变. 设施力的平面面积为 S，则 $\frac{F}{S}$ 称为切变的应力或胁强，两个施力的相对面相互错开的角度 $\varphi=\arctan\frac{\Delta d}{b}$ 称为切变的应变或胁变. 根据胡克定律，在弹性限度内，切变的应力和切应变成正比，即

$$\frac{F}{S}=G\varphi, \tag{5-3}$$

式中 G 是比例系数，只与材料性质有关，称为切变弹性模量，其定义式如下：

$$G=\frac{F/S}{\varphi}. \tag{5-4}$$

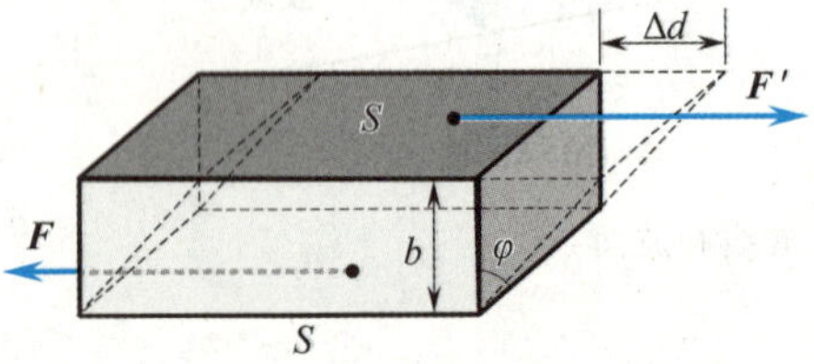

图 5-5　切变

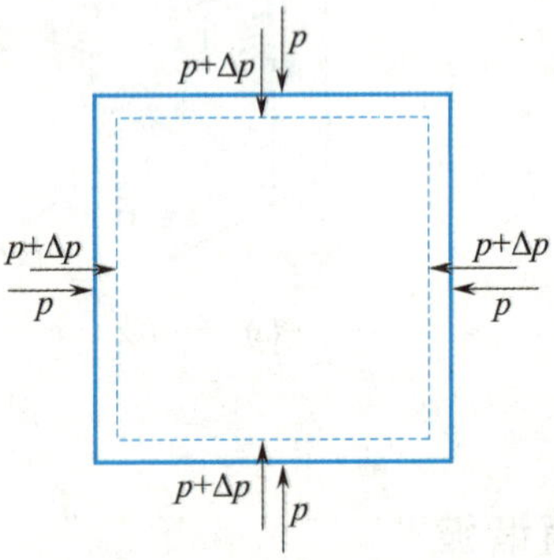

图 5-6　容变

(3)容变

当物体(固体、液体或气体)周围受到的压力改变时，其体积也会发生改变，这种形变称为容变. 如图 5-6所示，物体受到的压强由 p 变为 $p+\Delta p$，相应地物体的体积由 V 变为 $V+\Delta V$，显然，ΔV 与 Δp 的符号恒相反. $\frac{\Delta V}{V}$ 表示体积的相对变化，称为容变的应变. 实验表明，在弹性限度内，压强的改变与容应变的大小成正比，即

$$\Delta p=-B\frac{\Delta V}{V}, \tag{5-5}$$

式中比例系数 B 只与材料性质有关，称为容变弹性模量，其定义式为

$$B=-\frac{\Delta p}{\Delta V/V}. \tag{5-6}$$

六、描述波动的几个物理量

1. 波速 u

波动是振动状态(即相位)的传播,振动状态在单位时间内传播的距离称为波速(wave speed),因此波速又称相速(phase speed),用 u 表示.对于机械波,波速通常由介质的性质决定.可以证明,对于简谐波,在固体中传播的横波和纵波的波速分别为

$$u_{\perp}=\sqrt{\frac{G}{\rho}}, \tag{5-7}$$

$$u_{/\!/}=\sqrt{\frac{E}{\rho}}, \tag{5-8}$$

式中 G 和 E 分别是介质的切变模量和杨氏弹性模量,ρ 为介质的密度.对于同一固体介质,一般有 $E>G$,所以 $u_{/\!/}>u_{\perp}$.顺便指出,只有纵波在均匀细长棒中传播时,(5-8)式才准确成立,在非细长棒中,纵向长变过程中引起的横向形变不能忽略,因此,容变不能简化成长变,(5-8)式只能近似成立.

在弦中传播的横波波速为

$$u_{\perp}=\sqrt{\frac{T}{\mu}}, \tag{5-9}$$

式中 T 是弦中张力,μ 为弦的线密度.

在液体或气体中只能传递纵波,其波速为

$$u_{/\!/}=\sqrt{\frac{B}{\rho}}, \tag{5-10}$$

式中 B 为介质的容变弹性模量.对于理想气体,若把波的传播过程视为绝热过程,则由分子运动理论及热力学方程可导出理想气体中的声速公式为

$$u=\sqrt{\frac{\gamma p}{\rho}}=\sqrt{\frac{\gamma RT}{M_{\mathrm{mol}}}}, \tag{5-11}$$

式中 γ 为气体的摩尔热容比,p 为气体的压强,ρ 为气体的密度,T 是气体的热力学温度,R 是普适气体恒量,M_{mol} 是气体的摩尔质量.

注意:机械波的波速是相对于介质的传播速度.若观察者相对于介质为静止,所测出的波速就是波在介质中的传播速度.如果观察者相对于介质有运动,则应根据速度合成的法则计算出机械波相对于观察者的传播速度.也就是说,当观察者相对于介质有不同的运动时,可观测到不同的波速.此结论不适用于电磁波.

顺便指出,波速与介质中质点的振动速度是两个不同的概念,请读者加以区分.

2. 波动周期和频率

波动过程也具有时间上的周期性.波的周期(period)是指一个完整波形通过介质中某固定点所需的时间,用 T 表示.周期的倒数叫作频率(frequency),即为单位时间内通过介质中某固定点完整波的数目,用 ν 表示.由于波源每完成一次全振动,就有一个完整的波形发送出去,由此可知,当波源相对于介质静止时,波动周期即为波源的振动周期,波动频率即为波源的振动频率.波动周期 T 与频率 ν 之间亦有

$$T=\frac{2\pi}{\omega}=\frac{1}{\nu}. \tag{5-12}$$

3. 波长 λ

如前所述，同一时刻沿波线上各质点的振动相位是依次落后的，则同一波线上相邻的相位差为 2π 的两质点之间的距离称为波长(wavelength)，用 λ 表示. 当波源做一次全振动，波传播的距离就等于一个波长，如图 5－1 所示，因此波长反映了波的空间周期性. 显然，波长与波速、周期和频率的关系为

$$\lambda = uT = \frac{u}{\nu}, \tag{5-13}$$

此式不仅适用于机械波，也适用于电磁波.

波速由介质的性质决定，因此，不同频率的波在同一介质中传播时都具有相同的波速，而同一频率的波在不同介质中传播时其波长不同.

5.2 平面简谐波的波动方程

平面简谐波在介质中传播，虽然各质点都按余弦(或正弦)规律运动，但同一时刻各质点的运动状态却不尽相同. 只有定量地描述每个质点的运动状态，才算解决了平面简谐波的运动学问题.

在平面简谐波中，波线是一组垂直于波面的平行射线，因此可选用其中一根波线为代表来研究平面波的传播规律. 也就是说，我们所需求的平面简谐波的波动表达式，就是任一波线上任一点的振动方程的通式.

一、平面简谐波的波动方程

设有一平面简谐波，在理想介质中沿 x 轴正向传播，x 轴即为某一波线，在此波线上任取一点为坐标原点，并在原点振动相位为零时开始计时，则原点的振动方程为

$$y_0 = A\cos \omega t. \tag{5-14}$$

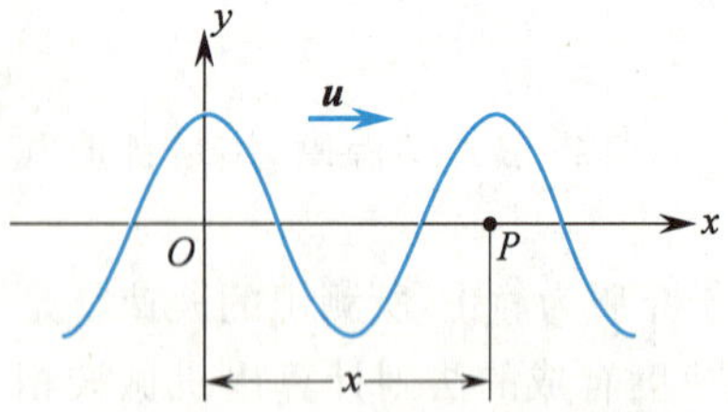

图 5－7　波动方程的推导

设 P 为 x 轴上任一点，其坐标为 x，而用 y 表示该处质点偏离平衡位置的位移，如图 5－7 所示，现求 P 点的振动方程.

设波动在介质中的传播速度为 u，则原点的振动状态传到 P 点所需要的时间为 $\Delta t=\frac{x}{u}$，因此，P 点在 t 时刻将重复原点在 $\left(t-\frac{x}{u}\right)$ 时刻的振动状态，即 P 点在 t 时刻的振动方程为

$$y = A\cos \omega\left(t-\frac{x}{u}\right). \tag{5-15}$$

(5－15)式就是沿 x 轴正向传播的平面简谐波的波动方程(wave function)(或称波动表达式)①.

如 5.1 节所述，当一列波在介质中传播时，沿着波的传播方向向前看去，前方各质点的振动要依次落后于波源的振动. 因此，(5－15)式中 $-\frac{x}{u}$ 也可理解为 P 点的振动落后于原点振动的时间. 显然，这列波若沿 x 轴负方向传播，则 P 点的振动超前于原点的振动，超前的时间为 $+\frac{x}{u}$，此时 P 点的振动方程为

① 平面简谐波也可用复数表示为 $y(x,t)=Ae^{i\omega\left(t-\frac{x}{u}\right)}$，和简谐振动中一样，在经典物理中我们只取其实部.

$$y = A\cos\omega\left(t + \frac{x}{u}\right), \tag{5-16}$$

这就是沿 x 轴负向传播的平面简谐波的表达式.

若波源(原点)的振动初相位在开始计时不为零,即

$$y_0 = A\cos(\omega t + \varphi_0), \tag{5-17}$$

由于波源的初相位对波传播过程的贡献是固定的,与波的传播方向、时间及距离无关,因此波动方程为

$$y = A\cos\left[\omega\left(t \mp \frac{x}{u}\right) + \varphi_0\right]. \tag{5-18}$$

将 $\omega=2\pi\nu=\dfrac{2\pi}{T}$,$u=\dfrac{\lambda}{T}=\dfrac{\omega}{2\pi}\lambda$ 代入(5-18)式,经整理,可得到如下几种常用的波动表达式:

$$y = A\cos\left[2\pi\left(\frac{t}{T} \mp \frac{x}{\lambda}\right) + \varphi_0\right], \tag{5-19}$$

$$y = A\cos\left(2\pi\nu t \mp \frac{2\pi x}{\lambda} + \varphi_0\right), \tag{5-20}$$

$$y = A\cos\left[\frac{2\pi}{\lambda}(ut \mp x) + \varphi_0\right] = A\cos[k(ut \mp x) + \varphi_0], \tag{5-21}$$

式中 $k=\dfrac{2\pi}{\lambda}$,称为**角波数**(angular wave number),它表示在 2π 长度内所具有的完整波的数目.

二、波动方程的物理意义

为了深刻理解平面简谐波波动方程的物理意义,下面以沿 x 轴正向传播的平面简谐波为例分几种情况进行讨论.

(1)如果 $x=x_0$ 为给定值,则位移 y 仅是时间 t 的函数,即 $y=y(t)$,波动方程可化为

$$y(t) = A\cos\left(\omega t - \frac{\omega x_0}{u} + \varphi_0\right) = A\cos\left(\omega t - 2\pi\frac{x_0}{\lambda} + \varphi_0\right). \tag{5-22}$$

这就是波线上 x_0 处质点在任意时刻离开自己平衡位置的位移,(5-22)式即为 x_0 处质点的振动方程,表明任意坐标 x_0 处质点均在做简谐振动,相应可作出其振动曲线如图 5-8 所示.

由(5-22)式可知,x_0 处质点在 $t=0$ 时刻的位移为

$$y(0) = A\cos\left(-\frac{\omega x_0}{u} + \varphi_0\right) = A\cos\left(-2\pi\frac{x_0}{\lambda} + \varphi_0\right).$$

该处质点的振动初相位为 $\varphi'=-\dfrac{\omega x_0}{u}+\varphi_0=-2\pi\dfrac{x_0}{\lambda}+\varphi_0$. 显然 x_0 处质点的振动相位比原点 O 处质点的振动相位始终落后 $\dfrac{\omega x_0}{u}$ 或 $2\pi\dfrac{x_0}{\lambda}$. x_0 越大,相位落后越多,因此,沿着波的传播方向,各质点的振动相位依次落后. $x_0=\lambda, 2\lambda, 3\lambda, \cdots$ 各处质点的振动相位依次为 $\varphi'=-2\pi+\varphi_0, -4\pi+\varphi_0, -6\pi+\varphi_0, \cdots$ 这正好表明波线上每隔一个波长的距离,质点的振动状态相同,波长的确代表了波的空间周期性.

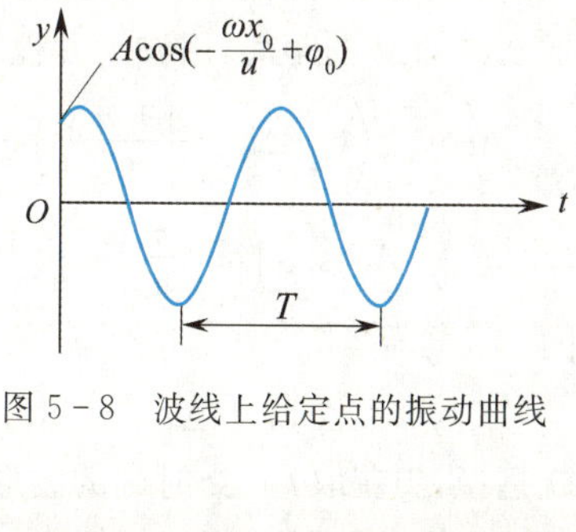

图 5-8 波线上给定点的振动曲线

由上面的讨论,读者自己可以导出,同一波线上两质点之间的相位差为

$$\Delta\varphi = -\frac{2\pi}{\lambda}(x_2 - x_1). \tag{5-23}$$

(2)如果 $t=t_0$ 为给定值,则位移 y 只是坐标 x 的函数,即 $y=y(x)$,波动方程变为

$$y = A\cos\left[\omega\left(t_0 - \frac{x}{u}\right) + \varphi_0\right]. \tag{5-24}$$

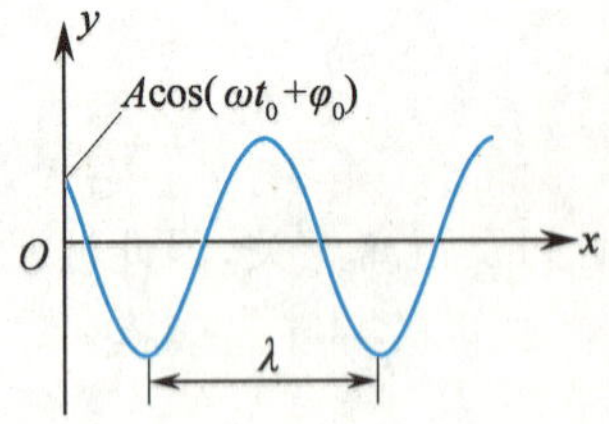

图 5-9 给定时刻($t=t_0$)的波形

这时方程给出了在 t_0 时刻波线上各质点离开各自的平衡位置的位移分布情况，称为 t_0 时刻的**波形方程**. t_0 时刻的波形曲线如图 5-9所示，它是一条余弦函数曲线，正好说明它是一列简谐波. 应该注意的是，对横波，t_0 时刻的 $y-x$ 曲线实际上就是该时刻统观波线上所有质点的分布图形；而对于纵波，波形曲线并不反映真实的质点分布情况，而只是该时刻所有质点的位移分布（相对于它们各自的平衡位置）.

读者自己可以导出同一质点在相邻两个时刻的振动相位差为

$$\Delta\varphi = \omega(t_2 - t_1) = \frac{t_2 - t_1}{T}2\pi, \tag{5-25}$$

这说明波动周期反映了波动在时间上的周期性.

(3)如果 t,x 都在变化，波动方程

$$y(t,x) = A\cos\left[\omega\left(t - \frac{x}{u}\right) + \varphi_0\right]$$

给出了波线上各个质点在不同时刻的位移，或者说它包括了各个不同时刻的波形，也就是反映了波形不断向前推进的波动传播的全过程.

进一步分析波动方程便可更深入了解波动的本质.

根据波动方程可知，t 时刻的波形方程为

$$y(x) = A\cos\left[\omega\left(t - \frac{x}{u}\right) + \varphi_0\right],$$

而 $t+\Delta t$ 时刻的波形方程为

$$y(x) = A\cos\left[\omega\left(t + \Delta t - \frac{x + u\Delta t}{u}\right) + \varphi_0\right],$$

我们用实线和虚线分别表示 t 时刻和稍后的 $t+\Delta t$ 时刻两条波形曲线，如图 5-10 所示，便可形象地看出波形向前传播，传播的速度就等于波速 u.

设 t 时刻、x 处的某个振动状态经过 Δt，传播了 $\Delta x = u\Delta t$ 的距离，用波动方程表示即为

$$A\cos\left[\omega\left(t + \Delta t - \frac{x + u\Delta t}{u}\right) + \varphi_0\right] = A\cos\left[\omega\left(t - \frac{x}{u}\right) + \varphi_0\right],$$

亦即

$$y(t + \Delta t, x + \Delta x) = y(t,x). \tag{5-26}$$

这就是说，想获取 $t+\Delta t$ 时刻的波形，只要将 t 时刻的波形沿波的前进方向移动 $\Delta x(=u\Delta t)$ 距离即可得到. 故(5-26)式描述的波称为**行波**(traveling wave).

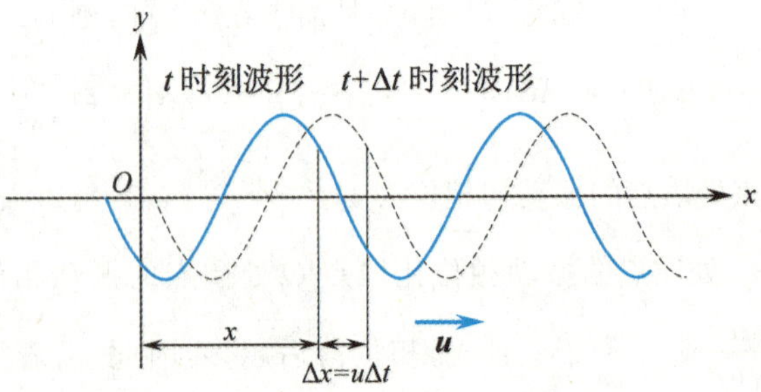

图 5-10 波形的传播

*三、平面简谐波的微分方程

将平面简谐波的波动方程(5-18)式(以沿 x 轴正向传播的平面简谐波为例)分别对 t 和 x 求二阶偏导数，有

$$\frac{\partial^2 y}{\partial t^2} = -A\omega^2 \cos\left[\omega\left(t-\frac{x}{u}\right)+\varphi_0\right],$$

$$\frac{\partial^2 y}{\partial x^2} = -A\frac{\omega^2}{u^2}\cos\left[\omega\left(t-\frac{x}{u}\right)+\varphi_0\right],$$

比较上面两式可得

$$\frac{\partial^2 y}{\partial x^2} = \frac{1}{u^2}\frac{\partial^2 y}{\partial t^2}. \tag{5-27}$$

对于任一沿 x 轴方向传播的平面波，如果不是简谐波，但都可以认为是由许多不同频率的平面简谐波的合成，将其对 t 及 x 求二阶偏导数后，仍然可得到(5-27)式. 所以(5-27)式所反映的是一切平面波必须满足的波动微分方程，它代表了一切平面波的共同特征，不仅适用于机械波，也适用于电磁波.

例 5-1

已知波动方程为 $y=0.1\cos\frac{\pi}{10}(25t-x)$，其中 x,y 的单位为 m，t 的单位为 s，求：(1) 振幅、波长、周期和波速；(2) 距原点为 8 m 和 10 m两点处质点振动的相位差；(3) 波线上某质点在时间间隔 0.2 s 内的相位差.

解 (1) 用比较法. 将波动方程改写成如下形式：

$$y = 0.1\cos\frac{25}{10}\pi\left(t-\frac{x}{25}\right),$$

并与波动方程的标准形式

$$y=A\cos\left[\omega\left(t-\frac{x}{u}\right)+\varphi_0\right]$$

比较，即可得

$$A = 0.1\ (\text{m}),\quad \omega = \frac{25}{10}\pi\ (\text{s}^{-1}),$$

$$u = 25\ (\text{m}\cdot\text{s}^{-1}),\quad \varphi_0 = 0,$$

所以

$$T = \frac{2\pi}{\omega} = 0.8\ (\text{s}),\quad \lambda = ut = 20\ (\text{m}).$$

(2) 同一时刻波线上坐标为 x_1 和 x_2 两点处质点振动的相位差

$$\Delta\varphi = -\frac{2\pi}{\lambda}(x_2-x_1) = -2\pi\frac{\delta}{\lambda},$$

其中 $\delta=x_2-x_1$ 是波动传播到 x_1 和 x_2 处的波程之差，上式就是同一时刻波线上任意两点间相位差与波程差的关系. 将 $\delta=x_2-x_1=2$ m 代入上式，得

$$\Delta\varphi = -\frac{\pi}{5},$$

负号表示 x_2 处的振动相位落后于 x_1 处的振动相位.

(3) 对于波线上任意一个给定点(x 一定)，在时间间隔 Δt 内的相位差

$$\Delta\varphi = \omega(t_2-t_1) = \omega\Delta t$$

$$= \frac{25}{10}\pi\times 0.2 = \frac{\pi}{2}.$$

例 5-2

一平面波在介质中以速度 $u=20\ \text{m}\cdot\text{s}^{-1}$ 沿直线传播，已知在传播路径上某点 A 的振动方程为 $y_A=0.03\cos 4\pi t$(SI)，如图 5-11 所示. (1) 若以 A 点为坐标原点，写出波动方程，并求出 C,D 两点的振动方程；(2) 若以 B 点为坐标原点，写出波动方程，并求出 C,D 两点的振动方程.

解 已知 $u=20\ \text{m}\cdot\text{s}^{-1}$，$\omega=4\pi$，则

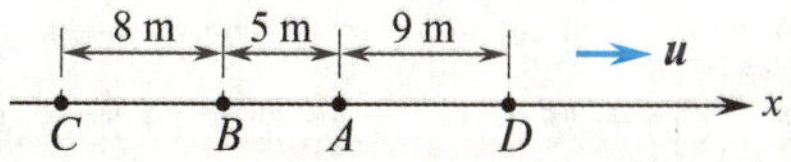

图 5-11

$$T = \frac{2\pi}{\omega} = 0.5\ (\text{s}),\quad \lambda = ut = 10\ (\text{m}).$$

(1) 若以 A 点为坐标原点，则原点的振动方程为 $y_O = y_A = 0.03\cos 4\pi t$，所以波动方

程为

$$y = 0.03\cos 4\pi\left(t-\frac{x}{20}\right)$$
$$= 0.03\cos\left(4\pi t-\frac{\pi}{5}x\right),$$

其中 x 是波线上任意一点的坐标(以 A 为坐标原点). 对 C 点, $x_C=-13$ m; 对 D 点, $x_D=9$ m, 故可直接写出 C 点和 D 点的振动方程分别为

$$y_C = 0.03\cos\left(4\pi t-\frac{\pi}{5}x_C\right)$$
$$= 0.03\cos\left(4\pi t+\frac{13}{5}\pi\right),$$
$$y_D = 0.03\cos\left(4\pi t-\frac{\pi}{5}x_D\right)$$
$$= 0.03\cos\left(4\pi t-\frac{9}{5}\pi\right).$$

(2)若以 B 点为坐标原点, 则原点的振动方程为 $y_O=y_B$. 由于波从左向右传播, 因此 B 点的振动始终比 A 点超前一段时间 $\Delta t=\frac{5}{20}=\frac{1}{4}$ s, 故 B 点在 t 时刻的振动状态与 A 点在 $t+\Delta t$ 时刻的振动状态相同, 即

$$y_O = y_B(t) = y_A(t+\Delta t)$$
$$= 0.03\cos 4\pi\left(t+\frac{1}{4}\right)$$
$$= 0.03\cos(4\pi t+\pi),$$

此时波动方程为

$$y = 0.03\cos\left[4\pi\left(t-\frac{x}{20}\right)+\pi\right]$$
$$= 0.03\cos\left(4\pi t-\frac{\pi}{5}x+\pi\right),$$

其中 x 是波线上任意一点的坐标(以 B 为坐标原点). 对 C 点, $x_C=-8$ m; 对 D 点, $x_D=14$ m, 代入波动方程可写出 C 点和 D 点的振动方程分别为

$$y_C = 0.03\cos\left(4\pi t+\frac{8}{5}\pi+\pi\right)$$
$$= 0.03\cos\left(4\pi t+\frac{13}{5}\pi\right),$$
$$y_D = 0.03\cos\left(4\pi t-\frac{\pi}{5}\times 14+\pi\right)$$
$$= 0.03\cos\left(4\pi t-\frac{9}{5}\pi\right).$$

从本例的讨论可以看出, 对一列给定的平面波, 坐标原点选取不同, 波动方程的形式就不同, 但每个质点的振动方程却是相同的, 即每个质点的振动规律是确定的, 与坐标原点的选取无关.

例 5-3

一平面简谐横波以 $u=400\ \mathrm{m\cdot s^{-1}}$ 的波速在均匀介质中沿 x 轴正向传播. 位于坐标原点的质点的振动周期为 0.01 s, 振幅为 0.1 m, 取原点处质点经过平衡位置且向正方向运动时作为计时起点. (1) 写出波动方程; (2) 写出距原点为 2 m 处的质点 P 的振动方程; (3) 画出 $t=0.005$ s 和 0.007 5 s 时的波形图; (4) 若以距原点 2 m 处为坐标原点, 写出波动方程.

解 (1)由题意知, 坐标原点 O 处质点的振动初始条件为 $t=0$ 时, $y_0=0, v_0>0$. 设原点 O 处质点的振动方程为 $y_O=A\cos(\omega t+\varphi_0)$, 将初始条件代入, 可求出原点处质点的振动初相位 $\varphi_0=\frac{3}{2}\pi$, 原点的振动方程为

$$y_O = 0.1\cos\left(200\pi t+\frac{3}{2}\pi\right)\ (\mathrm{m}),$$

故可写出波动方程为

$$y = 0.1\cos\left[200\pi\left(t-\frac{x}{400}\right)+\frac{3}{2}\pi\right]\ (\mathrm{m}).$$

(2)将 $x_P=2$ m 代入上面波动方程即可写出 P 质点的振动方程为

$$y_P = 0.1\cos\left[200\pi\left(t-\frac{2}{400}\right)+\frac{3}{2}\pi\right]$$
$$= 0.1\cos\left(200\pi t+\frac{\pi}{2}\right)\ (\mathrm{m}).$$

(3)将 $t_1=0.005$ s 代入波动方程, 得此时刻的波形方程

$$y = 0.1\cos\left[200\pi\left(0.005-\frac{x}{400}\right)+\frac{3}{2}\pi\right]$$

$$= 0.1\cos\left(\frac{\pi}{2} - \frac{\pi}{2}x\right) \text{ (m)}.$$

画出对应的波形曲线如图 5-12 中实线所示. 因为 $T = 0.01$ s, 故从 $t_1 = 0.005$ s 到 $t_2 = 0.0075$ s 经历了 $\Delta t = t_2 - t_1 = 0.0025 \text{ s} = \frac{1}{4}T$, 故 $t_2 = 0.0075$ s 时刻的波形图只需将 $t_1 = 0.005$ s 时刻的波形曲线沿着波的传播方向平移 $\frac{1}{4}\lambda = \frac{1}{4}ut = 1$ m 即可得到, 如图 5-12 中虚线所示.

(4) 由(2)中结果可知, 新坐标原点 O' 的振动方程为

$$y'_O = y_P = 0.1\cos\left(200\pi t + \frac{\pi}{2}\right),$$

所以新坐标系下的波动方程为

$$y' = 0.1\cos\left[200\pi\left(t - \frac{x'}{400}\right) + \frac{\pi}{2}\right] \text{ (m)},$$

式中 x' 是波线上各点在新坐标系下的位置坐标.

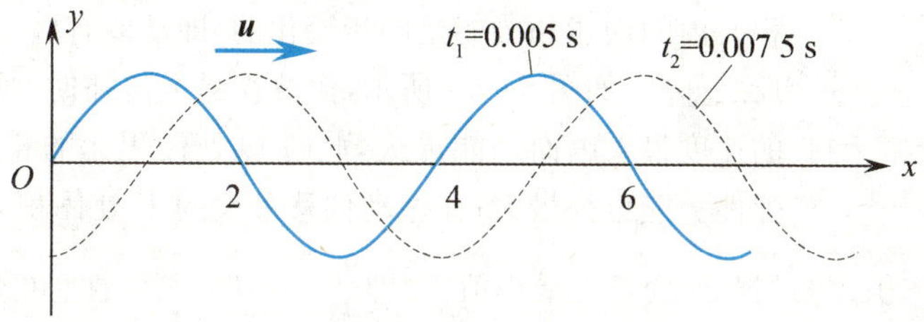

图 5-12

5.3 波的能量 *声强

一、波的能量和能量密度

在波的传播中, 介质并不随波向前移动, 波源的振动能量通过介质间的相互作用而传播出去. 介质中各质点都在各自的平衡位置附近振动, 因而具有动能; 同时, 介质因形变而具有弹性势能. 下面以介质中任一体积元 dV 为例来讨论波动能量.

设有一平面简谐波在密度为 ρ 的弹性介质中沿 x 轴正向传播, 设其波动方程为

$$y = A\cos\left[\omega\left(t - \frac{x}{u}\right) + \varphi_0\right].$$

在坐标为 x 处取一体积元为 dV, 其质量为 $dm = \rho dV$, 视该体积元为质点, 当波传播到该体积元时, 其振动速度为

$$v = \frac{\partial y}{\partial t} = -A\omega\sin\left[\omega\left(t - \frac{x}{u}\right) + \varphi_0\right],$$

则该体积元的动能为

$$dE_k = \frac{1}{2}(dm)v^2 = \frac{1}{2}\rho dV A^2\omega^2\sin^2\left[\omega\left(t - \frac{x}{u}\right) + \varphi_0\right]. \tag{5-28}$$

同时, 该体积元因形变而具有弹性势能, 可以证明该体积元的弹性势能为

$$dE_p = \frac{1}{2}\rho dV A^2\omega^2\sin^2\left[\omega\left(t - \frac{x}{u}\right) + \varphi_0\right], \tag{5-29}$$

于是该体积元内总的波动能量为

$$dE = dE_k + dE_p = \rho dV A^2 \omega^2 \sin^2\left[\omega\left(t - \frac{x}{u}\right) + \varphi_0\right]. \tag{5-30}$$

(5－30)式表明，波动在介质中传播时，介质中任一体积元的总能量随时间做周期性变化. 这说明该体积元和相邻的介质之间有能量交换. 体积元的能量增加时，它从相邻介质中吸收能量；体积元的能量减少时，它向相邻介质释放能量. 这样，能量不断地从介质中的一部分传递到另一部分. 所以，波动过程也就是能量传播的过程.

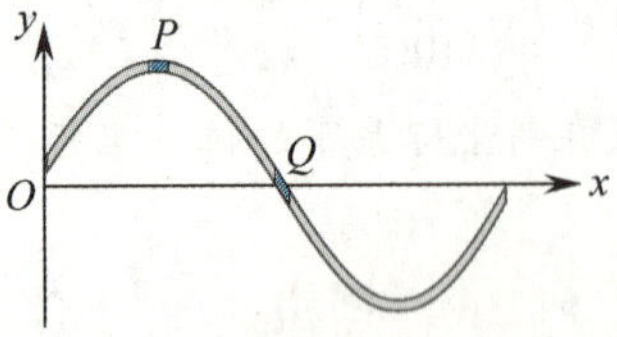

图 5－13　体积元在平衡位置时，相对形变量最大；体积元在最大位移时，相对形变为零

应当注意，波动的能量和简谐振动的能量有着明显的区别. 在一个孤立的简谐振动系统中，它和外界没有能量交换，所以机械能守恒且动能和势能在不断地相互转换，当动能有极大值时势能为极小，当动能为极小时势能为极大. 而在波动中，体积元内总能量不守恒，且同一体积元内的动能和势能是同步变化的，即动能有极大值时势能也为极大，反之亦然. 如图 5－13 所示，横波在绳上传播时，平衡位置 Q 处体积元的速度最大因而动能最大，此时 Q 处体积元的相对形变也最大，因此弹性势能也为最大；在振动位移最大的 P 处体积元，其振动速度为零，动能等于零，而此处体积元的相对形变量为最小值零（即$\left.\frac{\partial y}{\partial x}\right|_P=0$），其弹性势能亦为零.

单位体积介质中所具有的波的能量，称为**能量密度**（energy density of wave），用 w 表示，由(5－30)式，有

$$w = \frac{dE}{dV} = \rho A^2 \omega^2 \sin^2\left[\omega\left(t - \frac{x}{u}\right) + \varphi_0\right], \tag{5-31}$$

可见能量密度 w 随时间做周期性变化，实际应用中是取其平均值. 能量密度在一个周期内的平均值称为**平均能量密度**，用 $\overline{w}$ 表示，对平面简谐波有

$$\overline{w} = \frac{1}{T}\int_0^T w dt = \frac{1}{T}\int_0^T \rho A^2 \omega^2 \sin^2\left[\omega\left(t - \frac{x}{u}\right) + \varphi_0\right] dt = \frac{1}{2}\rho A^2 \omega^2. \tag{5-32}$$

(5－32)式指出，平均能量密度与波振幅的平方、角频率的平方及介质密度成正比. 此公式适用于各种弹性波.

* 波动中介质体积元的弹性势能公式(5－29)式的推导过程.

如图 5－14 所示，设在一细长棒中沿 x 轴正向传递着纵波，取体积元 dx，绝对伸长量为 dy，所以体积元的相对伸长（即线应变或胁变）为$\frac{dy}{dx}$，则由(5－1)式可知该体积元所受的弹性力为

$$F = ES\frac{dy}{dx} = k dy,$$

式中 E 是棒的杨氏弹性模量，$k=\frac{ES}{dx}$，故体积元的弹性势能为

$$dE_p = \frac{1}{2}k(dy)^2 = \frac{1}{2}\frac{ES}{dx}(dy)^2 = \frac{1}{2}ES dx\left(\frac{dy}{dx}\right)^2.$$

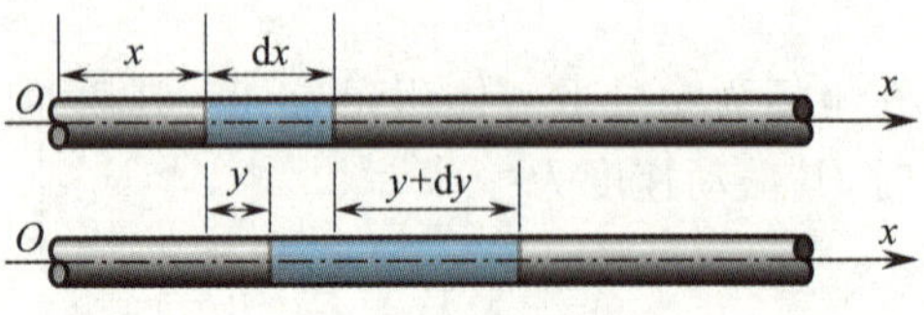

图 5－14　固体细长棒中纵波的传播

因为 $dV=Sdx$，$u=\sqrt{\frac{E}{\rho}}$ 或 $E=\rho u^2$，且根据波动方程(5－18)式可得

$$\frac{dy}{dx} = A\frac{\omega}{u}\sin\left[\omega\left(t - \frac{x}{u}\right) + \varphi_0\right],$$

代入得

$$dE_p = \frac{1}{2}\rho u^2 (dV) A^2 \frac{\omega^2}{u^2}\sin^2\left[\omega\left(t - \frac{x}{u}\right) + \varphi_0\right] = \frac{1}{2}(\rho dV) A^2 \omega^2 \sin^2\left[\omega\left(t - \frac{x}{u}\right) + \varphi_0\right],$$

即为(5－29)式. 如果所考虑的是平面余弦弹性横波，则只要把上面推导中的$\frac{dy}{dx}$和 F 分别理解为体积元的切变和

剪切力，并用切变模量 G 代替杨氏弹性模量 E，便可得到同样的结果.

二、波的能流和能流密度

为了描述波动过程中能量的传播，还需引入能流和能流密度的概念.

所谓能流(energy flow)，即单位时间内通过某一截面的能量. 如图 5-15 所示，设想在介质中作一个垂直于波速的截面 ΔS、长度为 u 的长方体，则在单位时间内，体积为 $u\Delta S$ 的长方体内的波动能量都要通过 ΔS 面，因此通过面积 ΔS 的能流为

$$\bar{p} = \bar{w} u \Delta S, \tag{5-33}$$

式中 $\bar{p}$ 亦为平均能流.

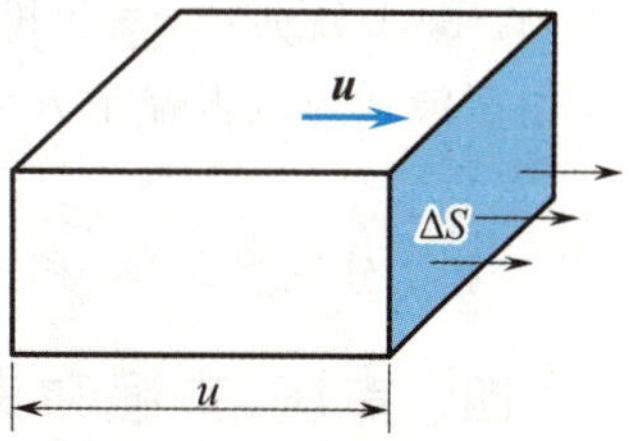

图 5-15　通过 S 面的平均能流

显然，平均能流 $\bar{p}$ 与 ΔS 截面积有关. 与波的传播方向垂直的单位面积的平均能流称为能流密度(flow-of-energy density)或波的强度(intensity of wave)，简称波强. 用 I 表示，则有

$$I = \frac{\bar{p}}{\Delta S} = \bar{w} u.$$

能流密度或波强是一个矢量，在各向同性介质中，其方向与波速方向相同，矢量式为

$$\boldsymbol{I} = \bar{w} \boldsymbol{u}, \tag{5-34}$$

等于波的平均能量密度与波速的乘积.

简谐波的波强的大小为

$$I = \frac{1}{2}\rho A^2 \omega^2 u, \tag{5-35}$$

即波强与波振幅的平方、角频率的平方成正比. (5-35)式只对弹性波成立.

波强的单位是瓦特每平方米($\mathrm{W \cdot m^{-2}}$).

若平面简谐波在各向同性、均匀、无吸收的理想介质中传播，可以证明其波振幅在传播过程中将保持不变.

设一平面波的传播方向如图 5-16 所示，在垂直于传播方向上取两个面积相等的平行平面 S_1 和 S_2，其平均能流分别为 $\bar{p}_1$ 和 $\bar{p}_2$，因能量无损失，应有

$$\bar{p}_1 = \bar{p}_2,$$

即

$$I_1 S_1 = I_2 S_2.$$

由(5-35)式，有

$$\frac{1}{2}\rho\omega^2 A_1^2 u S_1 = \frac{1}{2}\rho\omega^2 A_2^2 u S_2,$$

于是有

$$A_1 = A_2.$$

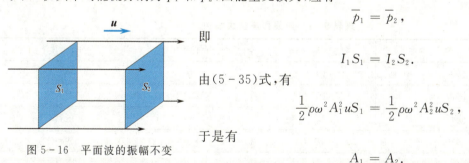

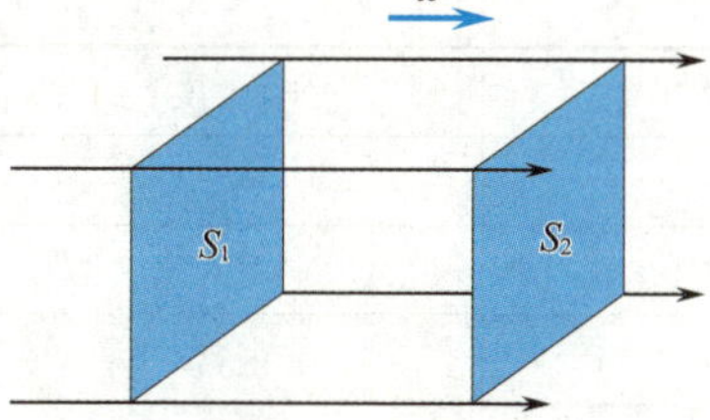

图 5-16　平面波的振幅不变

用同样的方法，读者自己可以证明，在理想介质中传播的球面波的振幅随着离波源距离的增加成反比地减小.

三、波的吸收

波在实际介质中传播时，由于波动能量总有一部分会被介质吸收，所以波的机械能会不断地减少，波强亦逐渐减弱，这种现象称为波的吸收.

设波通过厚度为 dx 的介质薄层后，其振幅衰减量为 $-dA$，实验指出

$$-dA = \alpha A dx,$$

经积分得

$$A = A_0 e^{-\alpha x}, \tag{5-36}$$

式中 A_0 和 A 分别是 $x=0$ 和 $x=x$ 处的波振幅，α 是常量，称为介质的**吸收系数**.

由于波强与波振幅平方成正比，所以波强的衰减规律为

$$I = I_0 e^{-2\alpha x}, \tag{5-37}$$

式中 I_0 和 I 分别是 $x=0$ 和 $x=x$ 处波的强度.

*四、声压、声强和声强级

为了描述声波在介质中各点的强弱，常采用声压和声强两个物理量.

介质中有声波传播时的压力与无声波时的静压力之间的压差称为**声压**(sound pressure). 由于声波是疏密波，在稀疏区域，实际压力小于静压力，在稠密区域，实际压力大于静压力，前者声压为负值，后者声压为正值. 因介质中各点声振动是周期性变化的，所以声压也在做周期性变化. 对平面简谐波，可以证明声压振幅 p_m 为

$$p_m = \rho u A \omega. \tag{5-38}$$

声强(intensity of sound)就是声波的能流密度，由(5-35)和(5-38)两式，有

$$I = \frac{1}{2}\frac{p_m^2}{\rho u} = \frac{1}{2}\rho u A^2 \omega^2, \tag{5-39}$$

这说明频率越高越容易获得较大的声压和声强.

引起人的听觉的声波，不仅有频率范围(能引起人耳听觉的频率范围是 20～20 000 Hz)，而且有声强范围. 对于每个给定频率的可闻声波，声强都有上、下两个限值，低于下限的声强不能引起听觉，高于上限的声强也不能引起听觉，声强太大则只能引起痛觉. 一般正常人听觉的最高声强为 10 $W \cdot m^{-2}$，最低声强为 10^{-12} $W \cdot m^{-2}$. 通常把这一最低声强作为测定声强的标准，用 I_0 表示. 由于上、下声强的数量级相差悬殊(达 10^{13})，所以常用对数标度作为声强级的量度，以 L_I 表示，即

$$L_I = \lg \frac{I}{I_0}, \tag{5-40}$$

其单位为贝尔(Bel)，这个单位太大，常采用贝尔的 1/10，即分贝(dB)为单位，此时声强级公式为

$$L_I = 10\lg \frac{I}{I_0}\ (\text{dB}). \tag{5-41}$$

表 5-1　声强和声强级举例

声　源	声强/($W \cdot m^{-2}$)	声强级/dB	响　度
听觉阈	10^{-12}	0	
风吹树叶	10^{-10}	20	轻
通常谈话	10^{-6}	60	正常
闹市车声	10^{-5}	70	响
摇滚乐	1	120	震耳
喷气机起飞	10^{3}	150	
地震(里氏 7 级，距震中 5 km)	4×10^{4}	166	
聚集超声波	10^{9}	210	

最后顺便指出，仅用声强级尚不能完全反映人耳对声音响度的感觉. 人耳对响度的主观感觉由声强级和频率共同决定. 例如，同为 50 dB 声强级的声音，当频率为 1 000 Hz 时，人耳听起来已相当响，而当频率为 50 Hz 时，则

还听不见.若需要考虑这种效应时,可去查阅有关手册中列出的等响度曲线.

例 5-4

空气中声波的吸收系数为 $\alpha_1=2\times10^{-11}\nu^2\ \mathrm{m}^{-1}$,钢中的吸收系数为 $\alpha_2=4\times10^{-7}\ \nu\ \mathrm{m}^{-1}$,式中 ν 代表声波的频率.问频率为 5 MHz 的超声波透过多厚的空气或钢后其声强减为原来的 1%.

解 $\alpha_1 = 2\times10^{-11}\times(5\times10^6)^2 = 500\ (\mathrm{m}^{-1})$,

$\alpha_2 = 4\times10^{-7}\times5\times10^6 = 2\ (\mathrm{m}^{-1})$.

由 $I=I_0\mathrm{e}^{-2\alpha x}$,得

$$x = \frac{1}{2\alpha}\ln\frac{I_0}{I}.$$

把 α_1,α_2 的值分别代入上式,又依题 $I_0/I=100$,得空气的厚度为

$$x_1 = \frac{1}{1\ 000}\ln 100 = 0.046\ (\mathrm{m}),$$

钢的厚度为

$$x_2 = \frac{1}{4}\ln 100 = 1.15\ (\mathrm{m}).$$

可见高频超声波很难通过气体,但极易通过固体.

5.4 惠更斯原理　波的叠加和干涉

一、惠更斯原理

当波在弹性介质中传播时,由于介质质点间的弹性力作用,介质中任何一点的振动都会引起邻近各质点的振动,因此,波动到达的任一点都可看作是新的波源.例如水面波的传播,如图 5-17 所示,当一块开有小孔的隔板挡在波的前面,则不论原来的波面是什么形状,只要小孔的线度远小于波长($a\ll\lambda$),都可以看到穿过小孔的波是圆形波,就好像是以小孔为点波源发出的一样,这说明小孔可以看作新的波源,其发出的波称为次波(子波).

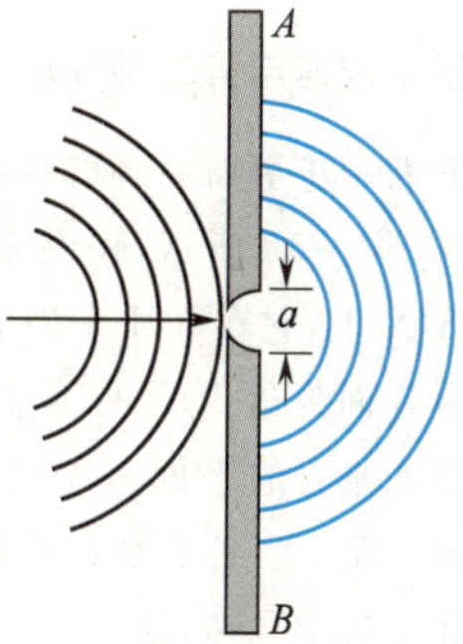

图 5-17　障碍物上的小孔成为新波源

荷兰物理学家惠更斯(C. Huygens)观察和研究了大量类似的现象,于 1690 年提出了一条描述波传播特性的重要原理:**介质中波阵面(波前)上的各点,都可以看作是发射子波的波源,其后任一时刻这些子波的包迹就是新的波阵面**.这就是**惠更斯原理**.

惠更斯原理不仅适用于机械波,也适用于电磁波.而且不论波动经过的介质是均匀的还是非均匀的,是各向同性的还是各向异性的,只要知道了某一时刻的波阵面,就可以根据这一原理,利用几何作图法来确定以后任一时刻的波阵面,进而确定波的传播方向.此外,根据惠更斯原理,还可以很简单地说明波在传播中发生的反射和折射等现象.下面以平面波和球面波为例,说明惠更斯原理的应用.

如图 5-18(a)所示,点波源 O 在各向同性的均匀介质中以波速 u 发出球面波,已知在 t 时刻的波阵面是半径为 R_1 的球面 S_1.根据惠更斯原理,S_1 上的各点都可以看作是发射子波的新波源,经过 Δt 时间,各子波波阵面是以 S_1 球面上各点为球心,以 $r=u\Delta t$ 为半径的许多球面,这些子

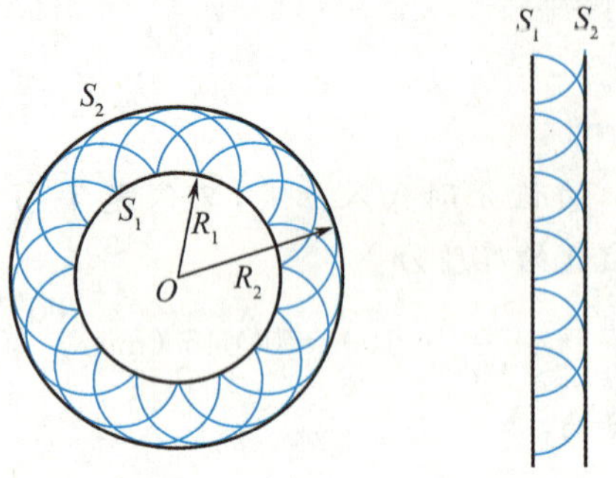

(a) 球面波　　(b) 平面波

图 5-18　用惠更斯原理求新波阵面

波波阵面的包迹面 S_2 就是球面波在 $t+\Delta t$ 时刻的新的波阵面. 显然，S_2 是一个仍以点波源 O 为球心，以 $R_2=R_1+u\Delta t$ 为半径的球面.

平面波可近似地看作是半径很大的球面波阵面上的一小部分. 例如，从太阳射出的球面光波，到达地面上时，就可看作是平面波. 如图 5-18(b)所示，若已知在各向同性均匀介质中传播的平面波在某时刻 t 的波阵面 S_1，用惠更斯原理就可以求出以后任一时刻 $t+\Delta t$ 的新的波阵面 S_2，它是一个与 S_1 相距 $u\Delta t$，且与 S_1 平行的平面.

从以上讨论可以看出，当波在各向同性均匀介质中传播时，波阵面的几何形状总是保持不变，即波线方向或者波的传播方向是不变的. 当波在不均匀介质或各向异性介质中传播时，同样可以根据惠更斯原理用作图法求出新的波阵面，只是波阵面的形状和波的传播方向都可能发生变化.

* 应用惠更斯原理证明波的反射(reflection)和折射(refraction)定律

当波从一种介质传播到另一种介质的分界面时，传播方向会发生改变，其中一部分反射回原介质，称为反射波；另一部分进入第二种介质，称为折射波；这种现象称为波的反射和折射现象. 通常把入射波、反射波和折射波的波线称为入射线、反射线和折射线. 相应地，它们与分界面法线之间的夹角分别称为入射角、反射角和折射角. 无数观察和实验表明，波在反射和折射时分别遵从如下定律：

(1) **反射定律：反射线、入射线和界面法线在同一平面内，且反射角 i' 恒等于入射角 i，即 $i'=i$.**

(2) **折射定律：折射线、入射线和界面法线在同一平面内，且入射角 i 的正弦和折射角 r 的正弦之比等于第一种介质中波速与第二种介质中波速之比，即 $\dfrac{\sin i}{\sin \gamma}=\dfrac{u_1}{u_2}$.**

下面用惠更斯原理解释波的反射和折射定律：

如图 5-19 所示，设一平面波传播到两种介质的分界面 MN 上，它在介质 1 中的波速为 u_1. 在 t 时刻，入射波的波阵面到达 $AA_1A_2A_3$ 位置(波阵面为通过 AA_3 线并与图面垂直的平面)，A 点先和分界面相遇，此后波阵面上 A_1，A_2，A_3 各点经过相等的时间间隔依次先后到达分界面上的 B_1，B_2，B_3 各点. 设在 $t+\Delta t$ 时刻，A_3 点传播到界面上 B_3 点，则 A_1，A_2 点依次在 $t+\frac{1}{3}\Delta t$，$t+\frac{2}{3}\Delta t$ 时刻传到界面上 B_1，B_2 点. 根据惠更斯原理，入射波到达界面上的各点都可看作是发射子波的波源，则在 $t+\Delta t$ 时刻，从 A，B_1，B_2，B_3 各点向介质 1 中发出的子波半径分别为 $u_1\Delta t$，$\frac{2}{3}u_1\Delta t$，$\frac{1}{3}u_1\Delta t$，0，这些子波的包迹面即为图中的 B_3B 面，B_3B 面就是 $t+\Delta t$ 时刻的波阵面，作垂直于此波阵面的直线，即为反射线. 从图中可以看出，反射线、入射线和界面法线均在同一个平面内，且$\triangle AA_3B_3\cong\triangle ABB_3$，故$\angle A_3AB_3=\angle BB_3A$，从而得到 $i=i'$，即反射角等于入射角，这就是波的反射定律.

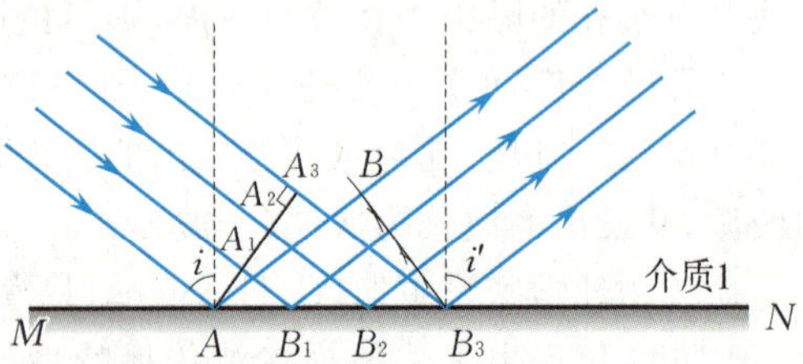

图 5-19　波的反射

如图 5-20 所示，一平面波从介质 1 传到两种介质分界面时，一部分进入介质 2 继续传播，相应地，波速由 u_1 变为 u_2. 设在 t 时刻，入射波的波阵面是 $AA_1A_2A_3$，此时 A 点已到达分界面，此后波阵面上 A_1，A_2，A_3 各点经过相等的时间间隔依次先后到达界面上的 B_1，B_2，B_3 处. 若假定 $t+\Delta t$ 时刻 A_3 点到达 B_3 处，则 A_1，A_2 到达 B_1，B_2 处的时刻分别是 $t+\frac{1}{3}\Delta t$，$t+\frac{2}{3}\Delta t$. A，B_1，B_2，B_3 各点作为新的波源向介质 2 中发出子波，在 $t+\Delta t$ 时刻，它们发出的子波半径分别为 $u_2\Delta t, \frac{2}{3}u_2\Delta t, \frac{1}{3}u_2\Delta t, 0$，作出这些子波的包迹 B_3B 面就是此时波动在介质 2 中的波阵面，作垂直于此波阵面的直线即为折射线. 从图中可以看出：折射线、入射线和界面法线都在同一个平面内，且 $A_3B_3=u_1\Delta t=AB_3\sin i$，$AB=u_2\Delta t=AB_3\sin\gamma$，由此可得 $\frac{\sin i}{\sin\gamma}=\frac{u_1}{u_2}$. 对于光波，有 $n_1=\frac{c}{u_1}$，$n_2=\frac{c}{u_2}$，所以有

$$\frac{\sin i}{\sin\gamma}=\frac{u_1}{u_2}=\frac{n_2}{n_1}=n_{21}, \qquad (5-42)$$

其中 n_1, n_2 分别为介质 1 和介质 2 的折射率；$n_{21}=\frac{n_2}{n_1}$ 称为介质 2 对介质 1 的相对折射率. 这就是波的折射定律.

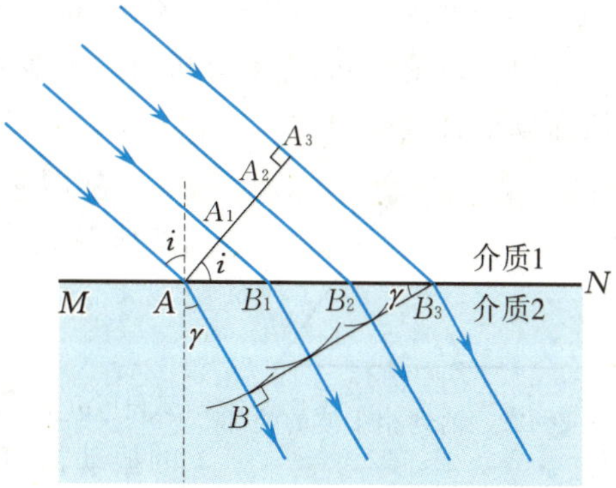

图 5-20　波的反射

二、波的叠加原理

动画演示

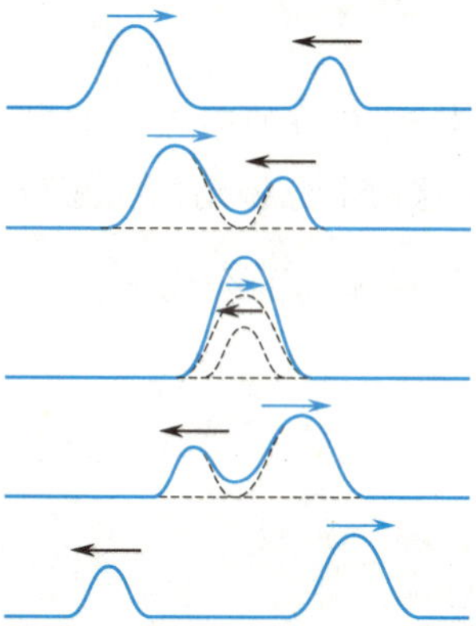
图 5-21　波的独立传播

当多个波源激发的波在同一介质中相遇时，观察和实验表明：各列波在相遇前和相遇后都保持原来的特性（频率、波长、振动方向、传播方等）不变，与各波单独传播时一样；而在相遇处各质点的振动则是各列波在该处激起的振动的合成. 这就是**波传播的独立性原理**或**波的叠加原理**（superposition principle of wave）. 例如，把两个石块同时投入静止的水中，两个振源所激起的水波可以互相贯穿地传播. 又如，在嘈杂的公共场所，各种声音都传到人的耳朵，但我们仍能将它们区分开来. 每天空中同时有许多无线电波在传播，我们却能随意地选取某一电台的广播收听. 这些实例都反映了波传播的独立性. 图 5-21 是波叠加原理的示意图.

波的叠加与振动的叠加是不完全相同的. 振动的叠加仅发生在单一质点上，而波的叠加则发生在两波相遇范围内的许多质元上，这就构成了波的叠加所特有的现象，如下面将要介绍的波的干涉现象. 此外，正如任何复杂的振动可以分解为不同频率的许多简谐振动的叠加一样，任何复杂的波也都可以分解为频率或波长不同的许多平面简谐波的叠加.

两个实物粒子相遇时会发生碰撞，而两列波相遇仅在重叠区域构成合成波，过了重叠区又能分道扬镳，这就是波不同于粒子的一个重要运动特征. 从理论上看，波的叠加原理与波动方程(5-27)式为线性微分方程是一致的. 在我们常常遇到的波动现象中，线性波动方程和波的叠加原理一般都是正确的. 但是当人们的实验观察和理论研究扩大到强波范围时，介质就会表现出非线性特征，这时，波就不再遵从叠加原理，而线性波动方程也不再是正确的，研究这种情形的新理论称为**非线性波理论**. 本书只讨论叠加原理适用的线性波.

三、波的干涉

动画演示

在一般情况下，几列波的合成波既复杂又不稳定，没有实际意义. 但满足下述条件的两列波在介质中相遇，则可形成一种稳定的叠加图样，即出现所谓**干涉现象**（interference）.

两列波若频率相同、振动方向相同、在相遇点的相位相同或相位差恒定，则在合成波场中会出现某些点的振动始终加强，另一些点的振动始终减弱（或完全抵消），这种现象称为**波的干涉**.

满足上述条件的波源叫作相干波源，相干波源发出的波称为**相干波**.

由以上讨论可知，定量分析波的干涉的出发点仍然是求相干区域内各质元的同频率、同方向简谐振动的合成振动.

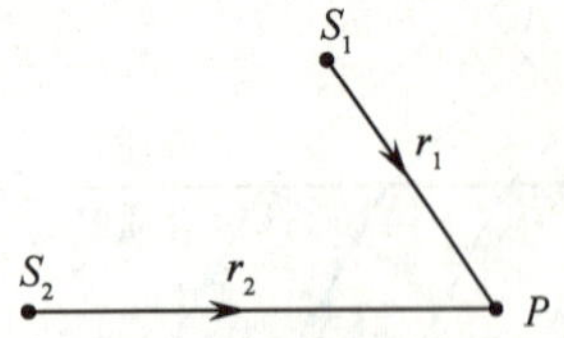

图 5-22 两列相干波的叠加

如图 5-22 所示，设 S_1 和 S_2 为两相干波源，它们的振动方程分别为

$$\begin{cases} y_{10} = A_{10}\cos(\omega t + \varphi_{10}), \\ y_{20} = A_{20}\cos(\omega t + \varphi_{20}), \end{cases} \tag{5-43}$$

式中，ω 为角频率，A_{10}，A_{20} 为两波源的振幅，φ_{10}，φ_{20} 分别为两波源的振动初相位. 设由这两个波源发出的两列波在同一介质中传播后相遇，现在分析相遇区域中任意一点 P 的振动合成结果.

两列波各自单独传播到 P 点时，在 P 点引起的振动方程分别为

$$y_1 = A_1\cos\left(\omega t - \frac{2\pi r_1}{\lambda} + \varphi_{10}\right),$$

$$y_2 = A_2\cos\left(\omega t - \frac{2\pi r_2}{\lambda} + \varphi_{20}\right),$$

式中，A_1 和 A_2 分别是两列波到达 P 点时的振幅，r_1 和 r_2 分别为 S_1 和 S_2 到 P 点的距离，λ 是波长. P 点同时参与了这两个同频率、同方向的简谐振动. 从上式容易看出，这两个分振动的初相位分别为 $\left(-\frac{2\pi r_1}{\lambda} + \varphi_{10}\right)$ 和 $\left(-\frac{2\pi r_2}{\lambda} + \varphi_{20}\right)$. 根据上一章两个同方向同频率简谐振动的合成结论，P 点的合振动也是简谐振动，合振动方程为

$$y = y_1 + y_2 = A\cos(\omega t + \varphi_0). \tag{5-44}$$

而 P 点处合振动的初相位 φ_0 和振幅 A 分别满足下面两式：

$$\tan\varphi_0 = \frac{A_1\sin\left(\varphi_{10} - \frac{2\pi r_1}{\lambda}\right) + A_2\sin\left(\varphi_{20} - \frac{2\pi r_2}{\lambda}\right)}{A_1\cos\left(\varphi_{10} - \frac{2\pi r_1}{\lambda}\right) + A_2\cos\left(\varphi_{20} - \frac{2\pi r_2}{\lambda}\right)}, \tag{5-45}$$

$$A^2 = A_1^2 + A_2^2 + 2A_1A_2\cos\Delta\varphi. \tag{5-46}$$

由于波的强度正比于振幅的平方，若以 I_1，I_2 和 I 分别表示两个分振动和合振动的强度，则 (5-46)式可写成

$$I = I_1 + I_2 + 2\sqrt{I_1I_2}\cos\Delta\varphi, \tag{5-47}$$

式中 $\Delta\varphi$ 是 P 点处两个分振动的相位差，且

$$\Delta\varphi = (\varphi_{20} - \varphi_{10}) - 2\pi\frac{r_2 - r_1}{\lambda}. \tag{5-48}$$

$(\varphi_{20} - \varphi_{10})$ 是两个相干波源的初相位差，为一常量；$(r_2 - r_1)$ 是两个波源发出的波传到 P 点的几何路程之差，称为波程差，用 δ 表示；$2\pi\frac{r_2 - r_1}{\lambda}$ 是两列波之间因波程差而产生的相位差，对于空间任一给定的 P 点，它也是常量. 因此，两列相干波在空间任一给定点所引起的两个分振动的相位差 $\Delta\varphi$ 也是恒定的，因而合振幅 A 或强度 I 也是一定的. 但对于空间中不同点处，波程差 $(r_2 - r_1)$ 不同，故相位差不同，因而不同点有不同的、恒定的合振幅或强度. 所以，在两列相干波相遇的区域会呈现出振幅或强度分布不均匀而又相对稳定的干涉图样. 具体讨论如下：

对于满足

$$\Delta\varphi = (\varphi_{20} - \varphi_{10}) - 2\pi\left(\frac{r_2 - r_1}{\lambda}\right) = \pm 2k\pi \quad (k = 0,1,2,\cdots) \tag{5-49}$$

的空间各点，$A = A_1 + A_2 = A_{\max}$，$I = I_1 + I_2 + 2\sqrt{I_1 I_2} = I_{\max}$，合振幅和强度最大，这些点处的振动始终加强，称为**相干加强**或**干涉相长**(constructive interference).

对于满足

$$\Delta\varphi = (\varphi_{20} - \varphi_{10}) - 2\pi\left(\frac{r_2 - r_1}{\lambda}\right) = \pm(2k+1)\pi \quad (k = 0,1,2,\cdots) \tag{5-50}$$

的空间各点，$A = |A_1 - A_2| = A_{\min}$，$I = I_1 + I_2 - 2\sqrt{I_1 I_2} = I_{\min}$，合振幅和强度最小，这些点处的合振动始终减弱，称为**相干减弱**或**干涉相消**(destructive interference).

进一步地，如果 $\varphi_{10} = \varphi_{20}$，即对于振动初相位相同的两个相干波源，上述相干加强或减弱的条件可简化为

$$\delta = r_2 - r_1 = \begin{cases} \pm 2k\dfrac{\lambda}{2}, \text{相干加强} \quad (k = 0,1,2,\cdots), & (5-51) \\ \pm(2k+1)\dfrac{\lambda}{2}, \text{相干减弱} \quad (k = 0,1,2,\cdots). & (5-52) \end{cases}$$

以上两式表明，**当两个相干波源同相位时，在两列波的叠加区域内，波程差 δ 等于零或半波长偶数倍的各点，振幅和强度最大；波程差 δ 等于半波长奇数倍的各点，振幅和强度最小.**

从以上讨论可知，两列相干波叠加时，空间各处的强度并不简单地等于两列波强度之和，反映出能量在空间的重新分布，但这种能量的重新分布在时间上是稳定的，在空间上又是强弱相间且具有周期性的. 两列不满足相干条件的波相遇叠加称为**波的非相干叠加**，这时空间任一点合成波的强度就等于两列波强度的代数和，即

$$I = I_1 + I_2. \tag{5-53}$$

干涉现象是波动所独具的基本特征之一，只有线性波动的叠加，才可能产生干涉现象. 干涉现象在光学、声学中都非常重要，对于近代物理学的发展和技术应用起着重大作用.

例 5-5

图 5-23 所示是声波干涉仪. 声波从入口 E 处进入仪器，分 B,C 两路在管中传播，然后到喇叭口 A 会合后传出. 弯管 C 可以伸缩，当它渐渐伸长时，喇叭口发出的声音周期性增强或减弱. 设 C 管每伸长 8 cm，由 A 发出的声音就减弱一次，求此声波的频率(空气中声速为 340 m·s^{-1}).

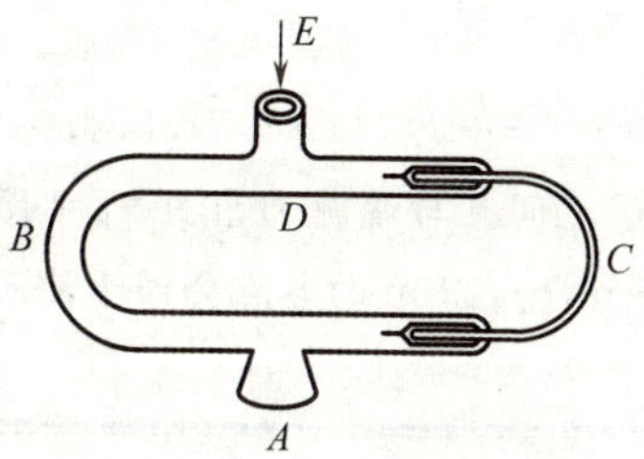

图 5-23 声波干涉仪

解 声波从入口 E 进入仪器后分 B,C 两路传播，这两路声波满足相干条件，它们在喇叭口 A 处产生相干叠加，相干减弱的条件是

$$\delta = \widehat{DCA} - \widehat{DBA} = (2k+1)\frac{\lambda}{2} \quad (k = 0,1,2,\cdots).$$

当 C 管伸长 $x = 8$ cm 时，再一次出现相干减弱，即此时两路波的波程差应满足条件：

$$\delta' = \delta + 2x = [2(k+1)+1]\frac{\lambda}{2}.$$

以上两式相减得 $\delta' - \delta = 2x = \lambda$，于是可求出声波的频率为

$$\nu = \frac{u}{\lambda} = \frac{u}{2x} = \frac{340}{2\times 0.08} = 2\,125\ (\text{Hz}).$$

例 5-6

如图 5-24 所示，同一介质中有两个相干波源 S_1，S_2，振幅皆为 $A=3.3$ cm. 当 S_1 点为波峰时，S_2 正好为波谷. 设介质中波速 $u=100\ \text{m}\cdot\text{s}^{-1}$，欲使两列波在 P 点干涉后得到加强，这两列波的最小频率为多大？

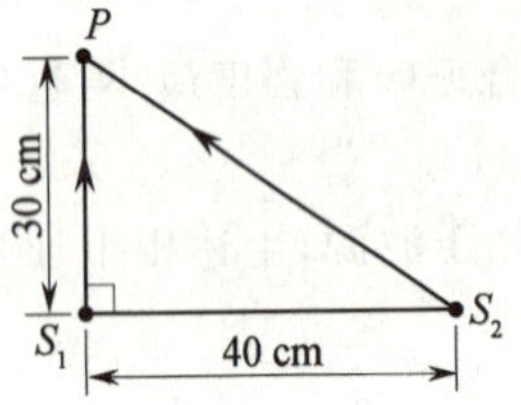

图 5-24

解 由图示知，

$$\overline{S_1P}=r_1=30\ \text{cm},$$

$$\overline{S_2P}=r_2=\sqrt{30^2+40^2}=50\ (\text{cm}).$$

要使从 S_1，S_2 两个波源发出的波在 P 点干涉后得到加强，其波长必须满足

$$\Delta\varphi=(\varphi_2-\varphi_1)-2\pi\frac{r_2-r_1}{\lambda}$$
$$=\pm 2k\pi\quad (k=0,1,2,\cdots).$$

由题意知 $\varphi_2-\varphi_1=\pi$，而 $r_2-r_1=20$ cm，代入上式得

$$\pi-\frac{40\pi}{\lambda}=\pm 2k\pi,$$

$$\lambda=\frac{40}{1+2k}.$$

当 $k=0$ 时，λ 有最大值：

$$\lambda_{\max}=\left.\frac{40}{1+2k}\right|_{k=0}=40\ (\text{cm})=0.4\ (\text{m}),$$

故

$$\nu_{\min}=\frac{u}{\lambda_{\max}}=250\ (\text{Hz}).$$

例 5-7

如图 5-25 所示，B，C 为同一介质中的两个相干波源，相距 30 m，它们产生的相干波频率为 $\nu=100$ Hz，波速 $u=400\ \text{m}\cdot\text{s}^{-1}$，且振幅都相同. 已知 B 点为波峰时，C 点恰为波谷. 求 BC 连线上因干涉而静止的各点的位置.

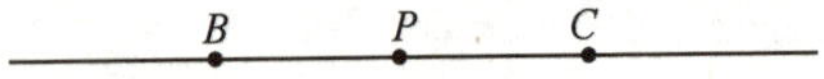

图 5-25

解 由题意知，两波源 B，C 的振动相位正好相反，即 $\varphi_{C_0}-\varphi_{B_0}=\pi$，而 $\lambda=\dfrac{u}{\nu}=4$ m. 设 BC 连线上的任意一点 P 与两个波源的距离分别为 $\overline{BP}=r_B$，$\overline{CP}=r_C$，要使两列波传到 P 点叠加干涉而使 P 点静止，则两列波传到 P 点的相位差必须满足

$$\Delta\varphi=\left(-\frac{2\pi r_C}{\lambda}+\varphi_{C_0}\right)-\left(-\frac{2\pi r_B}{\lambda}+\varphi_{B_0}\right)$$
$$=\pm(2k+1)\pi\quad (k=0,1,2,\cdots),$$

可得

$$r_B-r_C=\pm k\lambda\quad (k=0,1,2,\cdots).\qquad ①$$

现在进一步做具体讨论：

(1) 若 P 点在 B 左侧，则 $r_B-r_C=r_B-(r_B+\overline{BC})=-30$ m，它不可能为 $\lambda=4$ m 的整数倍，即不满足①式要求，故在 B 点左侧不存在因干涉而静止的点.

(2) 若 P 点在 C 右侧，与上面类似的讨论可知，C 点右侧也不存在因干涉而静止的点.

(3) 若 P 点在 B，C 两波源之间，则 $r_B-r_C=2r_B-(r_B+r_C)=2r_B-\overline{BC}$，由①式可得

$$2r_B-\overline{BC}=\pm k\lambda\quad (k=0,1,2,\cdots),$$

即

$$2r_B-30=\pm k\lambda\quad (k=0,1,2,\cdots).$$

所以在 B，C 之间且与波源 B 相距 $r_B=15\pm 2k=1$ m，3 m，5 m，…，29 m 的各点会因干涉而静止.

5.5 驻　　波

驻波是一种特殊的干涉现象.两列振幅相同、频率相同、振动方向相同且相向传播的相干波的叠加称为驻波(standing wave).平面简谐波正入射到两种介质的界面上,入射波和反射波进行叠加即可形成驻波.

一、驻波方程

设在坐标原点,入射波和反射波的初相位相同且为零,用 A 表示它们的振幅,ω 表示它们的角频率,则它们的波动方程分别为

$$y_1 = A\cos\left(\omega t - \frac{2\pi}{\lambda}x\right), \quad y_2 = A\cos\left(\omega t + \frac{2\pi}{\lambda}x\right).$$

合成波的方程为

$$y = y_1 + y_2 = A\cos\left(\omega t - \frac{2\pi}{\lambda}x\right) + A\cos\left(\omega t + \frac{2\pi}{\lambda}x\right) = 2A\cos\frac{2\pi}{\lambda}x\cos\omega t. \tag{5-54}$$

这就是驻波方程.式中 $\cos\omega t$ 表示简谐振动,而 $\left|2A\cos\frac{2\pi}{\lambda}x\right|$ 即为 x 处的简谐振动的振幅.式中 x 与 t 被分隔于两个余弦函数中,说明此函数不满足 $y(t+\Delta t, x+u\Delta t)=y(t,x)$,因此它不表示行波,只表示各质点都在做与原频率相同的简谐振动,但各点的振幅随位置的不同而不同.图 5-26 画出了不同时刻的入射波、反射波和合成波的波形图,图中蓝色实线表示合成波.

二、驻波的特点

1. 波腹与波节　驻波振幅分布特点

由图 5-26 可以看出,波线上有些点始终不动(振幅为零),称之为波节(nodes);而有些点的振幅始终具有极大值,称之为波腹(antinodes).

由(5-54)式可知,对应于使 $\left|\cos\frac{2\pi}{\lambda}x\right|=0$,即 $\frac{2\pi x}{\lambda}=(2k+1)\frac{\pi}{2}$ 的各点为波节的位置,波节的坐标为

$$x = (2k+1)\frac{\lambda}{4}, \quad k = 0, \pm 1, \pm 2, \cdots. \tag{5-55}$$

同理,使 $\left|\cos\frac{2\pi}{\lambda}x\right|=1$,即 $\frac{2\pi}{\lambda}x=k\pi$ 的各点为波腹的位置,波腹的坐标为

$$x = k\frac{\lambda}{2}, \quad k = 0, \pm 1, \pm 2, \cdots. \tag{5-56}$$

由(5-55)式和(5-56)式可知,相邻两个波节或相邻两个波腹之间的距离都是 $\lambda/2$,而相邻的波节、波腹之间的距离为 $\lambda/4$.这就为我们提供了一种测定行波波长的方法,只要测定出相邻两波节或相邻两波腹之间的距离就可以确定原来两列行波的波长 λ.

需要说明的是,(5-55)式和(5-56)式给出的波节、波腹位置的结论不具普遍性,因它们是从特例中导出的.

介于波腹、波节之间的各质点,它们的振幅则随坐标位置按 $\left|2A\cos\frac{2\pi}{\lambda}x\right|$ 的规律变化.

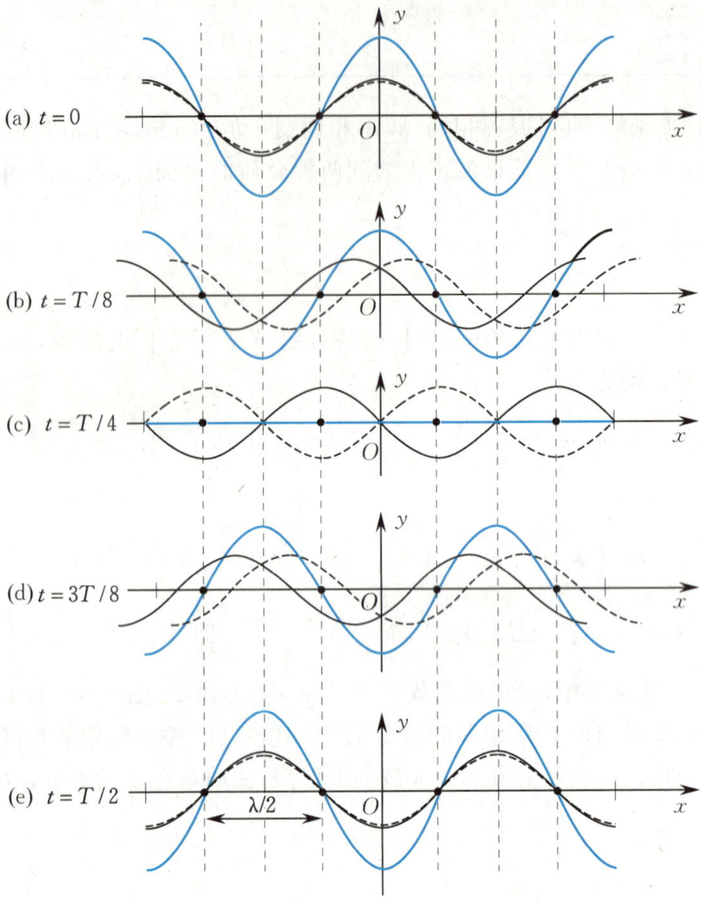

动画演示

图 5-26 驻波的形成

2. 驻波相位的分布特点

在驻波方程(5-54)式中，振动因子为 $\cos \omega t$，但不能认为驻波中各点的振动相位也相同或如行波中那样逐点不同. x 处的振动位移由 $2A\cos \frac{2\pi}{\lambda}x$ 确定，显然对应于不同的 x 值，$2A\cos \frac{2\pi}{\lambda}x$ 可正可负. 如果把相邻两波节之间的各点视为一段，则由余弦函数的取值规律可知，$\cos \frac{2\pi}{\lambda}x$ 的值对同一段内的各质点有相同的符号；对于分别在相邻两段内的两质点则符号相反（见图 5-26）. 以 $\left|2A\cos \frac{2\pi}{\lambda}x\right|$ 作为振幅，这种符号的相同或相反就表明，在驻波中，同一段上的各质点振动相位相同，相邻两段中各质点的振动相位相反. 因此，实际上是介质一种特殊的分段振动现象. 同一段内各质点沿相同方向同时到达各自振动位移的最大值，又沿相同方向同时通过平衡位置；而波节两侧各质点同时沿相反方向到达振动位移的正、负最大值，又沿相反方向同时通过平衡位置，这说明同一波节两侧各质点的振动相位刚好相反. 图 5-27 表示用电动音叉在弦上激起的驻波振动简图. 某时刻电动音叉在 A 点输出一个波列，传到界面（支点）B 点，又被 B 反射回来，入射波与反射波叠加的结果即在 AB 弦上形成驻波.

有限大小的二维介质面同样可以激起驻波振动. 图 5-28 表示一矩形膜上的二维驻波. 其中阴影部分和明亮部分表示相邻部位振动反相，两者的交界线为波节.

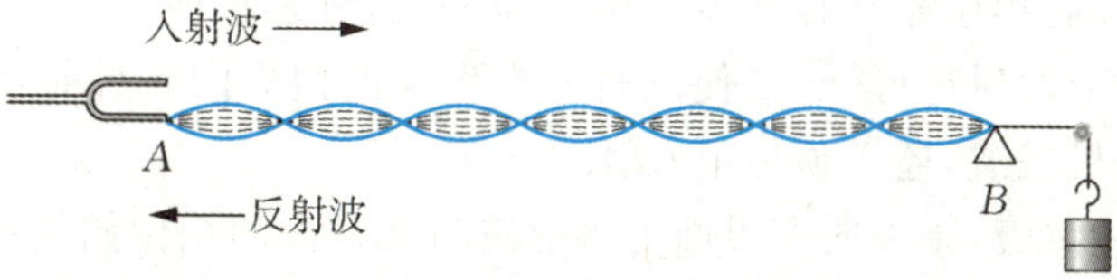

图 5 - 27　弦上的驻波

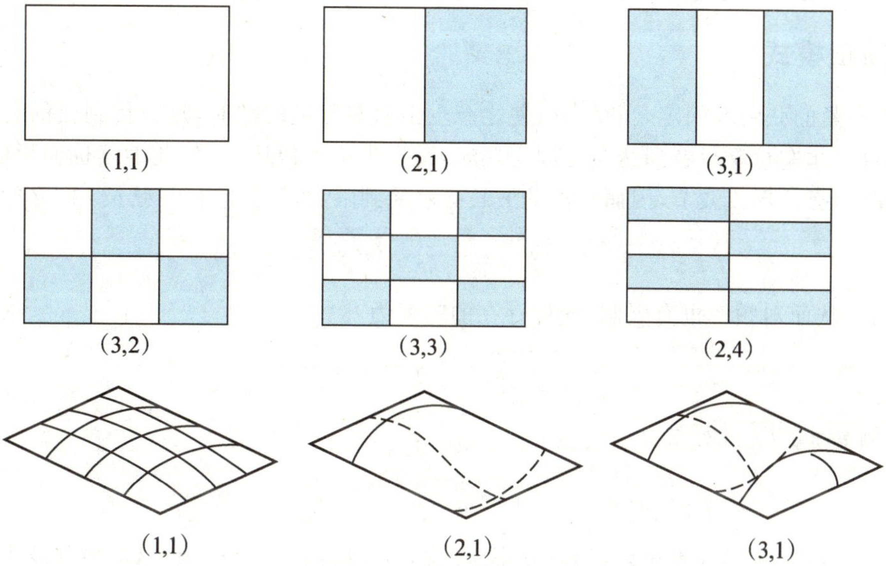

图 5 - 28　矩形膜上的二维驻波(第三行是第一行的立体图)

3. 驻波能量

驻波振动中既没有相位的传播,也没有能量的传播. 由(5 - 35)式可知,入射波的波强与反射波的波强大小相等、方向相反,即介质中总的波强之矢量和为零. 驻波波强为零并不表示各质点在振动中能量守恒. 例如,位于波节处的质点动能始终为零,势能则不断变化. 当两波节间各点的振动位移分别达各自的正、负最大值时,各点处的动能均为零,两节点间总势能最大,波节附近因相对形变最大势能有极大值,而波腹附近因相对形变最小,则势能有极小值;当两波节间各点从同一方向通过平衡位置时,介质中各处的相对形变为零,势能均为零,总动能达最大值. 波腹附近则因振动速度最大而有最大动能,离波节越近,动能越小,其他时刻则动能、势能并存. 这就是说,在驻波振动中,一个波段内不断地进行动能与势能的相互转换,并不断地分别集中在波腹和波节附近而不向外传播,故谓之驻波.

三、半波损失

动画演示

现在将注意力集中在两种介质的界面处. 实验发现,在界面处有的形成波节,有的形成波腹,那么规律是什么呢?

理论和实验表明,这一切均取决于界面两边介质的相对波阻.

波阻(即波的阻抗)是指介质的密度与波速之乘积 ρu. 相对波阻较大的介质称为波密介质,反之称为波疏介质. 实验表明:波从波疏介质入射而从波密介质上反射时,界面处形成波节;波从波密介质入射而从波疏介质上反射时,界面处形成波腹.

如果在界面处形成波节,则表明在界面处入射波与反射波的相位始终相反,或者说在界面处入射波的相位与反射波的相位始终存在着 π 的相位差，这种现象叫作半波损失(half-wave loss)（或称作半波突变）. 由上面讨论可知，要使反射波产生半波损失的条件是：波从波疏介质入射并从波密介质反射；对于机械波，还必须是正入射.

如果在界面处形成波腹，则表明在界面处入射波与反射波的相位始终相同，这时反射波没有半波损失.

“半波损失”是一个很重要的概念，它在研究声波、光波的反射问题时会经常涉及.

四、简正模式

如果将拉紧的弦两端固定，当轻击弦使之产生出向右行进的波时，这波传到弦的右方固定端处被反射，再当此左行反射波到达左方固定端时，又发生第二次反射，如此继续也能形成驻波. 因弦的两端固定，必然形成波节，因而驻波的波长必然受到限制，驻波波长与弦长 l 间必须满足

$$l = n\frac{\lambda}{2} \quad 或 \quad \lambda = \frac{2l}{n} \quad (n = 1, 2, \cdots), \tag{5-57}$$

而波速 $u=\lambda\nu$，从而对频率也有限制，允许存在的频率为

$$\nu = \frac{u}{\lambda} = \frac{n}{2l}u \quad (n = 1, 2, \cdots). \tag{5-58}$$

对于弦线，因 $u=\sqrt{T/\mu}$，所以

$$\nu = \frac{n}{2l}\sqrt{\frac{T}{\mu}},$$

其中与 $n=1$ 对应的频率称为基频，其后频率依次称为 2 次，3 次，……谐频（对声驻波则称基音和泛音）. 各种允许频率所对应的驻波振动（即简谐振动模式）称为简正模式(harmonic modes)（或称本征振动）. 相应的频率为简正频率（或称本征频率）. 由此可见，对两端固定的弦这种驻波振动系统，有许多个简正模式和简正频率，即有许多个振动自由度. (5-58)式也适用于两端闭合或两端开放的管（其为声驻波），若为闭合管则两端为波节，若为开放管，则两端为波腹，图 5-29 为弦（或管）振动的几种简正模式.

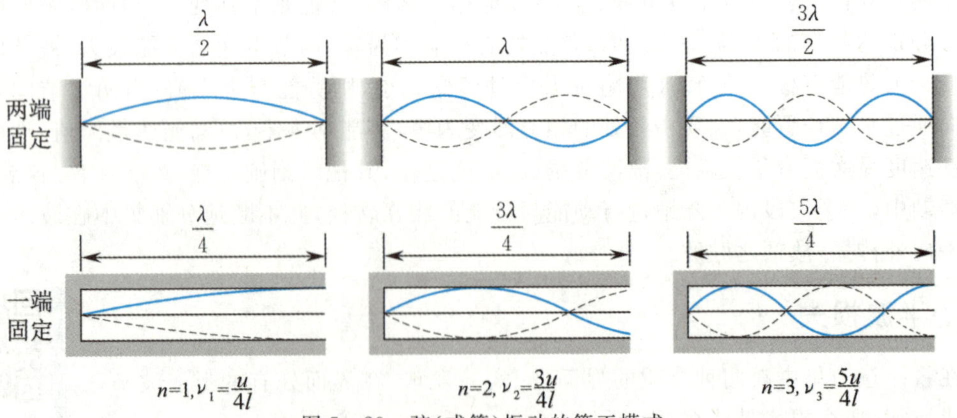

图 5-29　弦（或管）振动的简正模式

对一端固定、一端自由的弦（或一端封闭、一端开放的管）也可做类似讨论，对于二维膜也可进行，但要比这复杂得多. 实际上各类乐器无非是各种不同质地、形状、长度、大小的管、弦、膜的驻波振动.

上面的讨论表明，无论是管还是弦，只要其长度有限，其固有振动（本征振动）频率就只能取分立值而非连续值. 这些结论在德布罗意提出物质波的设想时发挥了作用. 德布罗意把电子在原

子中能量取分立值叫作取"整数",又将本征振动频率取分立值也叫作取整数.他说:在光的问题上我们就被迫同时引入微粒思想和波动思想.另一方面,电子在原子中的稳定运动的确定引入了整数.直到今天,物理学上唯一包含"整数"的现象就是干涉和简谐振动模式.这个事实告诉我们,不能把电子认为是单纯的微粒,必须也赋予它波动性特征.

例 5-8

如图 5-30 所示,沿 x 轴正向传播的平面简谐波方程为 $y=0.2\cos\left[200\pi\left(t-\frac{x}{200}\right)\right]$(SI),两种介质的分界面 P 与坐标原点 O 相距 $d=6.0$ m,入射波在界面上反射后振幅无变化,且反射处为固定端.求:(1)反射波方程;(2)驻波方程;(3)在 O 与 P 间各个波节和波腹点的坐标.

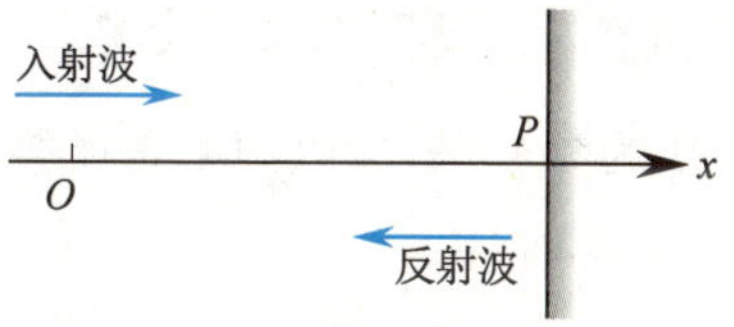

图 5-30

解 (1)由波动方程可知,入射波的振幅 $A=0.2$ m,角频率 $\omega=200\pi$,波速 $u=200\ \mathrm{m\cdot s^{-1}}$,故波长 $\lambda=\frac{u}{\nu}=2$ m.由题意知,反射波的振幅、频率和波速均与入射波相同.

入射波在两介质分界面 P 点处的振动方程为

$$y_{入}=y\,|_{x=d}=0.2\cos\left[200\pi\left(t-\frac{6}{200}\right)\right]$$
$$=0.2\cos(200\pi t-6\pi)$$
$$=0.2\cos(200\pi t),$$

因为反射点是固定端,所以反射波在 P 点处的振动相位与入射波在该点的振动相位相反,故有

$$y_{反}=0.2\cos(200\pi t+\pi).$$

反射波以速度 $u=200\ \mathrm{m\cdot s^{-1}}$ 向 x 轴负向传播,在 P 点处的振动方程已经由上式给出,所以反射波方程为

$$y=0.2\cos\left[200\pi\left(t-\frac{6-x}{200}\right)+\pi\right]$$
$$=0.2\cos\left[200\pi\left(t+\frac{x}{200}\right)-5\pi\right]$$
$$=0.2\cos\left[200\pi\left(t+\frac{x}{200}\right)-\pi\right].$$

(2)驻波方程为

$$y=0.2\cos\left[200\pi\left(t-\frac{x}{200}\right)\right]$$
$$+0.2\cos\left[200\pi\left(t+\frac{x}{200}\right)-\pi\right]$$
$$=0.2\cos\left[200\pi\left(t-\frac{x}{200}\right)\right]$$
$$-0.2\cos\left[200\pi\left(t+\frac{x}{200}\right)\right]$$
$$=-0.4\sin(\pi x)\sin(200\pi t).$$

(3)由 $\pi x=2k\frac{\pi}{2}$ $(k=0,1,2,\cdots,6)$得波节的坐标为

$$x=0,1,2,3,4,5,6,$$

由 $\pi x=(2k+1)\frac{\pi}{2}$ $(k=0,1,2,\cdots,5)$得波腹的坐标为

$$x=\frac{1}{2},\frac{3}{2},\frac{5}{2},\frac{7}{2},\frac{9}{2},\frac{11}{2}.$$

5.6 多普勒效应 *冲击波

一、多普勒效应

在前面几节的讨论中,实际上是假定了波源和观察者相对于介质都是静止的,这时观察者接收到的波的频率与波源的振动频率相等.但是,在日常生活和科学技术中,经常会遇到波源或观

察者，或者这两者同时相对于介质运动的情况，那么，这时观察者接收到的波的频率与波源的振动频率是否依然相等呢？例如，站在站台上，当一列火车迎面飞驰而来时，我们听到它的汽笛声高昂，而当火车从我们身边疾驰而去时，却听到它的汽笛声变得低沉. 实际上，火车鸣笛的音调并未改变（即波源的振动频率未变），而火车接近和驶离我们时，人耳接收到的频率却不同. 这些现象表明：当波源或观察者或两者同时相对于介质有相对运动时，观察者接收到的波的频率与波源的振动频率不同，这类现象是由多普勒（J. C. Doppler）于 1842 年发现的，故称为**多普勒效应**（Doppler effect）或者**多普勒频移**.

为简单起见，将介质选为参考系，并假定波源和观察者的运动发生在两者的连线上. 用 v_S 表示波源相对于介质的运动速度，v_B 表示观察者相对于介质的运动速度，u 表示波在介质中的传播速度. 并规定：波源和观察者相互接近时 v_S 和 v_B 取正值，相互远离时 v_S 和 v_B 取负值. 值得注意的是，波速 u 是波相对于介质的速度，它只决定于介质性质，而与波源或观察者的相对运动无关，它恒为正值. 在具体讨论之前，读者应将前面提到的三种频率（即波源振动频率 ν_S，介质的波动频率 ν，观察者的接收频率 ν_B）严格区分开来. 实际上，ν_S，ν 的定义前面章节已有说明，接收频率则是指接收器（观察者）在单位时间内接收到的完整波的数目. 虽然对波动频率和接收频率均有 $\nu=\dfrac{u}{\lambda}$ 成立，但它们却是在不同的参考系中. 即波动频率是以介质为参考系，接收频率是以接收者为参考系，在 $\nu_B'=\dfrac{u'}{\lambda'}$式中，$u'$，$\lambda'$是观察者测得的波速和波长.

显然，在波源和观察者均相对于介质为静止时，没有多普勒频移，即 $\nu_B=\nu=\nu_S$. 下面分三种情况介绍多普勒效应.

（1）波源不动，观察者以 v_B 相对于介质运动（$v_S=0, v_B\neq 0$）

设观察者向着波源运动，即 $v_B>0$，在不涉及相对论效应时，则波相对于观察者的速度为 $u'=u+v_B$，波长 $\lambda'=\lambda$，所以单位时间内，观察者接收到的完整波形的数目，即观察者实际接收到的波的频率为

$$\nu_B'=\frac{u'}{\lambda}=\frac{u+v_B}{ut}=\frac{u+v_B}{u}\nu_S=\left(1+\frac{v_B}{u}\right)\nu_S>\nu_S. \qquad (5-59)$$

动画演示

（5－59）式表明：观察者向着波源运动时，接收到的频率为波源振动频率的 $\left(1+\dfrac{v_B}{u}\right)$倍；当观察者远离波源运动时，（5－59）式仍可适用，只要将式中 v_B 取为负值即可，显然，这时观察者所接收到的频率会小于波源的振动频率；特别地，当 $v_B=-u$ 时，$\nu'=0$. 这就是观察者随着波的传播以波速远离波源运动的情况，当然观察者就接收不到波动了.

（2）观察者不动，波源以速度 v_S 相对于介质运动（$v_S\neq 0, v_B=0$）

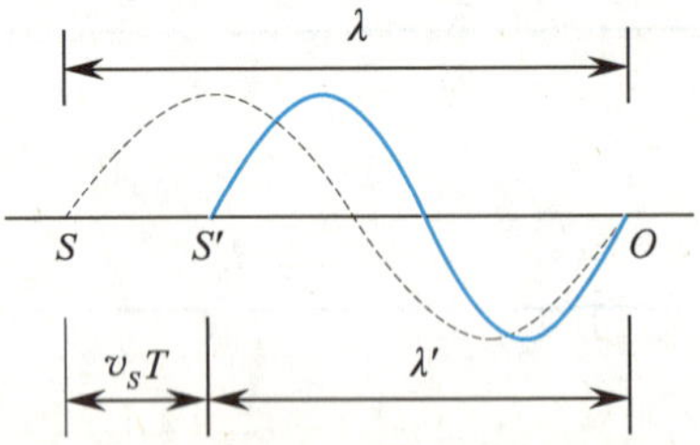

图 5－31　波源运动的前方波长变短

如图 5－31 所示，先假设波源 S 以 v_S 向着观察者运动. 因为波在介质中的传播速度 u 只决定于介质的性质，与波源的运动与否无关，所以这时波源 S 的振动在一个周期内向前传播的距离就等于一个波长 $\lambda=ut$，但由于波源向着观察者运动，v_S 为正，所以在一个周期内波源也在波的传播方向上移动了 v_ST 的距离而达到S'点，结果使一个完整的波被挤压在 $S'O$ 之间，这就相当于波长减少为 $\lambda'=\lambda-v_ST$. 因此，观察者在单位时间内接收到的完整波的数目，即观察者接收到的

频率为

$$\nu' = \frac{u}{\lambda'} = \frac{u}{\lambda - v_S T} = \frac{u}{ut - v_S T} = \frac{u}{u - v_S}\nu_S > \nu_S. \tag{5-60}$$

(5-60)式表明:波源向着观察者运动时,观察者接收到的频率为波源振动频率的$\frac{u}{u-v_S}$倍,比波源频率要高;若波源远离观察者运动,则(5-60)式依然适用,只是 v_S 应取负值,此时观察者接收到的频率 ν'将小于波源的振动频率.

由(5-60)式,当 $v_S \to u$ 时,接收频率 ν'应趋于无穷大,但这是不可能的.当接收频率越来越高时,其波长 λ'也越来越短,当 λ'小于组成介质的分子间距时,介质对于此波列不再是连续的了,波列也就不能传播了.

(3)波源和观察者同时相对于介质运动($v_S \neq 0, v_B \neq 0$)

根据上面(1)和(2)的讨论知,观察者以 v_B 相对于介质运动时,相对于观察者来说,波速变为 $u' = u + v_B$;而波源以 v_S 相对于介质运动时,相当于使波长变为 $\lambda' = \lambda - v_S T$.综合这两个结果,当波源和观察者同时运动时,观察者接收到的波的频率为

$$\nu' = \frac{u'}{\lambda'} = \frac{u + v_B}{ut - v_S T} = \frac{u + v_B}{u - v_S}\nu_S. \tag{5-61}$$

式中,当观察者接近波源时,v_B 取正值,远离时 v_B 取负值;当波源接近观察者时,v_S 取正值,远离时 v_S 取负值.

从以上讨论可以得出结论:在多普勒效应中,不论波源还是观察者运动,或两者都运动,当波源和观察者接近时,观察者接收到的频率 ν'总是大于波源振动频率 ν_S;当波源和观察者远离时 ν'总是小于 ν_S.

多普勒效应也是一切波动过程的共同特征,不仅机械波有多普勒效应,电磁波也有多普勒效应.与机械波不同的是,因为电磁波的传播不需要介质,相应地,在电磁波的多普勒效应中,是由光源和观察者的相对速度 v 来决定观察者的接收频率.用相对论可以证明,当光源和观察者在同一直线上运动时,观察者接收到的频率为

$$\nu_{接近} = \sqrt{\frac{1 + v/c}{1 - v/c}}\,\nu \tag{5-62}$$

和

$$\nu_{远离} = \sqrt{\frac{1 - v/c}{1 + v/c}}\,\nu. \tag{5-63}$$

此外,对于电磁波还有横向多普勒效应,其横向多普勒频移为

$$\nu_{横} = \sqrt{1 - \left(\frac{v}{c}\right)^2}\,\nu, \tag{5-64}$$

式中 c 为真空中光速,ν 为光源的频率.由(5-63)式可知,当光源远离观察者运动时,接收到的频率变小,波长变长,这种现象称为“红移”,即移向光谱中的红色一侧.天文学家就是将来自星球的光谱与地球上相同元素的光谱进行比较,发现星球光谱几乎都发生了红移,这说明星球都在远离地球而运动,这一结果已成为“大爆炸”的宇宙学理论的重要证据之一.

多普勒效应在科学技术中还有其他重要应用.例如,利用声波的多普勒效应可以测定声源的频率、波速等;利用超声波的多普勒效应来诊断心脏的跳动情况;利用电磁波的多普勒效应可以测定运动物体的速度.此外,多普勒效应还可以用于报警、检查车速等.

例 5－9

一固定的超声源发出频率为 100 kHz 的超声波．一汽车向超声源迎面驶来，在超声源外接收到从汽车反射回来的超声波，从测频装置中测出为 110 kHz，设空气中的声速为 330 m·s^{-1}，试计算汽车的行驶速度．

解 汽车相对于空气以速度 v_S 趋近于超声源．从超声源发出的超声波到达汽车时，汽车是运动的接收器．超声波从汽车上反射时，汽车又是以 v_S 运动的声源，因此在固定装置中接收到的反射波频率由(5－61)式可知

$$\nu' = \frac{u+v_S}{u-v_S}\nu,$$

解得

$$v_S = \frac{\nu'-\nu}{\nu'+\nu}u = \frac{110-100}{110+100}\times 330 = 15.7\ (\mathrm{m\cdot s^{-1}}).$$

*二、冲击波

由(5－60)式可知，若波源的运动速度大于波在介质中的传播速度，这时接收频率为负值，仅就这一点而言，它在物理上是无意义的．但波源运动速度大于波在介质中传播速度的问题在现代科学技术中却越来越重要．

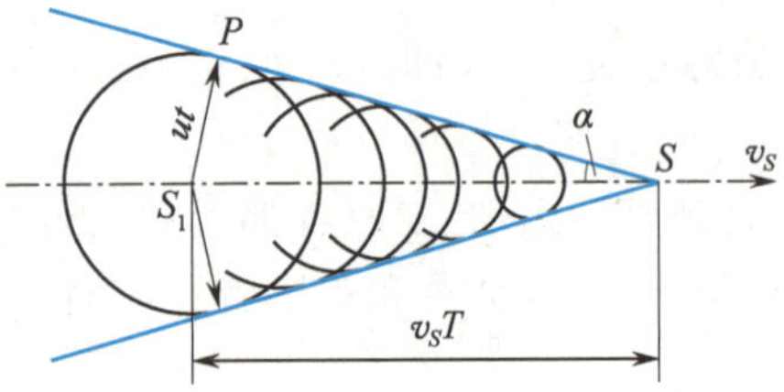

图 5－32 冲击波的产生

如图 5－32 所示，当位于 S_1 点的波源以超波速的速度 v_S 向前运动时，波源(物体)本身的运动会激起介质的扰动，从而激起另一种波．这时的运动物体充当了另一种波的波源，这种波是一种以运动物体的运动轨迹为中心的一系列球面波．由于球面波的波速 u 比运动物体的速度 v_S 小，所以就会形成以波源为顶点的 V 字形波，这种波就叫作冲击波(shock wave)．冲击波的包络面成圆锥状，称作马赫锥(Mach cone)，其半顶角 α(马赫角)由下式决定：

$$\sin\alpha = \frac{u}{v_S}, \tag{5-65}$$

$Ma=\frac{v_S}{u}$称为马赫数．由此可见，在 u 一定时，随着 v_S 的增大，V 形波愈加变得尖锐．如果这个冲击波是声波，那么必然是在运动物体通过之后我们才能听到其声．这就是超音速飞机飞过我们头顶之后才听到强烈响声的原因．

当冲击波产生时，除伴有尖锐的噪声之外还有剧烈的打击感．例如原子弹爆炸时，产生的高温气体速度高达 1 000 km·s^{-1}，它比声速要大很多，其产生的冲击波就具有极大的破坏力．

超音速飞机在空中飞行时，在机头前方产生的冲击波会造成压强的突变，给飞机附加很大的阻力，消耗发动机的能量．因此力图减弱冲击波的强度是超声速飞机(包括导弹等)设计中的重大课题．而宇宙飞船重返大气层时会像流星一样带着熊熊烈火，形成热障．如何利用宇宙飞船船头形成的冲击波来化解“热障”则是另一个方向的重大课题．带电粒子若以超过光在介质中的传播速度通过介质时，同样会产生冲击波并引发电磁辐射，这种辐射称为切伦科夫辐射．利用切伦科夫辐射原理制成的闪烁计数器已广泛应用于高能物理、农学、医学及生物学等领域中．

*三、电磁波的多普勒效应

1. 纵向多普勒效应

如图 5－33 所示，设观察者位于 S 系的原点 O，光源固定于 S'系的原点 O'(从 S 系观测 t_1 时刻位于 x_1 处)，S'系以速度 v 沿 x 轴运动，即光源以 v 沿 x 轴远离观察者．又设光波的固有周期为 τ，光源在一周期内由 x_1 运动到 x_2(从 S 系测量，光源到达 x_2 的时刻为 t_2)．观察者测知 x_1 处传来的光信号的时间是 $t_1+\frac{x_1}{c}$，x_2 处传递来的光信号的时间是 $t_2+\frac{x_2}{c}$，则观察者所接收到的光波周期为

$$T=\left(t_2+\frac{x_2}{c}\right)-\left(t_1+\frac{x_1}{c}\right)=(t_2-t_1)+\frac{x_2-x_1}{c}$$
$$=(t_2-t_1)+\frac{t_2-t_1}{c}v=(t_2-t_1)\left(1+\frac{v}{c}\right),$$

(t_2-t_1)为 S 系中 x_2 和 x_1 两处的时间差.根据相对论时间膨胀效应 $t_2-t_1=\dfrac{\tau}{\sqrt{1-v^2/c^2}}$,代入上式得

$$T=\frac{\tau}{\sqrt{1-v^2/c^2}}\left(1+\frac{v}{c}\right)=\sqrt{\frac{c+v}{c-v}}\tau.$$

由此可得观察者接收的频率

$$\nu=\frac{1}{T}=\frac{1}{\tau}\sqrt{\frac{c-v}{c+v}}=\nu_0\sqrt{\frac{c-v}{c+v}},$$

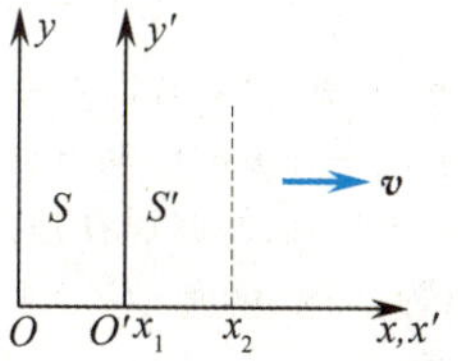

图 5-33 纵向多普勒效应

式中 ν_0 为光波的固有频率,光源离开观察者时 v 为正、趋近时为负.如果光源不动,观察者以速度 v 运动,同样得到这一公式.所以,v 应理解为两者的相对速度.

2. 横向多普勒效应

设光源垂直 x 轴沿图 5-33 中 y'方向运动,由于光源运动过程中在 S 系 x 轴的位置不变,即$\Delta x=0$ 所以,观察者所接收到的周期和频率分别为

$$T=t_2-t_1=\frac{\tau}{\sqrt{1-v^2/c^2}},$$
$$\nu=\nu_0\sqrt{1-v^2/c^2}.$$

按照纵向多普勒效应,当光源远离观察者而去时($v>0$),$\nu<\nu_0$ 称为光谱红移;当光源向着观察者运动时($v<0$),$\nu>\nu_0$ 称为光谱蓝移.

思考题

5-1 振动和波动有什么区别和联系?平面简谐波动方程和简谐振动方程有什么不同?又有什么联系?振动曲线和波形曲线有什么不同?

5-2 波动方程 $y=A\cos\left[\omega\left(t-\frac{x}{u}\right)+\varphi_0\right]$中的$\frac{x}{u}$表示什么?如果改写为 $y=A\cos\left(\omega t-\frac{\omega x}{u}+\varphi_0\right)$,那么$\frac{\omega x}{u}$又是什么意思?如果 t 和 x 均增加,但相应的$\left[\omega\left(t-\frac{x}{u}\right)+\varphi_0\right]$的值不变,由此能从波动方程说明什么?

5-3 波在介质中传播时,为什么介质元的动能和势能具有相同的相位,而弹簧振子的动能和势能却没有这样的特点?

5-4 波动方程中,坐标轴原点是否一定要选在波源处?$t=0$ 时刻是否一定是波源开始振动的时刻?波动方程写成 $y=A\cos\omega\left(t-\frac{x}{u}\right)$时,波源一定在坐标原点处吗?在什么前提下波动方程才能写成这种形式?

5-5 某时刻向右传播的横波波形如图 5-34 所示,试画出图中 A,B,C,D,E,F,G,H,I 各质点在该时刻的运动方向,并画出经过 1/4 周期后的波形曲线.

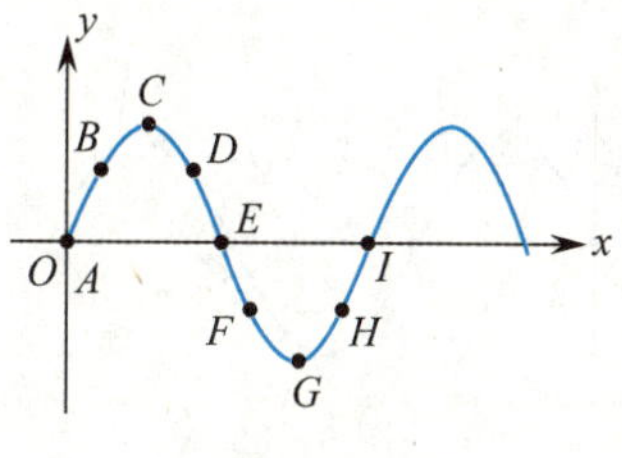

图 5-34

5-6 两个振幅相同的相干波在某处的相长干涉点,其合振幅为原来的几倍?能量为原来的几倍?是否与能量守恒定律矛盾?

5-7 在驻波中,某一时刻波线上各点的位移都为零,此时波的能量是否为零?

5-8 波源向观察者运动和观察者向波源运动都会产生频率增高的多普勒效应,这两种情况有何区别?

习题

5-1 一平面简谐波沿 x 轴负向传播，波长 $\lambda=1.0$ m，原点处质点的振动频率为 $\nu=2.0$ Hz，振幅 $A=0.1$ m，且在 $t=0$ 时恰好通过平衡位置向 y 轴负向运动，求此平面波的波动方程.

5-2 已知波源在原点的一列平面简谐波，波动方程为 $y=A\cos(Bt-Cx)$，其中 A,B,C 为正常数. 求：

(1) 波的振幅、波速、频率、周期与波长；

(2) 写出传播方向上距离波源为 l 处一点的振动方程；

(3) 任一时刻，在波的传播方向上相距为 d 的两点的相位差.

5-3 沿绳子传播的平面简谐波的波动方程为 $y=0.05\cos(10\pi t-4\pi x)$，式中 x,y 以 m 计，t 以 s 计. 求：

(1) 波的波速、频率和波长；

(2) 绳子上各质点振动时的最大速度和最大加速度；

(3) 求 $x=0.2$ m 处质点在 $t=1$ s 时的相位，它是原点在哪一时刻的相位？这一相位所代表的运动状态在 $t=1.25$ s 时刻到达哪一点？

5-4 沿 x 轴传播的平面余弦波在 t 时刻的波形曲线如图 5-35 所示.

(1) 若波沿 x 轴正向传播，该时刻 O,A,B,C 各点的振动相位是多少？

(2) 若波沿 x 轴负向传播，上述各点的振动相位又是多少？

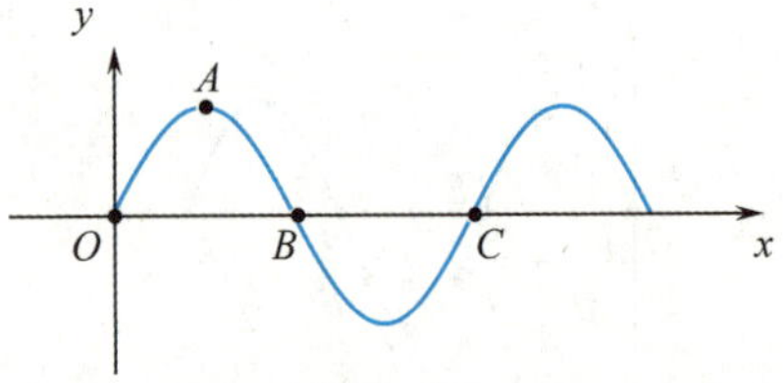

图 5-35

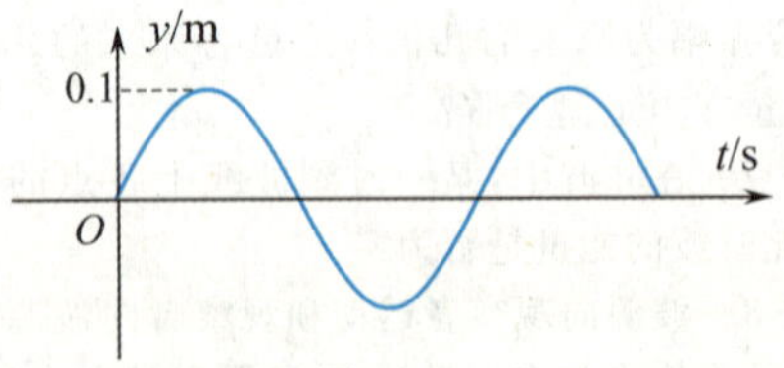

图 5-36

5-5 一列平面余弦波沿 x 轴正向传播，波速为 5 $\text{m}\cdot\text{s}^{-1}$，波长为 2 m，原点处质点的振动曲线如图 5-36所示.

(1) 写出波动方程；

(2) 作出 $t=0$ 时的波形图及距离波源 0.5 m 处质点的振动曲线.

5-6 一列机械波沿 x 轴正向传播，$t=0$ 时的波形如图 5-37 所示，已知波速为 10 $\text{m}\cdot\text{s}^{-1}$，波长为2 m，求：

(1) 波动方程；

(2) P 点的振动方程及振动曲线；

(3) P 点的坐标；

(4) P 点回到平衡位置所需的最短时间.

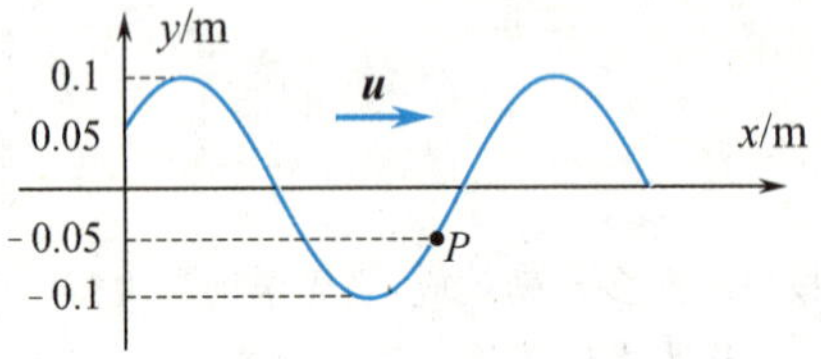

图 5-37

5-7 如图 5-38 所示，有一平面简谐波在空间传播，已知 P 点的振动方程为 $y_P=A\cos(\omega t+\varphi_0)$.

(1) 分别就图中给出的两种坐标写出其波动方程；

(2) 写出距 P 点距离为 b 的 Q 点的振动方程.

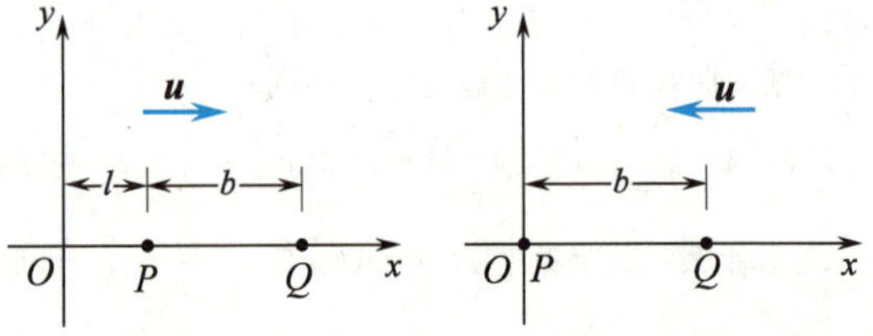

(a) 坐标一　　(b) 坐标二

图 5-38

5-8 已知平面简谐波的波动方程为 $y=A\cdot\cos\pi(4t+2x)$(SI).

(1) 写出 $t=4.2$ s 时各波峰位置的坐标式，并求此时离原点最近一个波峰的位置，该波峰何时通过原点？

(2) 画出 $t=4.2$ s 时的波形曲线.

5-9 一平面余弦波，沿直径为 14 cm 的圆柱形管传播，波的强度为 18.0×10^{-3} $\text{J}\cdot\text{m}^{-2}\cdot\text{s}^{-1}$，频率为 300 Hz，波速为 300 $\text{m}\cdot\text{s}^{-1}$，求：

(1) 波的平均能量密度和最大能量密度？

(2) 两个相邻同相面之间有多少波的能量？

5-10 如图 5-39 所示，S_1 和 S_2 为两相干波源，振幅均为 A_1，相距 $\frac{\lambda}{4}$，S_1 较 S_2 相位超前 $\frac{\pi}{2}$，求：

(1) S_1 外侧各点的合振幅和强度；

(2) S_2 外侧各点的合振幅和强度.

图 5-39

5-11 如图 5-40 所示，设 B 点发出的平面横波沿 BP 方向传播，它在 B 点的振动方程为 $y_1=2\times10^{-3}\cos 2\pi t$；$C$ 点发出的平面横波沿 CP 方向传播，它在 C 点的振动方程为 $y_2=2\times10^{-3}\cos(2\pi t+\pi)$，本题中 y 以 m 计，t 以 s 计. 设 $BP=0.4$ m，$CP=0.5$ m，波速 $u=0.2\ \mathrm{m\cdot s^{-1}}$，求：

(1) 两波传到 P 点时的相位差；

(2) 当这两列波的振动方向相同时，P 处合振动的振幅；

*(3) 当这两列波的振动方向互相垂直时，P 处合振动的振幅.

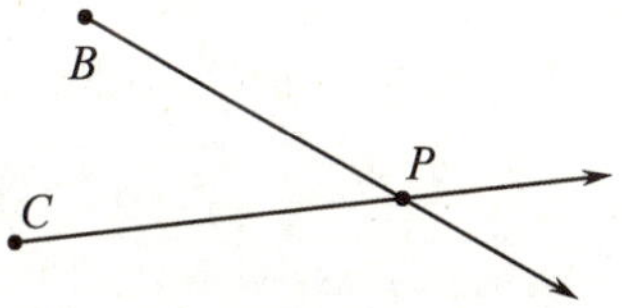

图 5-40

5-12 一平面简谐波沿 x 轴正向传播，如图 5-41 所示. 已知振幅为 A，频率为 ν，波速为 u.

(1) 若 $t=0$ 时，原点 O 处质元正好由平衡位置向位移正方向运动，写出此波的波动方程；

(2) 若从分界面反射的波的振幅与入射波振幅相等，试写出反射波的波动方程，并求 x 轴上因入射波与反射波干涉而静止的各点的位置.

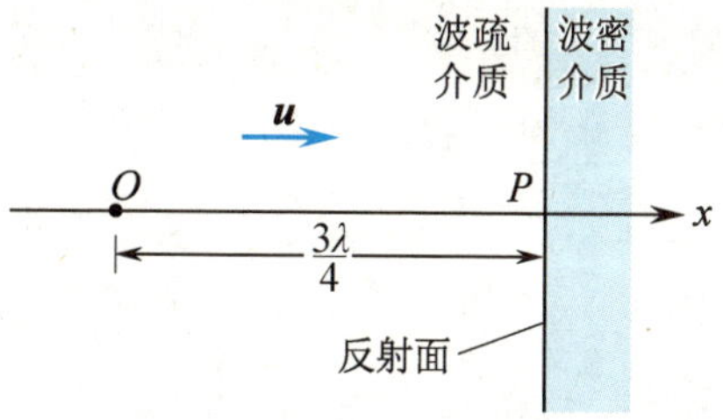

图 5-41

5-13 一驻波方程为 $y=0.02\cos 20x\cos 750t$ (SI)，求：

(1) 形成此驻波的两列行波的振幅和波速；

(2) 相邻两波节间距离.

5-14 在弦上传播的横波，它的波动方程 $y_1=0.1\cos(13t+0.0079x)$ (SI)，试写出一个波动方程，使它表示的波能与这列已知的横波叠加形成驻波，并在 $x=0$ 处为波节.

5-15 汽车驶过车站时，车站上的观测者测得汽笛声频率由 1 200 Hz 变到了 1 000 Hz，设空气中声速为 330 $\mathrm{m\cdot s^{-1}}$，求汽车的速率.

5-16 两列火车分别以 72 $\mathrm{km\cdot h^{-1}}$ 和 54 $\mathrm{km\cdot h^{-1}}$ 的速度相向而行，第一列火车发出一个 600 Hz 的汽笛声，若声速为 340 $\mathrm{m\cdot s^{-1}}$，求第二列火车上的观测者听见该声音的频率在相遇前和相遇后分别是多少？

第2篇

热 物 理 学

宏观物体是由大量微观粒子(分子或其他粒子)组成，这些微观粒子处于永不停息的无规则运动之中，这种运动称为热运动(thermal motion).热现象就是大量微观粒子热运动的宏观表现，宏观上说是与温度有关的现象.热学是研究宏观物体各种热现象的性质和变化规律的一门学科.

对热运动的宏观效果的研究，通常采用两种不同的方法:一种是以观察和实验为基础，运用归纳和分析方法总结出热现象的宏观理论，称为热力学(thermodynamics).如与热现象有关的能量转化和守恒定律，即热力学第一定律，又如描述能量传递方向的热力学第二定律等都是无数实验和经验的总结.另一种方法是从物质的微观结构出发，以每个微观粒子遵循力学规律为基础，运用统计方法，导出热运动的宏观规律，再由实验确认，用这种方法所建立的理论系统称为统计物理学(statistical physics).

热力学的结论来自实验，可靠性好，但对问题的本质缺乏深入了解.气体动理论的分析对热现象的本质给出了解释，但是只有当它与热力学结论相一致时，气体动理论才能得到确认，因此，两者相辅相成，缺一不可.

科学家

阅读材料

知识拓展

第6章

气体动理论基础

本章从物质的微观结构出发，以统计方法为基础，阐明平衡状态下气体的宏观参量压强和温度的微观本质，讨论平衡状态下理想气体的分子按速率和按能量分布的统计规律，介绍实际气体的范德瓦耳斯方程以及非平衡态下气体的扩散、热传导和黏滞三个输运过程.

6.1 平衡态 温度 理想气体状态方程

一、平衡态

热学的研究对象是大量微观粒子(如分子、原子等)组成的宏观物体，通常称为**热力学系统**(thermodynamic system)，简称**系统**. 在研究一个热力学系统的热现象规律时，不仅要注意系统内部的各种因素，同时也要注意外部环境对系统的影响. 研究对象以外的物体称为**系统的外界**(或**环境**). 一般情况，系统与外界之间既有能量交换(如做功、传递热量)，又有物质交换(如蒸发、凝结、扩散、泄漏). 根据系统与外界交换特点，通常把系统分为三种：一种是不受外界影响，与外界既无能量交换，又无物质交换的理想系统，称为**孤立系统**(isolated system)；另一种是**封闭系统**(closed system)，与外界只有能量交换，而无物质交换；第三种是**开放系统**(open system)，与外界既有能量交换，又有物质交换.

热力学系统按所处的状态不同，可以分为平衡态系统和非平衡态系统. 对于一个不受外界影响的系统，不论其初始状态如何，经过足够长的时间后，必将达到一个宏观性质不再随时间变化的稳定状态，这样的状态称为**热平衡态**，简称**平衡态**(equilibrium state).

必须注意平衡态的条件是"一个不受外界影响的系统". 若系统受到外界的影响，如将一根金属棒的一端置入沸水中，另一端放入冰水中，在这样的两个恒定热源之间，经过长时间后，金属棒也达到一个稳定的状态，称为定态，但不是平衡态，因为在外界影响下，不断地有热量从金属棒高温热源端传递到低温热源端. 因此，系统处于平衡态时，必须同时满足两个条件：**一是系统与外界在宏观上无能量和物质的交换；二是系统的宏观性质不随时间变化**. 换而言之，系统处于热平衡态时，系统内部任一体积元均处于力学平衡、热平衡(温度处处相同)、相平衡(无物态变化)和化学平衡(无单方向化学反应)之中. 孤立系统的定态就是平衡态.

需要指出：

(1)平衡态仅指系统的宏观性质不随时间变化.从微观的角度来看，在平衡态下，组成系统的大量粒子仍在不停地、无规则地运动着，只是大量粒子运动的平均效果不变，这在宏观上表现为系统达到平衡，因此这种平衡态又称为热动平衡态.

(2)热动平衡态是一种理想状态.实际中并不存在孤立系统，但当系统受到的外界影响可以略去，宏观性质只有很小变化时，系统的状态就可以近似地看作平衡态.

反之，如果系统不具备两个平衡条件的任一条件，则称系统处于非平衡态.如果存在未被平衡的力，则会出现物质流动；如果存在冷热不一致(温差)，则会出现热量传递；如果存在未被平衡的相(物态)，则会出现相变(物态变化)；如果存在单方向化学反应，则会出现成分的变化(新物质增加，旧物质减少).也就是说，系统中存在任何一种流或变化时(宏观过程)，系统的状态都不是平衡状态.

如何描述一个热力学系统的平衡状态呢？系统在平衡状态下，拥有各种不同的宏观属性，像几何的(如体积)、力学的(如压强)、热学的(如温度)、电磁的(如磁感应强度、电场强度)、化学的(如物质的量)等等.热力学用一些可以直接测量的物理量来描述系统的宏观属性，这些用来表征系统宏观属性的物理量称为**宏观量**.实验表明，这些宏观量在平衡态下各有确定的值，且不随时间变化.从诸多宏观量中选出一组相互独立并能完全表示系统状态的物理量来描述系统的平衡态，这些宏观量称为系统的**状态参量**(state variables).对于给定的气体、液体和固体，常用体积(V)、压强(p)和温度(T)等作为状态参量.

统计物理学是从物质的微观结构和微观运动来研究物质的宏观属性，而每一个运动着的微观粒子(如原子、分子等)都有其大小、质量、速度、能量等.这些用来描述单个微观粒子运动状态的物理量称为**微观量**.微观量一般只能间接测量.微观量与宏观量有一定的内在联系，气体动理论的任务之一就是要揭示气体宏观量的微观本质，即建立宏观量与微观量统计平均值之间的关系.

在国际单位制中，压强的单位是帕斯卡，简称帕(Pa)，它与大气压(atm)及毫米汞柱(mmHg)的关系为

$$1\ \text{atm} = 760\ \text{mmHg} = 1.013 \times 10^5\ \text{Pa}.$$

体积的单位为立为米(m^3)，它与升(L)的关系是

$$1\ \text{m}^3 = 10^3\ \text{L}.$$

二、温度

温度表征物体的冷热程度.冷热是人们对自然界的一种体验，对物质世界的直接感觉.但是单凭人的感觉，认为热的系统温度高，冷的系统温度低，这不但不能定量表示系统的温度，有时甚至会得出错误的结论.因此，要定量表示系统的温度，必须给温度一个严格而科学的定义.

温度概念的建立是以热平衡为基础的.假设有 A，B 两个系统，各自处在一定的平衡态.现使 A，B 两系统相互接触，让两系统之间发生传热，一般地，两系统的状态都会发生变化.经过一段时间后，两个相互接触系统的状态不再发生变化时，两系统就处在一个新的共同的平衡态.即使两系统分开，它们仍然保持这个平衡状态.再考虑由 A，B，C 表示的三个系统，A，B 两系统同时与 C 系统热接触，经一段时间后，A 与 C 处于平衡状态，B 与 C 也处于平衡状态.然后将 A，B 两系统与 C 系统隔离开，让 A 和 B 热接触，则 A，B 两系统的平衡状态不会发生变化.

这个实验事实表明：如果两个系统同时与第三个系统达到热平衡，那么，这两个系统彼此也处于热平衡，这个结论称为热力学第零定律（the zeroth law of thermodynamics ）.

热力学第零定律说明，处在相互热平衡状态的系统必定拥有某一个共同的宏观物理性质. 当两个系统的这一共同性质相同时，两系统热接触，系统之间不会有热传导，彼此处于热平衡状态；当两系统的这一共同性质不相同时，两系统热接触时就会有热传递，彼此的热平衡态将会发生变化. 我们把决定系统热平衡的这一共同的宏观性质称为系统的温度（temperature）. 也就是说，温度是决定一个系统是否与其他系统处于热平衡的宏观性质. A，B 两系统热接触时，如果彼此处于平衡态，则说两系统温度相同；如果发生 A 到 B 的热传导，则说 A 的温度比 B 的温度高. 一切互为热平衡的系统具有相同的温度.

实验表明，当几个系统作为一个整体处于热平衡状态，若将它们分离开，在没有其他影响的情况下，各个系统的热平衡状态不会发生变化. 这说明各个系统在热平衡状态时的温度仅决定于系统本身内部热运动状态. 以后将看到温度反映的是系统大量分子无规则运动的剧烈程度.

热力学第零定律不仅给出了温度的概念，也指出了比较和测量温度的方法. 由于一切处于相互热平衡的系统具有相同的温度，因此，我们可以选定一种合适的物质（测温物质）来作为一个标准系统，通过这个标准系统与温度有关的特性来测量其他系统的温度. 这个选定的标准系统就成了一个温度计. 物质的许多性质都随温度的改变而发生变化，一般选定测温物质的某种随温度做单调、显著变化的性质作为测温特性来表示温度. 如定压下气体的体积，金属丝的电阻等随温度变化的特性. 温度计要能定量表示和测量温度，还需要选定温度的标准点，并把一定间隔的冷热程度分为若干度，这样就可读取温度的数值标度，即温标.

常用的摄氏温标是摄尔修斯（A. Celsius）建立的，用液体（酒精或水银）作测温物质，用液柱高度随温度变化作测温特性. 规定纯水的冰点为 0 ℃，汽点为 100 ℃，并认定液柱高度（体积）随温度做线性变化. 在 0 ℃到 100 ℃之间等分分度，一分表示 1 ℃. 用 t 表示摄氏温标，单位用摄氏度（℃）. 另一种温标是开尔文在热力学第二定律的基础上建立的，这种温标称为热力学温标. 用 T 表示热力学温度，单位用开尔文（K），是国际单位制中七个基本单位之一. 规定水的三相点（水、冰和水蒸气平衡共存的状态）为 273.16 K. 热力学温标与摄氏温标的关系为

$$t = T - 273.15, \tag{6-1}$$

即规定热力学温标的 273.15 K 为摄氏温标的 0 ℃.

三、状态方程

在力学中，质点的机械运动状态用位矢和速度描述. 对于热力学系统，其状态由状态参量确定. 实验证明，当系统处于平衡态时，三个状态参量之间存在一定的函数关系，即 $f(p,V,T)=0$，称为热力学系统的状态方程，或物态方程（equation of state），其具体形式由实验确定. 从气体的三个实验定律——玻意耳定律，查理定律，盖吕萨克定律——可得到一定质量的理想气体的状态方程（ideal gas law）为

$$pV = \frac{M}{M_{\mathrm{mol}}}RT, \tag{6-2}$$

式中 p,V,T 为理想气体在某一平衡态下的三个状态参量；M_{mol} 为气体的摩尔质量；M 为气体的质量；R 为普适气体常量，国际单位制中 $R=8.31\ \mathrm{J\cdot mol^{-1}\cdot K^{-1}}$；$p$ 为气体压强；T 为气体温度

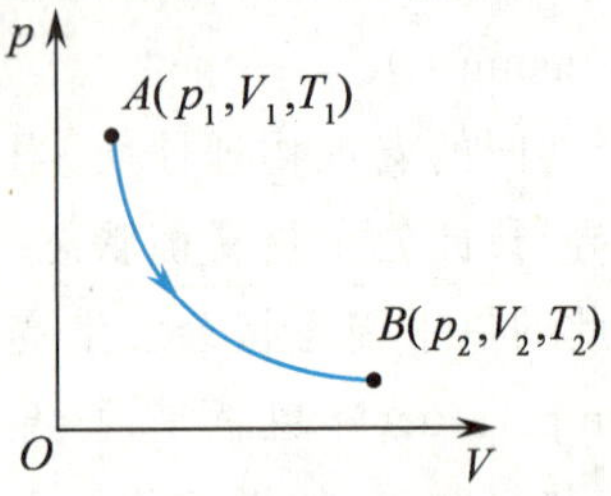

图 6-1　平衡状态示意图

的热力学温标；V 为气体分子的活动空间. 在常温常压下，实际气体都可近似地当作理想气体来处理. 压强越低，温度越高，这种近似的准确度越高.

平衡态除了由一组状态参量来表示之外，还常用状态图中的一个点来表示，比如对给定的理想气体，其一个平衡态可由 $p-V$ 图中对应的一个点来代表（或 $p-T$ 图或 $V-T$ 图中一个点），不同的平衡态对应于不同的点. 一条连续曲线代表一个由平衡态组成的变化过程，曲线上的箭头表示过程进行的方向，不同曲线代表不同过程. 如图 6-1 所示.

6.2　理想气体压强公式

热力学系统是由大量做无规则运动的分子、原子等微观粒子组成，那么系统的宏观状态参量（如温度、压强等）与这些微观粒子的运动状态有什么关系呢？

一、理想气体分子模型和统计假设

从分子运动和分子相互作用来看，理想气体的分子模型如下：

(1) 分子可以看作质点.

在标准状态下，气体分子间的平均距离约为分子有效直径的 50 倍. 气体越稀薄，分子间距比其有效直径更大，所以，一般情况下，气体分子可视为质点.

(2) 除碰撞外，分子力可以略去不计.

由于气体分子间距很大，除碰撞瞬间有力作用外，分子间的相互作用力可以忽略. 因此，在两次碰撞之间，分子做匀速直线运动，即自由运动.

(3) 分子间的碰撞是完全弹性的.

处于平衡态下气体的宏观性质不变，这表明系统的能量不因碰撞而损失. 因此，分子间及分子与器壁之间的碰撞是完全弹性碰撞.

综上所述，**理想气体的分子模型是弹性的自由运动的质点**.

在含有大量分子的理想气体中，由于频繁的碰撞，一个分子的运动状态是极为复杂和难以预测的，而大量分子的整体却呈现确定的规律性，这是统计平均的效果. 平衡态时，理想气体分子的统计假设有：

(1) 在无外场作用时，气体分子在各处出现的概率相同.

平均而言，分子的数密度 n 处处相同，且沿各个方向运动的分子数相同.

(2) 分子可以有各种不同的速度，速度取向在各方向等概率.

平衡态时，气体的性质与方向无关，每个分子速度按方向的分布是完全相同的，各个方向上速率的各种平均值相等，如

$$\bar{v}_x=\bar{v}_y=\bar{v}_z=0,\quad \overline{v_x^2}=\overline{v_y^2}=\overline{v_z^2}.$$

二、理想气体的压强公式

从微观上看，单个分子对器壁的碰撞是间断的、随机的；而大量分子对器壁的碰撞是连续的、

恒定的，即气体对器壁的压强应该是大量分子对容器不断碰撞的统计平均结果. 因此，推导压强公式的基本思路是：按力学规律计算每个分子对容器壁的作用(冲量 $\bar{f}\Delta t$)，然后将所有分子对器壁的作用进行统计平均($\bar{F}=\dfrac{\sum \bar{f}_i \Delta t}{\Delta t}$)，得出理想气体压强($p=\dfrac{\bar{F}}{S}$)公式的统计表述.

假设有一边长分别为 l_1，l_2 和 l_3 的长方形容器，储有 N 个质量为 m 的同类气体分子. 如图 6－2所示，在平衡态下器壁各处压强相同，任选器壁的一个面，例如与 x 轴垂直的 A_1 面，计算其所受压强.

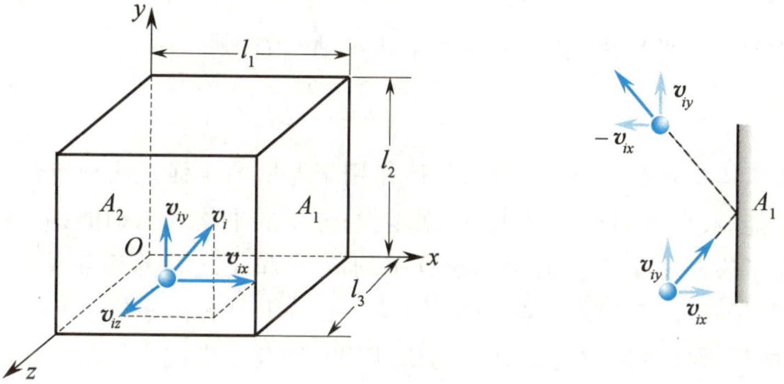

图 6－2　气体压强公式的推导图

在大量分子中，任选一个分子 i，设其速度为

$$\boldsymbol{v}_i = v_{ix}\boldsymbol{i} + v_{iy}\boldsymbol{j} + v_{iz}\boldsymbol{k}.$$

当分子 i 与器壁 A_1 碰撞时，由于碰撞是完全弹性的，故该分子在 x 方向的速度分量由 v_{ix} 变为 $-v_{ix}$，所以在碰撞过程中该分子的 x 方向动量增量为

$$(-mv_{ix}) - mv_{ix} = -2mv_{ix}.$$

由动量定理知，它等于器壁施于该分子的冲量，又由牛顿第三定律知，分子 i 在每次碰撞时对器壁的冲量为 $2mv_{ix}$.

分子 i 在与 A_1 面碰撞后弹回做匀速直线运动，并与其他分子相碰. 由于两个质量相等的弹性质点完全弹性碰撞时交换速度，故可等价分子 i 直接飞向 A_2，与 A_2 面碰撞后又回到 A_1 面再做碰撞，分子 i 在相继两次与 A_1 面碰撞过程中，在 x 轴上移动的距离为 $2l_1$，因此分子 i 相继两次与 A_1 面碰撞的时间间隔为 $\Delta t = 2l_1/v_{ix}$. 那么，单位时间内分子 i 对 A_1 面的碰撞次数 $Z=1/\Delta t = v_{ix}/2l_1$，所以，在单位时间内分子 i 对 A_1 面的冲量为 $2mv_{ix}\cdot\dfrac{v_{ix}}{2l_1}$. 根据动量定理，该冲量就是分子 i 对 A_1 面的平均冲力($\bar{F}_{ix}$)，即

$$\bar{F}_{ix} = 2mv_{ix}\frac{v_{ix}}{2l_1}.$$

所有分子对 A_1 面的平均作用力为上式对所有分子求和，即

$$\bar{F}_x = \sum_{i=1}^{N}\bar{F}_{ix} = \frac{m}{l_1}\sum_{i=1}^{N}v_{ix}^2.$$

由压强定义有

$$p = \frac{\bar{F}_x}{l_2 l_3} = \frac{m}{l_1 l_2 l_3}\sum_{i=1}^{N}v_{ix}^2 = \frac{mN}{N l_1 l_2 l_3}\sum_{i=1}^{N}v_{ix}^2,$$

分子数密度 $n=\frac{N}{l_1l_2l_3}$，x 轴方向速度平方的平均值 $\overline{v_x^2}=\frac{1}{N}\sum_{i=1}^{N}v_{ix}^2$，故有

$$p=nm\,\overline{v_x^2}.$$

因平衡态下有 $\overline{v_x^2}=\overline{v_y^2}=\overline{v_z^2}$ 和 $\overline{v^2}=\overline{v_x^2}+\overline{v_y^2}+\overline{v_z^2}$，所以有 $\overline{v_x^2}=\frac{1}{3}\overline{v^2}$，代入上式得

$$p=\frac{1}{3}nm\,\overline{v^2}=\frac{2}{3}n\left(\frac{1}{2}m\,\overline{v^2}\right),$$

$$\overline{w}=\frac{1}{2}m\,\overline{v^2},$$

$\overline{w}$ 表示分子的平动动能的平均值，简称**分子的平均平动动能**，则

$$p=\frac{2}{3}n\overline{w}. \tag{6-3}$$

(6－3)式称为**理想气体的压强公式**，它表明气体作用于器壁的压强正比于单位体积内的分子数 n 和分子平均平动动能 $\overline{w}$. 分子数密度越大，压强越大；分子的平均平动动能越大，压强也越大.

压强公式建立了宏观量 p 与微观量的统计平均值 $\overline{w}$ 和 n 之间的相互关系，表明了压强是个统计量. 由于单个分子对器壁的碰撞是不连续的，产生的压力起伏不定. 只有在气体分子数足够大时，器壁所受到的压力才有确定的统计平均值. 因此，论及个别或少量分子压强是无意义的.

6.3 温度的统计解释

一、温度的统计解释

温度是热学中特有的一个物理量，它在宏观上表征了物质冷热状态的程度. 那么温度的微观本质是什么呢？

可将理想气体状态方程(6－2)式变为

$$p=\frac{M}{M_{\text{mol}}}\frac{R}{V}T=\frac{N}{V}\cdot\frac{R}{N_A}T=n\frac{R}{N_A}T,$$

其中 $N_A=6.022\times10^{23}\ \text{mol}^{-1}$，为阿伏伽德罗常量；令 $k=\frac{R}{N_A}=1.38\times10^{-23}\ \text{J}\cdot\text{K}^{-1}$，$k$ 为玻尔兹曼常量.

于是理想气体状态方程改写为

$$p=nkT, \tag{6-4}$$

现将压强公式(6－3)式与(6－4)式比较，可得

$$\overline{w}=\frac{3}{2}kT. \tag{6-5}$$

(6－5)式给出了宏观量温度 T 与微观量的统计平均值 $\overline{w}=\frac{1}{2}m\,\overline{v^2}$ 之间的关系，揭示了温度的微观本质，即**温度是气体分子平均平动动能的量度**. 分子的平均平动动能越大，即分子热运动越剧烈，则气体温度就越高. 分子的平均平动动能是大量分子的统计结果，是集体表现，对于个别或少量分子，说它们的温度是无意义的.

由(6－5)式可知，如果各种气体有相同的温度，则它们的分子平均平动动能均相等；如果一种气体的温度高些，则这一种气体分子的平均平动动能要大些. 按照这个观点，热力学温度零度

将是理想气体分子热运动停止时的温度，然而实际上分子运动是永远不会停息的，热力学温度零度也是永远不可能达到的. 而且近代量子理论证实，**即使在热力学温度零度时，组成固体点阵的粒子也还保持着某种振动的能量，称为零点能量**. 至于(实际)气体，则在温度未达到热力学温度零度以前，已变成液体或固体，公式(6－5)也早就不能适用.

二、气体分子的方均根速率

根据气体分子平均平动动能与温度的关系式，可求出给定气体在一定温度下，分子运动速率平方的平均值. 如果把这平方的平均值开方，就可得出气体速率的一种平均值，称为气体分子的**方均根速率**(root-mean-square speed).

由$\frac{1}{2}m\overline{v^2}=\frac{3}{2}kT$，有

$$\sqrt{\overline{v^2}}=\sqrt{\frac{3kT}{m}}=\sqrt{\frac{3RT}{M_{\mathrm{mol}}}}. \tag{6-6}$$

由(6－6)式可知方均根速率和气体的热力学温度的平方根成正比，与气体的摩尔质量的平方根成反比. 对于同一种气体，温度越高，方均根速率越大. 在同一温度下，气体分子质量或摩尔质量越大，方均根速率就越小. 在 0 ℃ 时，氢分子的方均根速率为 1 830 $\mathrm{m\cdot s^{-1}}$，氮分子为 491 $\mathrm{m\cdot s^{-1}}$，空气分子为 485 $\mathrm{m\cdot s^{-1}}$，氧分子为 461 $\mathrm{m\cdot s^{-1}}$.

6.4 能量均分定理 理想气体的内能

前面讨论分子热运动时，把分子视为质点，只考虑分子的平动. 但在确定分子各种运动形式的能量时，除了单原子分子可看作质点(只有平动)外，一般地，由于两个以上原子组成的分子，不仅有平动，而且还有转动和分子内原子间的振动，其相应能量不能忽略. 为此，需要引用力学中有关自由度的概念.

一、自由度

决定一个物体的空间位置所需要的独立坐标数，称为物体的**自由度**(degree of freedom).

气体分子按其结构可分为单原子分子(如 He，Ne 等)、双原子分子(如 H_2，O_2 等)和多原子分子(三个或三个以上原子组成的分子，如 H_2O，NH_3 等)，其结构如图 6－3 所示. 当分子内原子间距离保持不变(不振动)时，这种分子称为刚性分子，否则称为非刚性分子.

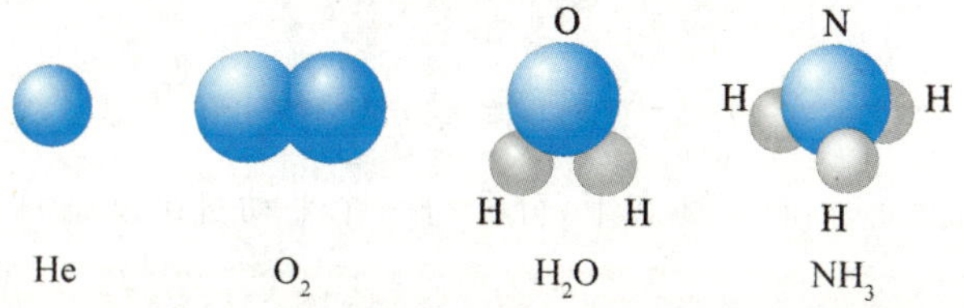

图 6－3 气体分子模型

如图 6－4(a)所示，单原子分子可视为质点，因此，在空间一个自由的单原子分子，只有 3 个平动自由度. 如果这类分子被限制在平面或曲面上运动，则自由度降为 2；如果限制在直线或曲线上运动，则自由度降为 1.

刚性双原子分子可视为两个质点通过一个刚性键联结的模型(哑铃型)来表示，确定其质心

在空间的位置要由 3 个坐标(x,y,z)来表示，故有 3 个平动自由度，另外还要两个方位角 β,γ 来决定其键联（联结两原子的轴）的方位（因 3 个方位角 α,β,γ 有 $\cos^2\alpha+\cos^2\beta+\cos^2\gamma=1$，故只有两个是独立的）. 由于两个原子均视为质点，故绕轴的转动不存在，如图 6－4(b)所示. 因此，刚性双原子分子有 3 个平动自由度和 2 个转动自由度，共有 5 个自由度.

刚性多原子分子除了具有双原子的 3 个质心平动自由度和 2 个转动自由度外，还有一个绕轴自转的自由度，常用转角 φ（相对于所选参考方位）表示，如图 6－4(c)所示. 因此刚性多原子分子有 3 个平动自由度，3 个转动自由度，共有 6 个自由度. 用 i 表示刚性分子自由度，t 表示平动自由度，r 表示转动自由度，则

$$i=t+r.$$

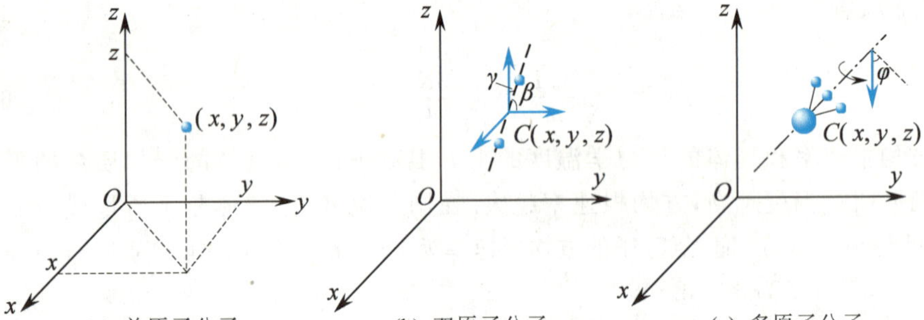

(a) 单原子分子　　(b) 双原子分子　　(c) 多原子分子　　动画演示

图 6－4　刚性分子的自由度

在常温下，大多数气体分子属于刚性分子. 在高温下，气体分子原子间会发生振动，则应视为非刚性分子. 如非刚性双原子分子，两原子之间还有相对微振动，则还需要有一个坐标来确定两原子间的相对距离，这时需要有 1 个振动自由度 s，因此，有 $i=t+r+s=3+2+1=6$ 个自由度. 一般说来，一个由 $n(n>2)$个原子组成的非刚性多原子分子，自由度数最多只能有 $i=3n$ 个，其中平动自由度 $t=3$，转动自由度 $r=3$，振动自由度 $s=3n-6$.

二、能量均分定理

由 6.3 节可知，在平衡态下，理想气体的分子的平均平动动能

$$\overline{w}=\frac{1}{2}m\overline{v^2}=\frac{3}{2}kT.$$

因$\overline{v^2}=\overline{v_x^2}+\overline{v_y^2}+\overline{v_z^2}$和$\overline{v_x^2}=\overline{v_y^2}=\overline{v_z^2}=\frac{1}{3}\overline{v^2}$，代入后可得

$$\frac{1}{2}m\overline{v_x^2}=\frac{1}{2}m\overline{v_y^2}=\frac{1}{2}m\overline{v_z^2}=\frac{1}{2}kT.$$

对于 3 个平动自由度而言，在平衡态下，分子每一个平动自由度都具有相同的平均动能，且大小均等于$\frac{1}{2}kT$.

在平衡态下，气体分子做无规则热运动，任何一种运动形式都应是机会均等的，即没有哪一种运动形式比其他运动形式占优势. 因此，可以把平动动能的统计规律推广到其他运动形式上去，即一般说来，不论平动、转动或振动哪种运动形式，在平衡态下，相应于每一个平动自由度、转动自由度或振动自由度，其平均动能都应等于$\frac{1}{2}kT$. 简言之，**气体处于平衡态时，分子的任何一**

个自由度的平均动能都相等，均为$\frac{1}{2}kT$，这就是能量均分定理(theorem of equipartition of energy). 按照这个定理，如果气体分子有 i 个自由度，则分子的平均动能为

$$\bar{\varepsilon}_k = \frac{i}{2}kT. \tag{6-7}$$

能量均分定理是关于分子热运动动能的统计规律，是对大量分子统计平均所得的结果. 对个别分子而言，它的动能随时间而变，并不等于$\frac{i}{2}kT$，而且它的各种形式的动能也不按自由度均分. 但对大量分子整体而言，由于分子的无规则热运动及频繁的碰撞，能量可以从一个分子转到另一个分子，从一种自由度的能量转化成另一种自由度的能量，这样，在平衡态时，就形成能量按自由度均匀分配的统计规律.

三、理想气体的内能

组成物体的分子或原子除了具有热运动动能外，还应有分子与分子间及分子内原子与原子间相互作用产生的势能；两部分的和统称为分子势能. 通常把物体中所有分子的热运动动能与分子势能的总和，称为物体的内能(internal energy).

对于理想气体，分子间势能可忽略不计，因此，理想气体的内能仅是其所有分子热运动动能的总和.

由(6－7)式知，每一个分子的平均动能为$\frac{i}{2}kT$，则 1 mol 理想气体的内能为

$$E_0 = N_A\left(\frac{i}{2}kT\right) = \frac{i}{2}RT, \tag{6-8}$$

因此，质量为 M 的理想气体的内能为

$$E = \frac{M}{M_{mol}}E_0 = \frac{M}{M_{mol}}\frac{i}{2}RT. \tag{6-9}$$

由(6－9)式可知，对给定气体而言，其内能仅与温度有关，而与体积、压强无关，且是温度的单值函数. 当温度改变 ΔT 时，相应内能的改变为

$$\Delta E = \frac{M}{M_{mol}}\frac{i}{2}R\Delta T. \tag{6-10}$$

(6－10)式表明，一定量的某种理想气体在状态变化过程中，内能的改变只取决于初态和终态的温度，而与具体过程无关.

6.5 麦克斯韦分子速率分布律

对某一分子，其任一时刻的速度具有偶然性，但大量分子从整体上会体现一些统计规律. 1859 年，麦克斯韦(J. Maxwell)用概率论证明了在平衡态下，理想气体分子速度分布是有规律的，这个规律称为麦克斯韦速度分布律. 若不考虑分子速度的方向，则为麦克斯韦速率分布律.

一、气体分子的速率分布　分布函数

当气体处于平衡状态时，容器中的大量分子以不同的速率沿各个方向运动着，有的分子速率较大，有的较小. 由于分子间不断相互碰撞，对个别分子来说，速度大小和方向因碰撞而不断改变，这种改变完全带有偶然性和不可预言性，然而从大量分子的整体来看，在平衡态下，分子的速

率却遵循着一个完全确定的统计分布规律.研究这个规律，对于进一步理解分子运动的性质是很重要的；其中有关的概念和方法，在科学技术中经常遇到，具有普遍意义，这里只做初步介绍.

研究气体分子速率分布情况，与研究一般的分布问题相似，需要把速率分成若干相等的区间.例如从 0～100 $m\cdot s^{-1}$ 为一个区间，100～200 $m\cdot s^{-1}$ 为次一区间，200～300 $m\cdot s^{-1}$ 为又一区间，等等.所谓研究分子速率的分布情况，就是要知道，气体在平衡状态下，分布在各个速率区间 Δv 之内的分子数 ΔN，各占气体分子总数 N 的百分比为多少(即分子速率位于该速率区间的概率为多少)，以及大部分分子分布在哪一个区间之内等问题.为了便于比较，特地把各速率区间取得相等，从而突出分布的意义.所取区间愈小，有关分布的知识就愈详细，对分布情况的描述也愈精确.

描写速率分布的方法有 3 种：(1)根据实验数据列表——分布表；(2)作出曲线——分布曲线；(3)找出函数关系——分布函数.

例如，表 6-1 所列数据为实验测定值，它表示在 0 ℃时氧气分子速率的分布情况，从表中可以看出低速或高速运动的分子数目较少(如速率在 100 $m\cdot s^{-1}$ 以下的分子数只占总数的 1.4%，800 $m\cdot s^{-1}$ 以上的分子数只占总数的 2.9%)，分子速率在 300～400 $m\cdot s^{-1}$ 之间的分子数量最多，占总数的 21.4%，其他速率区间相应的分子数依次递减.在大量分子的热运动中，像上述这样的低速或高速运动的分子较少，而多数分子以中等速率运动的分布情况，对于任何温度下的任一种气体来说，大体上都是如此.这就是气体分子速率分布的规律性.

表 6-1　在 0 ℃时氧气分子速率的分布情况

速率区间/($m\cdot s^{-1}$)	分子数的百分率 $\frac{\Delta N}{N}$/(%)
100 以下	1.4
100～200	8.1
200～300	16.5
300～400	21.4
400～500	20.6
500～600	15.1
600～700	9.2
700～800	4.8
800～900	2.0
900 以上	0.9

又如，若以速率 v 为横坐标，以 $\frac{\Delta N}{N\Delta v}$ (即单位速率区间分子的比率)为纵坐标，则表 6-1 给出的速率分布，可以表示成图 6-5(a)所示图形.为了把速率分布的真实情况更细致地反映出来，则把速率区间取得更小，如图 6-5(b)所示.

若要将气体分子按速率分布准确描述，则需把速率区间尽可能取小，当 $\Delta v\to 0$ 时，即取 dv 为分子速率区间，其相应分子数为 dN，这时纵坐标为 $\frac{dN}{Ndv}$，v 为横坐标，所得 $\frac{dN}{Ndv}-v$ 速率分布曲线为一条平滑的曲线，如图 6-5(c)所示.速率分布曲线下面有斜线的小长条面积为 $\frac{dN}{Ndv}dv=\frac{dN}{N}$，它的物理意义是：该面积大小代表速率在 v 附近 dv 区间(即速率在 v～$v+dv$ 之间)内的分子数占

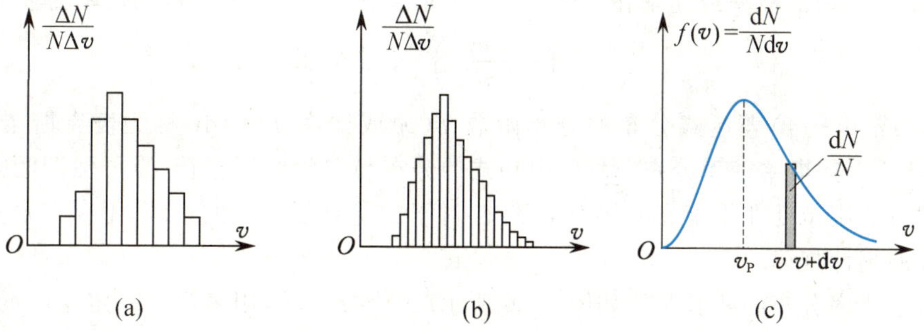

图 6-5 气体分子速率分布曲线

总分子数的比率(百分比).因此,速率分布曲线下的总面积就表示分布在从零到无穷大整个速率区间的全部百分比之和,此和等于百分之百,即等于 1,这是分布曲线所必须满足的条件,称为分布曲线的**归一化条件**(normalization condition).

速率 v 附近 Δv 区间内分子数占总分子数的比率的极限

$$f(v)=\lim_{\Delta v\to 0}\frac{\Delta N}{N\Delta v}=\frac{1}{N}\frac{dN}{dv} \tag{6-11}$$

称为**分子的速率分布函数**(the speed distribution function).它表示速率 v 附近的单位速率区间内的分子数占总分子数的百分比(比率),$f(v)$-v 曲线叫作气体分子的**速率分布曲线**,如图 6-5(c)所示.由(6-11)式可知,$f(v)dv=\frac{dN}{N}$表示速率在 v 附近 dv 区间内的分子数占总分子数的百分比.速率介于 v_1 与 v_2 之间的分子数占总分子数的比率为$\int_{v_1}^{v_2}f(v)dv=\frac{\Delta N}{N}$.如上所述,分布曲线下的总面积,即速率介于零到无穷大的整个区间内的分子数占总分子数的百分比应为 1,即

$$\int_0^{\infty}f(v)dv=1, \tag{6-12}$$

这就是分布函数必须满足的归一化条件.

分布函数还可用概率表述.设想我们“追踪测量”某一个分子的速率,共测量了 N 次,其中 dN 次测得的速率量值在 $v\sim v+dv$ 区间内,则 $f(v)$的物理意义为某一分子在速率 v 附近的单位速率区间内出现的概率,$f(v)$也称为**概率密度**.而$f(v)dv=\frac{dN}{N}$则为分子速率出现在 $v\sim v+dv$区间内的概率.

必须指出,实际存在于 dv 之间的分子数与统计平均值总有偏差,即总存在涨落,所以 dv 不能看作为数学上的无限小,必须满足宏观小、微观大的条件,即只是物理上的无限小.从宏观上来看,dv 足够小,在该速率间隔中的分子可近似地看成具有相同的速率;但从微观上看,这个速率间隔包含的分子数仍然很大.

二、麦克斯韦速率分布律

理想气体处于平衡态且无外力场作用时,气体分子按速率分布的分布函数$f(v)$是由麦克斯韦于 1860 年从理论上导出的

$$f(v)=4\pi\left(\frac{m}{2\pi kT}\right)^{3/2}v^2e^{-\frac{mv^2}{2kT}}, \tag{6-13}$$

式中 T 为气体的热力学温度;m 为分子的质量;k 为玻尔兹曼常量.由(6-13)式可得到一个分子

在 $v \sim v+\mathrm{d}v$ 区间内的概率或速率在 $v \sim v+\mathrm{d}v$ 区间的分子数占总分子数的比率为

$$\frac{\mathrm{d}N}{N}=4\pi\left(\frac{m}{2\pi kT}\right)^{3/2}v^2\mathrm{e}^{-\frac{mv^2}{2kT}}\mathrm{d}v. \tag{6-14}$$

具有(6-13)或(6-14)表达式分布的分布函数 $f(v)$ 或比率 $f(v)\mathrm{d}v$ 称为**麦克斯韦速率分布**，(6-14)式就是**麦克斯韦速率分布律**.(6-14)式的分布与实验曲线相符.需要强调的是麦克斯韦速率分布律只适用于处在平衡态的热力学系统.对于少量分子组成的系统，不存在麦克斯韦速率分布律这样的统计规律.

测定分子速率分布的实验装置如图 6-6 所示.A 为分子源，用来产生一定温度的分子流.经两道狭缝以形成一束很细的分子束，射向带有小缝 S 的可旋转圆筒 B.圆筒的转动角速度设为 ω，圆筒中的 G 是贴在圆筒内壁上的弯曲玻璃板，此板可沉积射到它上面的各种速率的分子.从分子源中射出来的分子束经转动圆筒上的小缝 S 进入圆筒.圆筒不转动时，分子束中的分子都射在 G 板的 P 处.而圆筒以 ω 角速度转动时，速率为 v 的分子通过从 S 到玻璃板的距离 D 需要的时间为 $\frac{D}{v}$，在此时间内，圆筒转过一个角度 $\theta=\omega\frac{D}{v}$.故速率为 v 的分子落在弯曲板的 P' 处，这里 D 为圆筒的直径.若 $\widehat{PP'}$ 弧长为 l，显然有关系

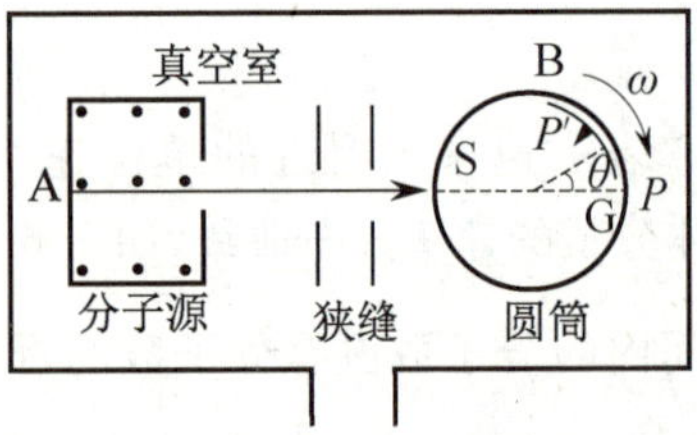

图 6-6　测定分子速率分布的实验装置

$$\frac{D}{v}=\frac{\theta}{\omega}=\frac{2l}{D\omega}\quad 或 \quad l=\frac{D^2\omega}{2v}.$$

这关系表明，弯曲板上不同弧长 l 处沉积的分子具有不同的速率.测量不同弧长 l 处沉积的分子层厚度，即可求得分子束中各种速率 v 附近的分子数占总分子数的比率，从而得出分子速率的分布律，并可与理论上的麦克斯韦分子速率分布律进行比较.

三、分子速率的三个统计值

分子动理论中，常用到以下三种统计速率.

1. 最概然速率 v_{P}

气体分子速率分布曲线有个极大值，与这个极大值对应的速率称为气体分子的**最概然速率**(most probable speed)(常用 v_{P} 表示)，如图 6-7 所示.

它的物理意义是：对所有相同的速率区间而言，在含有速率 v_{P} 的那个区间内的分子数占总分子数的百分比最大.按概率表述如下：对所有相同的速率区间而言，某一分子的速率取含有 v_{P} 的那个速率区间内的值的概率最大.由极值条件

$$\frac{\mathrm{d}f(v)}{\mathrm{d}v}=0,$$

可求得满足麦克斯韦速率分布律的平衡态下气体分子的最概然速率

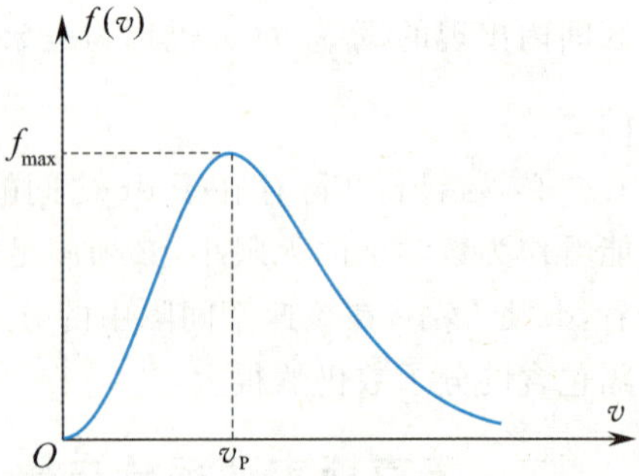

图 6-7　最概然速率

$$v_{\mathrm{P}}=\sqrt{\frac{2kT}{m}}=\sqrt{\frac{2RT}{M_{\mathrm{mol}}}}\approx 1.41\sqrt{\frac{RT}{M_{\mathrm{mol}}}}. \tag{6-15}$$

2. 平均速率 $\bar{v}$

大量分子速率的统计平均值称为平均速率(average speed). 根据求平均值的定义有

$$\bar{v}=\frac{\sum v_i\Delta N_i}{N},$$

对于连续分布,上式可写为

$$\bar{v}=\frac{\int_0^{\infty}v\mathrm{d}N}{N}=\int_0^{\infty}vf(v)\mathrm{d}v.$$

将麦克斯韦速率分布函数 $f(v)$代入,可得理想气体分子速率在 0 到∞整个区间内的平均值

$$\bar{v}=\sqrt{\frac{8kT}{\pi m}}=\sqrt{\frac{8RT}{\pi M_{\mathrm{mol}}}}\approx 1.60\sqrt{\frac{RT}{M_{\mathrm{mol}}}}. \tag{6-16}$$

3. 方均根速率 $\sqrt{\overline{v^2}}$

$\sqrt{\overline{v^2}}$ 为大量分子速率的平方平均值的平方根. 根据求平均值的定义有

$$\overline{v^2}=\frac{\sum v_i^2\Delta N_i}{N}$$

或

$$\overline{v^2}=\frac{\int_0^{\infty}v^2\mathrm{d}N}{N}=\int_0^{\infty}v^2f(v)\mathrm{d}v,$$

将麦克斯韦速率分布函数 $f(v)$代入,可得理想气体分子的方均根速率为

$$\sqrt{\overline{v^2}}=\sqrt{\frac{3kT}{m}}=\sqrt{\frac{3RT}{M_{\mathrm{mol}}}}\approx 1.73\sqrt{\frac{RT}{M_{\mathrm{mol}}}}. \tag{6-17}$$

这一结果与前面得到的(6-6)式相同.

以上三种速率各有不同的含义,也各有不同的用处. 最概然速率 v_{P} 表征了气体分子按速率分布的特征;平均速率 $\bar{v}$ 运用于气体分子的碰撞;方均根速率 $\sqrt{\overline{v^2}}$ 用于计算分子的平均平动动能.

四、麦克斯韦速率分布曲线的性质

1. 温度与分子速率

当温度升高时,气体分子的速率普遍增大,速率分布曲线中的最概然速率 v_{P} 向量值增大方向移动. 但归一化条件要求曲线下总面积不变,因此,分布曲线宽度增大,高度降低,整个曲线变得较平坦些,如图 6-8 所示.

2. 质量与分子速率

在相同温度下,对不同种类的气体,分子质量大的,速率分布曲线中的最概然速率 v_{P} 向量值减小方向移动. 因总面积不变,所以分布曲线宽度变窄,高度增大,整个曲线比质量小的显得陡些,如图 6-9 所示.

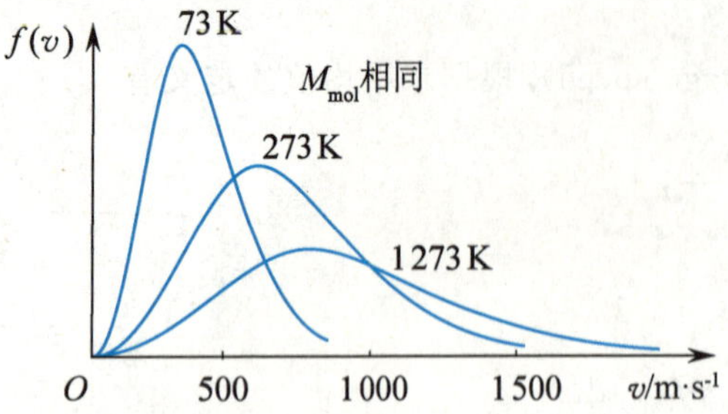

图 6－8　不同温度下分子速率分布

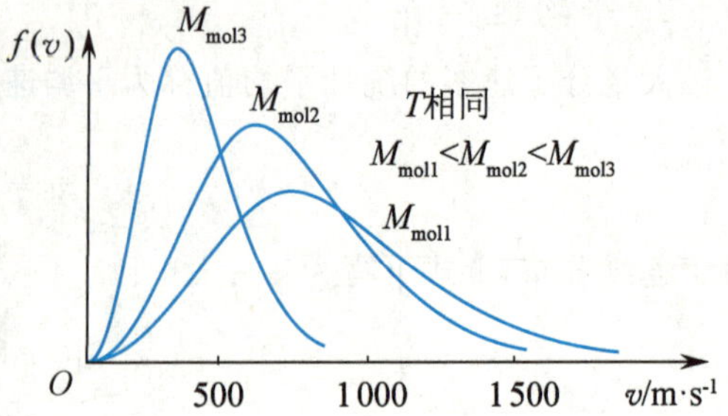

图 6－9　不同质量的分子速率分布

例 6－1

设有 N 个粒子，其速率分布函数为

$$f(v)=\begin{cases}\dfrac{a}{v_0}v & (0<v<v_0),\\ 2a-\dfrac{a}{v_0}v & (v_0<v<2v_0),\\ 0 & (2v_0<v).\end{cases}$$

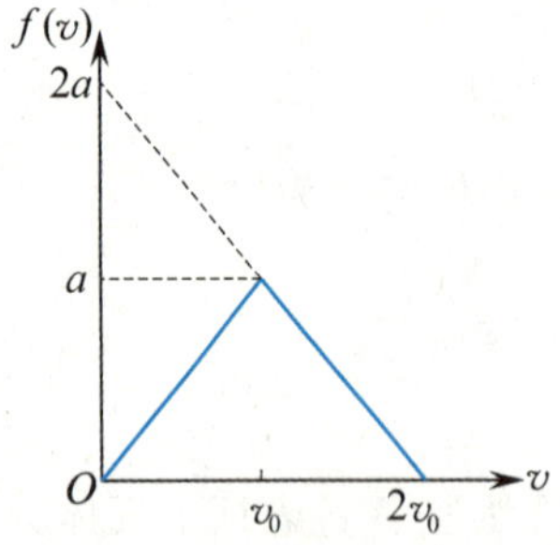

图 6－10

(1)作出速率分布曲线；(2)由 N 和 v_0 求 a 值；(3)求 v_P；(4)求 N 个粒子的平均速率 $\bar{v}$；(5)求速率介于 $0\sim\dfrac{v_0}{2}$ 之间的粒子数；(6)求 $\dfrac{v_0}{2}\sim v_0$ 区间内粒子的平均速率 $\bar{v}$.

解　(1)速率分布曲线如图 6－10 所示.

(2)由分布函数必须满足归一化条件，即

$$\int_0^{\infty}f(v)\mathrm{d}v=\frac{1}{2}a\times 2v_0=1,$$

所以

$$a=\frac{1}{v_0}.$$

(3)由 v_P 的物理意义知 $v_P=v_0$.

(4)N 个粒子的平均速率：

$$\begin{aligned}\bar{v}&=\int_0^{\infty}\frac{v\mathrm{d}N}{N}=\int_0^{\infty}vf(v)\mathrm{d}v\\&=\int_0^{v_0}v\left(\frac{a}{v_0}v\right)\mathrm{d}v+\int_{v_0}^{2v_0}v\left(2a-\frac{a}{v_0}v\right)\mathrm{d}v\\&=v_0.\end{aligned}$$

(5)$0\sim\dfrac{v_0}{2}$ 内粒子数：

$$\begin{aligned}\Delta N&=\int_0^{\frac{v_0}{2}}\mathrm{d}N=\int_0^{\frac{v_0}{2}}Nf(v)\mathrm{d}v\\&=\int_0^{\frac{v_0}{2}}N\left(\frac{a}{v_0}v\right)\mathrm{d}v\\&=N\int_0^{\frac{v_0}{2}}\frac{a}{v_0}v\mathrm{d}v=\frac{N}{8}.\end{aligned}$$

(6)$\dfrac{v_0}{2}\sim v_0$ 内粒子的平均速率：

$$\begin{aligned}\bar{v}&=\frac{\int_{\frac{v_0}{2}}^{v_0}v\mathrm{d}N}{\Delta N}=\frac{\int_{\frac{v_0}{2}}^{v_0}vNf(v)\mathrm{d}v}{\int_{\frac{v_0}{2}}^{v_0}Nf(v)\mathrm{d}v}\\&=\frac{\int_{\frac{v_0}{2}}^{v_0}v\left(\frac{a}{v_0}v\right)\mathrm{d}v}{\int_{\frac{v_0}{2}}^{v_0}\frac{a}{v_0}v\mathrm{d}v}=0.778v_0.\end{aligned}$$

6.6 玻尔兹曼分布律

一、麦克斯韦速度分布律

前面讨论的分子速率分布未考虑分子速度方向，要找出分子按速度的分布，就是要找出在速度空间中，分布于速度 $\boldsymbol{v}$ 附近小体积元 $\mathrm{d}v_x\mathrm{d}v_y\mathrm{d}v_z$ 内的分子数 $\mathrm{d}N_v$ 占总分子数的百分比（图 6 - 11）. 因此，速度分布函数定义为

$$F(\boldsymbol{v})=\frac{\mathrm{d}N_v}{N\mathrm{d}v_x\mathrm{d}v_y\mathrm{d}v_z},$$

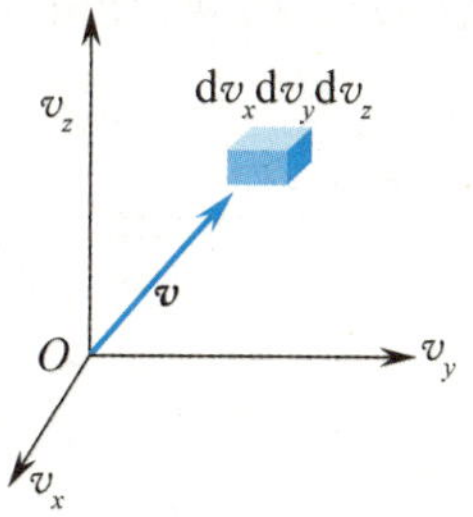

图 6 - 11　速度空间

表示速度 $\boldsymbol{v}$ 附近单位速度空间体积内的分子数占总分子数的比例，即**速度概率密度**，又称**气体分子的速度分布函数**.

1859 年，麦克斯韦首先根据概率理论和理想气体分子模型导出的热平衡态下气体分子速度分布律为

$$\frac{\mathrm{d}N_v}{N}=\left(\frac{m}{2\pi kT}\right)^{3/2}\mathrm{e}^{-\frac{m(v_x^2+v_y^2+v_z^2)}{2kT}}\mathrm{d}v_x\mathrm{d}v_y\mathrm{d}v_z, \qquad (6-18)$$

则麦克斯韦速度分布函数为

$$F(\boldsymbol{v})=\left(\frac{m}{2\pi kT}\right)^{3/2}\mathrm{e}^{-\frac{m}{2kT}(v_x^2+v_y^2+v_z^2)}.$$

二、玻尔兹曼分布律

麦克斯韦速度分布律是在平衡态下气体分子不受外力作用（或者外力场可以忽略不计）时的分布律. 由于没有外力场作用，分子按空间位置的分布是均匀的，即在容器中分子数密度 n 处处相同. 当有保守外力（如重力场、电场等）作用时，气体分子在各空间位置的分布就不再均匀了，不同位置处的分子数密度不同.

玻尔兹曼（Boltzmann）将麦克斯韦速度分布推广到理想气体处在保守力场的情况. 他认为：(1)分子在外力场中应以总能量 $E=E_\mathrm{k}+E_\mathrm{p}$ 取代（6 - 18）式中的 $\frac{mv^2}{2}$；(2)一个有 3 个自由度的粒子的状态，需要用三维位置坐标和三维速度坐标来描述. 这种六维的位置-速度坐标空间粒子的分布不仅按速度区间 $v_x\sim v_x+\mathrm{d}v_x$，$v_y\sim v_y+\mathrm{d}v_y$，$v_z\sim v_z+\mathrm{d}v_z$ 分布，同时还应按位置区间 $x\sim x+\mathrm{d}x$，$y\sim y+\mathrm{d}y$，$z\sim z+\mathrm{d}z$ 分布. 玻尔兹曼证明，这样的分布可写成

$$\mathrm{d}N=C\mathrm{e}^{-\frac{E}{kT}}\mathrm{d}x\mathrm{d}y\mathrm{d}z\mathrm{d}v_x\mathrm{d}v_y\mathrm{d}v_z. \qquad (6-19)$$

（6 - 19）式称为**玻尔兹曼分布律**，其中 $\mathrm{e}^{-\frac{E}{kT}}$ 称**玻尔兹曼因子**（Boltzmann factor）. 在玻尔兹曼的理论中，分子（粒子）是指经典的独立粒子，即粒子的机械能是可以连续变化的，每一个粒子也都是可以区分的.（6 - 19）式是假定粒子只有 3 个平动自由度，若粒子还有振动或转动自由度，则只要增设相应的坐标，也可以导出相应的公式.

玻尔兹曼分布是描述理想气体在受保守外力作用或保守外力场的作用不可忽略时，处于热平衡态下的气体分子按能量的分布规律. 在等宽的区间内，若 $E_1>E_2$，则能量大的粒子数 $\mathrm{d}N_1$ 小于能量小的粒子数 $\mathrm{d}N_2$，即 $\mathrm{d}N_1<\mathrm{d}N_2$，或者说粒子优先占据能量小的状态，这是玻尔兹曼分布律的一个重要结果. 需要指出的是玻尔兹曼分布律只适用于分子、原子、布朗粒子组成的系统，不适

用于电子、光子等组成的系统.

若(6－19)式对位置积分应得到麦克斯韦速度分布(6－18)式，而对速度积分可得到分子数按位置的分布，即

$$dN'=C\left(\int_{-\infty}^{+\infty}\int_{-\infty}^{+\infty}\int_{-\infty}^{+\infty}e^{-\frac{m(v_x^2+v_y^2+v_z^2)}{2kT}}dv_x dv_y dv_z\right)e^{-\frac{E_p}{kT}}dxdydz=n_0e^{-\frac{E_p}{kT}}dxdydz.$$

在该位置处的分子数密度为 $n=\dfrac{dN'}{dxdydz}$，则

$$n=n_0e^{-\frac{E_p}{kT}}. \tag{6-20}$$

若在重力场中，则

$$n=n_0e^{-\frac{mgh}{kT}}, \tag{6-21}$$

由此可知 n_0 表示地面 $h=0$ 处的分子数密度，(6－21)式就是分子数密度按高度分布的规律. 由此可知，分子数密度随高度增加而呈指数减少，这与高空空气稀薄的事实相符.

例 6－2

飞机的起飞前机舱中的压力计指示为 1.0 atm，温度为 27 ℃；起飞后，压力计指示为 0.8 atm，温度仍为 27 ℃，试计算飞机距离地面的高度. 空气的平均摩尔质量 $M_{mol}=28.9\times10^{-3}$ kg · mol^{-1}.

解 设飞机距离地面的高度为 h，由 $p=nkT$ 及(6－21)式，可得

$$p=kTn_0e^{-\frac{mgh}{kT}}=p_0e^{-\frac{mgh}{kT}},$$

$$\frac{p}{p_0}=e^{-\frac{mgh}{kT}}.$$

取对数后可得

$$h=\frac{kT}{mg}\ln\frac{p_0}{p}=\frac{RT}{N_Amg}\ln\frac{p_0}{p}=\frac{RT}{M_{mol}g}\ln\frac{p_0}{p}$$

$$=\frac{8.31\times300}{28.9\times10^{-3}\times9.8}\ln\frac{1}{0.8}$$

$$=1.96\times10^3\ (\text{m}).$$

6.7 分子平均碰撞频率和平均自由程

由气体分子平均速率公式 $\bar{v}=1.60\sqrt{\dfrac{RT}{M_{mol}}}$ 可计算出氮气分子在 27 ℃时的值为 $\bar{v}\approx476$ m · s^{-1}. 这引起 19 世纪末物理学家们的怀疑：既然气体分子速率极高，为什么气体的扩散进行得相当缓慢？例如，打开一瓶香水后，香味要经过几秒到十几秒才能传过几米的距离. 气体分子的热运动速率高，扩散速度小的矛盾如何理解？这个矛盾首先是由克劳修斯解决的. 由于常温常压下分子数密度达 $10^{23}\sim10^{25}$ m^{-3} 数量级，因此，一个分子以每秒几百米的速率在如此密集的分子中运动，必然要与其他分子做频繁的碰撞，而每碰撞一次，分子运动方向就发生改变. 图 6－12所示为一个香水分子(蓝色小球)在空气分子中不断碰撞而迂回曲折前进的示意图. 设该香水分子 t 时刻在 A 处发生碰撞后，经过 Δt 时间后到达 B. 显然，在相同的 Δt 时间内，由 A 到 B 的位移(实线长度)大小比它的路程(折线长度)小得多. 因此气体分子的扩散速率较之分子的平均速率小得多.

分子在任意两次连续碰撞之间自由通过的路程叫作**分子的自由程**(free path). 单位时间内一个分子与其他分子碰撞的次数称为**分子的碰撞频率**(collision frequency). 由图 6－12 可知，分子的自由程有长有短，任意两次碰撞所需时间多少也具有偶然性. 自由程和碰撞频率大小是随机变

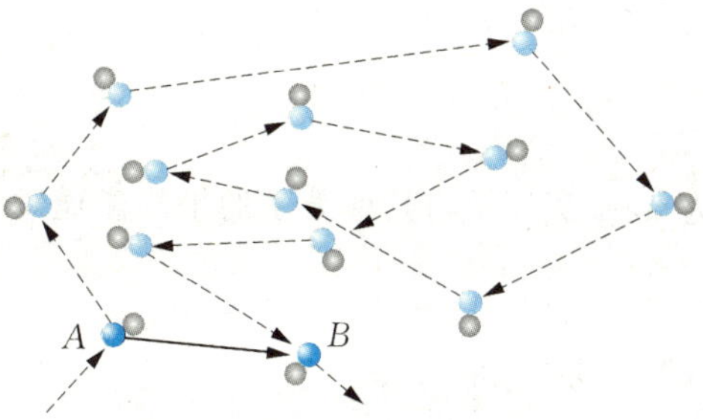

动画演示

图 6-12 分子碰撞示意图

化的，但是大量分子无规则热运动的结果，使分子的自由程与碰撞频率服从一定的统计规律. 我们可采用统计平均方法分别计算出**平均自由程**和**平均碰撞频率**.

一、平均碰撞频率 $\overline{Z}$

为了使问题简化，假定每个分子都是有效直径为 d 的弹性小球，并且假定只有某一个分子 A 运动，其余分子都静止. 在分子 A 的运动过程中，分子 A 的球心轨迹是一条折线. 设想以分子 A 的中心所经过的轨迹为轴，以分子的有效直径 d 为半径作一圆柱体，如图 6-13 所示. 显然，凡是球心位于该圆柱体内的分子都将和分子 A 相碰. $\sigma=\pi d^2$ 称为碰撞截面. 球心在圆柱体外的分子就不会与它相碰.

因为两个相碰的分子都是运动的，其平均相对速率 $\overline{u}$ 稍微不同于个别分子的平均速率 $\overline{v}$，因此，在单位时间内，分子 A 平均经过的路程为 $\overline{u}$，$\overline{u}$ 表示气体分子的平均相对运动速率，即分子 A 以速率 $\overline{u}$ 运动，而其余分子都相对静止不动. 相应的圆柱体体积为 $\pi d^2\overline{u}$，设分子数密度为 n，平均而言圆柱体内的分子数为 $\pi d^2\overline{u}n$. 显然，这就是分子 A 在 1 s 内和其他分子发生碰撞的平均频率 $\overline{Z}$，所以

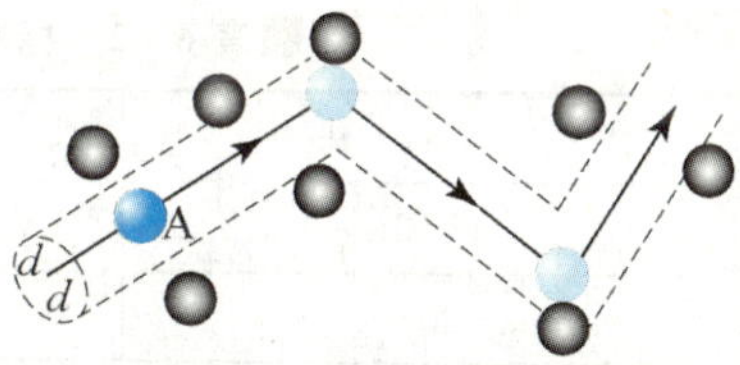

动画演示

图 6-13 碰撞区域示意图

$$\overline{Z}=\pi d^2\overline{u}n.$$

考虑两个分子 A 和 A_i，分别以速度 $\boldsymbol{v}$ 和 $\boldsymbol{v}_i$ 运动，则 A 对 A_i 的相对速度为

$$\boldsymbol{u}_i=\boldsymbol{v}-\boldsymbol{v}_i,$$

$$u_i^2=v^2+v_i^2-2\boldsymbol{v}\cdot\boldsymbol{v}_i.$$

上式两边对 A 以外的大量分子求平均. 由于分子的无规则的运动，速度 $\boldsymbol{v}$ 和 $\boldsymbol{v}_i$ 夹角有各种可能，其余弦可正可负的变化，因而对大量分子统计平均时 $\overline{\boldsymbol{v}\cdot\boldsymbol{v}_i}=0$，于是得

$$\overline{u^2}=\overline{v^2}+\overline{v_i^2}.$$

如果忽略方均根值与平均值间的差别，如 $\sqrt{\overline{u^2}}$ 和 $\overline{u}$ 的差别，上式变为

$$\overline{u}^2=\overline{v}^2+\overline{v}_i^2.$$

由于 A 分子与所有分子是一样的，则 $\overline{v}=\overline{v}_i$，结果是

$$\overline{u}=\sqrt{2}\,\overline{v}. \tag{6-22}$$

在上面的推导中做了简化，但可以证明，对于按麦克斯韦速度分布运动的气体分子，(6-22)式是一个严格的结果.

由此可得平均碰撞频率为

$$\overline{Z}=\sqrt{2}\pi d^2\overline{v}n. \tag{6-23}$$

二、平均自由程 $\overline{\lambda}$

由于 1 s 内分子平均走过的路程为 $\overline{v}$，一个分子与其他分子的平均碰撞频率为 $\overline{Z}$，因此，平均自由程 $\overline{\lambda}$ 为

$$\overline{\lambda}=\frac{\overline{v}}{\overline{Z}}=\frac{1}{\sqrt{2}\pi d^2 n}. \tag{6-24}$$

从(6－24)式可知分子的平均自由程是与分子的有效直径的平方和分子数密度成反比.

又因为 $p=nkT$，所以上式可改写为

$$\overline{\lambda}=\frac{kT}{\sqrt{2}\pi d^2 p}. \tag{6-25}$$

(6－25)式表明，当温度恒定时，平均自由程与气体的压强成反比，压强越小(空气越稀薄)，平均自由程越长.

在标准状态下，$\overline{v}$ 的数量级为 $10^2\ \text{m}\cdot\text{s}^{-1}$，$\overline{\lambda}$ 的数量级为 10^{-7} m，见表 6－2，则平均碰撞频率 $\overline{Z}$ 的数量级为 $10^9\ \text{s}^{-1}$，即在 1 s 内，1 个分子与其他分子平均而言要碰撞几十亿次. 这样频繁的碰撞不是我们日常生活中所能想象的. 从这一估算中可见分子热运动的极大无规则性，频繁的碰撞正是大量分子整体出现统计规律的基础.

表 6－2　标准状态下气体的平均自由程

气　体	氢	氧	氮	空　气
$\overline{\lambda}$/m	1.13×10^{-7}	0.647×10^{-7}	0.599×10^{-7}	7.0×10^{-8}
d/m	2.30×10^{-10}	2.90×10^{-10}	3.10×10^{-10}	3.70×10^{-10}

例 6－3

试计算氧气在标准状态下的分子平均碰撞频率和平均自由程.

解　根据

$$\overline{Z}=\sqrt{2}\pi d^2\overline{v}n,$$

$$\overline{v}=1.60\sqrt{\frac{RT}{M_{\text{mol}}}}=1.6\sqrt{\frac{8.31\times273}{32\times10^{-3}}}=426\ (\text{m}\cdot\text{s}^{-1}),$$

$$n=\frac{p}{kT}=\frac{1.013\times10^5}{1.38\times10^{-23}\times273}=2.69\times10^{25}\ (\text{m}^{-3}),$$

以及由表 6－2 知氧分子的直径 $d=2.9\times10^{-10}$ m，可得

$$\overline{Z}=\sqrt{2}\times3.14\times(2.9\times10^{-10})^2\times2.69\times10^{25}\times426=4.28\times10^9\ (\text{s}^{-1}).$$

又

$$\overline{\lambda}=\frac{\overline{v}}{\overline{Z}}=\frac{426}{4.28\times10^9}=9.95\times10^{-8}\ (\text{m}).$$

由此可见平均每秒碰撞达 40 亿次之多，平均自由程仅有亿分之几米.

例 6－4

试估算空气分子在 0 ℃时的平均自由程. (1) $p_1=1.013\times10^5$ Pa 时；(2) $p_2=1.33\times10^{-3}$ Pa 时.

解　由表 6－2 中知空气分子的 $d=3.7\times10^{-10}$ m.

$$(1)\bar{\lambda}=\frac{kT}{\sqrt{2}\pi d^2 p_1}$$

$$=\frac{1.38\times10^{-23}\times273}{\sqrt{2}\times3.14\times(3.7\times10^{-10})^2\times1.013\times10^5}$$

$$=6.12\times10^{-8}\ (\mathrm{m}),$$

$$(2)\bar{\lambda}=\frac{kT}{\sqrt{2}\pi d^2 p_2}$$

$$=\frac{1.38\times10^{-23}\times273}{\sqrt{2}\times3.14\times(3.7\times10^{-10})^2\times1.33\times10^{-3}}$$

$$=8.29\ (\mathrm{m}).$$

可见低气压下平均自由程较大.上面的计算 $\bar{\lambda}=8.29$ m 这个值很大,也就是说,在此低气压下,通常容器中分子间几乎不发生碰撞.由此可见,在真空时,可以得到较大的平均自由程,这种估算对电真空容器件及传热器均有实际应用.

*6.8 实际气体的范德瓦耳斯方程

在压强不太大、温度不太低的条件下,实际气体可近似用理想气体的状态方程来处理,但在低温高压时,实际气体与理想气体有明显的偏差.为了更精确地描述实际气体,获得实际气体的状态方程,我们先通过实际气体的等温线来了解其与理想气体的差异,然后给出实际气体的范德瓦耳斯方程.

一、实际气体等温线

1869 年,英国物理学家安德鲁斯(Andrews)对 CO_2 的等温线进行了系统的实验研究,画出了在不同温度下的等温线,如图 6-14 所示,纵坐标表示压强,横坐标表示比容(单位质量的气体所占的体积).

先看温度为 13 ℃时等温曲线,从 C 点开始,随着压强逐渐增加,比容减小,曲线 CA 与理想气体等温线相似,到 A 点时,CO_2 开始液化,压强虽然保持不变,但比容减小,直到 B 点 CO_2 全部液化.平直曲线 AB 是气液共存状态的范围,在这范围的气体称为饱和蒸汽,相应的压强称为饱和蒸汽压.可见,在一定温度下,饱和蒸汽压与比容(体积)无关.此后,曲线 BD 几乎与纵轴平行,这是因为要使液态 CO_2 比容减小,必须急剧增加压强,说明液体是不易被压缩的.CO_2 等温曲线 ABD 与理想气体等温线明显不同,在这样的温度和压强下不遵循理想气体状态方程.相应的 21 ℃的等温线与 13 ℃时等温曲线相似,只是气液共存状态的范围平直曲线段缩短,饱和蒸汽压增加.由此可知,饱和蒸汽压虽然与体积无关,但却与温度有关,是温度的函数.当温度升高到 31.1 ℃时,等温曲线的平直段缩短成一点,成为等温线上的拐点,这条等温线称为 CO_2 临界等温线.如果温度继续升高,无论压强多大,CO_2 也不可能液化,相应的等温线愈接近等轴双曲线,与理想气体等温线趋于一致.可以看出,48.1 ℃的等温线较接近于理想气体等温线,近似地遵循理想气体状态方程.

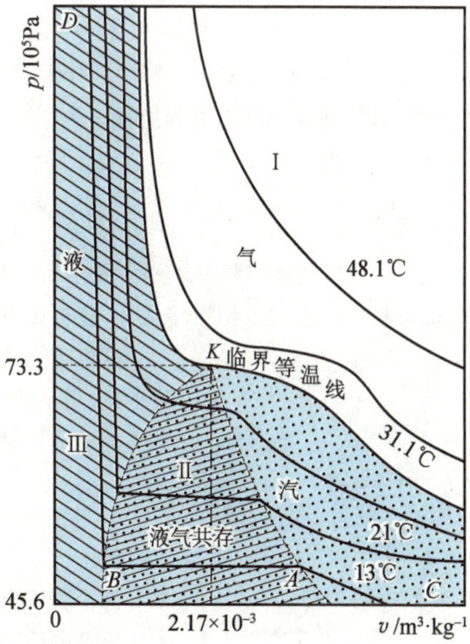

图 6-14 CO_2 气体等温曲线

临界等温线上的拐点 K 称为临界点,临界点的温度、压强和比容称为临界参量.不同的气体临界参量是不同的.表 6-3 给出了几种气体的临界参量.虽然临界点在 $p-V$ 图上是一个代表单个状态的孤立点,但物质处在临界点时,会出现一些奇异性质,例如能强烈散射光产生临界乳光现象.临界温度以下,等温线包括三段,左边段代表液相,右边段代表气相,中间段代表液气共存.

■表 6-3 常用气体的临界参量

气体	临界压强 p_c/atm	临界温度 T_c/K	临界密度 ρ_c/(kg·m^{-3})
He	2.26	5.20	69.3
H_2	12.8	33.23	31.0
Ne	26.9	44.43	483
N_2	33.5	126.25	311
O_2	49.7	154.77	410
CO_2	73.0	304.19	468
SO_2	77.7	430.4	520
H_2S	88.9	273.6	—
H_2O	217.7	647.2	400

二、范德瓦耳斯方程

实验表明，当温度降低，压强增大时，理想气体状态方程已不能正确地描述实际气体了，范德瓦耳斯(Van der Waals)分析认为理想气体分子模型忽略了分子的大小和分子间的相互作用力(除碰撞瞬间外)是问题的根源，需要对理想气体状态方程进行修正.

1. 分子固有体积修正

理想气体不考虑分子的大小，其固有体积忽略不计，分子可以自由活动的空间就是整个容器的容积 V，而实际气体，从实验等温线可看到，分子本身占有一定体积，如果把分子看作有一定大小的刚性球，则每个分子能有效活动的空间不再是 V. 设 1 mol 气体占有体积为 V_m，而分子能自由活动空间的体积应为 V_m-b，b 是与分子体积有关的修正量，则气体状态方程应修正为

$$p(V_m-b)=RT, \tag{6-26}$$

$$p=\frac{RT}{V_m-b}. \tag{6-27}$$

当压强 $p\to\infty$ 时，气体体积 $V_m\to b$，b 是 1 mol 气体无限压缩所达到的最小体积. (6-26)式中的常量 b 应由实验确定，但也可从理论上对 b 作粗略估计，分析如下.

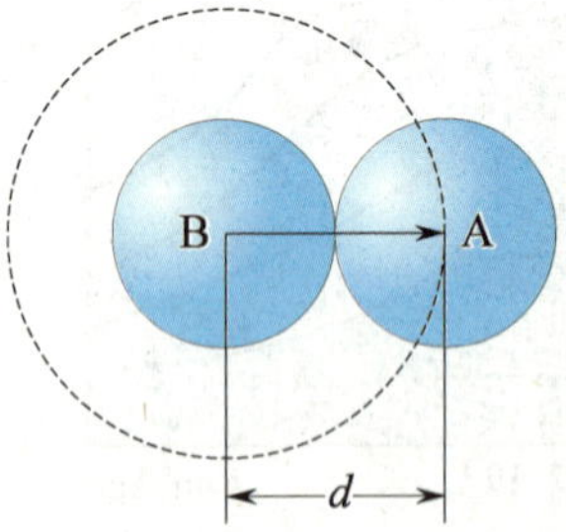

图 6-15 分子有效直径

设想除 A 分子外，其他分子都停在空间不动，A 分子在运动中与其他分子不断碰撞，当 A 与 B 分子相碰时，分子 A 的中心不能进入以分子 B 中心为球心，半径为 d 的球体区域，如图 6-15 虚线所示，球的体积为

$$V_1=\frac{4}{3}\pi d^3=8\times\frac{4}{3}\pi\left(\frac{d}{2}\right)^3,$$

即等于一个分子体积的 8 倍. 由于碰撞是相互的，这部分减少的自由活动空间应由 A，B 两个分子分摊，平均每个分子自由活动空间减少了分子体积的 4 倍. 1 mol 气体分子自由活动空间的减少量 b 应为

$$b=(N_A-1)\times4\times\frac{4}{3}\pi\left(\frac{d}{2}\right)^3\approx4N_A\frac{4}{3}\pi\left(\frac{d}{2}\right)^3,$$

即 1 mol 气体分子体积总和的 4 倍.

2. 分子间引力引起的修正

(1)分子间的相互作用

固体和液体都有一定的体积，它们的分子不会因热运动而散开，这表明分子间有相互吸引力；固体和液体的分子间有间隙，但难以压缩，这又表明分子间有排斥力. 由此可见，分子间的相互作用力，即分子力由吸引力和排

斥力两部分构成.

分子由原子核和电子构成，因而有电相互作用；而这些带电粒子运动会产生磁场，因而有磁相互作用，此外，还有万有引力相互作用，不过起主要作用的是电相互作用. 分子力的机制是非常复杂的，对于微观粒子间的电相互作用只有用量子力学才能解释，很难用简单的数学公式准确描述它们，由实验事实得到两分子之间的作用力 f 随它们的距离 r 的变化大致如图6-16所示.

若分子间吸引力和排斥力达到平衡时的距离为 r_0，则分子间相距较远时($r>r_0$)，分子力主要表现为吸引力，两个分子十分接近时($r<r_0$)，分子力主要表现为排斥力. 而当分子之间的平均距离大到一定程度时，相互吸引力就很小，若 $r\geqslant R$ 时，分子间引力已可不计，R 称为分子力的有效作用距离，则一分子与其他分子发生相互作用的范围是在以分子中心为球心，有效作用距离 R 为半径的球面内，称为**分子作用球**. 为了简化问题，范德瓦耳斯把气体分子看作是彼此存在引力的刚球模型，用 d 表示分子的有效直径，当 $r=d$ 时，排斥力 $f\to\infty$，实际上，分子固有体积修正 b 就是考虑的分子排斥力. 分子直径的范围为 $10^{-10}\sim 10^{-8}$ m，体积约为 $10^{-30}\sim 10^{-24}$ m^3，有效作用距离 R 约为 $10^2 d$.

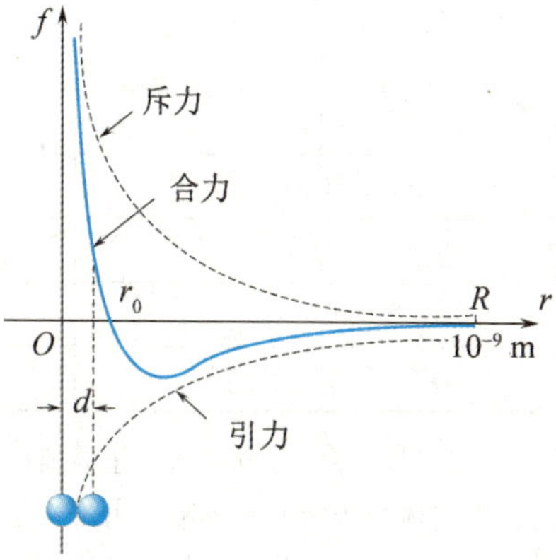

图 6-16　分子力曲线

(2)分子引力的修正

分子热运动和分子间的相互作用是决定物质各种热学性质的基本因素. 在气体中，虽然分子热运动占支配地位，但在计算实际气体的压强时，分子力的影响则不可忽略.

考虑分子间吸引力对气体压强的影响. 在气体内部，任一分子作用球内，认为分子是对称分布的，它们对该分子的吸引作用相互抵消，如图 6-17 所示，在器壁内侧划出厚度为 R 的界面层，对于这界面层内的分子作用球有部分落在气体外，因而分子作用球内分布的分子不对称，靠器壁一侧少了一部分对它吸引的气体分子，于是作用球内的气体分子产生一合引力 F，这引力与器壁垂直，指向气体内部. 现在设想某个分子从气体内部垂直飞向器壁，并同器壁发生碰撞的过程，在气体内部，由于分子间引力相互抵消，并不影响飞行分子的运动. 但当分子进入离器壁的距离小于 R 的区域中时，就将受到一个指向气体内部的合引力 F，因而减小了飞行分子碰撞器壁的动量，也减小了飞行分子对器壁的冲量，于是大量分子对器壁的压强将减小一个数 p_{in}. 因此

$$p=\frac{RT}{V_{\text{m}}-b}-p_{\text{in}},$$

通常称 p_{in} 为气体的**内压强**. p_{in} 与在单位时间内碰到单位面积上的分子数成正比，也与气体内分子作用球内半球中的分子数成正比，这两者又都与分子数密度 n 成正比，因此

$$p_{\text{in}}=cn^2=c\left(\frac{N_{\text{A}}}{V_{\text{m}}}\right)^2=\frac{a}{V_{\text{m}}^2},$$

a 比例常数，其值决定于气体的性质. 将上式代入前式得到

$$\left(p+\frac{a}{V_{\text{m}}^2}\right)(V_{\text{m}}-b)=RT. \qquad (6-28)$$

对 ν mol 气体，$V=\nu V_{\text{m}}$，于是有

$$p_{\text{in}}=c\left(\frac{N}{V}\right)^2=c\left(\frac{\nu N_{\text{A}}}{V}\right)^2=\nu^2\frac{a}{V^2},$$

$$\left(p+\nu^2\frac{a}{V^2}\right)(V-\nu b)=\nu RT. \qquad (6-29)$$

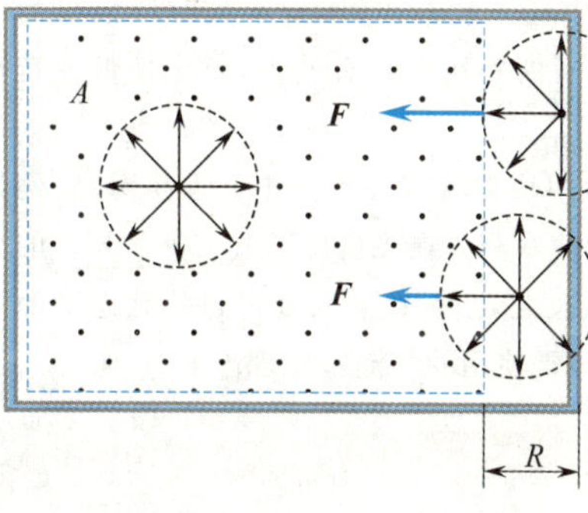

图 6-17　气体中分子作用球

(6-28)式和(6-29)式称为**范德瓦耳斯方程**，于 1873 年由范德瓦耳斯推得. 常量 a，b 可由实验测得，不同气体，a，b 不同，见表 6-4.

■表 6-4 常用气体的范德瓦耳斯常数

气体	$a/(\mathrm{Pa\cdot m^6\cdot mol^{-2}})$	$b/(10^{-6}\ \mathrm{m^3\cdot mol^{-1}})$
He	0.345×10^{-2}	23.4
H_2	0.248×10^{-1}	26.6
O_2	0.138	31.8
N_2	0.137	38.5
CO_2	0.369	42.7
H_2O	0.558	30.4
Ar	0.132	30.2
Cl_2	0.659	56.3
Hg	0.292	5.5

上面讨论并未考虑气体分子与器壁间除碰撞外的其他相互作用.实际上，器壁的分子数密度更大，器壁和界面层内气体分子间的相互吸引力本来也应考虑，但是，这种作用力并不影响压强，因为当气体分子飞向器壁时，器壁分子的引力使它附加动量 Δp，当这气体分子与器壁碰撞时，就给器壁附加向右冲量 $2\Delta p$，然而，当这气体分子碰撞后，远离器壁时，产生与器壁碰撞时相反的分子附加动量，对器壁产生向左的附加冲量，这样对器壁的作用相互抵消.

三、范德瓦耳斯等温线

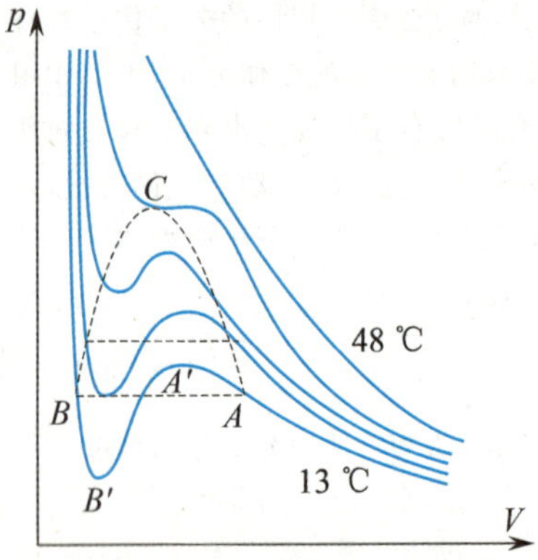

图 6-18 范德瓦耳斯等温线

根据范德瓦耳斯方程得到的等温线如图 6-18 所示.若把范德瓦耳斯等温线与实际气体等温线比较，两者都有一条临界等温线，其上拐点对应临界点.在临界温度以上，两者很接近；在临界温度以下，则逐渐呈现出差别.实际等温线有一条气液共存的平直线段，但范氏等温线在这部分不是直线，而是曲线 $AA'B'B$，其 AA' 和 $B'B$ 部分在实验中是可以实现的，但状态并不稳定.如果实际气体内没有尘埃和带电粒子，那么，当气体在 A 点达到饱和状态后，可以继续被压缩到达 A' 点而暂时不发生液化，这时气体密度大于该温度下的正常饱和蒸汽密度，这种蒸汽称为过饱和蒸汽.当液体处在 B 点时，若液体很纯净，则在等温减压下能继续膨胀到 B'，暂时不发生汽化，这时液体密度减小，直至小于在较高温度时的正常液体密度，这种液体称为过热液体.$A'B'$ 段中任一状态，当体积增大时压强反而增加，体积减小时压强反而减小，因而内外压强稍有偏差，就会使偏差越来越厉害，因此这种状态实际上是不能实现的.

当气体处在饱和状态下，一旦有微粒从外界射入，则能使过饱和蒸汽很快以这些粒子为中心发生凝结.例如空中的水蒸气往往处于过饱和状态，当喷气飞机划过晴空、喷出的微尘就使水蒸气在飞机尾部凝结一条长长的云带.近代物理实验中的“云室”也是利用这一原理来观测带电粒子径迹的.反之，当微粒射入处在过热状态下的液体时，能使沿途液体汽化，产生一连串的小气泡.这就是粒子物理实验室经常使用的气泡室原理.

四、实际气体的内能

理想气体的内能仅计及分子热运动的动能，而实际气体分子间存在相互作用势能.因此，实际气体的内能应是所有分子热运动动能 E_k 和分子间所有相互作用势能 E_p 之和，

$$E=E_k+E_p.$$

分子间相互作用势能，由于分子力有斥力和引力，原则上各有其相关势能.按范德瓦耳斯方程式的含义，斥力

作用已用体积修正数 b 表示，因而分子自由活动的空间体积限于 V_m-b；经过这种考虑后，分子在可自由活动的区域内运动时就不必再计入斥力，因而不必考虑斥力势能，与分子力相关的势能只与分子间引力有关. 分子间引力的结果是器壁附近薄层内(厚度为 R)的气体，受内压力 p_{in} 作用，若 ν mol 气体，体积膨胀 dV，内压力做功为

$$dW=-p_{in}dV=-\nu^2\frac{a}{V^2}dV,$$

负号表示内压力作用方向与活塞运动方向相反. 根据势能的定义，内压力做功应等于相应势能增量的负值，

$$-dE_p=-\nu^2\frac{a}{V^2}dV.$$

从体积 V_1 膨胀到 V_2 的过程中，

$$E_{p_2}-E_{p_1}=\int_{V_1}^{V_2}\nu^2\frac{a}{V^2}dV=-\nu^2\left(\frac{a}{V_2}-\frac{a}{V_1}\right).$$

若取 $V_2\to\infty$ 时的势能为零，则分子间总势能

$$E_p=-\nu^2\frac{a}{V}, \tag{6-30}$$

而分子动能之和仍应为 $E_k=\nu\frac{i}{2}RT$，或 $E_k=\nu C_{V,m}T$，其中 i 为分子自由度，$C_{V,m}$ 为摩尔定容热容. 所以，按范德瓦耳斯理论，气体的内能为

$$E=\nu C_{V,m}T-\nu^2\frac{a}{V}. \tag{6-31}$$

可见，实际气体的内能并不唯一地决定于温度.

1852 年，焦耳和汤姆孙做了气体绝热节流膨胀实验. 证实了气体的内能确实包含有分子间的势能. 若气体分子间的作用力为引力的情况，在气体做绝热膨胀时，由于分子间势能的增加，将使气体分子的动能减小，从而导致气体温度的下降. 例如装在高压钢瓶中的压强约为 3×10^6 Pa 的 CO_2 气体，从阀口直接喷到更大的容器中时，由于气体经历极度的膨胀，可使气体温度下降到 195 K(−78℃)以下，从而使 CO_2 凝结成白色的固态物质(俗称干冰). 在冰箱和制冷机中也常装置节流阀作为制冷部件，其基本原理是相同的.

例 6-5

把 112 g 氮气不断压缩，试用范德瓦耳斯方程估算：(1)它的最后体积 V_t 将趋近于多少？(2)设此时氮分子是一个挨着一个紧密排列的，则氮分子的直径为多少？(3)此时由分子间引力所产生的内压强约为多大？已知氮气的范德瓦耳斯常数 $a=1.39\ \text{atm}\cdot\text{l}^3\cdot\text{mol}^{-2}$，$b=0.03913\ \text{l}\cdot\text{mol}^{-1}$.

解 (1)由于氮气的分子量为 28，即1 mol氮气为 28 g，因此，112 g 氮气为4 mol.

修正数 b 约为 1 mol 气体所有分子体积总和的 4 倍. 所以，把 4 mol 氮气不断压缩，最终是分子紧密排列，此时气体的体积就是 4 mol 氮气所有分子体积的总和. 可见

$$V_t=\frac{b}{4}\cdot4=\frac{0.03913}{4}\times4=39.13\ (\text{cm}^3).$$

(2)设分子直径为 d，则有

$$b=4N_A\frac{4}{3}\pi\left(\frac{d}{2}\right)^3,$$

$$d=\sqrt[3]{\frac{3b}{2\pi N_A}}=\sqrt[3]{\frac{3\times0.03913}{2\times3.14\times6.022\times10^{23}}}=3.14\times10^{-10}\,(\text{m}).$$

(3)由分子间引力所产生的内压强为

$$p_{in}=\frac{a}{V_m^2},$$

式中 V_m 为 1 mol 气体的体积，则有 $V_t=4V_m$，故

$$p_{in}=\frac{a}{V_m^2}=\frac{a}{(V_t/4)^2}=\frac{1.39}{(0.03913)^2}=1.47\times10^9\,(\text{Pa}).$$

*6.9 气体内的输运过程

前面介绍的都是热力学系统在平衡态时的性质和规律. 实际上，自然界的宏观物体系统一般都是处于非平衡状态的. 处于非平衡态的气体，其内部各部分的物理性质(如密度、流速、温度等)是不均匀的，由于气体分子无规则运动，导致质量、动量或能量从气体中的一部分向另一部分迁移，原来不均匀的物理量逐渐趋于均匀的平衡态的过程叫作气体内的输运过程. 它包括扩散、热传导和黏滞三个过程.

一、扩散

混合气体内部，如果某种气体在容器中各部分密度不均匀，该种气体分子将从密度大处向密度小处迁移，这种现象叫作扩散(diffusion). 就单一气体来说，在温度均匀的情况下，若密度不均匀会导致压强不均匀而形成宏观气流，这样在气体内部发生的就不是单纯的扩散现象. 为研究单纯的扩散过程，选两种温度、压强和分子量都相等的气体(如 N_2 和 CO)，分别装入一中间被隔板分成两部分的容器中，抽出隔板后，由于温度、压强处处相同，不会有流动发生，但两种气体单一的不均匀密度会形成单纯扩散过程. 为研究扩散过程的规律，只需集中注意一种气体就可以了.

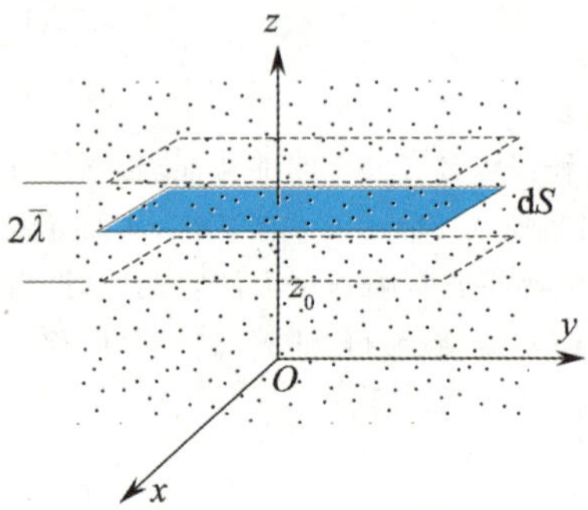

图 6-19 分子扩散示意图

在图 6-19 中，设气体密度 ρ 沿 z 轴正向增大，密度梯度为 $\frac{d\rho}{dz}$. 设想在 $z=z_0$ 处垂直于 z 轴有一界面，其面积为 dS. 实验证明，dt 时间内，从密度较大的一侧通过 dS 面向密度较小的一侧扩散的气体质量与这一界面处的密度梯度、面积及时间成正比，即

$$dM=-D\frac{d\rho}{dz}dSdt, \tag{6-32}$$

式中，D 为扩散系数(diffusion coefficient)，它的数值与气体种类有关；负号表示扩散总是沿气体密度 ρ 减小的方向进行. 扩散系数的单位是二次方米每秒($m^2 \cdot s^{-1}$).

从分子动理论的观点看，由于在 dS 面两边分子数密度不同，使得在相同的时间内，从密度大的一边迁移到密度小的一边的分子数(沿 z 轴负向穿过 dS 面的分子数)大于从密度小的一边迁移到密度大的一边的分子数(沿 z 轴正向穿过 dS 面的分子数)，净分子数向下迁移，在宏观上形成了质量的输运.

若分子的质量为 m_0，气体分子数密度为 n，则气体的质量密度为 $\rho=nm_0$，分子数密度梯度为 $\frac{dn}{dz}$，(6-32)式变为

$$dN=-D\frac{dn}{dz}dSdt.$$

由统计观点，可以认为在任一体积中，沿 z 轴正、负方向运动的分子各占分子总数的 1/6，这样，在 dt 内通过 dS 的净分子数为

$$dN=\frac{1}{6}n_z\bar{v}dtdS-\frac{1}{6}n_{z+dz}\bar{v}dtdS=-\frac{1}{6}\bar{v}\frac{dn}{dz}dzdSdt.$$

平均说来，越过 dS 的分子都是在离 dS 距离等于平均自由程 $\bar{\lambda}$ 处发生最后一次碰撞的，所以取 $dz=2\bar{\lambda}$，于是

$$dN=-\frac{1}{3}\bar{v}\bar{\lambda}\frac{dn}{dz}dSdt,$$

与(6-32)式比较得气体扩散系数

$$D=\frac{1}{3}\bar{v}\bar{\lambda}. \tag{6-33}$$

二、热传导

物体内各部分温度不均匀时，热量就会从高温处传递到低温处，这种现象称为热传导(conduction).

同样，当气体系统中各处的温度不均匀时，也会出现热传导现象. 设想简单情形，气体温度沿 z 轴正向逐渐升高，温度梯度为$\frac{dT}{dz}$，假想在 $z=z_0$ 处垂直于 z 轴有一界面，其面积为 dS. 从实验知，dt 时间内，从高温的一侧通过 dS 面向低温一侧传递的热量与这一平面处的温度梯度、面积及时间成正比，即

$$dQ = -\kappa \frac{dT}{dz} dS dt, \tag{6-34}$$

式中 κ 与物质的种类和状态有关，叫作热导率(heat conductivity)或导热系数，单位是瓦特每米开($W \cdot m^{-1} \cdot K^{-1}$)，负号表示热量沿温度减小的方向输运. 这个实验规律首先由傅里叶(Fourier)在 1808 年提出来的，因而称为傅里叶定律.

从分子动理论来看，气体内部温度不均匀，表明内部各处分子平均热运动能量 $\bar{\varepsilon}$ 不同，沿 z 轴正向穿过 dS 面的分子带有较小的平均能量，而沿 z 轴负向穿过 dS 面的分子带有较大的平均热运动能量，经过分子交换，能量向下净迁移，宏观上表现为热传导.

每个分子平均热运动能量为 $\bar{\varepsilon}=\frac{1}{2}ikT$，$i$ 为分子自由度. dt 时间内，沿 z 轴正、负方向通过 dS 的分子数都近似为$\frac{1}{6}n\bar{v}dtdS$. 经过分子交换的能量，即沿 z 轴负方向传递的热量为

$$dQ = \frac{1}{6}n\bar{v}dtdS\bar{\varepsilon}_z - \frac{1}{6}n\bar{v}dtdS\bar{\varepsilon}_{z+dz} = \frac{1}{6}n\bar{v}dtdS\,\frac{1}{2}ik(T_z - T_{z+dz}) = -\frac{1}{6}n\bar{v}dtdS\,\frac{1}{2}ik\,\frac{dT}{dz}dz.$$

同上述扩散方法一样，取 $dz=2\bar{\lambda}$，得

$$dQ = -\frac{1}{3}n\bar{v}\bar{\lambda}\,dtdS\,\frac{1}{2}ik\,\frac{dT}{dz},$$

与(6－34)式比较后得热导率

$$\kappa = \frac{1}{3}n\bar{v}\bar{\lambda}\,\frac{1}{2}ik.$$

利用气体摩尔定容热容量公式(见(7－15)式)$C_{V,m}=\frac{1}{2}iR$，

$$\kappa = \frac{1}{3}n\bar{v}\bar{\lambda}\,\frac{1}{2}ik = \frac{1}{3}\bar{v}\bar{\lambda}\,\frac{1}{2}iR\,\frac{n}{N_A} = \frac{1}{3}\bar{v}\bar{\lambda}C_{V,m}\,\frac{m}{M_{mol}V} = \frac{1}{3}\bar{v}\bar{\lambda}C_{V,m}\,\frac{\rho}{M_{mol}},$$

故

$$\kappa = \frac{1}{3}\bar{v}\bar{\lambda}C_{V,m}\,\frac{\rho}{M_{mol}}, \tag{6-35}$$

$\rho=nm$ 为气体密度，(6－35)式表明了热导率与气体分子平均速率和平均自由程的关系.

热传导是由原子或分子间的相互作用所导致的，它是热量交换的三种基本方式之一，另两种是对流和辐射.

三、黏滞

在流体内，各层之间由于流速不同而引起的相互作用力，叫作内摩擦力，也叫作黏滞力. 如通风管道，空气沿管道前进时，紧靠管壁的气体分子附着于管壁，流速为零. 离管壁较远气层的流速较大，在管道中心轴线上的流速达到最大. 这就是因为黏滞力的作用，形成风速沿管道半径不均匀分布.

简单地，设气体沿 y 轴方向流动，流速 u 按 z 坐标分布：$u=u(z)$，设想 $z=z_0$ 处垂直于 z 轴有一界面，其面积为 dS，如图 6－20 所示. 由于在界面处存在速度梯度$\frac{du}{dz}$，因此在上下两层流体间产生大小相等、方向相反的黏滞力. 实验表明，黏滞力大小与界面处的速度梯度和面积成正比，即

$$dF = \eta \frac{du}{dz} dS, \tag{6-36}$$

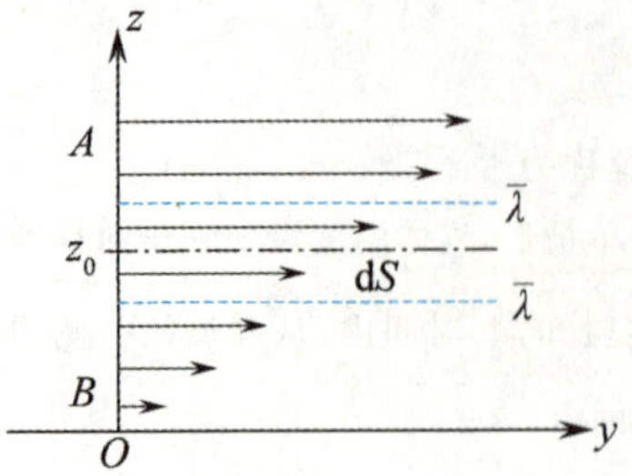

图 6-20 层流速度分布示意图

该式叫作**牛顿黏滞定律**，比例系数 η 叫作**黏滞系数**(viscosity coefficient)，与流体的性质和状态有关，其单位为牛顿秒每平方米($N\cdot s\cdot m^{-2}$).

气体分子除有无规则热运动外，还有各层流体的整体的宏观定向运动，速度为 u. 由于两层的定向运动速度皆与界面平行，因而定向运动不会影响分子穿过 dS 面的情况. 因此，沿 z 轴正向穿过 dS 面的分子带有较小的定向动量，而沿 z 轴负向穿过 dS 面的分子带有较大的定向动量，经过分子交换，有定向动量自上而下的净迁移.

设气体是单质的，且有均匀的分子数密度 n 和温度 T，则两层有相同的分子平均速率 $\bar{v}$，及平均自由程 $\bar{\lambda}$.

每个分子的定向动量为 $p=mu$，dt 时间内，沿 z 轴正、负方向通过 dS 的分子数仍近似为 $\frac{1}{6}n\bar{v}dtdS$，经过分子交换定向动量，使下面一层得到的动量为

$$dp=\frac{1}{6}n\bar{v}dtdSp_{z+dz}-\frac{1}{6}n\bar{v}dtdSp_{z}=\frac{1}{6}n\bar{v}dtdS(p_{z+dz}-p_{z})$$

$$=\frac{1}{6}n\bar{v}dtdS\frac{dp}{dz}dz=\frac{1}{6}nm\bar{v}dtdS\frac{du}{dz}dz,$$

同上述扩散方法一样，取 $dz=2\bar{\lambda}$，得

$$dp=\frac{1}{3}nm\bar{v}\bar{\lambda}dtdS\frac{du}{dz}.$$

根据动量定理，上层对下层作用在界面上的力为

$$dF=\frac{dp}{dt},$$

因此

$$dF=\frac{1}{3}nm\bar{v}\bar{\lambda}dS\frac{du}{dz}=\frac{1}{3}\rho\bar{v}\bar{\lambda}dS\frac{du}{dz}.$$

与(6-36)式比较得黏滞系数

$$\eta=\frac{1}{3}\rho\bar{v}\bar{\lambda}=\rho D, \tag{6-37}$$

该式说明气体的内摩擦是分子热运动与相互作用(碰撞)产生的宏观效果.

从以上分析看来，黏滞现象、热传导及扩散分别对应着动量、热量与质量的传递. 三种输运现象有共同的宏观特征，必定发生在处于非平衡状态的系统之中，都是与某些物理量在空间呈不均匀分布相联系着的. 如果外界对该非平衡系统不产生影响，让输运过程自发地进行，那么相应物理量的输运过程也就是系统状态不断变化的过程，最后必然过渡到一新的平衡态.

对于实际的工程应用领域，往往两种甚至三种输运过程同时发生，因此，常常把它们有机地联系起来加以讨论. 输运过程在相当广泛的自然现象和日常生活中发生，如街道中的车辆、城市中的居民等都可抽象化为粒子. 输运理论可以描述中子在核反应堆中的迁移及其所导致的动力学变化；可以描述光子的辐射输运，如如何从太阳发射和如何穿过地球大气传播到地面等，所以输运理论已成为物理及工程中的重要工具.

例 6-6

已知氮气分子的有效直径为 2.23×10^{-10} m，摩尔定容热容是 $20.9\ J\cdot mol^{-1}\cdot K^{-1}$. 试求氮气在 0 ℃时的导热系数.

解 由导热系数公式

$$\kappa=\frac{1}{3}\frac{C_{V,m}}{M_{mol}}\rho\bar{v}\bar{\lambda},$$

而气体密度

$$\rho=n\frac{M_{mol}}{N_A},$$

分子平均速率

$$\bar{v}=\sqrt{\frac{8RT}{\pi M_{mol}}},$$

分子平均自由程

$$\bar{\lambda}=\frac{1}{\sqrt{2}\pi d^2n},$$

所以

$$\kappa=\frac{1}{3}\frac{C_{V,\mathrm{m}}}{M_{\mathrm{mol}}}n\frac{M_{\mathrm{mol}}}{N_{\mathrm{A}}}\sqrt{\frac{8RT}{\pi M_{\mathrm{mol}}}}\frac{1}{\sqrt{2}\pi d^2 n}$$

$$=\frac{2}{3\pi}\frac{C_{V,\mathrm{m}}}{N_{\mathrm{A}}}\sqrt{\frac{RT}{\pi M_{\mathrm{mol}}}}\frac{1}{d^2}$$

$$=\frac{2}{3\times 3.14}\times\frac{20.9}{6.02\times 10^{23}}\times\sqrt{\frac{8.31\times 273}{3.14\times 0.028}}\times\frac{1}{(2.23\times 10^{-10})^2}$$

$$=2.379\times 10^{-2}(\mathrm{J\cdot m^{-1}\cdot s^{-1}\cdot K^{-1}}).$$

思考题

6-1 气体在平衡态时有何特征？气体的平衡态与力学中的平衡态有何不同？

6-2 气体动理论的研究对象是什么？理想气体的宏观模型和微观模型各如何？

6-3 温度概念的适用条件是什么？温度的微观本质是什么？

6-4 试说明下列各式的物理意义：

(1) $\frac{1}{2}kT$；　(2) $\frac{3}{2}kT$；

(3) $\frac{i}{2}kT$；　(4) $\frac{M}{M_{\mathrm{mol}}}\frac{i}{2}RT$；

(5) $\frac{i}{2}RT$；　(6) $\frac{3}{2}RT$.

6-5 速率分布函数 $f(v)$ 的物理意义是什么？试说明下列表达式的物理意义（n 为分子数密度，N 为系统总分子数）.

(1) $f(v)\mathrm{d}v$；　(2) $nf(v)\mathrm{d}v$；

(3) $Nf(v)\mathrm{d}v$；　(4) $\int_0^v f(v)\mathrm{d}v$；

(5) $\int_0^\infty f(v)\mathrm{d}v$；　(6) $\int_{v_1}^{v_2} Nf(v)\mathrm{d}v$.

6-6 图 6-21(a)是氢和氧在同一温度下的两条麦克斯韦速率分布曲线，哪一条代表氢？图 6-20(b)是某种气体在不同温度下的两条麦克斯韦速率分布曲线，哪一条的温度较高？

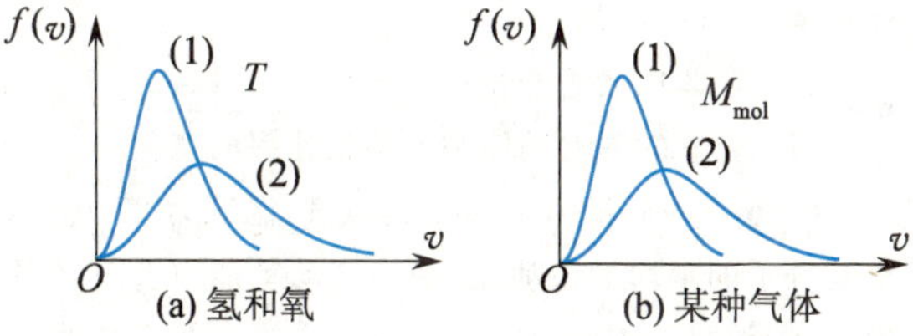

图 6-21

6-7 在大气中随着高度的增加，氦气分子数密度与氧气分子数密度的比值也增大，为什么？

6-8 对一定量的气体来说，当温度不变时，气体的压强随体积的减小而增大；当体积不变时，压强随温度的升高而增大. 从宏观来看，这两种变化同样使压强增大，从微观来看它们有何区别？

6-9 试用关于平衡态下理想气体分子运动的统计假设说明 $\bar{v}_x=\bar{v}_y=\bar{v}_z=0$.

6-10 最概然速率和平均速率的物理意义各是什么？有人认为最概然速率就是速率分布中的最大速率，对不对？

6-11 一定质量的气体，保持容积不变. 当温度增加时分子运动得更剧烈，因而平均碰撞次数增多，平均自由程是否因此而减小？为什么？

习　题

6-1 有一水银气压计，当水银柱为 0.76 m 高时，管顶离水银柱液面 0.12 m，管的截面积为 $2.0\times 10^{-4}\ \mathrm{m^2}$. 当有少量氦(He)混入水银管内顶部，水银柱高下降为 0.6 m，此时温度为 27 ℃. 试计算有多少质量氦气在管顶(He 的摩尔质量为 $0.004\ \mathrm{kg\cdot mol^{-1}}$)？

6-2 一氢气球在 20 ℃ 充气后，压强为 1.2 atm，半径为 1.5 m. 到夜晚时，温度降为10 ℃，气球半径缩为 1.4 m，其中氢气压强减为 1.1 atm. 求已经漏掉的氢气的质量(1 atm = 760 mmHg = 101 325 Pa).

6-3 一容器内储有氧气，其压强为 1.01×10^5 Pa,

温度为 27 ℃,求：

(1) 气体分子数密度；

(2) 氧气的密度；

(3) 分子的平均平动动能；

(4) 分子间的平均距离.(设分子间均匀等距排列.)

6-4 温度为 0 ℃ 和 100 ℃ 时理想气体分子的平均平动动能各为多少?欲使分子的平均平动动能等于 1 eV,气体的温度需多高?

6-5 若对一容器中的气体进行压缩,并同时对它加热,当气体温度从 27.0 ℃ 上升到 177.0 ℃ 时,其体积减小了一半,求：

(1) 气体压强的变化；

(2) 分子的平动动能和方均根速率的变化.

6-6 一质量为 16.0 g 的氧气,温度为 27.0 ℃,求其分子的平均平动动能、平均转动动能以及气体的内能.若温度上升到 127.0 ℃,气体的内能变化为多少?

6-7 某容器储有氧气,其压强为 1.013×10^5 Pa,温度为 27.0 ℃,求：

(1) 分子的 v_p,$\bar{v}$ 及 $\sqrt{\overline{v^2}}$ ；

(2) 分子的平均平动动能 $\bar{\varepsilon}_k$.

6-8 设有 N 个粒子组成的系统,其速率分布如图 6-22 所示.求：

(1) 分布函数 $f(v)$的表达式；

(2) a 与 v_0 之间的关系；

(3) 速率在 $1.5v_0$ 到 $2.0v_0$ 之间的粒子数；

(4) 粒子的平均速率；

(5) $0.5v_0$ 到 $1v_0$ 区间内粒子平均速率.

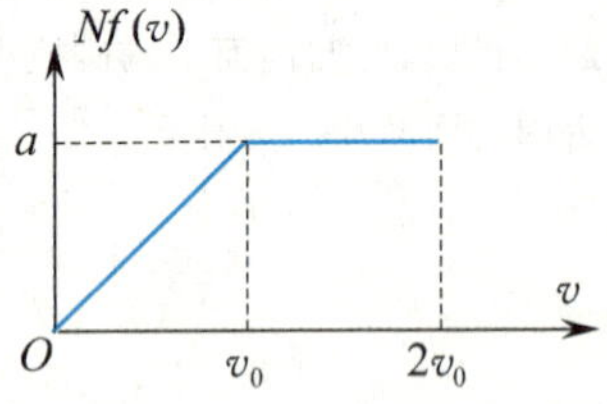

图 6-22

6-9 试计算理想气体分子热运动速率的大小介于 $v_p - v_p/100$ 与 $v_p + v_p/100$ 之间的分子数占总分子数的百分比.

6-10 1 mol 氢气,在温度为 27 ℃时,它的平动动能、转动动能和内能各是多少?

6-11 一真空管的真空度约为 1.38×10^{-3} Pa(即 1.0×10^{-5} mmHg),试求在 27 ℃时单位体积中的分子数及分子的平均自由程(设分子的有效直径$d=3\times10^{-10}$ m).

6-12 (1) 求氮气在标准状态下的平均碰撞频率；

(2) 若温度不变,气压降到 1.33×10^{-4} Pa,平均碰撞频率又为多少(设分子有效直径为 10^{-10} m)?

6-13 1 mol 氧气从初态出发,经过等容升压过程,压强增大为原来的 2 倍,然后又经过等温膨胀过程,体积增大为原来的 2 倍,求末态与初态之间

(1) 气体分子方均根速率之比；

(2) 分子平均自由程之比.

6-14 山上某宇宙观察站测得气压是 510 mmHg,设空气的温度不变 $t=5.0$ ℃,空气的平均摩尔质量 $M_{mol}=28.9\times10^{-3}$ kg·mol^{-1},海平面气压为 760 mmHg,求观察站的海拔高度.

6-15 上升到什么高度处大气压强减为地面的 75%(设空气的温度为 0 ℃).

6-16 在标准状态下,氦气的黏度 $\eta=1.89\times10^{-5}$ Pa·s,摩尔质量 $M_{mol}=0.004$ kg·mol^{-1},分子平均速率 $\bar{v}=1.20\times10^3$ m·s^{-1}.试求在标准状态下氦分子的平均自由程.

6-17 在标准状态下氦气的导热系数 $\kappa=5.79\times10^{-2}$ W·m^{-1}·K^{-1},分子平均自由程 $\bar{\lambda}=2.60\times10^{-7}$ m,试求氦分子的平均速率.

6-18 实验测得在标准状态下,氧气的扩散系数为 1.9×10^{-5} m^2·s^{-1},试根据这数据计算分子的平均自由程和分子的有效直径.

知识拓展

第7章

热力学基础

本章用热力学方法，研究系统在状态变化过程中热与功的转换关系和条件. 热力学第一定律给出了转换关系，热力学第二定律给出了转换条件.

7.1 内能 功和热量 准静态过程

一、内能 功和热量

由上一章得出理想气体的内能为

$$E = \frac{M}{M_{\mathrm{mol}}} \frac{i}{2} RT.$$

对给定的理想气体，它的内能仅是温度的单值函数，即 $E=E(T)$. 对于确定的平衡态，其温度 T 唯一确定，所以，内能是状态的单值函数. 对于实际气体也如此，只是当实际气体在压强较大时，气体的内能中还包括分子间的势能，该势能与气体体积有关，所以，实际气体的内能是温度 T 和气体体积 V 的单值函数.

实验表明，要改变一个热力学系统的状态，即改变其内能，有两种方式：一是外界对系统做功(机械功或电磁功)；二是向系统传递热量. 例如，一杯水，可通过加热，即热传递方法，从某一温度升到另一温度；也可用搅拌做功的方法，使该杯水升高到同一温度. 两者虽然方式不同，但导致相同的内能增加. 这表明做功和传递热量是等效的，因此，做功和传递热量均可作为内能变化的量度.

国际单位制中，内能、功和热量的单位均为焦耳(J). 历史上热量还有一个单位叫作卡(cal)，根据焦耳的热功当量实验得出

$$1\ \mathrm{cal} = 4.18\ \mathrm{J}.$$

做功与热量传递对内能的改变有其等效性，但它们在本质上存在差异. “做功”改变内能，是外界有序运动的能量与系统分子无序热运动能量之间的转换；“传递热量”改变内能，是外界分子无序热运动能量与系统内分子的无序热运动能量之间的传递.

二、准静态过程

一个热力学系统，在外界影响(做功或传热)下，其状态将发生变化. 系统从一个状态变化到另一个状态的过程称为热力学过程，简称过程(process). 状态变化过程中的任一时刻，系统的状

态并非平衡态，但为了能利用平衡态的性质研究热力学过程，引入准静态过程的概念.

系统从某一平衡态开始，经过一系列变化后到达另一平衡态，如果这过程中所经历的中间状态全都可以近似地看作平衡态，则这样的过程叫作**准静态过程**(quasi-static process)(或平衡过程). 如果中间状态为非平衡态(系统无确定的 p,V,T 值)，这样的过程称为**非静态过程**(或非平衡过程).

一系统从某一平衡态变到相邻平衡态时，通常是原来的平衡态遭破坏，出现非平衡态，经过一定时间后达到一个新的平衡态，我们把系统从一个平衡态变到相邻平衡态所经过的时间称为系统的**弛豫时间**(relaxation time). 或者说，一个系统由最初的非平衡态过渡到平衡态所经历的时间叫作弛豫时间. 在实际问题中，一个过程能否看作准静态过程，需由具体情况来定. 如果系统的外界条件(比如压强、容积或温度等)发生一微小变化所经历的时间比系统的弛豫时间长得多，那么在外界条件的变化过程中，系统有充分的时间达到平衡态，因此，这样的过程可以视为准静态过程. 例如内燃机汽缸中的燃气，在实际过程中，压缩气体的时间约为 10^{-2} s，而该燃气的弛豫时间只有 10^{-3} s，所以，内燃机中燃气状态的变化过程可视为准静态过程.

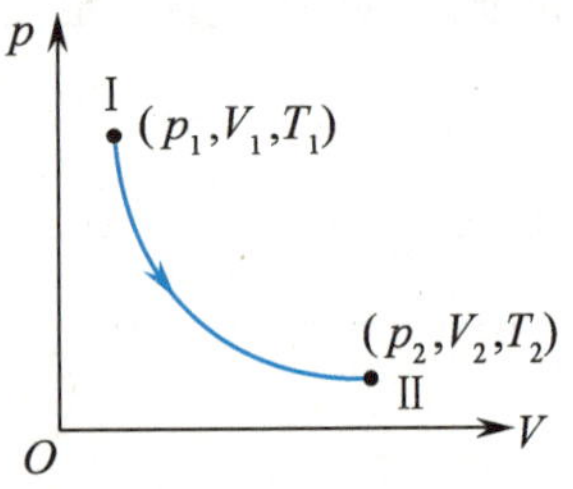

图 7 - 1　准静态过程

p - V 图上一个点代表一个平衡态，一条连续曲线代表一个准静态过程. 图 7 - 1 中曲线表示由初态 Ⅰ 到末态 Ⅱ 的准静态过程，其中箭头方向为过程进行的方向. 这条曲线叫作**过程曲线**，表示这条曲线的方程叫作**过程方程**.

准静态过程是理想化的过程，是实际过程的近似，实际中并不存在. 但是它在热力学理论研究和对实际应用的指导上均有重要意义. 在本章中，如不特别指明，所讨论的过程均视为准静态过程.

三、准静态过程的功与热量

如何计算系统对外界做的功？这里规定：系统对外界做功，用 dW 或 W 表示；外界对系统做功，用 $-$dW 或 $-W$ 表示.

在非静态过程中，由于系统的状态参量 p,V,T 不确定，外界对系统做功无法定量表述，一般采用实验测定. 而在准静态过程中，外界对系统做功或系统对外界都可以用平衡态状态参量表示，进行定量计算. 外界通过系统体积变化而做的功简称为**体积功**.

1. 体积功的计算

以汽缸内气体体积变化时的做功为例，设汽缸中气体的压强为 p，活塞面积为 S，活塞与汽缸壁的摩擦不计，如图7 - 2所示.

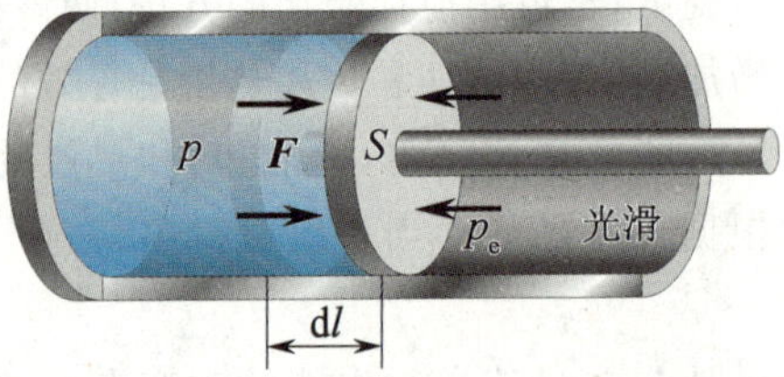

图 7 - 2　气体压缩过程

取气体为系统，汽缸、活塞及大气均为外界. 当气体作微小膨胀时，系统对外界做的功为

$$\mathrm{d}W = F\mathrm{d}l = pS\mathrm{d}l = p\mathrm{d}V. \qquad (7-1)$$

动画演示

若系统从初态 Ⅰ 经过一个准静态过程变化到终态 Ⅱ，则系统对外界做的总功为

$$W = \int \mathrm{d}W = \int_{V_1}^{V_2} p\mathrm{d}V, \qquad (7-2)$$

对应的外界对系统做的功分别为

$$-\mathrm{d}W=-p_{e}S\mathrm{d}l=-p_{e}\mathrm{d}V.$$

因为对准静态过程有 $p_{e}=p$，代入后得

$$-W=-\int_{V_1}^{V_2}p\mathrm{d}V,$$

上式中 V_1 与 V_2 分别表示系统在初态和终态的体积，p 为系统压强的绝对值，$\mathrm{d}V$ 为代数值，系统膨胀时 $\mathrm{d}V>0$，$\mathrm{d}W>0$，即系统对外界做正功；系统被压缩时 $\mathrm{d}V<0$，$\mathrm{d}W<0$，即系统对外做负功或外界对系统做正功. 总之，在同一个准静态过程中，系统对外界做的功与外界对系统做的功，总是大小相等，符号相反. 若系统体积不变，则 $\mathrm{d}V=0$，$\mathrm{d}W=0$，即外界或系统均不做功.

2. 体积功的图示

系统在一个准静态过程中做的体积功，可以在 $p-V$ 图上直观地表示出来. 在微小过程中，元功 $\mathrm{d}W$ 的大小为图 7-3 中 $V\sim V+\mathrm{d}V$ 之间曲线下所示窄条面积. 整个过程中系统做功的大小，如 Ⅰ→a→Ⅱ 过程中功的大小，为过程曲线 Ⅰ→a→Ⅱ 下、横坐标 V_1 到 V_2 之间的面积所表示. 如果系统的初态与末态仍分别为 Ⅰ 与 Ⅱ，但所经历的过程不同，如图 7-3中 Ⅰ→b→Ⅱ 过程，显然沿 Ⅰ→b→Ⅱ 过程系统做的功大于沿 Ⅰ→a→Ⅱ 过程的功. 这表明，系统由一个状态变化到另一个状态时，系统对外所做功的大小与系统经历的过程有关. 因此，功不是状态量，而是一个与过程有关的量，即功是过程量.

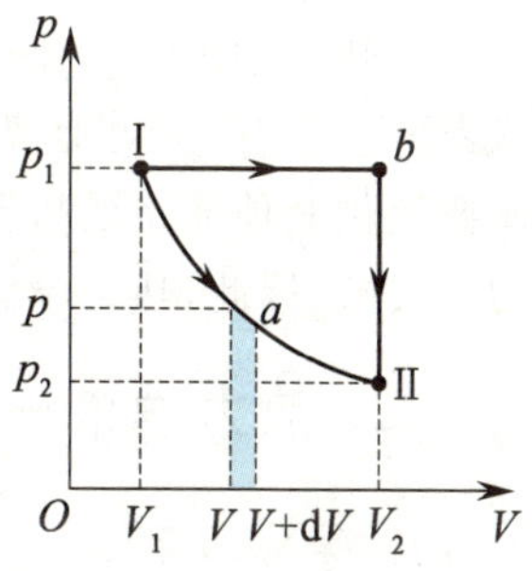

图 7-3　功的示图

3. 热量的计算

在热传递过程中，系统吸收或放出能量的多少，称为**热量**(heat). 热传递过程实质上是能量从一个系统向另一个系统转换的过程，热量就是能量的转移量. 后面将会看到在相同的始、末状态之间，热量转移的多少还与过程有关，因此热量也是过程量.

准静态过程中热量的计算有两种方法. 一是热容量法，$\mathrm{d}Q=\dfrac{M}{M_{\mathrm{mol}}}C_{\mathrm{m}}\mathrm{d}T$ 和 $Q=\dfrac{M}{M_{\mathrm{mol}}}C_{\mathrm{m}}(T-T_0)$，式中 C_{m} 为物质在某过程中的摩尔热容，即 1 mol 质量的物质的热容量，其值由物质和过程确定，$\mathrm{d}T$ 及 $(T-T_0)$ 均为系统温度的改变；二是通过热力学第一定律计算过程中的热量，这将在下一节中讨论.

7.2 热力学第一定律

一、热力学第一定律

根据能量转化和守恒定律，在系统状态变化时，系统能量的改变量等于系统与外界交换的能量. 在准静态过程中，系统改变的仅为内能，一般情况下与外界可能同时有功和热量的交换，即

$$\Delta E=Q+(-W)$$

或

$$Q=\Delta E+W. \tag{7-3}$$

(7-3)式表示**系统吸收的热量，一部分转化成系统的内能；另一部分转化为系统对外所做的功.** 这就是**热力学第一定律**(the first law of thermodynamics)的数学表达式. 显然，热力学第一定律

就是包括热现象在内的能量转化与守恒定律，适用于任何系统的任何过程.

在(7－3)式中，规定系统从外界吸热时 Q 为正，向外界放热时 Q 为负；系统对外做功时 W 为正，外界对系统做功时 W 为负.

如果系统经历一微小变化，即所谓微过程，则热力学第一定律为

$$\mathrm{d}Q = \mathrm{d}E + \mathrm{d}W. \tag{7-4}$$

(7－3)式与(7－4)式对准静态过程普遍成立，对非静态过程，则仅当初态和末态为平衡态时才适用. 对于准静态过程，如果系统是通过体积变化来做功，则(7－4)式与(7－3)式可以分别表示为

$$\mathrm{d}Q = \mathrm{d}E + p\mathrm{d}V, \tag{7-5}$$

$$Q = \Delta E + \int_{V_1}^{V_2} p\mathrm{d}V. \tag{7-6}$$

由热力学第一定律可知，要使系统对外做功，可以消耗系统的内能，也可以吸收外界的热量，或者两者兼有. 历史上曾有人企图制造一种能对外不断自动做功，而不需要消耗任何燃料，也不需要提供其他能量的机器，人们称这样的机器为**第一类永动机**. 然而，由于违反热力学第一定律均告失败，因此，热力学第一定律又可表述为：**制造第一类永动机是不可能的**.

二、热力学第一定律在理想气体等值过程中的应用

1. 等容过程

气体**等容过程**(isochoric process)的特征是气体的体积保持不变，即 V＝恒量，$\mathrm{d}V=0$.

设封闭汽缸内有一定质量的理想气体，活塞保持固定不动，把汽缸连续地与一系列有微小温差的恒温热源相接触，让缸中气体经历一个准静态升温过程，同时压强增大，但体积不变，如图 7－4所示.

等容过程在 $p-V$ 图上为一条平行于 p 轴的直线段，叫作等容线(见图 7－5). 理想气体等容过程方程为 $\frac{p}{T}$＝恒量，或 V＝常数.

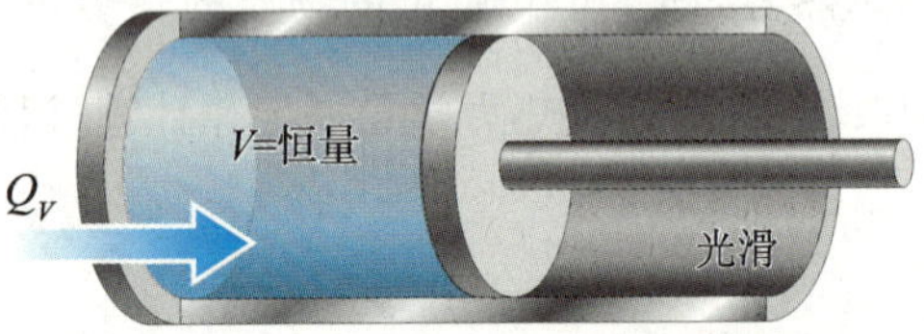

图 7－4　气体的等容过程

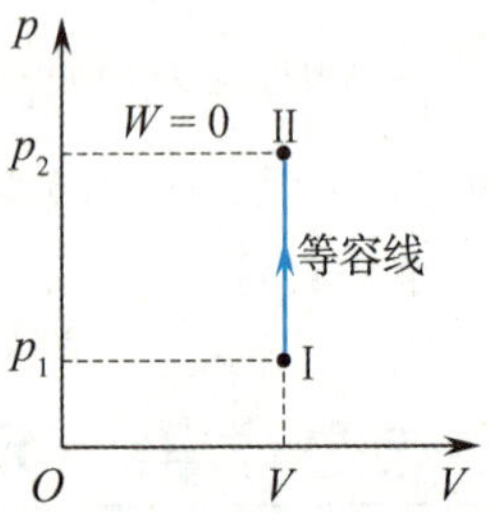

图 7－5　等容过程不做功

由于等容过程 $\mathrm{d}V=0$，所以系统做功 $\mathrm{d}W = p\mathrm{d}V = 0$. 根据热力学第一定律，过程中的能量关系有

$$\mathrm{d}Q_V = \mathrm{d}E,$$

$$Q_V = \Delta E = E_2 - E_1, \tag{7-7}$$

上面各式中的下标 V 表示体积不变. (7－7)式表明，在等容过程中，外界传给气体的热量全部用来增加气体的内能，系统对外不做功.

2. 等压过程

等压过程(isobaric process)的特征是系统的压强保持不变，即 p＝恒量，$\mathrm{d}p=0$.

等压过程可以这样实现：设想一个内有一定质量理想气体的封闭汽缸，与一系列恒温热源连续接触，热源的温度依次较前一个热源高，但温度相差极微. 接触过程中活塞上所加外力保持不变. 接触结果是，将有微小的热量传给气体，使气体温度升高，压强也随之较外界所施压强增加一微小量，于是推动活塞对外做功，体积随之膨胀. 体积膨胀反过来使气体压强降低，从而保证汽缸内外的压强随时保持不变，系统经历的就是一个准静态等压过程，如图7-6所示.

等压过程在 $p-V$ 图上为一条平行于 V 轴的直线段，叫作等压线，如图 7-7 所示. 理想气体等压过程的过程方程为$\frac{V}{T}=$恒量或 $p=$常数.

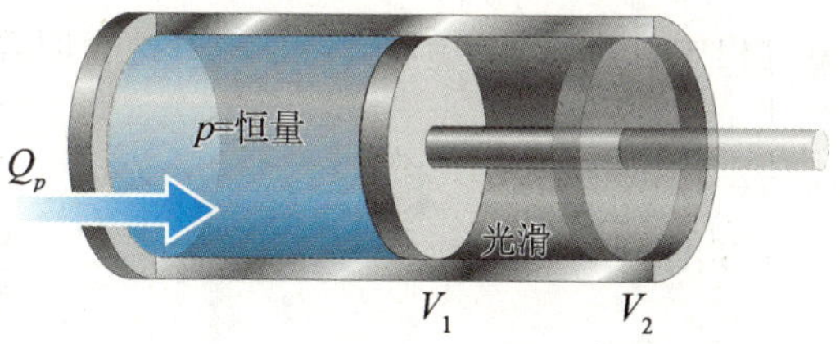

图 7-6 气体的等压过程

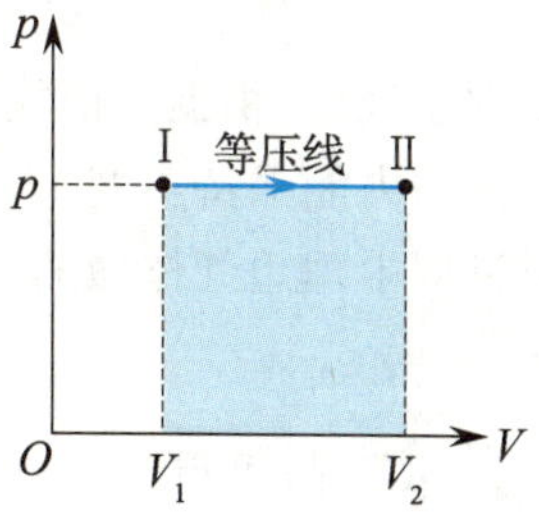

图 7-7 等压过程的功

在等压过程中，由于 $p=$常数，当气体体积从 V_1 扩大到 V_2 时，系统对外做功为

$$W_p = \int_{V_1}^{V_2} p\mathrm{d}V = p(V_2 - V_1). \tag{7-8}$$

根据理想气体的状态方程，可将上式改写成

$$W_p = p(V_2 - V_1) = \frac{M}{M_{\mathrm{mol}}}R(T_2 - T_1),$$

所以，在整个等压过程中系统所吸收的热量为

$$Q_p = \Delta E + p(V_2 - V_1),$$

$$Q_p = E_2 - E_1 + \frac{M}{M_{\mathrm{mol}}}R(T_2 - T_1). \tag{7-9}$$

(7-9)式表明，等压过程中系统所吸收的热量，一部分用来增加系统的内能，另一部分用来对外做功.

3. 等温过程

等温过程(isothermal process)的特征是系统的温度保持不变，即 $T=$恒量，$\mathrm{d}T=0$.

设想一汽缸，其四壁和活塞是绝对不导热的，而底部是导热的，如图 7-8 所示. 今将汽缸底部与一恒温热源相接触，当活塞上的外界压强无限缓慢地降低时，缸内气体随之逐渐膨胀，对外做功，气体内能缓慢减小，温度随之微微降低. 此时，由于气体与恒温热源相接触，当气体温度比热源温度略低时，就有微小的热量传给气体，使气体的温度维持原值不变，气体经历一个准静态等温过程.

理想气体等温过程的过程方程为 $pV=$常数或 $T=$恒量，它在 $p-V$ 图上为双曲线的一支，称为等温线，如图 7-9 中 Ⅰ→Ⅱ 曲线所示. 等温线把 $p-V$ 图分为两个区域，等温线以上区域气体的温度大于 T，等温线以下的区域气体的温度小于 T.

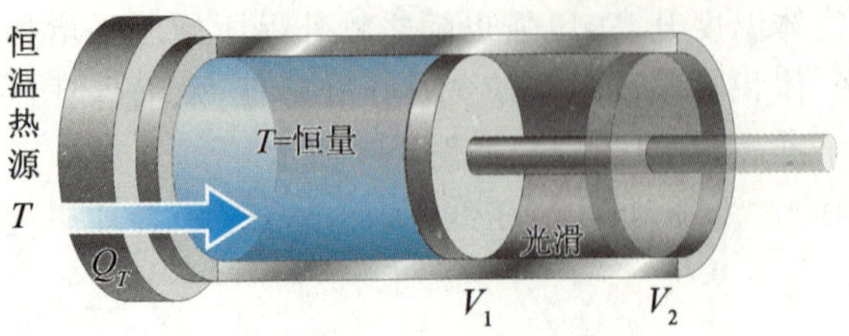

图 7-8　等温过程

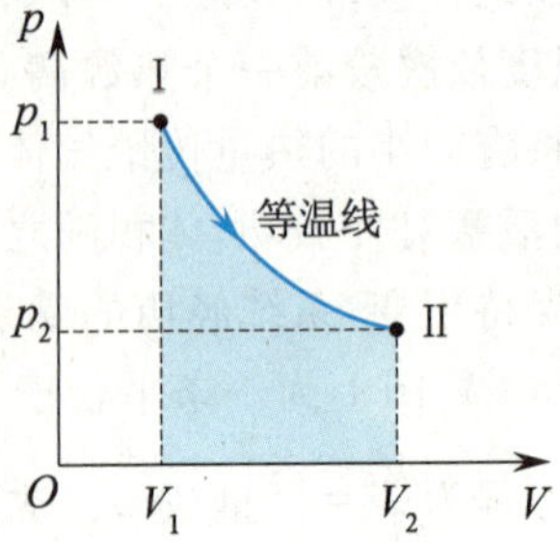

动画演示

图 7-9　等温过程的功

对于理想气体，根据其内能表达式，在等温过程中，因为 $\mathrm{d}T=0$，所以 $\mathrm{d}E=0$，这表明等温过程中理想气体的内能保持不变.

等温过程中理想气体做的功，在微小变化时有

$$\mathrm{d}W_T = p\mathrm{d}V,$$

因 $pV=\frac{M}{M_{\mathrm{mol}}}RT$，故可得

$$\mathrm{d}W_T = \frac{M}{M_{\mathrm{mol}}}RT\frac{\mathrm{d}V}{V}. \tag{7-10}$$

理想气体在等温过程中由体积 V_1 膨胀到 V_2 时，气体对外做的功为

$$W_T = \frac{M}{M_{\mathrm{mol}}}RT\int_{V_1}^{V_2}\frac{\mathrm{d}V}{V} = \frac{M}{M_{\mathrm{mol}}}RT\ln\frac{V_2}{V_1}. \tag{7-11}$$

由热力学第一定律，可得 $Q_T=W_T$，即

$$Q_T = \frac{M}{M_{\mathrm{mol}}}RT\ln\frac{V_2}{V_1} = \frac{M}{M_{\mathrm{mol}}}RT\ln\frac{p_1}{p_2}. \tag{7-12}$$

(7-12)式表明，在等温过程中，理想气体所吸收的热量全部用来对外界做功，系统内能保持不变.

7.3　气体的摩尔热容

一、热容量与摩尔热容

系统在某一无限小过程中吸收热量 $\mathrm{d}Q$ 与温度变化 $\mathrm{d}T$ 的比值称为系统在该过程的**热容量**(heat capacity)，用 C 表示，即

$$C = \frac{\mathrm{d}Q}{\mathrm{d}T}. \tag{7-13}$$

它表示在该过程中，温度升高 1 K 时系统所吸收的热量，单位是焦耳每开尔文($\mathrm{J\cdot K^{-1}}$). 单位质量的热容量叫作**比热容**(specific heat)，用 c 表示，单位为焦耳每千克开尔文($\mathrm{J\cdot kg^{-1}\cdot K^{-1}}$)，其值由物质和过程决定. 热容量与比热容的关系为 $C=Mc$.

1 mol 物质的热容量称为**摩尔热容**(molar specific heat)，用 C_{m} 表示，单位为焦耳每摩尔开尔文($\mathrm{J\cdot mol^{-1}\cdot K^{-1}}$). 热容量与摩尔热容关系为 $C=\frac{M}{M_{\mathrm{mol}}}C_{\mathrm{m}}$，式中 $\frac{M}{M_{\mathrm{mol}}}$ 为对应的物质的量. 由定义可知，不论是热容量还是比热容均是过程量，对于给定的系统(物质)，进行的过程不同，其热容

量也不同. 对于理想气体,最常用的是等容过程的摩尔热容和等压过程的摩尔热容. 固体或液体也有这两种热容量,但由于它们体膨胀系数比气体小得多,因膨胀而对外所做的功可以忽略不计,所以这两种热容量实际差值很小,一般不予区别.

二、理想气体的摩尔热容

1. 理想气体的摩尔定容热容

1 mol 气体在等容过程中吸取热量 dQ_V 与温度的变化 dT 之比称为**摩尔定容热容**,即

$$C_{V,m}=\left(\frac{dQ}{dT}\right)_V.$$

由等容过程知 $dQ_V=dE$,所以有

$$C_{V,m}=\left(\frac{dE}{dT}\right)_V. \tag{7-14}$$

对于理想气体 $dE=\frac{i}{2}RdT$,代入上式得理想气体的摩尔定容热容为

$$C_{V,m}=\frac{i}{2}R, \tag{7-15}$$

式中 i 为分子自由度;R 为普适气体常量. 因此理想气体摩尔定容热容只与分子自由度有关,而与气体的状态无关. 对于单原子理想气体,$i=3$,$C_{V,m}=\frac{3}{2}R$;对于刚性双原子气体 $i=5$,$C_{V,m}=\frac{5}{2}R$;对于刚性多原子气体 $i=6$,$C_{V,m}=\frac{6}{2}R$.

根据(7-15)式,理想气体内能表达式又可以写为

$$E=\frac{M}{M_{mol}}C_{V,m}T. \tag{7-16}$$

2. 理想气体的摩尔定压热容

1 mol 气体在等压过程中吸取热量 dQ_p 与温度的变化 dT 之比叫作**摩尔定压热容**,即

$$C_{p,m}=\left(\frac{dQ}{dT}\right)_p.$$

由定压过程可知 $dQ_p=dE+pdV$,所以

$$C_{p,m}=\frac{dE}{dT}+p\frac{dV}{dT}.$$

对于 1 mol 理想气体,因 $dE=C_{V,m}dT$ 及定压过程 $pdV=RdT$,所以有

$$C_{p,m}=C_{V,m}+R. \tag{7-17}$$

(7-17)式叫作**迈耶**(Mayer)**公式**,表示 1 mol 理想气体的摩尔定压热容比摩尔定容热容大一个恒量 R. 也就是说,在等压过程中,温度升高 1 K 时,1 mol 理想气体比在等容过程中多吸取 8.31 J 的热量,用来转换为膨胀时对外做的功.

3. 比热容比

系统的摩尔定压热容 $C_{p,m}$ 与摩尔定容热容 $C_{V,m}$ 的比值,称为系统的**比热容比**,以 γ 表示,

$$\gamma=\frac{C_{p,m}}{C_{V,m}}.$$

工程上称之为**绝热系数**. 由于 $C_{p,m}>C_{V,m}$,所以 $\gamma>1$.

对于理想气体，$C_{p,m}=C_{V,m}+R$ 及 $C_{V,m}=\frac{i}{2}R$，所以有

$$\gamma=\frac{C_{V,m}+R}{C_{V,m}}=\frac{\frac{i}{2}R+R}{\frac{i}{2}R}=\frac{i+2}{i}. \tag{7-18}$$

(7－18)式说明，理想气体的比热容比，只与分子的自由度有关，而与气体状态无关. 对于单原子气体 $\gamma=5/3=1.67$；双原子(刚性)气体 $\gamma=7/5=1.40$；多原子(刚性)气体的 $\gamma=8/6=1.33$.

从表 7－1 可以看出：(1)各种气体的 $C_{p,m}-C_{V,m}$ 值都接近于 R 值；(2)室温下单原子及双原子气体的 $C_{p,m}$，$C_{V,m}$，γ 的实验数据与理论值相近. 这说明经典热容理论近似地反映了客观事实. 但是，分子结构较为复杂的气体，即 3 原子以上的多原子气体，理论值与实验数据显然不等，而且从表 7－2 可见，$C_{V,m}$ 是温度的函数而不是定值. 这是因为经典理论只是近似理论，要用量子理论才能正确解决问题，在此不做深入讨论.

表 7－1　气体摩尔热容的实验数据(室温)($C_{p,m}$，$C_{V,m}$ 单位均用 $J\cdot mol^{-1}\cdot K^{-1}$)

原子数	气体种类	$C_{p,m}$	$C_{V,m}$	$C_{p,m}-C_{V,m}$	$\gamma=\frac{C_{p,m}}{C_{V,m}}$
单原子	氦	20.9	12.5	8.4	1.67
	氩	21.2	12.5	8.7	1.65
双原子	氢	28.8	20.4	8.4	1.41
	氮	28.6	20.4	8.2	1.41
	一氧化碳	29.3	21.2	8.1	1.40
	氧	28.9	21.0	7.9	1.40
多原子	水蒸气	36.2	27.8	8.4	1.31
	甲烷	35.6	27.2	8.4	1.30
	氯仿	72.0	63.7	8.3	1.13
	乙醇	87.5	79.2	8.2	1.11

表 7－2　气体摩尔定容热容实验数据($C_{V,m}$ 单位用 $J\cdot mol^{-1}\cdot K^{-1}$)

<table>
<tr><td>气　体</td><td>273 K</td><td>373 K</td><td>473 K</td><td>773 K</td><td>1 473 K</td><td>2 273 K</td></tr>
<tr><td>N_2，O_2，HCl，CO</td><td>20.3</td><td>20.3</td><td>21.0</td><td>22.4</td><td>24.1</td><td>26.0</td></tr>
<tr><td rowspan="2">H_2</td><td colspan="2">50 K</td><td colspan="2">500 K</td><td colspan="2">2 500 K</td></tr>
<tr><td colspan="2">12.5</td><td colspan="2">21.0</td><td colspan="2">29.3</td></tr>
</table>

7.4　绝热过程　*多方过程

一、绝热过程

在系统不与外界交换热量的条件下，系统的状态变化过程叫作绝热过程(adiabatic process). 绝热过程的特征是在任意微过程中 $dQ=0$. 一个被良好的绝热材料所包围的系统，或由于过程进

行得很快，系统来不及和外界交换热量的过程，如内燃机中的爆炸过程等，都可近似地看作是准静态绝热过程.

由于绝热过程 $dQ=0$，根据热力学第一定律，系统对外界做功为

$$p\mathrm{d}V = -\mathrm{d}E.$$

由此可见，绝热过程中系统对外做功全部是以系统内能减少为代价的.

当气体绝热膨胀对外做功时，气体内能减少，温度要降低，而压强也在减小，所以绝热过程中，气体的温度、压强、体积三个参量都同时改变.

根据理想气体的内能公式，可得

$$p\mathrm{d}V = -\frac{M}{M_{\mathrm{mol}}}C_{V,\mathrm{m}}\mathrm{d}T.$$

将理想气体状态方程 $pV=\frac{M}{M_{\mathrm{mol}}}RT$ 两边取微分，得

$$p\mathrm{d}V + V\mathrm{d}p = \frac{M}{M_{\mathrm{mol}}}R\mathrm{d}T.$$

将上述两个方程联立并消去 $\mathrm{d}T$，得

$$(C_{V,\mathrm{m}} + R)p\mathrm{d}V = -C_{V,\mathrm{m}}V\mathrm{d}p.$$

因 $C_{p,\mathrm{m}}=C_{V,\mathrm{m}}+R$，$\gamma=C_{p,\mathrm{m}}/C_{V,\mathrm{m}}$，则有

$$\frac{\mathrm{d}p}{p} + \gamma\frac{\mathrm{d}V}{V} = 0.$$

将上式两边积分，得

$$\ln p + \gamma \ln V = \text{恒量},$$

$$pV^{\gamma} = \text{恒量}. \tag{7-19}$$

应用 $pV=\frac{M}{M_{\mathrm{mol}}}RT$ 和上式，分别消去 p 或 V 可得

$$V^{\gamma-1}T = \text{恒量}, \tag{7-20}$$

$$p^{\gamma-1}T^{-\gamma} = \text{恒量}. \tag{7-21}$$

(7-19)式、(7-20)式和(7-21)式均称为绝热过程方程，简称**绝热方程**. 式中指数 γ 为理想气体的比热容比($C_{p,\mathrm{m}}/C_{V,\mathrm{m}}$)，这也是工程上将 γ 称为绝热系数的原因. 3 个方程中的各恒量均不相同，使用时可根据问题的方便任取一个公式来应用.

在 $p-V$ 图上的绝热曲线是根据绝热方程 $pV^{\gamma}=$恒量作出的. 图 7-10 中实线为绝热线，虚线为过 A 点的同一气体的等温线. 由图可以看出，通过同一点的绝热线比等温线陡些，下面对两条曲线交点 A 处斜率的计算，证实了这一点.

等温线：由 $pV=C$，两边微分、整理后得等温线的斜率为

$$\frac{\mathrm{d}p}{\mathrm{d}V_T} = -\frac{p}{V},$$

A 点处的斜率

$$\frac{\mathrm{d}p}{\mathrm{d}V_T} = -\frac{p_A}{V_A}.$$

绝热线：由 $pV^{\gamma}=C$，两边微分、整理后得绝热线的斜率为

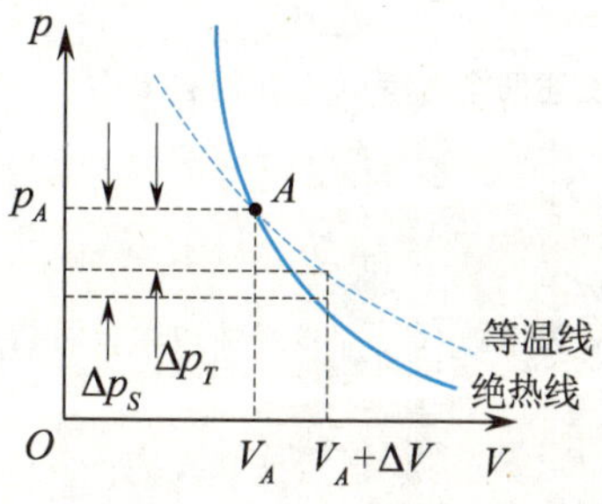

图 7-10 绝热线比等温线陡

$$\frac{\mathrm{d}p}{\mathrm{d}V_S}=-\gamma\frac{p}{V},$$

A 点处的斜率为

$$\frac{\mathrm{d}p}{\mathrm{d}V_S}=-\gamma\frac{p_A}{V_A}.$$

由于 $\gamma>1$，比较两式，所以绝热线比等温线陡. 究其物理原因，等温过程中压强的减小 $(\Delta p)_T$，仅是体积增大所致，而在绝热过程中压强的减小 $(\Delta p)_S$，是由体积增大和温度降低这两个原因所致，所以 $(\Delta p)_S$ 的值比 $(\Delta p)_T$ 的值大.

系统在绝热条件下，从状态 (p_1, V_1) 变化到 (p_2, V_2) 时，有

$$p_1V_1^\gamma = p_2V_2^\gamma = pV^\gamma,$$

气体对外做的功为

$$W=\int_{V_1}^{V_2}p\mathrm{d}V=\int_{V_1}^{V_2}\frac{p_1V_1^\gamma}{V^\gamma}\mathrm{d}V=\frac{p_2V_2-p_1V_1}{1-\gamma}. \tag{7-22}$$

*二、多方过程

理想的绝热过程难以实现. 实际上，对气体加以压缩或使气体膨胀时，气体所经历的过程，常常是一个介于绝热和等温之间的过程，其状态参量满足

$$pV^n = C, \tag{7-23}$$

式中的 n 是一个常数，其值介于 1 与 γ 之间，随具体过程而定，n 称为**多方指数**，这一过程称为**多方过程**. 但是，在实际热工工程中，n 的值也可以不限于上述范围，例如，在压缩气体的同时，又向气体传热，这时 $n>\gamma$，多方过程在热工工程中有着广泛应用.

前面讨论的四种过程仅仅是多方过程的特例：

当 $n=1$，则多方过程变为 $pV=C$，即等温过程；

当 $n=\gamma$，则多方过程为 $pV^\gamma=C$，即为绝热过程；

当 $n=0$，则 $p=C$，即为等压过程；

当 $n=\infty$，则 $V=C/p^{1/n}=C$ 即为等容过程.

在多方过程中，理想气体从状态 (p_1, V_1) 变化到 (p_2, V_2)，气体对外做的功为

$$W=\frac{p_2V_2-p_1V_1}{1-n}.$$

多方过程中理想气体的摩尔热容为 C_n，根据热力学第一定律和理想气体内能，可得

$$\mathrm{d}Q=\mathrm{d}E+p\mathrm{d}V,$$

$$\nu C_n\mathrm{d}T=\nu C_{V,\mathrm{m}}\mathrm{d}T+p\mathrm{d}V,$$

然后将理想气体状态方程两边取微分，得到

$$p\mathrm{d}V+V\mathrm{d}p=\nu R\mathrm{d}T.$$

再将上述两个方程联立并消去 $\mathrm{d}T$，得

$$p\mathrm{d}V(C_n-C_{V,\mathrm{m}}-R)+V\mathrm{d}p(C_n-C_{V,\mathrm{m}})=0,$$

$$\frac{C_n-C_{p,\mathrm{m}}}{C_n-C_{V,\mathrm{m}}}\frac{\mathrm{d}V}{V}+\frac{\mathrm{d}p}{p}=0.$$

因为 n 为常数，(7-23)式两边微分可得

$$n\frac{\mathrm{d}V}{V}+\frac{\mathrm{d}p}{p}=0.$$

比较可知多方指数

$$n=\frac{C_n-C_{p,\mathrm{m}}}{C_n-C_{V,m}}, \tag{7-24}$$

$$C_n = \frac{nC_{V,\mathrm{m}} - C_{p,\mathrm{m}}}{n-1} = \frac{\gamma - n}{1-n}C_{V,\mathrm{m}}. \tag{7-25}$$

$n=0$ 时，$C_n = C_{p,\mathrm{m}}$，等压过程；

$n=1$ 时，$C_n = \infty$，等温过程；

$n=\gamma$ 时，$C_n = 0$，绝热过程；

$n=\infty$ 时，$C_n = C_{V,\mathrm{m}}$，等容过程.

例 7－1

1 mol 单原子理想气体，由状态 $a(p_1, V_1)$，先等容加热至压强增大 1 倍，再等压加热至体积增大 1 倍，最后再经绝热膨胀，使其温度降至初始温度，如图 7－11 所示. 试求：(1) 状态 d 的体积 V_d；(2) 整个过程对外做的功；(3) 整个过程吸收的热量.

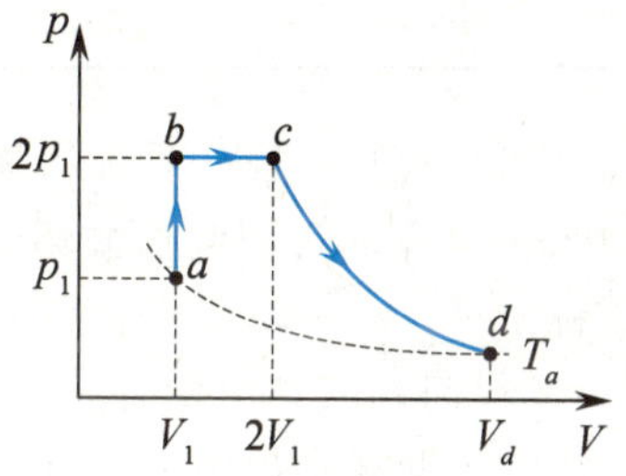

图 7－11

解 (1) 根据状态方程有 $T_a = \dfrac{p_1 V_1}{R}$.

依题意

$$T_d = T_a = \frac{p_1 V_1}{R},$$

$$T_c = \frac{(2p_1)(2V_1)}{R} = \frac{4p_1 V_1}{R} = 4T_a.$$

c 点与 d 点在同一绝热线上，由绝热方程

$$T_c V_c^{\gamma-1} = T_d V_d^{\gamma-1},$$

得

$$V_d = \left(\frac{T_c}{T_d}\right)^{\frac{1}{\gamma-1}} V_c = 4^{\frac{1}{1.67-1}} \cdot 2V_1 = 15.8V_1.$$

(2) 先求各分过程的功：

$$W_{ab} = 0,$$

$$W_{bc} = 2p_1(2V_1 - V_1) = 2p_1V_1,$$

$$W_{cd} = -\Delta E_{cd} = -C_{V,\mathrm{m}}(T_d - T_c)$$

$$= C_{V,\mathrm{m}}(T_c - T_d) = \frac{3}{2}R(4T_a - T_a)$$

$$= \frac{9}{2}RT_a = \frac{9}{2}p_1V_1,$$

整个过程对外做的总功为

$$W = W_{ab} + W_{bc} + W_{cd} = \frac{13}{2}p_1V_1.$$

(3) 计算整个过程吸收的总热量有两种方法.

方法一：根据整个过程吸收的总热量等于各分过程吸收热量的和，先求各分过程热量：

$$Q_{ab} = C_{V,\mathrm{m}}(T_b - T_a) = \frac{3}{2}R(T_b - T_a)$$

$$= \frac{3}{2}p_1V_1,$$

$$Q_{bc} = C_{p,\mathrm{m}}(T_c - T_b) = \frac{5}{2}R(T_c - T_b)$$

$$= \frac{5}{2}(p_cV_c - p_bV_b) = 5p_1V_1,$$

$$Q_{cd} = 0,$$

所以

$$Q = Q_{ab} + Q_{bc} + Q_{cd} = \frac{13}{2}p_1V_1.$$

方法二：对 $abcd$ 整个过程应用热力学第一定律

$$Q_{abcd} = \Delta E_{ad} + W_{abcd}.$$

依题意，由于 $T_a = T_d$，故 $\Delta E_{ad} = 0$，则

$$Q_{abcd} = W_{abcd} = \frac{13}{2}p_1V_1.$$

例 7－2

某理想气体的 $p-V$ 关系如图 7－12 所示，由初态 a 经准静态过程直线 ab 变到终态

b. 已知该理想气体的摩尔定容热容 $C_{V,m}=3R$，求该理想气体在 ab 过程中的摩尔热容.

解 ab 过程的方程为

$$\frac{p}{V}=\tan\theta(\text{恒量}), \qquad ①$$

设该过程的摩尔热容为 C_m，则对 1 mol 理想气体有

$$C_m dT = C_{V,m}dT + pdV, \qquad ②$$

$$pV = RT. \qquad ③$$

由①与③联立得 $V^2\tan\theta=RT$，两边微分得

$$2pdV = RdT.$$

代入②式有

$$C_m dT=C_{V,m}dT+\frac{1}{2}RdT,$$

所以得

$$C_m=C_{V,m}+\frac{1}{2}R=\frac{7}{2}R.$$

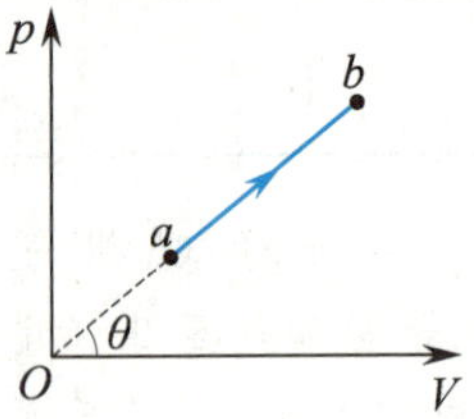

图 7－12

7.5 循环过程 卡诺循环

在生产技术上需要将热与功之间转换持续下去，这就需要利用循环过程. 系统从某一状态出发，经过一系列状态变化过程以后，又回到原来出发时的状态，这样的过程叫作**循环过程**(cyclic process)，简称**循环**. 循环工作的物质系统叫作**工作物质**，简称**工质**.

由于工质的内能是状态的单值函数，工质经历一个循环过程回到原来出发时的状态时，内能没有改变，所以**循环过程的重要特征是 $\Delta E=0$**. 如果工质所经历的循环过程中各分过程都是准静态过程，则整个过程就是准静态循环过程. 在 $p-V$ 图上即为一条闭合曲线. 图 7－13 中曲线 $abcd$ 就表示了一个循环过程，其中箭头表示过程进行的方向.

在 $p-V$ 图上，如果循环是沿顺时针方向进行的，则称为**正循环**. 如果循环是沿逆时针方向进行的，则称为**逆循环**.

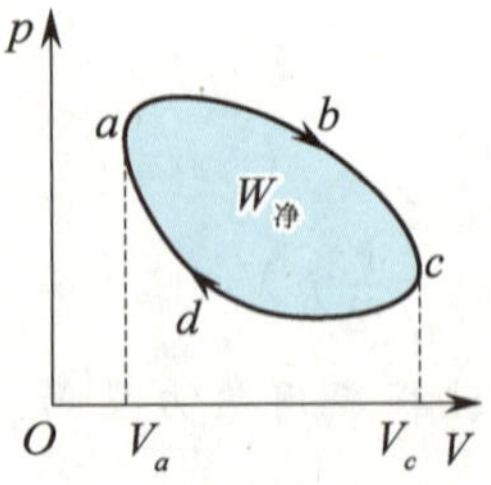

图 7－13 正循环

对于正循环，如图 7－13 所示，在过程 abc 中，工质膨胀对外做正功，其数值等于 $abcV_cV_aa$ 所围面积；在 cda 过程中，系统对外界做负功，其数值等于 $cdaV_aV_cc$ 所围面积，因此，在一次正循环过程中，系统对外做的净功(或总功)$W_{净}$，其数值为循环过程中系统正负功的代数和，即封闭曲线 $abcd$ 所包围的面积. 设整个循环过程中，工质从外界吸取的热量总和为 Q_1，放给外界的热量总和为 Q_2，由于一次循环过程中 $\Delta E=0$，将热力学第一定律应用于一次循环，可得 $Q_1-Q_2=W_{净}$，且 $W_{净}>0$，则 $Q_1>Q_2$. 这表示，正循环过程中的能量转换关系是将吸收的热量 Q_1 中一部分转化为有用功 $W_{净}$，另一部分 Q_2 放回给外界. 可见，正循环是一种通过工质使热量不断转换为功的循环.

一、热机 热机的效率

能完成正循环的装置，或把通过工质使热量不断转换为功的机器叫作**热机**(heat engine). 例如蒸汽机、内燃机、汽轮机等都是常用的热机. 衡量一台热机的效率，是指热机吸收来的热量中有多少转化为有用功，为此，定义**热机效率**(efficiency of heat engine)为

动画演示

$$\eta = \frac{W_{净}}{Q_1} = 1 - \frac{Q_2}{Q_1}. \qquad (7-26)$$

(7-26)式中 Q_1 为整个循环过程中吸收热量的总和，Q_2 为放出热量总和的绝对值，即式中 Q_1，Q_2 均为绝对值.

热能是当今世界上主要能源. 热机是实现将热能转化为机械能的主要设备，汽油机和柴油机是工程上普遍使用的两种内燃机. 内燃机的一种循环叫作奥托(Otto)循环，其工质为燃料与空气的混合物，其工作原理是利用燃料的燃烧热产生巨大压力而做功. 图 7-14 为一内燃机结构示意图和它做四冲程循环的 $p-V$ 图，其中 ab 为绝热压缩过程；bc 为电火花引起燃料爆炸瞬间的等容过程；cd 为绝热膨胀对外做功过程；da 为打开排气阀瞬间的等容过程. 在 bc 过程中工质吸取燃料的燃烧热 Q_1，da 过程排出废气带走了热量 Q_2，奥托循环的效率决定于汽缸活塞的压缩比 V_2/V_1，具体计算见后面例题.

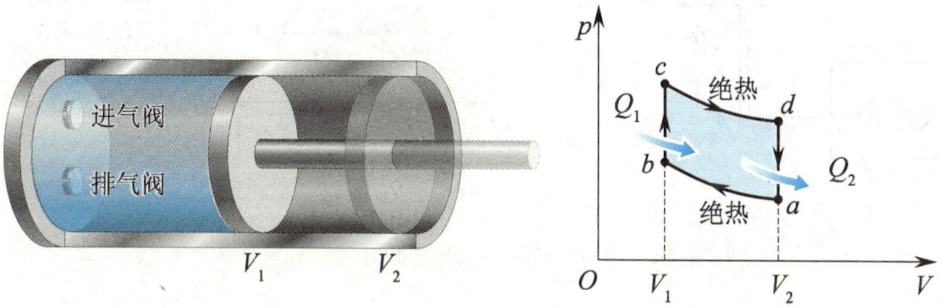

(a) 示意图　　(b) $p-V$图

动画演示

图 7-14　内燃机的奥托循环

二、制冷系数

对于逆循环，如图 7-15 中沿 $adcba$ 进行，其最终结果是系统经一次循环内能不变，工质对外做负功，$W_{净}<0$(即外界对工质做了净功)，其大小等于逆循环曲线所包围的面积.

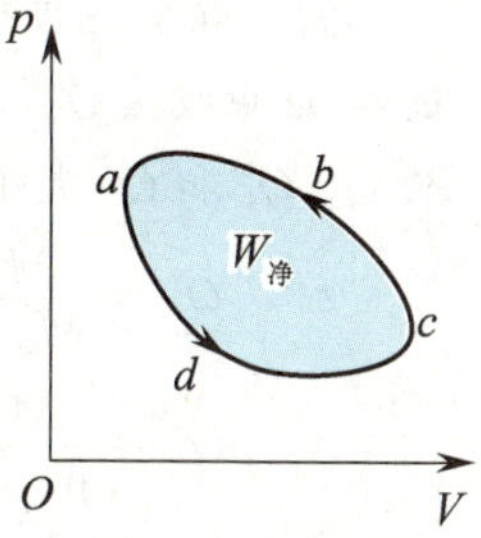

图 7-15　逆循环

设整个循环过程工质从低温热源处吸收的热量为 Q_2，向高温热源处放出的热量为($-Q_1$). 将热力学第一定律用于整个循环过程，注意到 $\Delta E=0$，可得

$$Q_2 - Q_1 = W_{净}$$

或

$$Q_1 = Q_2 + (-W_{净}).$$

由此可见，逆循环过程中向高温热源放出的热量大小等于工质从低温热源中提取的热量 Q_2 和外界对工质做的功($-W_{净}$)之和. 也就是说，逆循环是在外界对工质做功的条件下，工质才能从低温热源吸收热量，从而使低温热源温度降低. 这就是**制冷机**(refrigerator)的工作原理. 由于制冷机的目的是从低温热源吸收热量，实现该目的是以外界对工质(俗称为制冷剂)做功为代价的，所以衡量制冷机的效能是外界对制冷剂做了功($-W_{净}$)，能从低温热源吸收多少热量 Q_2. 因此，**制冷系数**(coefficient of performance)定义为

$$e = \frac{Q_2}{|W_{净}|} = \frac{Q_2}{Q_1 - Q_2}, \qquad (7-27)$$

式中 Q_1，Q_2 均取绝对值. 显然，如果从低温热源处吸取的热量 Q_2 越大，而对工质所做的功 $W_{净}$ 越小，则制冷系数 e 就越大，制冷机的制冷效果就越好.

家用电冰箱是一种制冷机,如图 7-16 所示,压缩机将处在低温低压的气态制冷剂(例如氨或氟利昂等),压缩至 1 MPa(即 10 atm)的压强,温度升到高于室温(AB 绝热压缩过程);进入散热器放出热量 Q_1,并逐渐液化进入储液器(BC 等压压缩过程),再经过节流阀膨胀降温(CD 绝热膨胀过程);最后进入冷冻室吸取电冰箱内的热量 Q_2,液态制冷剂汽化(DA 等压膨胀过程). 然后,再度被吸入压缩机进行下一个循环. 可见,整个制冷过程就是压缩机做功 W,将制冷剂由气态变为液态,放出热量 Q_1,再变成气态,吸取热量 Q_2,这样周而复始循环达到制冷降温的目的.

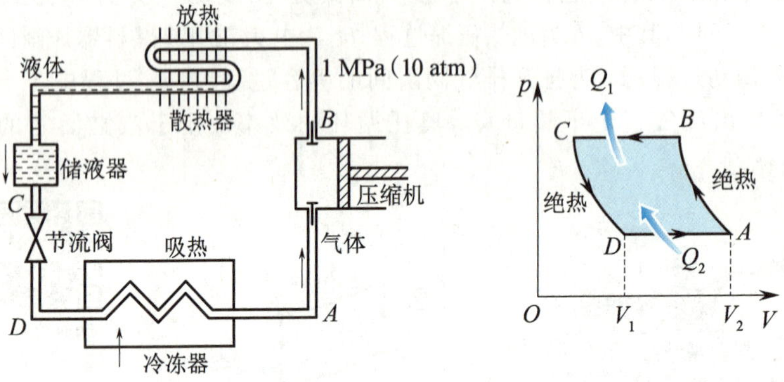

(a) 示意图　　(b) $p-V$图

动画演示

图 7-16　电冰箱制冷系统逆循环

例 7-3

内燃机的循环之一——奥托循环,如图 7-14所示,试计算其热机效率.

解　在奥托循环中,气体主要在等容升压过程 bc 中吸热 Q_1,而在等容降压过程 da 中放热 Q_2,Q_1 和 Q_2 大小分别为

$$Q_1 = \frac{M}{M_{\mathrm{mol}}} C_{V,\mathrm{m}} (T_c - T_b),$$

$$Q_2 = \frac{M}{M_{\mathrm{mol}}} C_{V,\mathrm{m}} (T_d - T_a),$$

所以这一循环的热机效率为

$$\eta = 1 - \frac{Q_2}{Q_1} = 1 - \frac{T_d - T_a}{T_c - T_b}.$$

因为 cd 和 ab 均为绝热过程,其过程方程分别为

$$T_c V_1^{\gamma-1} = T_d V_2^{\gamma-1},$$
$$T_b V_1^{\gamma-1} = T_a V_2^{\gamma-1},$$

两式相减,得

$$(T_c - T_b) V_1^{\gamma-1} = (T_d - T_a) V_2^{\gamma-1},$$

即

$$\frac{T_c - T_b}{T_d - T_a} = \left(\frac{V_2}{V_1}\right)^{\gamma-1},$$

于是得

$$\eta = 1 - \frac{1}{\left(\frac{V_2}{V_1}\right)^{\gamma-1}}.$$

令 $\varepsilon = \frac{V_2}{V_1}$ 称为压缩比,则有

$$\eta = 1 - \frac{1}{\varepsilon^{\gamma-1}}.$$

由此可见,奥托循环的效率完全由压缩比 ε 决定,并随着 ε 的增大而增大,故提高压缩比是提高内燃机效率的重要途径. 但压缩比太高会产生爆震而使内燃机不能平稳工作,且增大磨损,一般压缩比取 5~7. 设 $\varepsilon=7$,$\gamma=1.4$,可得效率为

$$\eta = 1 - \frac{1}{7^{0.4}} \approx 55\%.$$

实际上汽油机的效率只有 25%左右,柴油机的压缩比能做到 $\varepsilon=12\sim20$,实际效率可达 40%左右. 由于压缩比很大,柴油机的汽缸活塞杆等都做得很笨重,噪声也大. 故小型汽车、摩托车、飞机、快艇都装置汽油机,只有拖拉机、船舶才装置柴油机.

三、卡诺循环

19 世纪初，蒸汽机在工业上的应用越来越广泛，但当时蒸汽机的效率很低，只有 3%～5%左右. 因此，如何提高热机的效率，便成为当时科学家和工程师的重要课题. 那时人们从实践中已认识到，要使热机有效地工作，必须具备至少两个温度不同的热源. 那么，在两个温度一定的热源之间工作的热机所能达到的最大效率是多少呢？

1824 年，年仅 28 岁的法国青年工程师卡诺(S. Carnot)发表了《关于火力动力的见解》这篇著名的论文，从理论上回答了上述问题. 他提出了一种理想的热机循环：假设工作物质只与两个恒温热源交换热量，在温度为 T_1 的高温热源处吸热，在另一温度为 T_2 的低温热源处放热，并假定所有过程都是准静态的. 由于过程是准静态的，所以与两个恒温热源交换热量的过程必定是等温过程，又因为只与两个热源交换热量，所以工作物质从热源温度 T_1 变到冷源温度 T_2，或者相反的过程，只能是绝热过程. 因此，这种由两个准静态等温过程和两个准静态绝热过程所组成的循环，就称为**卡诺循环**(Carnot cycle). 完成卡诺正循环的热机叫作**卡诺热机**(Carnot engine)，卡诺热机的工质可以是固体、液体或气体.

下面，我们分析以理想气体为工质的卡诺正循环，并求出其效率. 卡诺循环在 $p-V$ 图上是分别由温度为 T_1 和 T_2 的两条等温线和两条绝热线组成的封闭曲线. 如图 7-17 所示，其各个分过程如下：

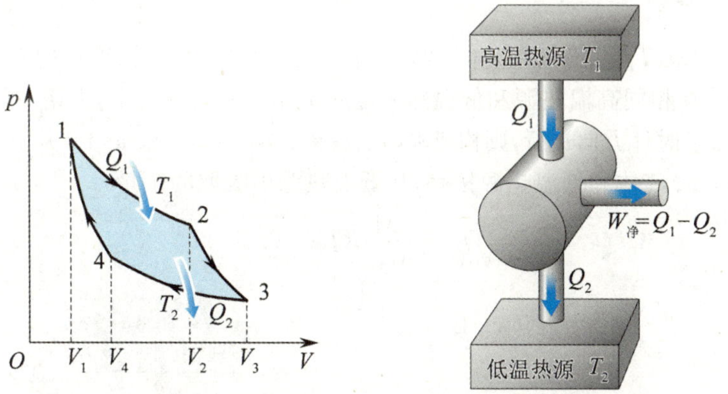

(a) 卡诺正循环　　(b) 卡诺热机能流示意图

图 7-17　卡诺热机

1→2：气体和温度为 T_1 的高温热源接触做等温膨胀，体积由 V_1 增大到 V_2，它从高温热源吸收的热量为

$$Q_1=\frac{M}{M_{\mathrm{mol}}}RT_1\ln\frac{V_2}{V_1}.$$

2→3：气体和高温热源分开，做绝热膨胀，温度降到 T_2，体积增大到 V_3，过程中无热量交换，但对外界做功.

3→4：气体和低温热源接触做等温压缩，体积缩小到一适当值，使状态 4 和状态 1 位于同一条绝热线上. 过程中外界对气体做功，气体向温度为 T_2 的低温热源放热 Q_2，其大小为

$$Q_2=\frac{M}{M_{\mathrm{mol}}}RT_2\ln\frac{V_3}{V_4}.$$

4→1：气体和低温热源分开，经绝热压缩，回到原来状态 1，完成一次循环. 过程中无热量交

换，而外界对气体做功.

根据循环效率定义，可得以理想气体为工质的卡诺循环的效率

$$\eta = 1 - \frac{Q_2}{Q_1} = 1 - \frac{T_2 \ln \frac{V_3}{V_4}}{T_1 \ln \frac{V_2}{V_1}}.$$

对绝热过程 2→3 和 4→1 分别应用绝热方程，有

$$T_1 V_2^{\gamma-1} = T_2 V_3^{\gamma-1},$$
$$T_1 V_1^{\gamma-1} = T_2 V_4^{\gamma-1},$$

两式相比，则有

$$\frac{V_2}{V_1} = \frac{V_3}{V_4}.$$

代入效率式后，可得

$$\eta_{卡} = 1 - \frac{T_2}{T_1} = \frac{T_1 - T_2}{T_1}. \tag{7-28}$$

由上可知：

(1)要完成一次卡诺循环必须有温度一定的高温和低温两个热源(也称为温度一定的热源和冷源)；

(2)卡诺循环的效率只与两个热源温度有关，高温热源温度越高，低温热源温度越低，卡诺循环的效率越高；

(3)由于不能实现 $T_1 = \infty$ 或 $T_2 = 0$(热力学第三定律)，因此，卡诺循环的效率总是小于 1；

(4)可以证明：在相同高温热源和低温热源之间工作的一切热机中，卡诺热机的效率最高.

若卡诺循环按逆时针方向进行，则构成卡诺制冷机(Carnot refrigerator)，其 $p-V$ 图和能量转换关系如图 7-18 所示. 气体和低温热源接触，从低温热源中吸取的热量

$$Q_2 = \frac{M}{M_{mol}} R T_2 \ln \frac{V_3}{V_4},$$

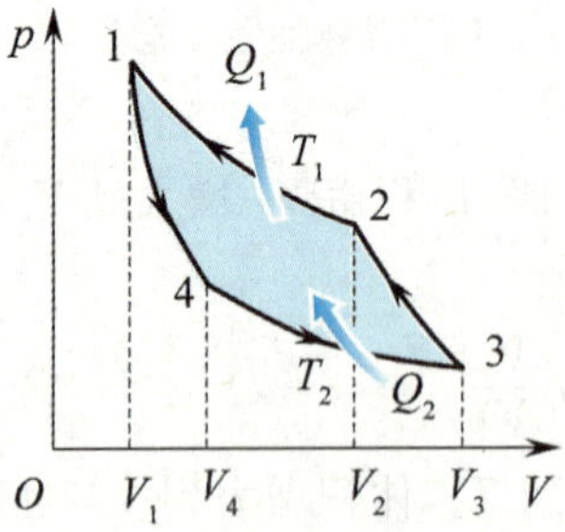

(a) 卡诺逆循环

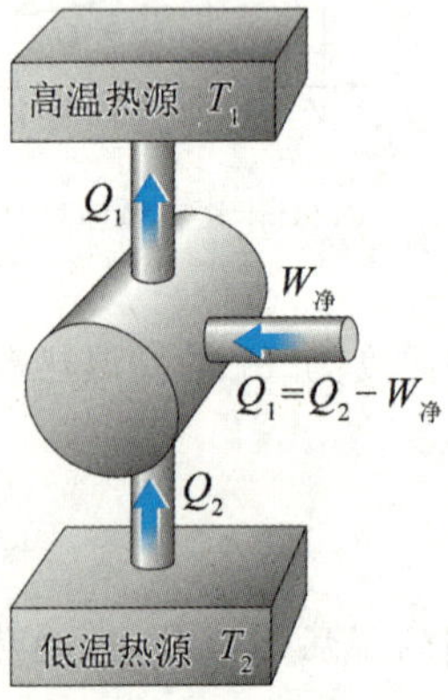

(b) 卡诺制冷机能流示意图

图 7-18　卡诺制冷机

气体向高温热源放出的热量大小为

$$Q_1 = \frac{M}{M_{mol}} R T_1 \ln \frac{V_2}{V_1}.$$

一次循环中的净功

$$W_{净}=Q_2-Q_1,$$

所以卡诺制冷机的制冷系数

$$e_{卡}=\frac{Q_2}{|W_{净}|}=\frac{Q_2}{Q_1-Q_2}=\frac{\frac{M}{M_{mol}}RT_2\ln\frac{V_3}{V_4}}{\frac{M}{M_{mol}}RT_1\ln\frac{V_2}{V_1}-\frac{M}{M_{mol}}RT_2\ln\frac{V_3}{V_4}}.$$

同理,利用关系$\frac{V_2}{V_1}=\frac{V_3}{V_4}$,可得

$$e=\frac{T_2}{T_1-T_2}. \tag{7-29}$$

可见,卡诺制冷机的制冷系数也只与两个热源的温度有关.与效率不同的是,高温热源温度越高,低温热源温度越低,则制冷系数越小,意味着从温度越低的冷源中吸取相同的热量 Q_2,外界越需要消耗更多的功$|W_{净}|$.制冷系数可以大于 1.

例 7-4

一卡诺制冷机从温度为−10 ℃的冷库中吸取热量,释放到温度为 27 ℃的室外空气中,若制冷机耗费的功率是 1.5 kW,求:(1)每分钟从冷库中吸收的热量;(2)每分钟向室外空气中释放的热量.

解 (1)根据卡诺制冷系数有

$$e=\frac{T_2}{T_1-T_2}=\frac{263}{300-263}=7.1,$$

所以,从冷库中吸收的热量为

$$Q_2=e_{卡}|W_{净}|=7.1\times1.5\times10^3\times60=6.39\times10^5\ (\mathrm{J}).$$

(2)释放到室外的热量为

$$Q_1=|W_{净}|+Q_2=1.5\times10^3\times60+6.39\times10^5=7.29\times10^5\ (\mathrm{J}).$$

根据制冷机的制冷原理制成的供热机叫作**热泵**.在严冷的冬天,把空调机的冷冻器放在室外,而散热器放在室内,开动空调机,经电力做功,通过冷冻器从室外吸收热量,通过散热器向室内放热达到供热取暖作用.热泵供热获得的热量大于消耗的电功,上例中消耗的电功$|W_{净}|=9.0\times10^4$ J,提供热量 $Q_1=7.29\times10^5$ J. $Q_1>|W_{净}|$,这是最经济的供热方式.

在酷热夏天,只需将冷冻器与散热器位置互换,经空调机做功,将吸取室内热量,向室外释放热量,即达到室内降温的目的.可见制冷机可以制冷,也可以供热,供热时即为热泵.

7.6 热力学第二定律

热力学第一定律指出了热力学过程中的能量守恒关系.然而,人们在研究热机工作原理时发现,满足能量守恒的热力学过程不一定都能进行.实际的热力学过程都只能按一定的方向进行,而热力学第一定律并没有阐述系统变化进行的方向.热力学第二定律是关于自然过程方向性的规律.

一、开尔文表述

热力学第一定律表明违背能量守恒定律的第一类永动机不可能制成.那么如何在不违背热

力学第一定律的条件下，尽可能地提高热机效率呢？分析热机循环效率公式 $\eta=1-\frac{Q_2}{Q_1}$，显然，如果向低温热源放出的热量 Q_2 越少，效率 η 就越大，当 $Q_2=0$ 时，即不需要低温热源，只存在一个单一温度的热源，其效率就可以达到 100%. 这就是说，如果在一个循环中，只从单一热源吸收热量使之全部变为功(这不违反能量守恒定律)，循环效率就可达到 100%，这个结论是非常引人关注的. 有人曾作过估算，如果这种单一热源热机可以实现，则只要使海水温度降低 0.01 K，就能使全世界所有机器工作 1 000 多年！

然而长期实践表明，循环效率达 100%的热机是无法实现的. 在这个基础上，开尔文(Kelvin)在 1851 年，提出了一条重要规律，称为**热力学第二定律**(the second law of thermodynamics). 这一定律表述为：**不可能制成一种循环动作的热机，它只从一个单一热源吸取热量，并使其全部变为有用功，而不引起其他变化**. 这就是热力学第二定律的**开尔文表述**.

在开尔文叙述中，"循环动作""单一热源""不引起其他变化"是三个关键条件. 理想气体等温膨胀过程，固然能把吸收的热量完全变为功，但它不是循环动作的热机，而且又产生了其他变化(如气体膨胀、活塞位置变动)并未回到初始状态. 如果热源系统内部温度不均，有高、低温部分，就有放热出现，这与放热为零的要求不符，且相当于多个热源.

从单一热源吸热并全部变为功的热机通常称为第二类永动机，所以热力学第二定律亦可表达为：**第二类永动机是不可能实现的**.

根据热力学第二定律的开尔文叙述，各个工作热机必然会排出余热，伴随着排出废水、废气，形成所谓的热污染，这给环境保护带来威胁. 因此，怎样在热力学第二定律允许范围内提高热机效率，减少热机释放的余热，不仅使有限的能源得到更充分的利用，同时对环保也具有重大的意义. 目前热机的效率最高只能达到近 50%(见表 7-3)，离热力学第二定律规定的极限相差甚远. 为此，在热能工程领域工作的现代科技人员，仍十分关注提高热机效率问题，而这已形成一门独立学科分支——热力经济学.

表 7-3　几种热机的效率

热　　机	效　　率
液流涡轮机	48%
蒸汽涡轮机	46%
内燃机	37%
蒸汽机	8%

二、克劳修斯表述

开尔文表述从正循环的热机效率极限问题出发，总结出热力学第二定律. 我们还可以从逆循环制冷机角度分析制冷系数极限，从而导出热力学第二定律的另一种等价表述. 由制冷系数 $e=\frac{Q_2}{|W_{净}|}$ 可以看出，在 Q_2 一定的情况下，外界对系统做功越少，制冷系数越高. 取极限情况是 $W_{净}\to 0, e\to\infty$，即外界不对系统做功，热量可以不断地从低温热源传到高温热源，这是否可能呢？1850 年德国物理学家克劳修斯在总结前人大量观察和实验的基础上提出：**热量不可能自动地由低温物体传向高温物体**. 这就是热力学第二定律的**克劳修斯表述**. 在克劳修斯表述中，"自动地"是一个关键词，意思是，不需消耗外界能量，热量可直接从低温物体传向高温物体. 但这是不可能的，制冷机中是通过外力做

功才迫使热量从低温物体流向高温物体的.

热力学第二定律的这两种表述,表面上看来各自独立,然而由于其内在实质的同一性,这两种表述是等价的.我们可以采用反证法来证实,即如果两种表述之一不成立,则另一表述亦不成立.

先证违反开尔文表述,必然违反克劳修斯表述.假如开尔文表述错误,即可以从单一热源吸取热量 Q,并把它完全变为功 W,而不引起其他变化,则可用这个功去推动一台制冷机.如图 7-19(a)所示,现在两台机组合成一台机,其最终效果是不需消耗任何外界的功,热量 Q_2 自动地由低温流向高温,这等于说克劳修斯表述也不对,即违反开尔文表述,必然导致也违反克劳修斯表述.

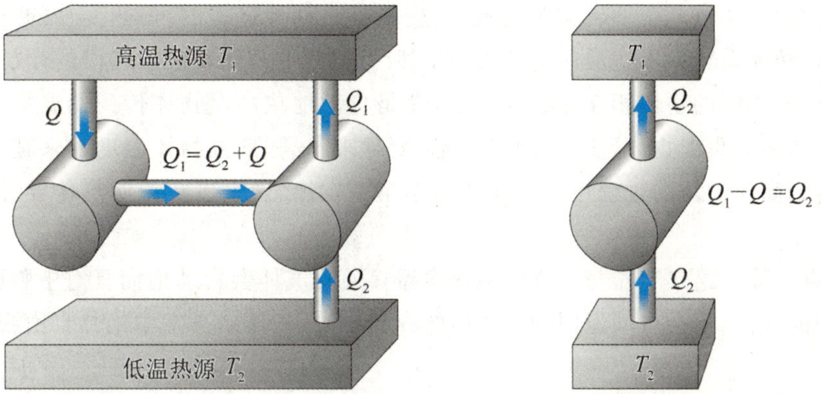

(a) 违反开尔文表述的机器+制冷机　　(b) 违反克劳修斯表述的机器

图 7-19　热力学第二定律的两种表述等价证明一

再证违反克劳修斯表述,必然违反开尔文表述.假如克劳修斯表述错误,即热量能自动地由低温流向高温,而不引起其他变化.将违反克氏表述的机器与一台热机组成复合机,并让热机放给低温热源的热量,自动流回高温热源,则最终效果为从单一高温热源吸收的热量 Q_1-Q_2,完全变为 W,而不引起其他变化,即开氏表述也不对.这就是说违反克氏表述,也必然导致违反开尔文表述,如图 7-20 所示.

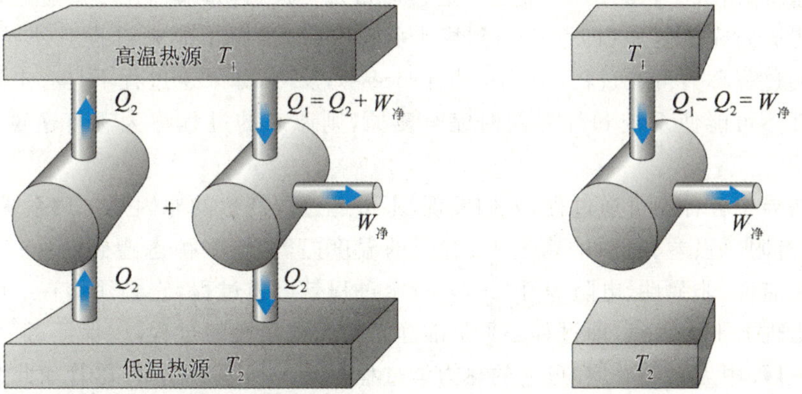

(a) 违反克劳修斯表述的机器+热机　　(b) 违反开尔文表述的机器

图 7-20　热力学第二定律的两种表述等价证明二

至此,我们证明了热力学第二定律的两种表述是等价的.如果进一步考查,可以发现,开尔文表述实际上就是说通过循环过程,功可以全部变为热能,而热能不能全部变为功,即本质不同的两种形式的能量,它们间的转换具有方向性或不可逆性.克劳修斯表述实际上是说热传导具有方向性或不可逆性.两种表述的等价性，说明可以从一种不可逆性推导出另一种不可逆性，即这种与热运动有关的不可逆性，其本质相同、互相关联.

三、自然过程的方向性

对于孤立系统，从非平衡态向平衡态过渡是自动进行的，这样的过程叫作自然过程.与其相反的过程是不自动的，除非有外界的帮助.也就是说，自然过程具有确定的方向性.例如：

(1)单摆在摆动过程中，由于空气阻力及悬点处摩擦力的作用，振幅逐渐减小，直到静止，过程中功转变为热量，机械能全部转化为内能，功变热是自动地进行的.但热变功的逆向转换却不会自动发生，虽然逆向转换不违反热力学第一定律.此例表明功热转换的过程是有方向性的.

(2)两个温度不同的物体相互接触时，热量总是自动地从高温物体传到低温物体，而不会自动地从低温物体传到高温物体，使高温物体的温度越来越高，低温物体温度越来越低.虽然热量从低温物体传到高温物体的过程也不违反热力学第一定律.这个事实说明热传导过程也具有方向性.

(3)将盛有气体的绝热容器与一真空绝热容器接通时气体会自动地向真空中膨胀，但是已经膨胀到真空中的气体，不会自动退回到膨胀前的容器中去，气体向真空中绝热自由膨胀的过程是不可逆的.

关于自然过程具有方向性的例子还有很多，如两种不同气体放在一个容器里，它们能自发地混合，却不能自发地再度分离成两种气体；一滴墨水滴入水中，墨水会自动进行扩散，直至达到均匀分布，已经分布均匀的墨水，不会自动地浓缩回它扩散前的状态；等等.

四、可逆过程与不可逆过程

上面所举各例的共同特点是，一个系统可以从某一初态自动地过渡到某一末态，但逆向过渡不一定能自动进行.我们把热力学过程，按其逆过程的性质分为可逆过程和不可逆过程.

设一个系统，由某一状态出发，经过一过程达到另一状态，如果存在一个逆过程，该逆过程能使系统和外界同时完全复原(即系统回到原来状态，同时消除了原来过程对外界引起的一切影响)，则原来的过程称为**可逆过程**(reversible process)；反之，如果逆过程不具有上述性质，也就是用任何方法都不可能使系统和外界同时完全复原，则原来的过程称为**不可逆过程**(irreversible process).

分析自然界中各种不可逆过程，人们发现，不可逆过程产生的原因是：(1)系统内部出现了非平衡因素，如有限压强差、有限的密度差、有限的温度差等，使平衡态遭到破坏；(2)存在耗散效应，如摩擦、黏滞性、非弹性、电阻等.因此，若一个过程是可逆过程，它必须具有下面两个特征：首先过程中不出现非平衡因素，即过程必须是准静态的无限缓慢的过程，以保证每一中间状态均是平衡态；其次过程中无耗散效应.可逆的热力学过程只是一种理想模型.尽管如此，仍有研究可逆过程的必要.因为，实际过程在一定条件下可以近似地作为可逆过程处理；同时，还可以通过可逆过程的研究去寻找实际过程的规律.

各种不可逆过程是互相联系的.热力学第二定律的开尔文表述是关于功热转换的不可逆性的，克劳修斯表述是关于热传递的不可逆性的，前面我们已经证明了开尔文表述和克劳修斯表述是等价的，这表明功热转换的不可逆性是与热传递的不可逆性相联系的.事实上自然界中的不可逆过程多种多样，但所有不可逆过程都是互相联系的，总可以把两个不可逆过程联系起来，由一个过程的不可逆性推断另一个过程的不可逆性.

过程不可逆性就是过程进行具有方向性.热力学第二定律表明一切实际的自然过程都是不可逆的,就是关于过程进行方向的热力学定律.由于不可逆过程多种多样,各种不可逆过程又相互联系,因此热力学第二定律可以有各种不同的表述.

7.7 热力学第二定律的统计意义　玻尔兹曼熵

如何从粒子的微观运动来认识自然过程的方向性呢? 1877 年玻尔兹曼从统计理论给出了一个状态函数熵,用数学形式来表示热力学第二定律的微观本质.

一、热力学第二定律的统计意义

玻尔兹曼提出,物体的任何一种宏观状态(不论是否是平衡态),包含了多个可能出现的微观状态,一种宏观状态是一组微观状态的集合.玻尔兹曼把一种宏观状态包含的微观状态数叫作**热力学概率**,用 Ω 表示.

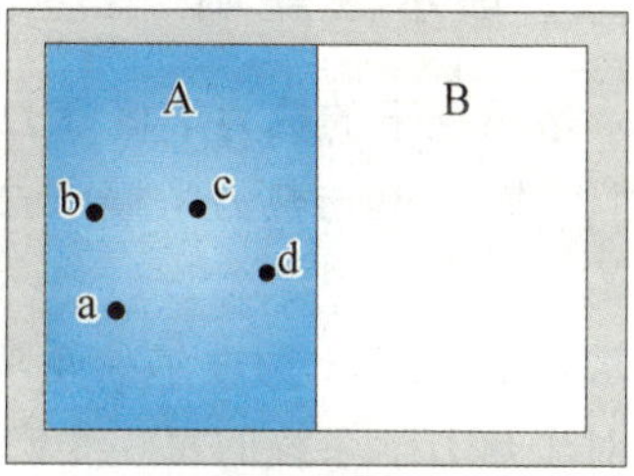

图 7-21　气体向真空中的自由膨胀

为简单起见,以单原子理想气体为例说明.如图7-21所示,用隔板将容器分成容积相等的 A,B 两室,给 A 室充以某种气体,B 室为真空.设容器内只有 a,b,c,d 四个分子,在抽掉隔板气体自由膨胀后,A,B 中可能的分子分布情况如表 7-4所示.对于气体的宏观热力学性质,并不需要确定每一个分子所处的微观位置和速度,只需要确定气体分子数的分布就行了.例如 A 室中三个分子,B 室中一个分子的一种分布,就属于一种宏观态.因此,我们把 A,B 两室中分子数的不同分布称为一种宏观态.表 7-4 中第一行表示有五种宏观态(此例只考虑分子位置,未考虑分子速度的不同作为微观状态的标志).而对于气体的每一确定的微观态,必须指出每个分子所处的具体微观位置.对应于每一个宏观态,由于分子的微观组合不同,还可能包含有若干种微观态.例如,宏观态 A3B1 就包含有四种微观态.

表 7-4　四个分子的可能宏观态及相应的微观态

宏观状态		A 4 B 0	A 3 B 1				A 2 B 2						A 1 B 3				A 0 B 4
微观状态	A	a b c d	a b c	b c d	c d a	d a b	a c	a b	a d	b c	b d	c d	a	b	c	d	
	B		d	a	b	c	b d	c d	b c	a d	a c	a b	b c d	c d a	d a b	a b c	a b c d
宏观态包含的微观态数 Ω 个		1	4				6						4				1

统计理论假设:对于孤立系统,各微观状态出现的概率是相同的,即等概率的.在给定的宏观条件下,系统存在大量各种不同的微观态,而每一宏观态可以包含有许多微观态.各宏观态所包

含的微观态数目是不相等的，因而各宏观态的出现就不是等概率的了. 由表 7-4 可知微观态数总共有 $16=2^4$ 个. 如分子全都集中在 A 室的宏观态，只含一个微观态，出现概率最小，只有 $\frac{1}{16}=\frac{1}{2^4}$，而两室内分子均匀分布的 A2B2 宏观态，所含微观态数最多，为 6 个，出现概率最大，有 $\frac{6}{16}=\frac{6}{2^4}$.

由于一般热学系统所包含的分子数目十分巨大，例如，1 mol 气体的分子数 $N=6.023\times10^{23}$ 个，如果同样分成 A，B 两部分，可以推论，其总微观态数应为 2^N 个，所以气体自由膨胀后，所有分子退回到 A 室的概率为 $\frac{1}{2^{6.023\times10^{23}}}$，这个概率如此之小，实际上根本观察不到，而 A 室和 B 室分子各半的均匀分布的平衡态以及附近的宏观态出现的概率最大，接近百分之百，而其他宏观态的热力学概率几乎可以忽略.

孤立系统总是从非平衡态向平衡态过渡，也就是说，宏观自然过程总是由热力学概率小的宏观态向热力学概率大的宏观态进行，这就是热力学第二定律的统计意义. 需要注意的是热力学第二定律是一个统计规律，只适用于由大量分子构成的孤立系统.

二、玻尔兹曼熵

一般情况下的热力学概率 Ω 是非常大的，为了便于理论上处理，玻尔兹曼引入一个态函数**熵**，用 S 表示，其与热力学概率 Ω 关系为

$$S = k\ln\Omega \tag{7-30}$$

称为**玻尔兹曼熵**，k 为玻尔兹曼常数，熵的单位是焦耳每开尔文（$J\cdot K^{-1}$）.

对于热力学系统的每一个宏观态状态，就有一个热力学概率 Ω 值对应，也就有一个熵值 S 对应，故熵是系统状态函数，如表 7-5 所示.

表 7-5　20 个分子的位置分布与熵

宏观态	微观态数或热力学概率（Ω）	熵 $S=k\ln\Omega$
左 20；右 0	1	0
左 18；右 2	190	5.25k
左 15；右 5	15 504	9.65k
左 11；右 9	167 960	12.03k
左 10；右 10	184 765	12.13k
左 9；右 11	167 960	12.03k
左 5；右 15	15 504	9.65k
左 2；右 18	190	5.25k
左 0；右 20	1	0

在一定条件下，两子系统有热力学概率 Ω_1 和 Ω_2，对应的状态函数分别为 S_1 和 S_2，则在同样的条件下，根据概率的性质，整个系统的热力学概率为 $\Omega=\Omega_1\Omega_2$，所以

$$S = k\ln\Omega = k\ln\Omega_1\Omega_2 = k\ln\Omega_1 + k\ln\Omega_2 = S_1 + S_2.$$

也就是说熵具有可加性，若一系统由两个子系统组成，则

$$S = S_1 + S_2.$$

例 7-5

用热力学概率方法计算 ν mol 理想气体向真空自由膨胀时的熵增加. 设体积从 V_1 膨胀到 V_2，且初末态均为平衡态.

解 因为绝热自由膨胀时系统温度不变，影响系统微观状态数只需考虑分子的位置分布. 每一分子在体积内各处的概率是相等的，则一个分子按位置分布的可能状态数应与体积成正比，即 $\Omega' \propto V$. 对 νN_A 个分子 $\Omega \propto V^{\nu N_A}$，所以有

$$\frac{\Omega_2}{\Omega_1} = \left(\frac{V_2}{V_1}\right)^{\nu N_A},$$

$$\Delta S = S_2 - S_1 = k\ln \Omega_2 - k\ln \Omega_1 = k\ln(\Omega_2/\Omega_1),$$

$$\Delta S = N_A k\ln(V_2/V_1) = \nu R\ln(V_2/V_1),$$

由于 $V_2 > V_1$，则

$$\Delta S > 0.$$

7.8 卡诺定理 克劳修斯熵

玻尔兹曼熵是从统计意义上定义的，而历史上，熵是克劳修斯最先从热力学的角度提出的一个状态函数. 实际热力学过程的不可逆性说明自发进行的过程都将使系统的状态发生显著的变化，以致系统无法通过自身的调节回到初始状态；要使系统复原，必须依靠外界的作用，但这时又给外界造成无法消除的影响. 这表明不可逆过程的初态和末态之间存在着重大差异，正是这种差异决定了过程的方向，能不能找到一个描述这种差异的态函数，并根据其大小来判断过程的方向呢？ 克劳修斯通过卡诺定理找到了这个态函数，于 1865 年定名为 entropy，中文译作熵.

一、卡诺定理

若组成循环的每一个过程都是可逆过程，则称该循环为可逆循环. 凡做可逆循环的热机或制冷机分别称为可逆热机或可逆制冷机，否则称为不可逆机.

为了提高热机效率，卡诺从理论上进行了研究，证明了热机理论中非常重要的卡诺定理(这里略去证明过程)，它的具体内容是：

(1) 在相同的高温热源和相同的低温热源之间工作的一切可逆热机，其效率都相等，与工作物质无关.

(2) 在相同的高温热源和相同的低温热源之间工作的一切不可逆热机，其效率都不可能大于可逆热机的效率.

根据内容(1)可知，工作在高低温热源 T_1 与 T_2 之间的可逆热机有

$$\eta_{可逆} = 1 - \frac{Q_2}{Q_1} = 1 - \frac{T_2}{T_1},$$

由内容(2)可知，对于不可逆热机有

$$\eta_{不可逆} = 1 - \frac{Q_2}{Q_1} < 1 - \frac{T_2}{T_1}.$$

顺便指出，由卡诺定理可知，若要提高热机效率，应该提高高温热源的温度，降低低温热源的温度(如果要获取低于室温的低温热源，就必须用制冷机，但这是不经济的，所以实用上，只有从提高高温热源温度着手. 例如，蒸汽机锅炉温度约 320 ℃，内燃机汽油爆炸温度约为 1 530 ℃).

二、克劳修斯不等式

克劳修斯把卡诺定理推广，应用于一个任意的循环过程，得到一个能分别描述可逆循环和不

可逆循环特征的表达式.

依卡诺定理可知，工作于高、低温热源 T_1，T_2 之间的热机效率为

$$\eta \leqslant 1-\frac{T_2}{T_1},$$

式中等号对应于可逆热机，不等号对应于不可逆热机.

无论循环是否可逆，其效率均为

$$\eta = 1-\frac{Q_2}{Q_1},$$

代入上式，可得

$$1-\frac{Q_2}{Q_1} \leqslant 1-\frac{T_2}{T_1},$$

显然有

$$\frac{Q_2}{T_2} \geqslant \frac{Q_1}{T_1} \quad \text{或} \quad \frac{Q_1}{T_1}-\frac{Q_2}{T_2} \leqslant 0,$$

上式中 Q_1，Q_2 都是正的，是工作物质所吸收和放出热量的绝对值. 如果采用热力学第一定律中对热量正负的规定，则上式应改写为

$$\frac{Q_1}{T_1}+\frac{Q_2}{T_2} \leqslant 0, \tag{7-31}$$

此式中的热量 Q_1 和 Q_2 均为代数值，$\frac{Q}{T}$ 称为**热温比**，又叫作**热温商**，它是系统从某一热源吸收的热量 Q 和该热源的温度 T 之比. (7-31)式表示，在任意循环中，系统热温比的总和总是小于或者等于零.

任意一个可逆循环过程可看成由一系列微小卡诺循环组成，当每一个卡诺循环趋于无限小时，由无数条等温线和绝热线组成的折线，就趋于循环曲线. 如图 7-22 所示，如果 A Ⅰ B Ⅱ A 是可逆循环，所有微循环均为可逆卡诺循环，即 A Ⅰ B Ⅱ A 循环可等价于所有微小卡诺循环的总和（相邻两个卡诺循环中的绝热线都沿相反方向各经历一次，因而相互抵消）. 对于每一个卡诺循环，都对应(7-31)式中的等号. 所以，对于任意循环，应有

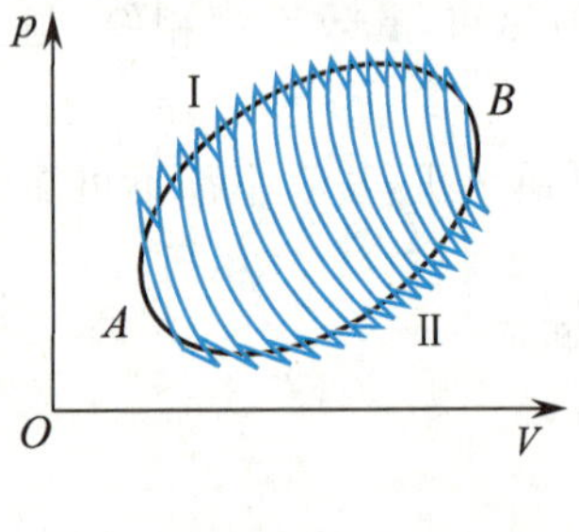

图 7-22 一个循环过程可以看成由一系列小卡诺循环组成

$$\sum_{i=1}^{n}\frac{Q_i}{T_i} \leqslant 0,$$

式中 Q_i 为系统从温度为 T_i 的热源吸收的热量（代数值），n 为热源的个数. 当 $n \to \infty$ 时，上式用积分表示，即

$$\oint \frac{\mathrm{d}Q}{T} \leqslant 0, \tag{7-32}$$

式中 $\oint$ 表示沿循环曲线积分一周；$\mathrm{d}Q$ 为系统从温度为 T 的热源吸收的热量（代数值）；等号对应于可逆循环；不等号对应于不可逆循环. (7-32)式称为**克劳修斯不等式**. 因此，系统经历一个可逆循环过程，它的热温比总和等于零；系统经历一个不可逆循环过程，它的热温比总和小于零. 显然(7-32)式就是循环的可逆性和不可逆性的判别式.

三、克劳修斯熵

克劳修斯不等式指出了可逆过程和不可逆过程的特点，对于任意一个可逆循环过程，由(7-32)式，可知

$$\oint \frac{\mathrm{d}Q_{可逆}}{T}=0. \tag{7-33}$$

设系统由平衡状态 A 经可逆过程 $A\,\mathrm{I}\,B$ 变到平衡状态 B，又由状态 B 沿任意可逆过程 $B\,\mathrm{II}\,A$ 回到原状态 A，构成一个可逆循环，如图7-23所示. 对此可逆循环，(7-33)式可写成

$$\int_{A\mathrm{I}}^{B}\frac{\mathrm{d}Q_{可逆}}{T}+\int_{B\mathrm{II}}^{A}\frac{\mathrm{d}Q_{可逆}}{T}=0.$$

由于过程是可逆的，则有

$$\int_{A\mathrm{I}}^{B}\frac{\mathrm{d}Q_{可逆}}{T}+\int_{B\mathrm{II}}^{A}\frac{\mathrm{d}Q_{可逆}}{T}=\int_{A\mathrm{I}}^{B}\frac{\mathrm{d}Q_{可逆}}{T}-\int_{A\mathrm{II}}^{B}\frac{\mathrm{d}Q_{可逆}}{T}=0,$$

即

$$\int_{A\mathrm{I}}^{B}\frac{\mathrm{d}Q_{可逆}}{T}=\int_{A\mathrm{II}}^{B}\frac{\mathrm{d}Q_{可逆}}{T}. \tag{7-34}$$

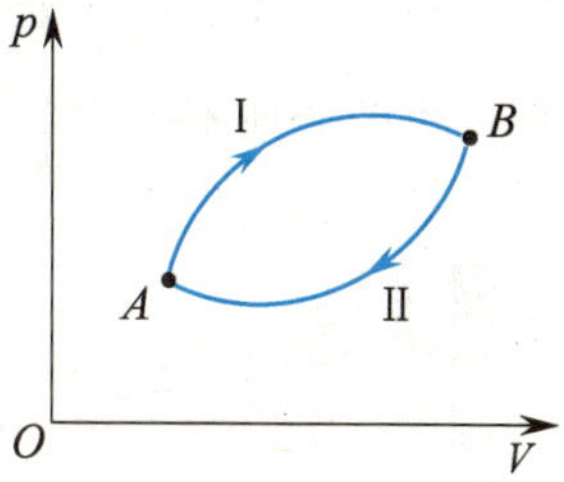

图 7-23　熵

由(7-34)式可见，由状态 A 沿不同的可逆过程变到同一状态 B 的热温比的积分值 $\int_{A}^{B}\frac{\mathrm{d}Q_{可逆}}{T}$ 不变. 这就是说热温比的积分只取决于初、末状态，与过程无关. 在力学中，保守力做功只取决于初、末位置而与其通过的具体路径无关，从而引入势能这一态函数. 现在，$\oint\frac{\mathrm{d}Q_{可逆}}{T}=0$，与引入势能情况相似，克劳修斯引入一个状态函数 S，称为系统的熵. 当系统由平衡态 A 变到平衡态 B 时，这个态函数就从 S_A 变到 S_B，即

$$S_B-S_A=\int_{A}^{B}\mathrm{d}S=\int_{A}^{B}\frac{\mathrm{d}Q_{可逆}}{T}, \tag{7-35}$$

(7-35)式就是著名的克劳修斯熵公式.

对于一个微小的可逆过程有

$$\mathrm{d}S=\frac{\mathrm{d}Q_{可逆}}{T}, \tag{7-36}$$

(7-36)式表明，在可逆过程中，系统熵的微小变化等于这一微过程的“热温商”，这也是态函数之所以取名为熵的缘由.

由上面讨论可知：

(1)熵是一个反映热力学系统宏观状态的态函数，这种方法引入的熵叫作热力学熵.

(2)某一状态的熵值只有相对意义，与熵的零点选择有关.

(3)如果过程的始末两态均为平衡态，则系统的熵变只取决于始态和末态，与过程是否可逆无关. 但应该强调的是(7-35)式中的积分必须沿可逆过程进行，因此，当始、末两态间经历一不可逆过程时，我们可以设计一个可逆过程将始、末两态连接起来，然后沿此可逆过程用(7-35)式计算熵变.

(4)熵值具有可加性，因此大系统的熵变等于组成它的各个子系统熵变之和，全过程的熵变等于组成它的各子过程的熵变之和.

克劳修斯熵和玻尔兹曼熵的概念引入是有区别的. 首先，克劳修斯熵只对系统的平衡态才有意义，是系统平衡态的函数，而玻尔兹曼熵对非平衡态也有意义，因为对非平衡态也有微观状态

数与之对应，因而也有熵值与之对应，从这个意义上说玻尔兹曼熵更具普遍性. 由于平衡态是对应于热力学概率(Ω_{max})最大的状态，可以说，克劳修斯熵是玻尔兹曼熵的最大值. 其次，两者在计算方法上也存在区别，玻尔兹曼熵的计算只涉及状态热力学概率的计算，但克劳修斯熵必须引入一个可逆过程来实现熵变的计算，在统计物理中可以普遍地证明两个熵公式完全等价. 但在热力学中进行计算时多用克劳修斯熵公式.

四、熵增加原理

当引入态函数熵 S 后，热力学第二定律可以用熵增加原理来描述.

设 $A\,\mathrm{I}\,B$ 是不可逆过程，$B\,\mathrm{II}\,A$ 是可逆过程，这两过程构成一不可逆循环. 如图 7-24 所示，根据克劳修斯不等式 $\oint\frac{\mathrm{d}Q}{T}\leqslant 0$，有

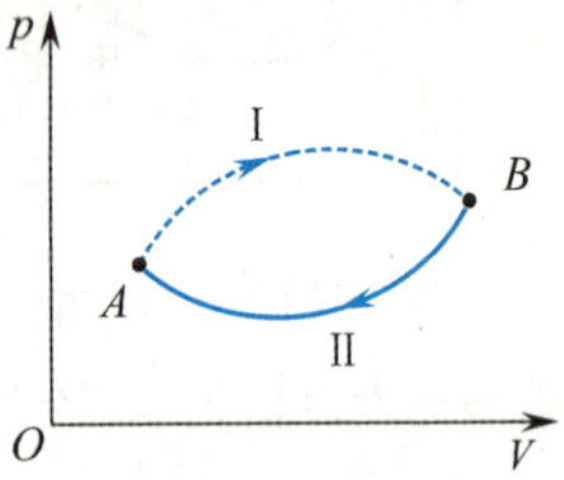

图 7-24　不可逆过程熵变

$$\oint\frac{\mathrm{d}Q}{T}=\int_A^B\frac{\mathrm{d}Q_{\mathrm{I}}}{T}+\int_B^A\frac{\mathrm{d}Q_{\mathrm{II}}}{T}=\int_A^B\frac{\mathrm{d}Q_{\mathrm{I}}}{T}-\int_A^B\frac{\mathrm{d}Q_{\mathrm{II}}}{T}<0,$$

$$\int_A^B\frac{\mathrm{d}Q_{\mathrm{I}}}{T}<\int_A^B\frac{\mathrm{d}Q_{\mathrm{II}}}{T}.$$

$A\,\mathrm{II}\,B$ 是可逆过程，可积分得熵增

$$S_B-S_A=\int_A^B\frac{\mathrm{d}Q_{\mathrm{II}}}{T},$$

因此

$$S_B-S_A>\int_A^B\frac{\mathrm{d}Q_{\mathrm{I}}}{T}.\tag{7-37}$$

对于孤立系统，系统与外界无热量交换，在任一微小过程中 $\mathrm{d}Q=0$，因此

$$\int_A^B\frac{\mathrm{d}Q_{\mathrm{I}}}{T}=0,$$

则

$$S_B-S_A>0,\tag{7-38}$$

上式表明孤立系统中的不可逆过程，其熵要增加.

对于孤立系统中的可逆过程，则取等式有

$$S_B-S_A=\int_A^B\frac{\mathrm{d}Q_{\mathrm{II}}}{T}=0.\tag{7-39}$$

综合(7-38)式和(7-39)式可知，对于孤立系统中的任一热力学过程，总是有

$$S_B-S_A\geqslant 0.\tag{7-40}$$

(7-40)式就是热力学第二定律的数学表达式，表明**孤立系统中所发生的一切不可逆过程的熵总是增加，可逆过程熵不变**，这就是**熵增加原理**.

因为自然界实际发生的过程都是不可逆的，根据熵增加原理可知：孤立系统内发生的一切实际过程都会使系统的熵增加. 这就是说，在孤立系统中，一切实际过程只能朝熵增加的方向进行，直到熵达到最大值为止.

按照热力学概率与宏观状态出现概率的对应关系，在孤立系统中所进行的自然过程总是沿着熵增大的方向进行，平衡态是对应于熵最大的状态，而对于在孤立系统中所进行的可逆过程，系统总是处于平衡态，Ω 为最大值，熵值不变.

熵增加原理初看起来是对孤立系统来说的，实际上，这是一个十分普遍的规律. 因为任何一

个热过程，只要把过程所涉及的物体都看作是系统的一部分，那么，这系统对于该过程来说就变成了孤立系统，过程中这系统的熵变就一定满足熵增加原理. 例如，温度不同的 A，B 两物体，温度分别为 T_1 和 T_2（$T_1>T_2$），相互接触后发生热量从 A 物体流向 B 物体的热传导过程. 如果单把物体 A(或物体 B)看成为所讨论的系统，则系统是非孤立系统. 比如物体 B，因为吸收热量，它的熵增加；对物体 A，因为放热，它的熵减少. 但是如果把物体 A，B 合起来作为所讨论的系统，这就成了孤立系统，对这孤立系统来说，热传导过程一定使这系统的熵增加. 因此，熵增加原理中的熵增加是指组成孤立系统的所有物体的熵之和的增加，而对于孤立系统内的个别物体来说，在热力学过程中它的熵增加或者减少都是可能的.

由于熵增加原理与热力学第二定律都是表述热力学过程自发进行的方向和条件，所以，熵增加原理是热力学第二定律的数学表达式. 它为我们提供了判别一切过程进行方向的准则.

下面举例进行熵变的计算.

例 7-6

1 mol 某种理想气体，从状态 $a(p_a,V_a,T_a)$ 变到状态 $b(p_b,V_b,T_b)$. 求克劳修斯熵变 S_b-S_a，假设状态变化沿两条不同可逆路径，一条是等温；另一条是等容和等压组成(见图 7-25).

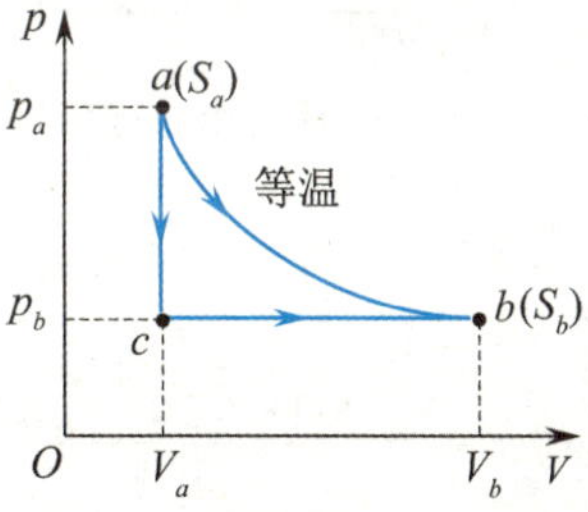

图 7-25

解 沿等温线 ab，

$$S_b-S_a=\int_a^b\frac{\mathrm{d}Q}{T}=\int_a^b\frac{p\,\mathrm{d}V}{T}$$

$$=\frac{1}{T_a}RT_a\ln\frac{V_b}{V_a}=R\ln\frac{V_b}{V_a}.$$

沿 acb 路径，

$$\begin{aligned}S_b-S_a&=\int_a^c\frac{\mathrm{d}Q}{T}+\int_c^b\frac{\mathrm{d}Q}{T}\\&=\int_a^c C_{V,\mathrm{m}}\frac{\mathrm{d}T}{T}+\int_c^b C_{p,\mathrm{m}}\frac{\mathrm{d}T}{T}\\&=C_{V,\mathrm{m}}\ln\frac{T_c}{T_a}+C_{p,\mathrm{m}}\ln\frac{T_b}{T_c}\\&=C_{V,\mathrm{m}}\ln\frac{T_c}{T_a}+(C_{V,\mathrm{m}}+R)\ln\frac{T_b}{T_c}\\&=R\ln\frac{T_b}{T_c},\end{aligned}$$

又因为等压过程有

$$\frac{T_b}{T_c}=\frac{V_b}{V_a},$$

所以

$$S_b-S_a=R\ln\frac{V_b}{V_a}.$$

这证实了熵变决定于始、末两态，与过程无关.

例 7-7

计算理想气体向真空自由膨胀过程中内能的增量及克劳修斯熵变. 如图 7-26 所示，设气体开始集中在左半部，初态体积为 V_1，温度为 T_1，容器右半部为真空，打开隔板后，气体均匀分布于整个容器，体积为 V_2.

解 (1)内能的增量.

由于膨胀迅速，视为绝热过程，即系统与外界没有热量交换；系统对外也不做功(气体向真空膨胀不做功)，气体向真空的自由膨胀属不可逆过程. 依热力学第一定律可知此过程的内能增量

$$\Delta E=0,$$

即

$$E_{末}=E_{初},\quad T_{末}=T_{初}=T_1.$$

可见，理想气体自由膨胀过程的初态与末态之间的内能相等，温度相同.

(2)熵变的计算.

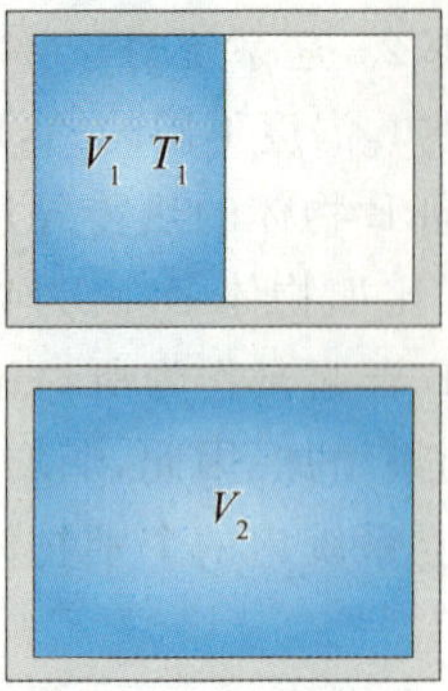

图 7－26　气体向真空自由膨胀

因为过程不可逆，在 $p-V$ 图上用虚线表示，以示与可逆过程的区别. 要计算其熵变必须设计一个可逆过程，把初态 a 与末态 b 连接起来. 因为初、末两态温度相同，故可设计一可逆等温膨胀过程连接 a 态和 b 态，如图 7－27 所示.

由可逆过程中熵变与热温比的关系有

$$S_b - S_a = \int_a^b \frac{\mathrm{d}Q_{可逆}}{T}.$$

因为等温可逆过程中，

$$\mathrm{d}Q_T = p\mathrm{d}V,$$

所以

$$S_b - S_a = \int_a^b \frac{p\mathrm{d}V}{T}.$$

利用理想气体状态方程

$$p = \frac{MRT}{M_{\mathrm{mol}}V},$$

得

$$S_b - S_a = \int_a^b \frac{p\mathrm{d}V}{T} = \frac{M}{M_{\mathrm{mol}}}R\int_{V_1}^{V_2}\frac{\mathrm{d}V}{V}$$
$$= \frac{M}{M_{\mathrm{mol}}}R\ln\frac{V_2}{V_1} > 0.$$

计算结果与例 7－5 相同. 说明两个熵公式完全等价，玻尔兹曼熵增加的本质也就是克劳修斯熵增加的本质.

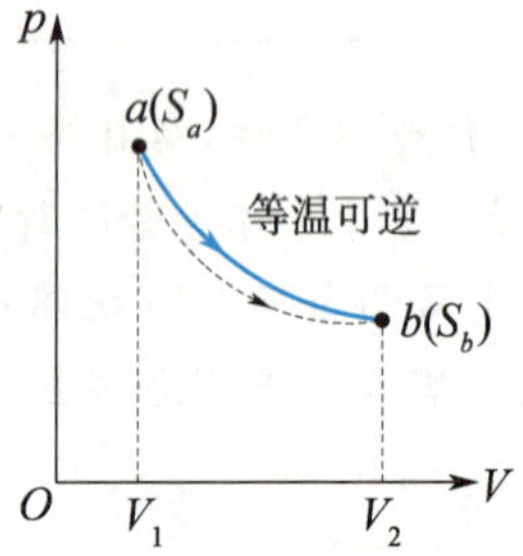

图 7－27　气体自由膨胀的熵变

例 7－8

1 kg 温度为 0 ℃的水与温度为 100 ℃的热源接触.（1）计算水的熵变和热源的熵变；（2）判断此过程是否可逆.

解　（1）$\Delta S_{水} = \int_{T_1}^{T_2}\frac{\mathrm{d}Q_1}{T}$

$$= Mc\int_{T_1}^{T_2}\frac{\mathrm{d}T}{T} = Mc\ln\frac{T_2}{T_1},$$

$$\Delta S_{水} = 4.18\times10^3\ln\frac{373}{273}$$
$$= 1.30\times10^3\ (\mathrm{J\cdot K^{-1}}),$$

$$\Delta S_{热源} = \frac{Q}{T} = \frac{-Mc(T_2 - T_1)}{T_2}$$
$$= -\frac{4.18\times10^3\times100}{373}$$
$$= -1.12\times10^3\ (\mathrm{J\cdot K^{-1}}).$$

（2）$\Delta S_{大系统} = \Delta S_{水} + \Delta S_{热源}$

$$= (1.3 - 1.12)\times10^3$$
$$= 180\ (\mathrm{J\cdot K^{-1}}).$$

由此可见，孤立的大系统（由水和热源组成），在过程中熵增加. 所以此传热过程是不可逆的，即高温热源自动传递热量给低温水的过程是不可逆过程.

无论微观的玻尔兹曼熵还是宏观的克劳修斯熵，它们是一致的，它们都正比于宏观状态热力学概率的对数，自然界中过程的自发倾向总是从概率小的宏观状态向概率大的宏观状态过渡. 那么，这一切又有什么直观的意义呢？我们说，熵高，或者说宏观态的概率大，意味着“混乱”和“分散”；熵低，或者说宏观态的概率小，意味着“整齐”和“集中”. 用物理学的语言，前者叫作无序（disorder），后者叫作有序（order）. 例如，固体熔化为液体是熵增加的过程，固体的结晶态要比液态整齐有序;液体蒸发为气体是熵增加得更多的过程,气态比液态混乱和分散得多.又如,功转变成热,是大量分子从有序运动状态向无序运动状态转化的过程;热传导的过程,是大量分子从无序程度小的运动状态向无序程度大的运动状态转化的过程;气体的绝热自由膨胀过程,也是大量分子从无序程度小的运动状态向无序程度大的运动状态转化的过程,都是熵增加的过程.因此,可简单归结为,**熵是系统内分子热运动的无序性的一种量度**.而在孤立系统中所进行的自然过程表明,系统总是从有序转变为无序,平衡态是分子运动最无序的状态.

状态有序还是无序,有时并非一眼就能够看出.许多字符排列成一长串,看不出什么规律,你认为它是无序的,没有信息量,熵值很高.但这字符串也许是用你不懂的语言所写的一句话呢!果真如此,则它是有序的,传达了一定的信息,熵值较低.DNA 就是这类字符串,我们不能因为尚未读懂它而认为它是无序的,其实它是生命过程的中枢,高度有序,内含大量的信息,熵值非常低!

热量从高温物体传到低温物体熵增加意味着什么?能量的分散和退降!能量是做功的本领,物体有多少能量就可做多少功.例如,具有重力势能 E_p 的重物落到地面时,所做的功 $W=E_p$.但对于与热运动有关的能量——内能,并非全部能量都可用来做功.卡诺定理和热力学第二定律告诉我们,存在着温度差(这意味着能量适当地集中)才可能得到有用功.温度均衡了,能量的数量虽然没变,但是能量越来越多地不能用来做功了,单一热源不能输出有用功.这就是所谓"能量退降(即能量退化贬值,degradation of energy)"的含义.

思考题

7-1 下列表述是否正确?为什么?并将错误更正.

(1) $\Delta Q=\Delta E+\Delta W$; (2) $Q=E+\int p\mathrm{d}V$;

(3) $\eta\neq 1-\dfrac{Q_2}{Q_1}$; (4) $\eta_{不可逆}<1-\dfrac{Q_2}{Q_1}$.

7-2 内能和热量的概念有何不同?下面两种说法是否正确?

(1) 物体的温度越高,则热量越多;

(2) 物体的温度越高,则内能越大.

7-3 如图 7-28 所示,有 3 个循环过程,指出每一循环过程所做的功是正的、负的还是零?说明理由.

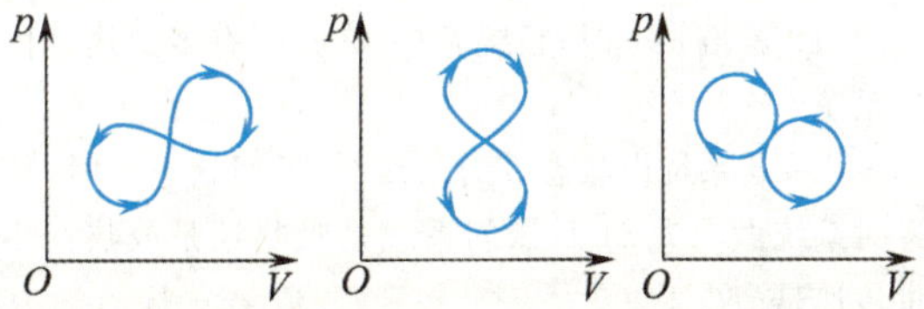

图 7-28

7-4 用热力学第一定律和第二定律分别证明,在 $p-V$ 图上一绝热线与一等温线不能有两个交点,如图 7-29 所示.

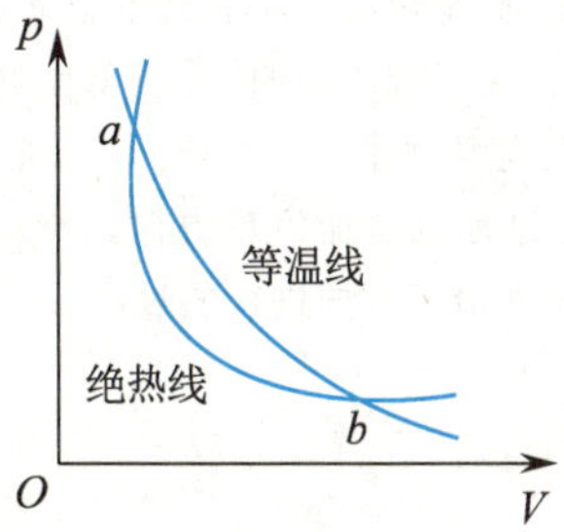

图 7-29

7-5 一循环过程如图 7-30 所示,试指出:

(1) ab,bc,ca 各是什么过程;

(2) 画出对应的 $p-V$ 图;

(3) 该循环是否是正循环?

(4) 该循环做的功是否等于直角三角形面积?

(5) 用图中的热量 Q_{ab},Q_{bc},Q_{ac} 表述其热机效率或制冷系数.

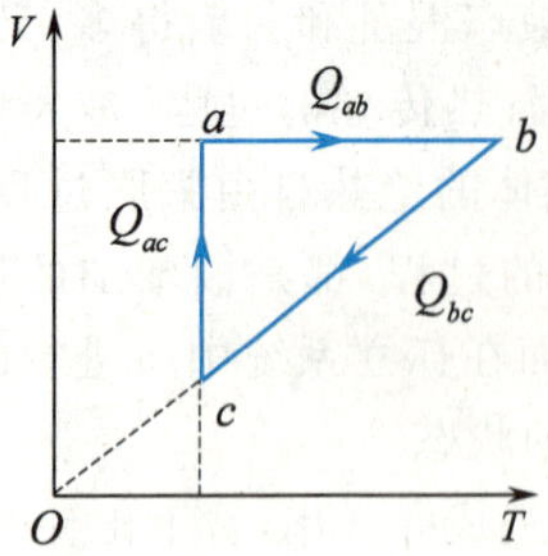

图 7-30

7-6 两个卡诺循环如图 7-31 所示，它们的循环面积相等，试问：

(1) 它们吸热和放热的差值是否相同？

(2) 对外做的净功是否相等？

(3) 效率是否相同？

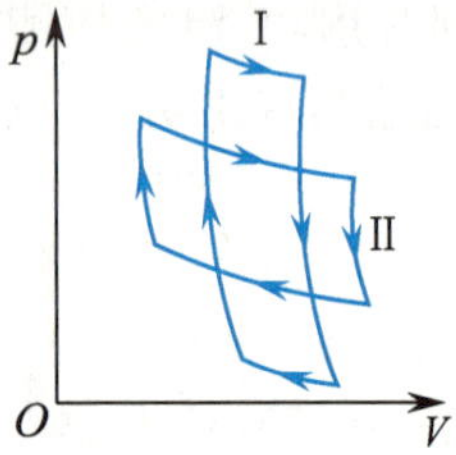

图 7-31

7-7 评论下述说法正确与否？

(1) 功可以完全转换成热，但热不能完全转换成功；

(2) 热量只能从高温物体传到低温物体，不能从低温物体传到高温物体；

(3) 可逆过程就是能沿反方向进行的过程，不可逆过程就是不能沿反方向进行的过程.

7-8 一热力学系统从初平衡态 A 经历过程 P 到末平衡态 B. 如果 P 为可逆过程，其熵变为 $S_B - S_A = \int_A^B \frac{dQ_{可逆}}{T}$；如果 P 为不可逆过程，其熵变为 $S_B - S_A = \int_A^B \frac{dQ_{不可逆}}{T}$，你说对吗？哪一个表述要修改，如何修改？

7-9 根据 $S_B - S_A = \int_A^B \frac{dQ_{可逆}}{T}$ 及 $S_B - S_A > \int_A^B \frac{dQ_{不可逆}}{T}$，这是否说明可逆过程的熵变大于不可逆过程熵变？为什么？说明理由.

7-10 在一个房间里，有一台电冰箱正工作着. 如果打开冰箱的门，会不会使房间降温？会使房间升温吗？

7-11 下列过程是可逆过程还是不可逆过程？说明理由.

(1) 恒温加热使水蒸发；

(2) 由外界做功使水在恒温下蒸发；

(3) 在体积不变的情况下，用温度为 T_2 的炉子加热容器中的空气，使它的温度由 T_1 升到 T_2；

(4) 高速行驶的卡车突然刹车停止.

7-12 一杯热水置于空气中，它总是要冷却到与周围环境相同的温度. 在这一自然过程中，水的熵减小了，这与熵增加原理矛盾吗？

7-13 一定量气体经历绝热自由膨胀，既然是绝热的，即 $Q=0$，那么熵变也应该为零. 这种说法对吗？为什么？

习 题

7-1 4.8 kg 的氧气在 27.0 ℃ 时占有 1 000 m^3 的体积，求：

(1) 在等温、等压情况下，将体积压缩到原来的 $\frac{1}{2}$ 所需的功、所吸收的热量以及内能的变化；

(2) 等温过程终了时的压强及等压过程终了时的温度.

7-2 如图 7-32 所示，一系统由状态 a 沿 acb 到达状态 b 的过程中，有 350 J 热量传入系统，而系统做功 126 J.

(1) 若沿 adb 时，系统做功 42 J，问有多少热量传入系统？

(2) 若系统由状态 b 沿曲线 ba 返回状态 a 时，外界对系统做功为 84 J，试问系统是吸热还是放热？热量传递是多少？

7-3 1 mol 单原子理想气体从 300 K 加热到 350 K，问在下列两过程中吸收了多少热量？增加了多少内能？对外做了多少功？

(1) 容积保持不变；

(2) 压强保持不变.

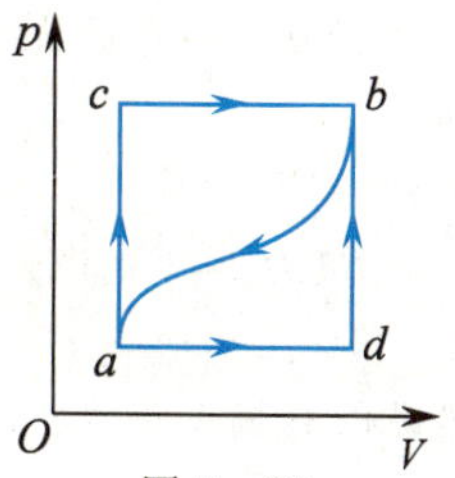

图 7-32

7-4 一个绝热容器中盛有摩尔质量为 M_{mol}，比热容比为 γ 的理想气体，整个容器以速度 v 运动. 若容器突然停止运动，求气体温度的升高量(设气体分子的机械能全部转变为内能).

7-5 0.01 m^3 氮气在温度为 300 K 时，由 1 MPa (即 1 atm)压缩到 10 MPa. 试分别求氮气经等温及绝热压缩后的(1)体积；(2)温度；(3)过程对外所做的功.

7-6 1 mol 的理想气体的 $T-V$ 图如图 7-33 所示，ab 为直线，延长线通过原点 O. 求 ab 过程气体对外做的功.

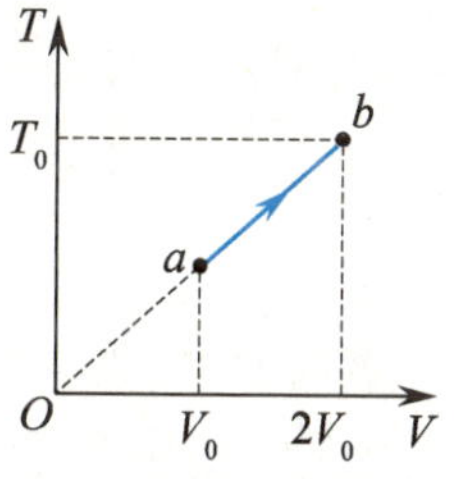

图 7-33

7-7 设有一以理想气体为工质的热机循环，如图 7-34 所示. 试证其循环效率为

$$\eta=1-\gamma\frac{V_1/V_2-1}{p_1/p_2-1}.$$

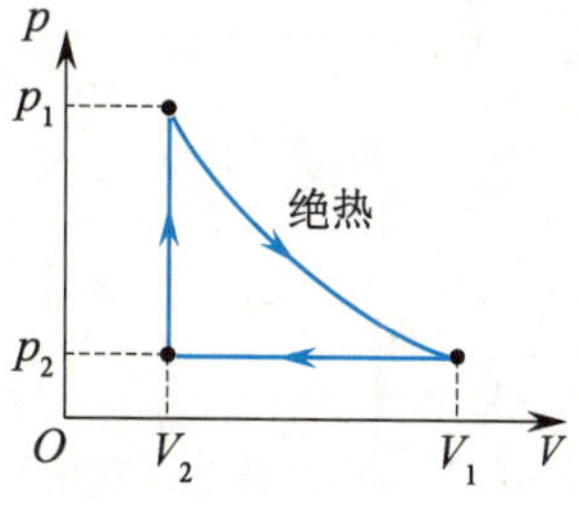

图 7-34

7-8 一卡诺热机在 1 000 K 和 300 K 的两热源之间工作，试计算：

(1) 热机效率；

(2) 若低温热源不变，要使热机效率提高到 80%，则高温热源温度需提高多少？

(3) 若高温热源不变，要使热机效率提高到 80%，则低温热源温度需降低多少？

7-9 如图 7-35 所示是一理想气体所经历的循环过程，其中 AB 和 CD 是等压过程，BC 和 DA 为绝热过程，已知 B 点和 C 点的温度分别为 T_2 和 T_3. 求此循环效率. 这是卡诺循环吗？

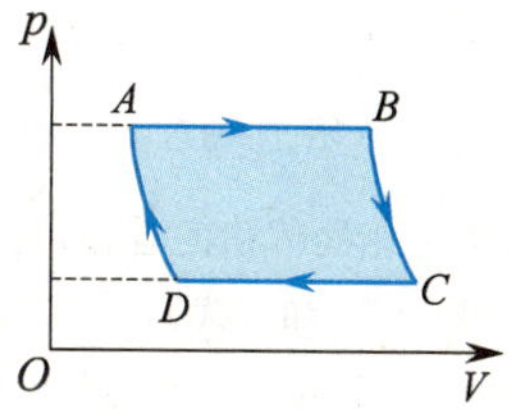

图 7-35

7-10 质量为 4.0×10^{-3} kg 的氦气经历的循环如图 7-36所示，图中三条曲线均为等温线，且 $T_a=300.0\,K$，$T_c=833.0\,K$. 问：

(1) 中间等温线对应的温度为多少？

(2) 经历一循环后气体对外做了多少功？

(3) 循环的效率为多少？

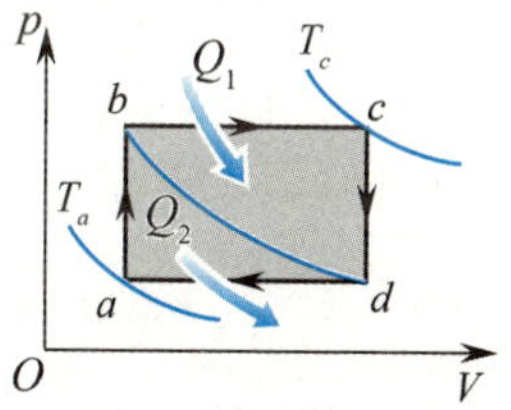

图 7-36

7-11 若用一卡诺热泵使一建筑物的温度维持在 22 ℃. 当室外温度为 3 ℃时，平均每天的热量损失(建筑物吸收的热量)为 4.18×10^9 J. 问需要多大的功率驱动热泵才能达到此目的？采用直接加热(如用电热设备加热)则需多大的功率？

7-12 (1) 用一卡诺循环的制冷机从 7 ℃的热源中提取 1 000 J 的热量传向 27 ℃的热源，需要多少功？从 −173 ℃向 27 ℃呢？

(2) 一可逆卡诺机，作热机使用时，如果工作的两热源的温度差愈大，则对于做功就愈有利. 当作制冷机使用时，是否两热源的温度差愈大，对于制冷也就愈有利？为什么？

7-13 如图 7-37 所示，1 mol 双原子分子理想气体，从初态 $V_1=20$ L，$T_1=300$ K，经历 3 种不同的过程到达末态 $V_2=40$ L，$T_2=300$ K. 图中 1→2 为等温线，1→4为绝热线，4→2 为等压线，1→3 为等压线，3→2 为等容线. 试分别沿这 3 种过程计算气体的熵变.

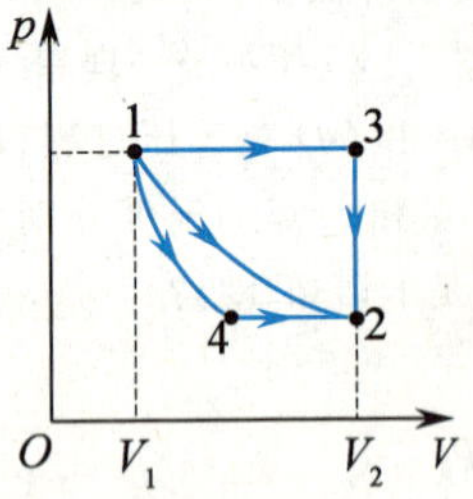

图 7-37

7-14 有两个相同体积的容器，均装有 1 mol 的水，初始温度分别为 T_1 和 T_2（$T_1>T_2$），令其接触，最后达到相同温度 T. 求熵的变化（设水的摩尔热容为 C_m）.

7-15 把 0 ℃的 0.5 kg 的冰块加热到它全部溶化成 0 ℃的水，问：

(1) 水的熵变如何？

(2) 若热源是温度为 20 ℃的庞大物体，那么热源的熵变化多大？

(3) 水和热源的总熵变多大？增加还是减少？（水的熔解热 $\lambda=334\ \mathrm{J\cdot g^{-1}}$）

附录Ⅰ 矢 量

1. 标量和矢量

在物理学中，有一类物理量，如时间、质量、功、能量、温度等，只有大小和正负，而没有方向，这类物理量称为标量．另一类物理量，如位移、速度、加速度、力、动量、冲量等，既有大小又有方向，而且相加减时遵从平行四边形的运算法则，这类物理量称为矢量(也称为向量)．通常用带箭头的字母(如$\overrightarrow{AB}$)或黑体字母(如$\boldsymbol{A}$)来表示矢量，以区别于标量．作图时，我们可以在空间用一有向线段来表示，如图Ⅰ-1所示．线段的长度表示矢量的大小，而箭头的指向则表示矢量的方向．

因为矢量具有大小和方向这两个特征，所以只有大小相等、方向相同的两个矢量才相等[见图Ⅰ-2(a)]．如果有一矢量和另一矢量$\boldsymbol{A}$大小相等而方向相反，这一矢量就称为$\boldsymbol{A}$矢量的负矢量，用$-\boldsymbol{A}$来表示[见图Ⅰ-2(b)]．

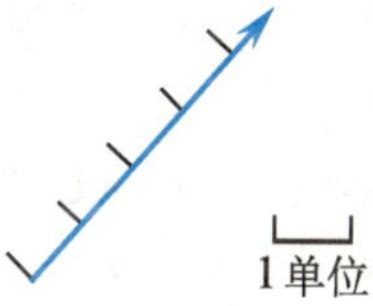

图Ⅰ-1 矢量的图示

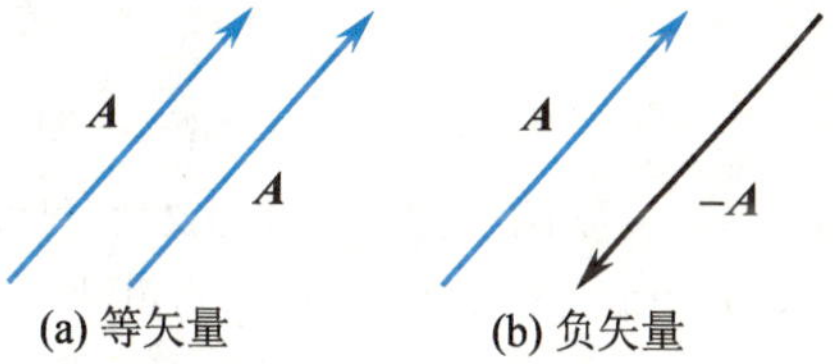

图Ⅰ-2 等矢量和负矢量

将一矢量平移后，它的大小和方向都保持不变．这样，在考察矢量之间的关系或对它们进行运算时，往往根据需要将矢量进行平移，如图Ⅰ-3所示．

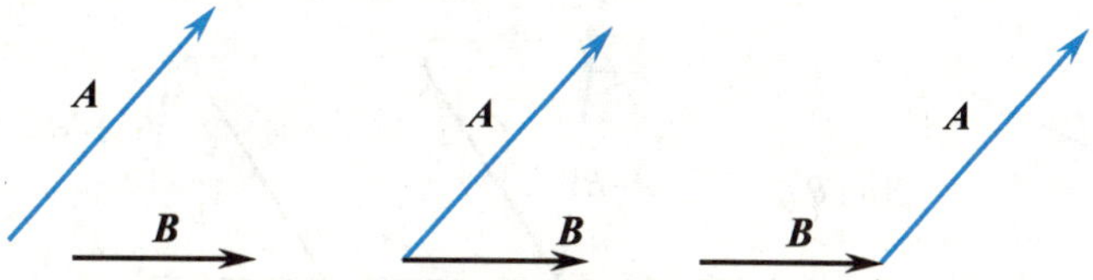

图Ⅰ-3 矢量的平移

2. 矢量的模和单位矢量

矢量的大小称为矢量的模．矢量$\boldsymbol{A}$的模常用符号$|\boldsymbol{A}|$或A表示．

如果矢量$\boldsymbol{e}_A$的模等于1，且方向与矢量$\boldsymbol{A}$相同，则$\boldsymbol{e}_A$称为矢量$\boldsymbol{A}$方向上的单位矢量．引进了单位矢量之后，矢量$\boldsymbol{A}$可以表示为

$$\boldsymbol{A}=|\boldsymbol{A}|\boldsymbol{e}_A=A\boldsymbol{e}_A,$$

这种表示方法实际上是把矢量$\boldsymbol{A}$的大小和方向这两个特征分别表示出来．

对于空间直角坐标系$Oxyz$来说，通常用$\boldsymbol{i},\boldsymbol{j},\boldsymbol{k}$分别表示沿$x,y,z$三个坐标轴正方向的单位矢量．

3. 矢量的加法和减法

矢量的运算不同于标量的运算．例如，一个物体同时受到几个不同方向的力作用时，在计算合力时，不能简单地运用代数相加，而必须遵从平行四边形法则．

设有两个矢量$\boldsymbol{A}$和$\boldsymbol{B}$，如图Ⅰ-4所示. 将它们相加时，可将两矢量的起点交于一点，再以这两个矢量$\boldsymbol{A}$和$\boldsymbol{B}$为邻边作平行四边形，从两矢量的交点作平行四边形的对角线，此对角线即代表$\boldsymbol{A}$和$\boldsymbol{B}$两矢量之和. 用矢量式表示为

$$\boldsymbol{C}=\boldsymbol{A}+\boldsymbol{B},$$

$\boldsymbol{C}$称为合矢量，而$\boldsymbol{A}$和$\boldsymbol{B}$则称为$\boldsymbol{C}$矢量的分矢量.

因为平行四边形的对边平行且相等，所以两矢量合成的平行四边形法则可简化为三角形法则：即以矢量$\boldsymbol{A}$的末端为起点，作矢量$\boldsymbol{B}$（见图Ⅰ-5），则不难看出，由$\boldsymbol{A}$的起点画到$\boldsymbol{B}$的末端的矢量就是合矢量$\boldsymbol{C}$. 同样，如以矢量$\boldsymbol{B}$的末端为起点，作矢量$\boldsymbol{A}$，由$\boldsymbol{B}$的起点画到$\boldsymbol{A}$的末端的矢量也就是合矢量$\boldsymbol{C}$，即矢量的加法满足交换律.

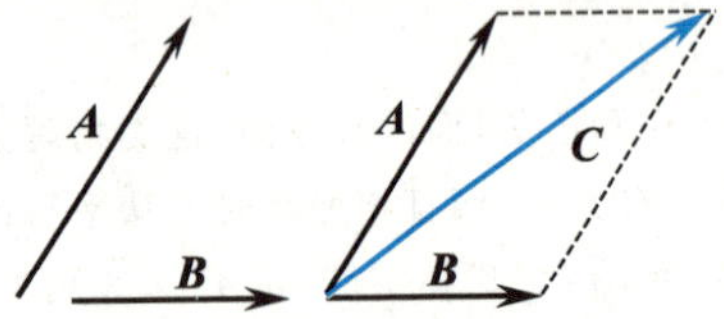

图Ⅰ-4　矢量的加法

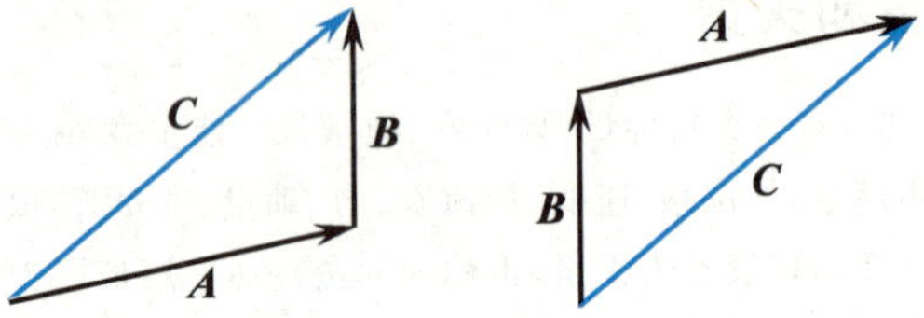

图Ⅰ-5　矢量合成的三角形法则

合矢量的大小和方向，也可以通过计算求得. 如图Ⅰ-6中，矢量$\boldsymbol{A}$,$\boldsymbol{B}$之间的夹角为θ，那么，合矢量$\boldsymbol{C}$的大小和方向很容易从图上看出，即

$$C=\sqrt{A^2+B^2+2AB\cos\theta},$$

$$\varphi=\arctan\frac{B\sin\theta}{A+B\cos\theta}.$$

矢量的减法是按矢量加法的逆运算来定义的. 例如，$\boldsymbol{A}$,$\boldsymbol{B}$两矢量之差$\boldsymbol{A}-\boldsymbol{B}$将是另一个矢量$\boldsymbol{D}$，我们记作$\boldsymbol{D}=\boldsymbol{A}-\boldsymbol{B}$，如果把$\boldsymbol{D}$,$\boldsymbol{B}$相加起来就应该得到$\boldsymbol{A}$. 由图Ⅰ-7(a)还可以看出，$\boldsymbol{A}-\boldsymbol{B}$也等于$\boldsymbol{A}$和$-\boldsymbol{B}$的合矢量，即

$$\boldsymbol{A}-\boldsymbol{B}=\boldsymbol{A}+(-\boldsymbol{B}),$$

所以求矢量差$\boldsymbol{A}-\boldsymbol{B}$可按图Ⅰ-7(a)中所示的三角形法或平行四边形法.

如果求矢量差$\boldsymbol{B}-\boldsymbol{A}$，用同样的方法可以知道，等于由$\boldsymbol{A}$的末端到达$\boldsymbol{B}$的末端的矢量[见图Ⅰ-7(b)]，它的大小同$\boldsymbol{A}-\boldsymbol{B}$的大小相等，但方向相反.

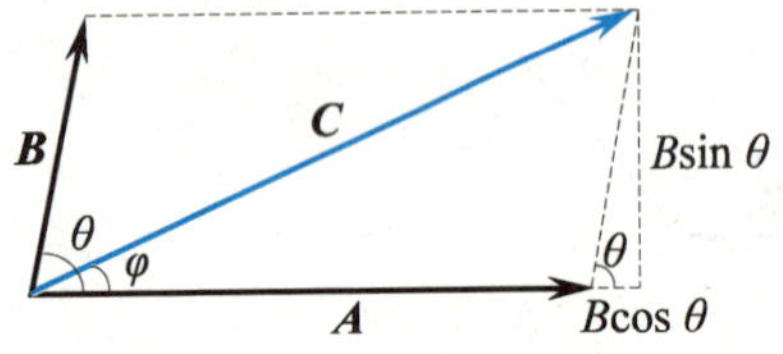

图Ⅰ-6　两矢量合成的计算

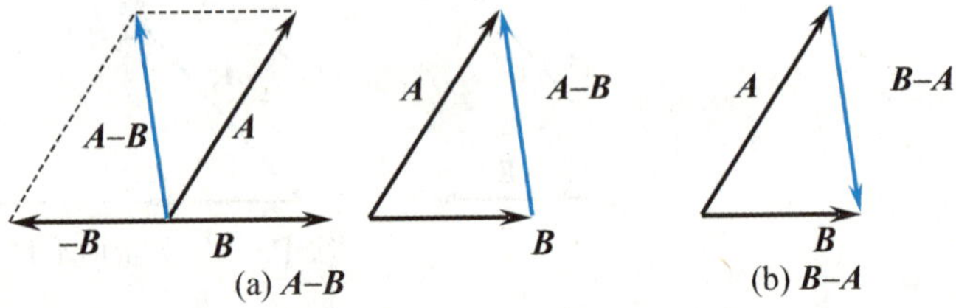

图Ⅰ-7　矢量的减法

4. 矢量合成的解析法

一个矢量也可以分解为两个或两个以上的分矢量. 但是，一个矢量分解为两个分矢量时，则有无限多组可能. 如果先限定了两个分矢量的方向，则分解是唯一的. 我们常将一矢量沿直角坐标轴分解. 由于坐标轴的方向已确定，所以任一矢量分解在各轴上的分矢量只需用带有正号或负号的数值表示即可，这些分矢量的量值都是标量，一般叫作分量. 如图Ⅰ-8所示，矢量$\boldsymbol{A}$在x轴和y轴上的分量分别为

$$A_x=A\cos\theta,$$

$$A_y=A\sin\theta,$$

显然，矢量$\boldsymbol{A}$的模与分量A_x,A_y之间的关系为

$$|\boldsymbol{A}|=\sqrt{A_x^2+A_y^2},$$

矢量$\boldsymbol{A}$的方向可用与x轴的夹角θ来表示，即

$$\theta = \arctan \frac{A_y}{A_x}.$$

运用矢量的分量表示法，可以使矢量的加减运算得到简化. 如图Ⅰ-9所示，设有两矢量 **A** 和 **B**，其合矢量 **C** 可由平行四边形求出. 如矢量 **A** 和 **B** 在坐标轴上的分量分别为 A_x, A_y 和 B_x, B_y. 由图中很容易得出，合矢量 **C** 在坐标轴上的分量满足关系式

$$C_x = A_x + B_x,$$
$$C_y = A_y + B_y,$$

就是说，合矢量在任一直角坐标轴上的分量等于分矢量在同一坐标轴上各分量的代数和. 这样，通过分矢量在坐标轴上的分量就可以求得合矢量的大小和方向.

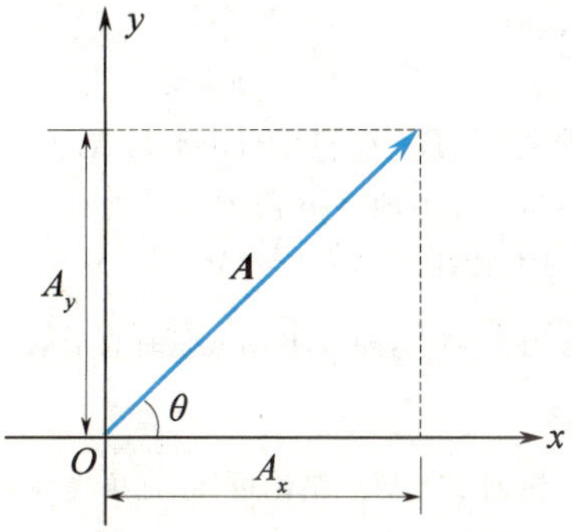

图Ⅰ-8　矢量的正交分解

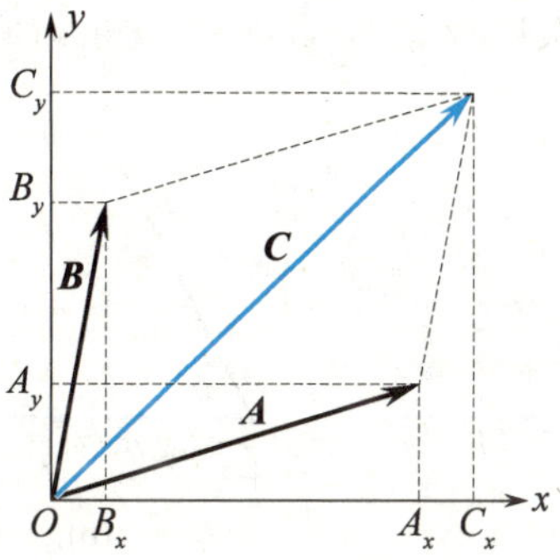

图Ⅰ-9　矢量合成的解析法

5. 矢量的数乘

一个数 m 和矢量 **A** 相乘，得到另一个矢量 $m\boldsymbol{A}$，其大小是 mA. 如果 $m>0$，其方向与 **A** 相同；如果 $m<0$，其方向与 **A** 相反.

6. 矢量的坐标表示

矢量的合成与分解是密切相连的. 在空间直角坐标系中，任一矢量 **A** 都可沿坐标轴方向分解为 3 个分矢量（见图Ⅰ-10），即

$$\overrightarrow{Ox} = A_x\boldsymbol{i}, \quad \overrightarrow{Oy} = A_y\boldsymbol{j}, \quad \overrightarrow{Oz} = A_z\boldsymbol{k}.$$

由矢量合成

$$\boldsymbol{A} = A_x\boldsymbol{i} + A_y\boldsymbol{j} + A_z\boldsymbol{k},$$

其中 A_x, A_y, A_z 为矢量 **A** 在坐标轴上的分量，上式即为矢量的坐标表示. 于是矢量 **A** 的模为

$$|\boldsymbol{A}| = \sqrt{A_x^2 + A_y^2 + A_z^2},$$

而矢量 **A** 的方向则由该矢量与坐标轴的夹角 α, β, γ 来确定，即

$$\cos\alpha = \frac{A_x}{|\boldsymbol{A}|}, \quad \cos\beta = \frac{A_y}{|\boldsymbol{A}|}, \quad \cos\gamma = \frac{A_z}{|\boldsymbol{A}|}.$$

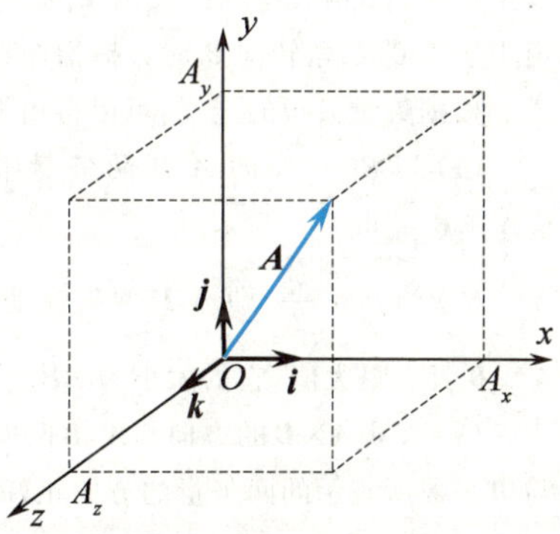

图Ⅰ-10　矢量的坐标表示

由此，又可得到矢量加减法的坐标表示式. 设 **A** 和 **B** 两矢量的坐标表达式为

$$\boldsymbol{A} = A_x\boldsymbol{i} + A_y\boldsymbol{j} + A_z\boldsymbol{k},$$
$$\boldsymbol{B} = B_x\boldsymbol{i} + B_y\boldsymbol{j} + B_z\boldsymbol{k},$$

于是

$$\boldsymbol{A} \pm \boldsymbol{B} = (A_x \pm B_x)\boldsymbol{i} + (A_y \pm B_y)\boldsymbol{j} + (A_z \pm B_z)\boldsymbol{k}.$$

7. 矢量的标积和矢积

在物理学中，我们常常遇到两个矢量相乘的情形. 例如，功 W 与恒力 $\boldsymbol{F}$、位移 $\boldsymbol{S}$ 的关系为

$$W = FS\cos\theta,$$

其中 θ 是力与位移之间的夹角. 力 $\boldsymbol{F}$ 和位移 $\boldsymbol{S}$ 都是矢量，而功 W 是标量. 两矢量相乘有两种结果：两矢量相乘得到一个标量的叫作标积（或称点积）；两矢量相乘得到一个矢量的叫作矢积（或称叉积）.

设 A，B 为任意两个矢量，它们的夹角为 θ，则它们的标积通常用 $\boldsymbol{A}\cdot\boldsymbol{B}$ 来表示，定义为

$$\boldsymbol{A}\cdot\boldsymbol{B} = AB\cos\theta.$$

上式说明，标积 $\boldsymbol{A}\cdot\boldsymbol{B}$ 等于矢量 $\boldsymbol{A}$ 在 $\boldsymbol{B}$ 矢量方向的投影 $A\cos\theta$ 与矢量 $\boldsymbol{B}$ 的模的乘积[见图 Ⅰ-11(a)]，也等于矢量 $\boldsymbol{B}$ 在 $\boldsymbol{A}$ 矢量方向上的投影 $B\cos\theta$ 与矢量 $\boldsymbol{A}$ 的模的乘积[见图 Ⅰ-11(b)].

引进了矢量的标积以后，功就可以用力和位移的标积来表示，即

$$W = \boldsymbol{F}\cdot\boldsymbol{S}.$$

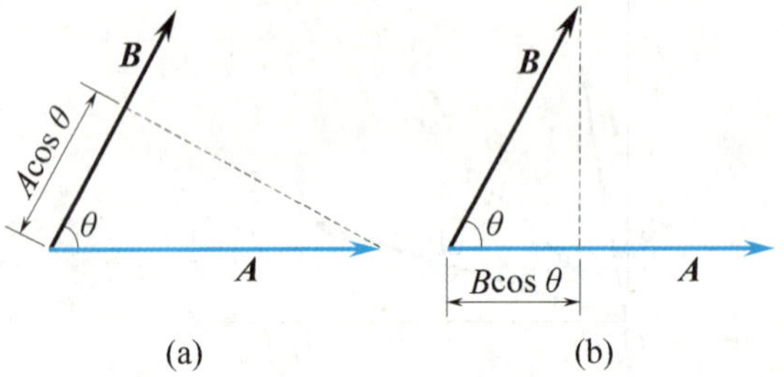

图 Ⅰ-11　矢量的标积

根据标积的定义，可以得出下列结论：

(1) 当 $\theta = 0$，即 $\boldsymbol{A}$，$\boldsymbol{B}$ 两矢量平行时，$\cos\theta = 1$，所以 $\boldsymbol{A}\cdot\boldsymbol{B} = AB$. 特殊地，$\boldsymbol{A}\cdot\boldsymbol{A} = A^2$.

(2) 当 $\theta = \frac{\pi}{2}$，即 $\boldsymbol{A}$，$\boldsymbol{B}$ 两矢量垂直时，$\cos\theta = 0$，所以 $\boldsymbol{A}\cdot\boldsymbol{B} = 0$.

(3) 根据以上两点结论可知，直角坐标系的单位矢量 $\boldsymbol{i}$，$\boldsymbol{j}$，$\boldsymbol{k}$ 具有正交性，即

$$\boldsymbol{i}\cdot\boldsymbol{i} = \boldsymbol{j}\cdot\boldsymbol{j} = \boldsymbol{k}\cdot\boldsymbol{k} = 1,$$
$$\boldsymbol{i}\cdot\boldsymbol{j} = \boldsymbol{j}\cdot\boldsymbol{k} = \boldsymbol{k}\cdot\boldsymbol{i} = 0.$$

利用上述性质，对 $\boldsymbol{A}$，$\boldsymbol{B}$ 两矢量求标积有

$$\boldsymbol{A}\cdot\boldsymbol{B} = (A_x\boldsymbol{i} + A_y\boldsymbol{j} + A_z\boldsymbol{k})\cdot(B_x\boldsymbol{i} + B_y\boldsymbol{j} + B_z\boldsymbol{k}) = A_xB_x + A_yB_y + A_zB_z.$$

矢量 $\boldsymbol{A}$ 和 $\boldsymbol{B}$ 的矢积 $\boldsymbol{A}\times\boldsymbol{B}$ 是另一矢量 $\boldsymbol{C}$，可表示为

$$\boldsymbol{C} = \boldsymbol{A}\times\boldsymbol{B},$$

矢量 $\boldsymbol{C}$ 的大小为

$$C = AB\sin\theta,$$

其中 θ 为 $\boldsymbol{A}$，$\boldsymbol{B}$ 两矢量间的夹角. $\boldsymbol{C}$ 矢量的方向则垂直于 $\boldsymbol{A}$，$\boldsymbol{B}$ 两矢量所组成的平面，指向由右手法则确定，即从 $\boldsymbol{A}$ 经由小于 180° 的角转向 $\boldsymbol{B}$ 时大拇指伸直所指的方向决定（见图 Ⅰ-12）.

根据矢量矢积的定义，可以得出下列结论：

(1) 当 $\theta = 0$，即 $\boldsymbol{A}$，$\boldsymbol{B}$ 两矢量平行时，$\sin\theta = 0$，所以 $\boldsymbol{A}\times\boldsymbol{B} = \boldsymbol{0}$.

(2) 当 $\theta = \frac{\pi}{2}$，即 $\boldsymbol{A}$，$\boldsymbol{B}$ 两矢量垂直时，$\sin\theta = 1$，矢积 $\boldsymbol{A}\times\boldsymbol{B}$ 具有最大值，它的大小为 AB.

(3) 矢积 $\boldsymbol{A}\times\boldsymbol{B}$ 的方向与 $\boldsymbol{A}$，$\boldsymbol{B}$ 两矢量的次序有关. $\boldsymbol{A}\times\boldsymbol{B}$ 与 $\boldsymbol{B}\times\boldsymbol{A}$ 所表示的两矢量的方向正好相反，即

$$\boldsymbol{A}\times\boldsymbol{B} = -(\boldsymbol{B}\times\boldsymbol{A}).$$

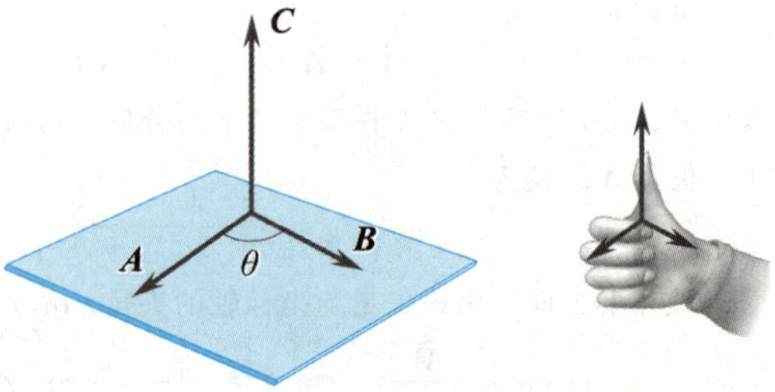

图 Ⅰ-12　矢量的矢积

(4) 在直角坐标系中，单位矢量之间的矢积为

$$\boldsymbol{i}\times\boldsymbol{i} = \boldsymbol{j}\times\boldsymbol{j} = \boldsymbol{k}\times\boldsymbol{k} = \boldsymbol{0},$$
$$\boldsymbol{i}\times\boldsymbol{j} = \boldsymbol{k},\ \boldsymbol{j}\times\boldsymbol{k} = \boldsymbol{i},\ \boldsymbol{k}\times\boldsymbol{i} = \boldsymbol{j}.$$

利用上述性质，对 $\boldsymbol{A},\boldsymbol{B}$ 两矢量求矢积有

$$\begin{aligned}\boldsymbol{A}\times\boldsymbol{B} &= (A_x\boldsymbol{i}+A_y\boldsymbol{j}+A_z\boldsymbol{k})\times(B_x\boldsymbol{i}+B_y\boldsymbol{j}+B_z\boldsymbol{k})\\ &= (A_yB_z-A_zB_y)\boldsymbol{i}+(A_zB_x-A_xB_z)\boldsymbol{j}+(A_xB_y-A_yB_x)\boldsymbol{k}.\end{aligned}$$

8. 矢量函数的导数

在物理上遇见的矢量常常是参量 t(时间) 的函数，因而写作 $\boldsymbol{A}(t)$，$\boldsymbol{B}(t)$ 等等，这是一元函数的情况. 下面只介绍一元函数的求导.

矢量函数 $\boldsymbol{A}(t)$ 可表示为

$$\boldsymbol{A}(t)=A_x(t)\boldsymbol{i}+A_y(t)\boldsymbol{j}+A_z(t)\boldsymbol{k},$$

这里要注意：$\boldsymbol{i},\boldsymbol{j},\boldsymbol{k}$ 是常矢量，而 $A_x(t),A_y(t),A_z(t)$ 是 t 的函数，现假定这 3 个函数都是可导的，当自变量 t 改变为 $t+\Delta t$ 时，$\boldsymbol{A}$ 和 $A_x(t),A_y(t),A_z(t)$ 便相应地有增量

$$\begin{aligned}\Delta\boldsymbol{A} &= \boldsymbol{A}(t+\Delta t)-\boldsymbol{A}(t),\\ \Delta A_x &= A_x(t+\Delta t)-A_x(t),\\ \Delta A_y &= A_y(t+\Delta t)-A_y(t),\\ \Delta A_z &= A_z(t+\Delta t)-A_z(t),\end{aligned}$$

于是

$$\Delta\boldsymbol{A}=\Delta A_x\boldsymbol{i}+\Delta A_y\boldsymbol{j}+\Delta A_z\boldsymbol{k}.$$

以 Δt 相除，并令 $\Delta t\to 0$，求极限，便得

$$\lim_{\Delta t\to 0}\frac{\Delta\boldsymbol{A}}{\Delta t}=\lim_{\Delta t\to 0}\frac{\Delta A_x}{\Delta t}\boldsymbol{i}+\lim_{\Delta t\to 0}\frac{\Delta A_y}{\Delta t}\boldsymbol{j}+\lim_{\Delta t\to 0}\frac{\Delta A_z}{\Delta t}\boldsymbol{k},$$

即

$$\frac{\mathrm{d}\boldsymbol{A}}{\mathrm{d}t}=\frac{\mathrm{d}A_x}{\mathrm{d}t}\boldsymbol{i}+\frac{\mathrm{d}A_y}{\mathrm{d}t}\boldsymbol{j}+\frac{\mathrm{d}A_z}{\mathrm{d}t}\boldsymbol{k}.$$

高阶导数的概念也可应用到矢量函数上，例如 $\boldsymbol{A}(t)$ 的二阶导数可写作

$$\frac{\mathrm{d}^2\boldsymbol{A}}{\mathrm{d}t^2}=\frac{\mathrm{d}^2A_x}{\mathrm{d}t^2}\boldsymbol{i}+\frac{\mathrm{d}^2A_y}{\mathrm{d}t^2}\boldsymbol{j}+\frac{\mathrm{d}^2A_z}{\mathrm{d}t^2}\boldsymbol{k}.$$

矢量函数的导数在物理上有很多应用，首先是用于计算质点运动的瞬时速度和瞬时加速度. 如图 Ⅰ-13 所示，一质点在一曲线上运动，其位置 M 可用位置矢量 $\overrightarrow{OM}=\boldsymbol{r}$ 来表示，即

$$\boldsymbol{r}=x\boldsymbol{i}+y\boldsymbol{j}+z\boldsymbol{k}.$$

当质点沿曲线移动时，其坐标 x,y,z 将是时间 t 的函数，即

$$\begin{aligned}x&=x(t),\\ y&=y(t),\\ z&=z(t),\end{aligned}$$

因而

$$\boldsymbol{r}=\boldsymbol{r}(t)=x(t)\boldsymbol{i}+y(t)\boldsymbol{j}+z(t)\boldsymbol{k},$$

此式是质点运动的运动方程. 将上式对时间 t 求导，得

$$\frac{\mathrm{d}\boldsymbol{r}}{\mathrm{d}t}=\frac{\mathrm{d}x}{\mathrm{d}t}\boldsymbol{i}+\frac{\mathrm{d}y}{\mathrm{d}t}\boldsymbol{j}+\frac{\mathrm{d}z}{\mathrm{d}t}\boldsymbol{k},$$

用 $\boldsymbol{v}$ 表示瞬时速度，于是

$$\boldsymbol{v}=\boldsymbol{v}(t)=\frac{\mathrm{d}\boldsymbol{r}}{\mathrm{d}t}=\frac{\mathrm{d}x}{\mathrm{d}t}\boldsymbol{i}+\frac{\mathrm{d}y}{\mathrm{d}t}\boldsymbol{j}+\frac{\mathrm{d}z}{\mathrm{d}t}\boldsymbol{k}.$$

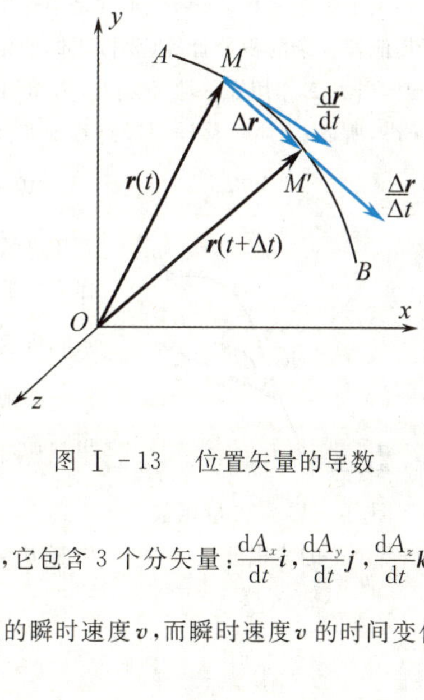

图 Ⅰ-13　位置矢量的导数

一般地说，对矢量函数 $\boldsymbol{A}(t)$ 而言，$\dfrac{\mathrm{d}\boldsymbol{A}}{\mathrm{d}t}$ 表示该矢量在各瞬时的时间变化率，它包含 3 个分矢量：$\dfrac{\mathrm{d}A_x}{\mathrm{d}t}\boldsymbol{i}$，$\dfrac{\mathrm{d}A_y}{\mathrm{d}t}\boldsymbol{j}$，$\dfrac{\mathrm{d}A_z}{\mathrm{d}t}\boldsymbol{k}$. 以上述质点的位置矢量 $\boldsymbol{r}(t)$ 来说，位置矢量 $\boldsymbol{r}$ 对时间变化率 $\dfrac{\mathrm{d}\boldsymbol{r}}{\mathrm{d}t}$，等于质点的瞬时速度 $\boldsymbol{v}$，而瞬时速度 $\boldsymbol{v}$ 的时间变化

率$\frac{\mathrm{d}\boldsymbol{v}}{\mathrm{d}t}$，按定义等于质点的瞬时加速度 $\boldsymbol{a}$.

9. 矢量函数的积分

当某矢量函数 $\boldsymbol{A}(t)$ 的导数$\frac{\mathrm{d}\boldsymbol{A}}{\mathrm{d}t}$ 已知时，如何求得这个原函数 $\boldsymbol{A}(t)$. 我们把$\frac{\mathrm{d}\boldsymbol{A}}{\mathrm{d}t}$ 记作矢量函数$\boldsymbol{B}(t)$，即已知

$$\frac{\mathrm{d}\boldsymbol{A}}{\mathrm{d}t} = \boldsymbol{B}(t) = B_x(t)\boldsymbol{i} + B_y(t)\boldsymbol{j} + B_z(t)\boldsymbol{k},$$

这里 3 个标量函数 $B_x(t)$，$B_y(t)$，$B_z(t)$ 分别代表$\frac{\mathrm{d}A_x}{\mathrm{d}t}$，$\frac{\mathrm{d}A_y}{\mathrm{d}t}$，$\frac{\mathrm{d}A_z}{\mathrm{d}t}$. 所以，将 $\boldsymbol{B}(t)$ 对时间 t 求积分，可改变为将 $B_x(t)$，$B_y(t)$，$B_z(t)$ 分别对时间 t 求积分，即

$$\boldsymbol{A} = \int \boldsymbol{B}\mathrm{d}t = A_x\boldsymbol{i} + A_y\boldsymbol{j} + A_z\boldsymbol{k},$$

上式中的 A_x，A_y，A_z 分别是下面的 3 个积分，即

$$A_x = \int B_x(t)\mathrm{d}t, \quad A_y = \int B_y(t)\mathrm{d}t, \quad A_z = \int B_z(t)\mathrm{d}t.$$

例如，质点在空间运动时的速度设为

$$\boldsymbol{v}(t) = v_x(t)\boldsymbol{i} + v_y(t)\boldsymbol{j} + v_z(t)\boldsymbol{k},$$

我们将速度函数 $\boldsymbol{v}(t)$ 对时间 t 求定积分，便可求得质点在空间的位移和位置，其位移（从 0 时刻到 t 时刻）是

$$\int_0^t \boldsymbol{v}(t)\mathrm{d}t = \left[\int_0^t v_x(t)\mathrm{d}t\right]\boldsymbol{i} + \left[\int_0^t v_y(t)\mathrm{d}t\right]\boldsymbol{j} + \left[\int_0^t v_z(t)\mathrm{d}t\right]\boldsymbol{k},$$

其位置矢量 $\boldsymbol{r}$ 是

$$\boldsymbol{r}(t) = \int_0^t \boldsymbol{v}(t)\mathrm{d}t + \boldsymbol{r}_0,$$

式中 $\boldsymbol{r}_0$ 是一个由初始条件决定的常矢量，即 $t=0$ 时刻质点的位置矢量. 又如，质点所受的变力 $\boldsymbol{F}(t)$ 设为

$$\boldsymbol{F}(t) = F_x(t)\boldsymbol{i} + F_y(t)\boldsymbol{j} + F_z(t)\boldsymbol{k},$$

将 $\boldsymbol{F}(t)$ 对时间 t 求定积分，便可求得质点所受到的冲量为

$$\boldsymbol{I} = \int_0^t \boldsymbol{F}(t)\mathrm{d}t = \left[\int_0^t F_x(t)\mathrm{d}t\right]\boldsymbol{i} + \left[\int_0^t F_y(t)\mathrm{d}t\right]\boldsymbol{j} + \left[\int_0^t F_z(t)\mathrm{d}t\right]\boldsymbol{k},$$

式中 3 个标量积分分别是冲量 $\boldsymbol{I}$ 的 3 个分量，即 I_x，I_y 和 I_z.

关于矢量函数的积分，尤其是当这个函数是空间坐标 x，y，z 的多元函数时，还会有如线积分、面积分、体积分等其他较复杂的积分计算（要按不同的定义式进行）. 例如，功的计算就是对一个矢量函数求线积分的问题. 我们知道，当力 $\boldsymbol{F}$ 作用在一个质点上，力作用下质点移动一个微小位移 d$\boldsymbol{s}$ 时（见图 Ⅰ－14），该力 $\boldsymbol{F}$ 所做的元功 $\mathrm{d}W = \boldsymbol{F}\cdot\mathrm{d}\boldsymbol{s}$，所以，当质点移动一段路程 ab 时，该力 $\boldsymbol{F}$ 所做的总功应为

$$W = \int_a^b \boldsymbol{F}\cdot\mathrm{d}\boldsymbol{s} = \int_a^b F\cos\theta\mathrm{d}s = \int_a^b F_s\mathrm{d}s,$$

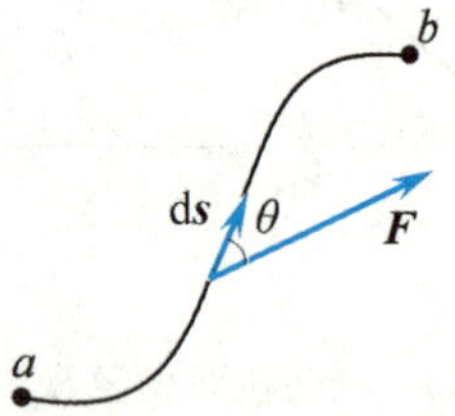

图 Ⅰ－14　矢量函数的线积分

式中 θ 是力 $\boldsymbol{F}$ 和位移 d$\boldsymbol{s}$ 之间的夹角，F_s 是 $\boldsymbol{F}$ 沿 d$\boldsymbol{s}$ 方向的分量. 这种形式的积分叫作 $\boldsymbol{F}$ 沿曲线 ab 的线积分. 如果这积分沿着封闭曲线进行（即从 a 点出发仍旧回到 a 点），则这积分可写为$\oint \boldsymbol{F}\cdot\mathrm{d}\boldsymbol{s}$.

一般地说，对一矢量函数 $\boldsymbol{B}(x,y,z)$ 沿某一曲线 C（起点 a，终点 b）求线积分，可写作

$$\int_{C_{ab}} \boldsymbol{B}\cdot\mathrm{d}\boldsymbol{s}.$$

由于 $\boldsymbol{B} = B_x\boldsymbol{i} + B_y\boldsymbol{j} + B_z\boldsymbol{k}$，$\mathrm{d}\boldsymbol{s} = \mathrm{d}x\boldsymbol{i} + \mathrm{d}y\boldsymbol{j} + \mathrm{d}z\boldsymbol{k}$，故

$$\boldsymbol{B}\cdot\mathrm{d}\boldsymbol{s} = B_x\mathrm{d}x + B_y\mathrm{d}y + B_z\mathrm{d}z,$$

所以

$$\int_{C_{ab}} \boldsymbol{B} \cdot \mathrm{d}\boldsymbol{s} = \int_{C_{ab}} B_x \mathrm{d}x + \int_{C_{ab}} B_y \mathrm{d}y + \int_{C_{ab}} B_z \mathrm{d}z,$$

即化为计算三个标量函数的积分的总和. 对于力 $\boldsymbol{F}$ 而言，这样三个积分式 $\int_{C_{ab}} F_x \mathrm{d}x$，$\int_{C_{ab}} F_y \mathrm{d}y$ 和 $\int_{C_{ab}} F_z \mathrm{d}z$ 就是分力 $\boldsymbol{F}_x$，$\boldsymbol{F}_y$ 和 $\boldsymbol{F}_z$ 所做的功.

10. 梯度

(1) 标量场和矢量场

任何物质的运动，或者任何一个物理过程，总是在一定的空间和时间发生的. 如果空间（或者它的某一部分）的每一点都对应着某个物理量的确定值，我们便称这空间为该物理量的场. 如果这物理量仅是数量性质的，便称相应的场为标量场；如果这物理量是矢量性质的，便称相应的场为矢量场. 例如，温度和大气压强等都是数量性质的，这些物理量有确定值的空间便称为温度场、压强场等，都是标量场；而空气的流速或地磁磁感应强度所构成的场便是矢量场. 要注意这里所谓的场只具有数学上的意义，意思是指空间位置的函数. 因此，标量场只是指一个空间位置的标量函数，如 $\Phi(x,y,z)$；而矢量场是指一个空间位置的矢量函数，如 $\boldsymbol{a}(x,y,z)$.

如果我们所研究的物理量在空间每一点的值不随时间变化，这种场称为稳定场（或恒定场），否则便是不稳定场. 静电场、重力场、温度分布恒定的场都是稳定场.

(2) 等值面

设某一物理量，例如静电场的势（电势），在空间形成稳定的标量场，以 $V(x,y,z)$ 表示. 我们假定 $V(x,y,z)$ 是 x,y,z 的单值连续函数，而且有连续的一阶偏导数，则函数 $V(x,y,z)$ 在空间具有同一数值的各点所组成的曲面称为等值面或等势面，即

$$V(x,y,z) = C \quad (C \text{ 为常数}),$$

不同的 C 值对应于不同的等值面.

(3) 梯度

为了研究标量场中某一点 P 附近标量函数 $\Phi(x,y,z)$ 的变化情况，我们设想从 P 点经无限小的元位移 $\mathrm{d}\boldsymbol{l}$ $(\mathrm{d}\boldsymbol{l} = \mathrm{d}x\boldsymbol{i} + \mathrm{d}y\boldsymbol{j} + \mathrm{d}z\boldsymbol{k})$ 到达 P' 点时，Φ 值的增量为 $\mathrm{d}\Phi$. 由于我们已经假设 $\Phi(x,y,z)$ 是 x,y,z 的单值连续函数，而且有连续的一阶导数，所以

$$\mathrm{d}\Phi = \frac{\partial \Phi}{\partial x}\mathrm{d}x + \frac{\partial \Phi}{\partial y}\mathrm{d}y + \frac{\partial \Phi}{\partial z}\mathrm{d}z. \qquad (\text{Ⅰ}-1)$$

考察上式之后，我们可以引进一个新的矢量，它在 3 个坐标轴上的分量分别为 $\frac{\partial \Phi}{\partial x}, \frac{\partial \Phi}{\partial y}, \frac{\partial \Phi}{\partial z}$，并以 $\mathbf{grad}\ \Phi$ 来表示这一矢量

$$\mathbf{grad}\Phi = \frac{\partial \Phi}{\partial x}\boldsymbol{i} + \frac{\partial \Phi}{\partial y}\boldsymbol{j} + \frac{\partial \Phi}{\partial z}\boldsymbol{k}, \qquad (\text{Ⅰ}-2)$$

那么 $\mathrm{d}\Phi$ 便可写成矢量 $\mathbf{grad}\Phi$ 和 $\mathrm{d}\boldsymbol{l}$ 的标积形式（按标积的公式 $\boldsymbol{a} \cdot \boldsymbol{b} = a_x b_x + a_y b_y + a_z b_z$），即

$$\mathrm{d}\Phi = \mathbf{grad}\Phi \cdot \mathrm{d}\boldsymbol{l}. \qquad (\text{Ⅰ}-3)$$

新定义的这个矢量 $\mathbf{grad}\Phi$ 称为 Φ 的梯度，它反映函数 Φ 在空间的变化情况. 从定义式（Ⅰ-2）可知，$\mathbf{grad}\Phi$ 的三个分量

$$\frac{\partial \Phi}{\partial x}, \frac{\partial \Phi}{\partial y}, \frac{\partial \Phi}{\partial z}$$

分别反映函数 Φ 沿 x,y,z 三个坐标轴方向的变化情况. 可是，矢量 $\mathbf{grad}\Phi$ 本身究竟是什么意义呢？当我们把矢量 $\mathbf{grad}\Phi$ 和 Φ 的等值面联系起来考察时，就看得比较清楚了. 根据（Ⅰ-3）式，考虑到标积的公式 $\boldsymbol{a} \cdot \boldsymbol{b} = |\boldsymbol{a}| \cdot |\boldsymbol{b}| \cos\theta$（$\theta$ 为 $\boldsymbol{a}$ 和 $\boldsymbol{b}$ 的夹角），可知

$$\mathrm{d}\Phi = |\mathbf{grad}\Phi| \cos\theta \mathrm{d}l$$

或

$$\frac{\mathrm{d}\Phi}{\mathrm{d}l} = |\mathbf{grad}\Phi| \cos\theta, \qquad (\text{Ⅰ}-4)$$

式中的$|\mathbf{grad}\Phi|$是矢量$\mathbf{grad}\Phi$的大小，θ是矢量$\mathbf{grad}\Phi$和$\mathrm{d}\boldsymbol{l}$之间的夹角，$|\mathbf{grad}\Phi|\cos\theta$则表示矢量$\mathbf{grad}\Phi$沿$\mathrm{d}\boldsymbol{l}$方向的分量，$\frac{\mathrm{d}\Phi}{\mathrm{d}l}$表示函数$\Phi$沿$\mathrm{d}\boldsymbol{l}$方向上的变化率，叫作函数$\Phi$的方向导数. 如图Ⅰ-15所示，曲面Ⅰ表示通过$P$点的等值面，显然，当元位移$\mathrm{d}\boldsymbol{l}$所取的方向不相同时，方向导数$\frac{\mathrm{d}\Phi}{\mathrm{d}l}$也不相同. 例如，当$\mathrm{d}\boldsymbol{l}$取在$P$点的等值面上时，$\Phi$值没有变化，$\frac{\mathrm{d}\Phi}{\mathrm{d}l}=0$；当$\mathrm{d}\boldsymbol{l}$取在$P$的等值面上的法线单位矢量$\boldsymbol{e}_{\mathrm{n}}$（$\boldsymbol{e}_{\mathrm{n}}$指向$\Phi$值增加的一边）的方向时，$\frac{\mathrm{d}\Phi}{\mathrm{d}l}$将有最大值. $\frac{\mathrm{d}\Phi}{\mathrm{d}l}$的最大值等于多少呢？看一看（Ⅰ-4）式就清楚了：当$\theta=0$时，$\frac{\mathrm{d}\Phi}{\mathrm{d}l}$的值最大，等于$|\mathbf{grad}\Phi|$. 如上所说，$\theta$表示矢量$\mathbf{grad}\Phi$和$\mathrm{d}\boldsymbol{l}$之间的夹角，现在$\mathrm{d}\boldsymbol{l}$取在$\boldsymbol{e}_{\mathrm{n}}$方向，所以$\theta=0$这一结果表明矢量$\mathbf{grad}\Phi$的方向和$\boldsymbol{e}_{\mathrm{n}}$的方向一致.

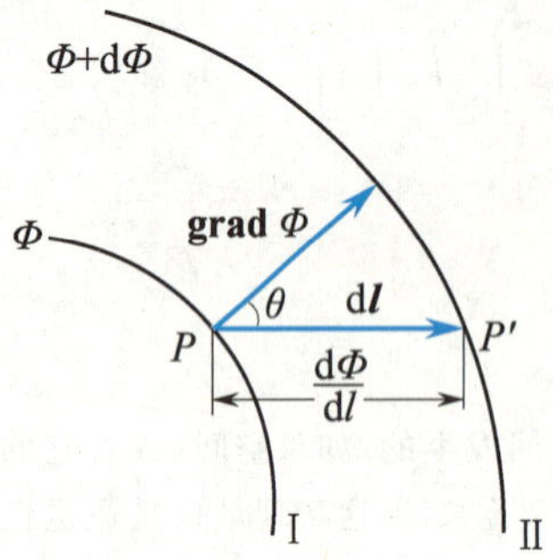

图Ⅰ-15　在P点处，$\mathbf{grad}\,\Phi$的方向垂直于通过P点的等值面，指向Φ值增加的一方

（Ⅰ-4）式表示，在P点处函数Φ沿任一$\mathrm{d}l$方向的方向导数$\frac{\mathrm{d}\Phi}{\mathrm{d}l}$等于该点处的$\Phi$的梯度（$\mathbf{grad}\Phi$）沿$\mathrm{d}l$的分量. 总之，在$P$点处$\Phi$的梯度（$\mathbf{grad}\Phi$）方向沿着通过$P$点的等值面的法线方向，而指向$\Phi$值增加的一方，$\Phi$的梯度的量值则反映了$\Phi$值沿其梯度的方向的增加率. 或者说，$\Phi$的梯度表示了函数$\Phi$在该点的变化率最大的方向和最大变化率的值. Φ在其他方向上的变化率（方向导数）等于$\mathbf{grad}\,\Phi$在该方向上的分量.

我们知道，在静电场中移动单位正电荷时，反抗电场力所做的功等于电势的增加，即

$$\mathrm{d}U=-\boldsymbol{E}\cdot\mathrm{d}\boldsymbol{l},$$

和（Ⅰ-3）式进行比较，可得

$$\boldsymbol{E}=-\mathbf{grad}\,U.$$

上式表明电场强度$\boldsymbol{E}$等于电势梯度$\mathbf{grad}\,U$的负值. 电场强度$\boldsymbol{E}$的大小等于电势梯度，即等于该处等势面上沿法线方向的单位长度上电势的变化，电场强度$\boldsymbol{E}$的方向与电势增加的方向相反，即指向电势降低的方向.

我们常用算符∇来表示$\frac{\partial}{\partial x}\boldsymbol{i}+\frac{\partial}{\partial y}\boldsymbol{j}+\frac{\partial}{\partial z}\boldsymbol{k}$，即

$$\nabla=\frac{\partial}{\partial x}\boldsymbol{i}+\frac{\partial}{\partial y}\boldsymbol{j}+\frac{\partial}{\partial z}\boldsymbol{k}\qquad(Ⅰ-5)$$

叫作哈密顿算子，

$$\mathbf{grad}\,\Phi=\nabla\Phi.$$

∇也称矢量微分算符，它具有矢量和微分运算的双重特性，把∇用在矢量或标量函数上时，要特别加以注意.

（4）梯度的线积分和保守场

在一般情况中，任一单值连续可导的标量场的势函数$\Phi(x,y,z)$总是与一定的场强$\boldsymbol{E}$相关联，其关系为

$$\boldsymbol{E}=-\mathbf{grad}\,\Phi,$$

所以，只要各点的势函数一旦确定，则该场中各点的电场强度也就唯一确定了. 因为

$$\int_A^B\boldsymbol{E}\cdot\mathrm{d}\boldsymbol{l}=-\int_A^B\mathbf{grad}\,\Phi\cdot\mathrm{d}\boldsymbol{l}=-\int_A^B\mathrm{d}\Phi=\Phi_A-\Phi_B,$$

故任意A,B两点矢量$\boldsymbol{E}$的线积分，与连接这两点间的路程的形状无关.

因此，矢量$\boldsymbol{E}$沿任一闭合路径L的线积分就必然为零，即

$$\oint_L\boldsymbol{E}\cdot\mathrm{d}\boldsymbol{l}=-\oint\mathrm{d}\Phi=0,$$

凡是具有上述性质的场称为保守场. 静电场是一保守场. 反之，若有一力$\boldsymbol{F}$沿任一闭合曲线的线积分为零，则必然存在一个与$\boldsymbol{F}$相联系的保守场. 由此可知，保守场和梯度是必然联系在一起的.

附录Ⅱ 国际单位制(SI)的基本单位

量的名称	单位名称	单位符号	定义
长度	米	m	“米是光在真空中(1/299 792 458) s 的时间间隔内所经路程的长度.” (第 17 届国际计量大会,1983 年)
质量	千克	kg	“千克是质量单位,等于国际千克原器的质量.” (第 1 和第 3 届国际计量大会,1889 年,1901 年)
时间	秒	s	“秒是铯-133 原子基态的两个超精细能级之间跃迁所对应的辐射的 9 192 631 770 个周期的持续时间.” (第 13 届国际计量大会,1967 年,决议 1)
电流	安培	A	“安培是一恒定电流,若保持在处于真空中相距 1 m 的两无限长而截面可忽略的平行圆直导线内,则此两导线之间产生的力在每米长度上等于 2×10^{-7} N.” (国际计量委员会,1946 年,决议 2;1948 年第 9 届国际计量大会批准)
热力学温度	开尔文	K	“热力学温度单位开尔文是水三相点热力学温度的 1/273.16.” (第 13 届国际计量大会,1967 年,决议 4)
物质的量	摩尔	mol	“① 摩尔是一系统的物质的量,该系统中所包含的基本单元数与 0.012 kg 碳-12 的原子数目相等. ② 在使用摩尔时,基本单元应予指明,可以是原子、分子、离子、电子及其他粒子,或是这些粒子的特定组合.” (国际计量委员会 1969 年提出,1971 年第 14 届国际计量大会通过,决议 3)
发光强度	坎德拉	cd	“坎德拉是一光源在给定方向上的发光强度,该光源发出频率 540×10^{12} Hz 的单色辐射,且在此方向上的辐射强度为 1/683 $W\cdot sr^{-1}$.” (第 16 届国际计量大会,1979 年,决议 3)

附录Ⅲ 国际单位制中的单位词头

词头	符号	幂	词头	符号	幂
尧[它]yotta	Y	10^{24}	分 deci	d	10^{-1}
泽[它]zetta	Z	10^{21}	厘 centi	c	10^{-2}
艾[可萨]exa	E	10^{18}	毫 milli	m	10^{-3}
拍[它]peta	P	10^{15}	微 micro	μ	10^{-6}
太[拉]tera	T	10^{12}	纳[诺]nano	n	10^{-9}
吉[咖]giga	G	10^{9}	皮[可]pico	p	10^{-12}
兆 mega	M	10^{6}	飞[母托]femto	f	10^{-15}
千 kilo	k	10^{3}	阿[托]atto	a	10^{-18}
百 hecto	h	10^{2}	仄[普托]zepto	z	10^{-21}
十 deca	da	10	幺[科托]yocto	y	10^{-24}

附录Ⅳ 常用基本物理常量(2006年)

量	符 号	量 值(括号里的数字是末尾数，值的标准不确定度)	单 位	相对标准不确定度
真空中光速	c	299 792 458	$m\cdot s^{-1}$	精确
真空磁导率	μ_0	$4\pi\times10^{-7}=1.256\ 637\ 061\ 4\cdots\times10^{-6}$	$H\cdot m^{-1}$	精确
真空电容率	ε_0	$8.854\ 187\ 817\cdots\times10^{-12}$	$F\cdot m^{-1}$	精确
万有引力常量	G	$6.674\ 28(67)\times10^{-11}$	$m^3\cdot kg^{-1}\cdot s^{-2}$	1.0×10^{-4}
普朗克常量	h	$6.626\ 068\ 96(33)\times10^{-34}$	$J\cdot s$	5.0×10^{-8}
$h/(2\pi)$	$\hbar$	$1.054\ 571\ 628(53)\times10^{-34}$	$J\cdot s$	5.0×10^{-8}
基元电荷	e	$1.602\ 176\ 487(40)\times10^{-19}$	C	2.5×10^{-8}
电子质量	m_e	$9.109\ 382\ 15(45)\times10^{-31}$	kg	5.0×10^{-8}
电子电荷与质量之比	$-e/m_e$	$-1.758\ 820\ 150(44)\times10^{11}$	$C\cdot kg^{-1}$	2.5×10^{-8}
质子质量	m_p	$1.672\ 621\ 637(83)\times10^{-27}$	kg	5.0×10^{-8}
质子质量与电子质量的比值	m_p/m_e	1 836.152 672 47(80)		4.3×10^{-10}
中子质量	m_n	$1.674\ 927\ 211(84)\times10^{-27}$	kg	5.0×10^{-8}
精细结构常数	α	$7.297\ 352\ 537\ 6(50)\times10^{-3}$		6.8×10^{-10}
里德伯常量	R_∞	10 973 731.568 527(73)	m^{-1}	6.6×10^{-12}
阿伏伽德罗常量	N_A	$6.022\ 141\ 79(30)\times10^{23}$	mol^{-1}	5.0×10^{-8}
摩尔气体常量	R	8.314 472(15)	$J\cdot mol^{-1}\cdot K^{-1}$	1.7×10^{-6}
玻尔兹曼常量	k	$1.380\ 650\ 4(24)\times10^{-23}$	$J\cdot K^{-1}$	1.7×10^{-6}
理想气体摩尔体积 $T=273.15$ K，$p=101\ 325$ kPa	V_m	$22.413\ 996(39)\times10^{-3}$	$m^3\cdot mol^{-1}$	1.7×10^{-6}
斯特藩常量	σ	$5.670\ 400(40)\times10^{-8}$	$W\cdot m^{-2}\cdot K^{-4}$	7.0×10^{-6}
维恩常量	b	$2.897\ 768\ 5(51)\times10^{-3}$	$m\cdot K$	1.7×10^{-6}
电子伏特	eV	$1.602\ 176\ 487(40)\times10^{-19}$	J	2.5×10^{-8}
统一的原子质量单位	u	$1.660\ 538\ 782(83)\times10^{-27}$	kg	5.0×10^{-8}

附录V 空气、水、地球、太阳系的一些常用数据

■ 表1 空气和水的一些性质(在20℃和101 kPa时)

	空　气	水
密　度	$1.20\ kg\cdot m^{-3}$	$1.00\times10^{3}\ kg\cdot m^{-3}$
比热(c_p)	$1.00\times10^{3}\ J\cdot kg^{-1}\cdot K^{-1}$	$4.18\times10^{3}\ J\cdot kg^{-1}\cdot K^{-1}$
声　速	$343\ m\cdot s^{-1}$	$1.26\times10^{3}\ m\cdot s^{-1}$

■ 表2 有关地球的一些常用数据

密　度	$5.51\times10^{3}\ kg\cdot m^{-3}$
半　径	$6.37\times10^{6}\ m$
质　量	$5.97\times10^{24}\ kg$
大气压强(地球表面)	$1.01\times10^{5}\ Pa$
地球与月球间平均距离	$3.84\times10^{8}\ m$

■ 表3 有关太阳系的一些常用数据

星体	平均轨道半径/m	星体半径/m	轨道周期/s	星体质量/kg
太阳	3.1×10^{20}(银河)	6.96×10^{8}	8×10^{15}	1.99×10^{30}
水星	5.79×10^{10}	2.44×10^{6}	7.60×10^{6}	3.30×10^{23}
金星	1.08×10^{11}	6.05×10^{6}	1.94×10^{7}	4.87×10^{24}
地球	1.50×10^{11}	6.38×10^{6}	3.15×10^{7}	5.97×10^{24}
火星	2.28×10^{11}	3.40×10^{6}	5.94×10^{7}	6.42×10^{23}
木星	7.78×10^{11}	7.15×10^{7}	3.74×10^{8}	1.90×10^{27}
土星	1.43×10^{12}	6.03×10^{7}	9.36×10^{8}	5.68×10^{26}
天王星	2.87×10^{12}	2.56×10^{7}	2.66×10^{9}	8.68×10^{25}
海王星	4.50×10^{12}	2.48×10^{7}	5.21×10^{9}	1.02×10^{26}
月球	3.84×10^{8}(地球)	1.74×10^{6}	2.36×10^{6}	7.35×10^{22}

附录Ⅵ 元素周期表

原子序数 — 92 U — 元素符号

元素名称 注＊的是人造元素 — 铀

$5f^36d^17s^2$ — 外围电子层排布，括号指可能的电子层排布

238.0 — 相对原子质量（加括号的数据为该放射性元素半衰期最长同位素的质量数）

非金属　金属　过渡元素

周期＼族	ⅠA 1	ⅡA 2	ⅢB 3	ⅣB 4	ⅤB 5	ⅥB 6	ⅦB 7	Ⅷ B 8	9	10	ⅠB 11	ⅡB 12	ⅢA 13	ⅣA 14	ⅤA 15	ⅥA 16	ⅦA 17	0 18	电子层	0族电子数
1	1 H 氢 $1s^1$ 1.008																	2 He 氦 $1s^2$ 4.003	K	2
2	3 Li 锂 $2s^1$ 6.941	4 Be 铍 $2s^2$ 9.012											5 B 硼 $2s^22p^1$ 10.81	6 C 碳 $2s^22p^2$ 12.01	7 N 氮 $2s^22p^3$ 14.01	8 O 氧 $2s^22p^4$ 16.00	9 F 氟 $2s^22p^5$ 19.00	10 Ne 氖 $2s^22p^6$ 20.18	L K	8 2
3	11 Na 钠 $3s^1$ 22.99	12 Mg 镁 $3s^2$ 24.31											13 Al 铝 $3s^23p^1$ 26.98	14 Si 硅 $3s^23p^2$ 28.09	15 P 磷 $3s^23p^3$ 30.97	16 S 硫 $3s^23p^4$ 32.07	17 Cl 氯 $3s^23p^5$ 35.45	18 Ar 氩 $3s^23p^6$ 39.95	M L K	8 8 2
4	19 K 钾 $4s^1$ 39.10	20 Ca 钙 $4s^2$ 40.08	21 Sc 钪 $3d^14s^2$ 44.96	22 Ti 钛 $3d^24s^2$ 47.87	23 V 钒 $3d^34s^2$ 50.94	24 Cr 铬 $3d^54s^1$ 52.00	25 Mn 锰 $3d^54s^2$ 54.94	26 Fe 铁 $3d^64s^2$ 55.85	27 Co 钴 $3d^74s^2$ 58.93	28 Ni 镍 $3d^84s^2$ 58.69	29 Cu 铜 $3d^{10}4s^1$ 63.55	30 Zn 锌 $3d^{10}4s^2$ 65.41	31 Ga 镓 $4s^24p^1$ 69.72	32 Ge 锗 $4s^24p^2$ 72.64	33 As 砷 $4s^24p^3$ 74.92	34 Se 硒 $4s^24p^4$ 78.96	35 Br 溴 $4s^24p^5$ 79.90	36 Kr 氪 $4s^24p^6$ 83.80	N M L K	8 18 8 2
5	37 Rb 铷 $5s^1$ 85.47	38 Sr 锶 $5s^2$ 87.62	39 Y 钇 $4d^15s^2$ 88.91	40 Zr 锆 $4d^25s^2$ 91.22	41 Nb 铌 $4d^45s^1$ 92.91	42 Mo 钼 $4d^55s^1$ 95.94	43 Tc 锝* $4d^55s^2$ (98)	44 Ru 钌 $4d^75s^1$ 101.1	45 Rh 铑 $4d^85s^1$ 102.9	46 Pd 钯 $4d^{10}$ 106.4	47 Ag 银 $4d^{10}5s^1$ 107.9	48 Cd 镉 $4d^{10}5s^2$ 112.4	49 In 铟 $5s^25p^1$ 114.8	50 Sn 锡 $5s^25p^2$ 118.7	51 Sb 锑 $5s^25p^3$ 121.8	52 Te 碲 $5s^25p^4$ 127.6	53 I 碘 $5s^25p^5$ 126.9	54 Xe 氙 $5s^25p^6$ 131.3	O N M L K	8 18 18 8 2
6	55 Cs 铯 $6s^1$ 132.9	56 Ba 钡 $6s^2$ 137.3	57—71 La-Lu 镧系	72 Hf 铪 $5d^26s^2$ 178.5	73 Ta 钽 $5d^36s^2$ 180.9	74 W 钨 $5d^46s^2$ 183.8	75 Re 铼 $5d^56s^2$ 186.2	76 Os 锇 $5d^66s^2$ 190.2	77 Ir 铱 $5d^76s^2$ 192.2	78 Pt 铂 $5d^96s^1$ 195.1	79 Au 金 $5d^{10}6s^1$ 197.0	80 Hg 汞 $5d^{10}6s^2$ 200.6	81 Tl 铊 $6s^26p^1$ 204.4	82 Pb 铅 $6s^26p^2$ 207.2	83 Bi 铋 $6s^26p^3$ 209.0	84 Po 钋 $6s^26p^4$ (209)	85 At 砹 $6s^26p^5$ (210)	86 Rn 氡 $6s^26p^6$ (222)	P O N M L K	8 18 32 18 8 2
7	87 Fr 钫* $7s^1$ (223)	88 Ra 镭 $7s^2$ (226)	89—103 Ac-Lr 锕系	104 Rf 𬬻* ($6d^27s^2$) (261)	105 Db 𬭊* ($6d^37s^2$) (262)	106 Sg 𬭳* (263)	107 Bh 𬭛* (264)	108 Hs 𬭶* (265)	109 Mt 鿏* (266)	110 Ds 𫟼* (271)	111 Rg 𬬭* (272)	112 Cn 鿔* (277)	……							

镧系	57 La 镧 $5d^16s^2$ 138.9	58 Ce 铈 $4f^15d^16s^2$ 140.1	59 Pr 镨 $4f^36s^2$ 140.9	60 Nd 钕 $4f^46s^2$ 144.2	61 Pm 钷* $4f^56s^2$ (145)	62 Sm 钐 $4f^66s^2$ 150.4	63 Eu 铕 $4f^76s^2$ 152.0	64 Gd 钆 $4f^75d^16s^2$ 157.3	65 Tb 铽 $4f^96s^2$ 158.9	66 Dy 镝 $4f^{10}6s^2$ 162.5	67 Ho 钬 $4f^{11}6s^2$ 164.9	68 Er 铒 $4f^{12}6s^2$ 167.3	69 Tm 铥 $4f^{13}6s^2$ 168.9	70 Yb 镱 $4f^{14}6s^2$ 173.0	71 Lu 镥 $4f^{14}5d^16s^2$ 175.0
锕系	89 Ac 锕 $6d^17s^2$ (227)	90 Th 钍 $6d^27s^2$ 232.0	91 Pa 镤 $5f^26d^17s^2$ 231.0	92 U 铀 $5f^36d^17s^2$ 238.0	93 Np 镎 $5f^46d^17s^2$ (237)	94 Pu 钚 $5f^67s^2$ (244)	95 Am 镅* $5f^77s^2$ (243)	96 Cm 锔* $5f^76d^17s^2$ (247)	97 Bk 锫* $5f^97s^2$ (247)	98 Cf 锎* $5f^{10}7s^2$ (251)	99 Es 锿* $5f^{11}7s^2$ (252)	100 Fm 镄* $5f^{12}7s^2$ (257)	101 Md 钔* ($5f^{13}7s^2$) (258)	102 No 锘* ($5f^{14}7s^2$) (259) 7s	103 Lr 铹* ($5f^{14}6d^17s^2$) (260)

习题参考答案

第 1 章

1-1 (1)$(3t+5)\boldsymbol{i}+\left(\frac{1}{2}t^2+3t-4\right)\boldsymbol{j}$

(2)$8\boldsymbol{i}-0.5\boldsymbol{j}, 11\boldsymbol{i}+4\boldsymbol{j}, 3\boldsymbol{i}+4.5\boldsymbol{j}$

(3)$3\boldsymbol{i}+5\boldsymbol{j}$ (4)$3\boldsymbol{i}+7\boldsymbol{j}$ (5)$1\boldsymbol{j}$ (6)$1\boldsymbol{j}$

1-2 $v=\frac{v_0\sqrt{s^2+h^2}}{s}$, $a=\frac{h^2v_0^2}{s^3}$

1-3 $2\sqrt{x^3+x+25}$ m·s^{-1}

1-4 $x=705$ m, $v=190$ m·s^{-1}

1-5 $v=2\sqrt{x+x^3}$ m·s^{-1}

1-6 (1)$a_t=36$ m·s^{-2}, $a_n=1\,296$ m·s^{-2}

(2)$\theta=2.67$ rad

1-7 (1)$a=\sqrt{b^2+\frac{(v_0-bt)^4}{R^2}}$,

与半径夹角 $\varphi=\arctan\frac{-Rb}{(v_0-bt)^2}$

(2)$t=\frac{v_0}{b}$

1-8 (1)10 m (2)80 m

1-9 $v=0.16$ m·s^{-1}, $a_n=0.064$ m·s^{-2},

$a_\tau=0.08$ m·s^{-2}, $a=0.102$ m·s^{-2}

1-10 $v=8$ m·s^{-1}, $a=35.8$ m·s^{-2}

1-11 4×10^5

1-12 $(u+\sqrt{2gh}\cos\alpha)\boldsymbol{i}+(\sqrt{2gh}\sin\alpha)\boldsymbol{j}$

1-13 $v_{21}=50$ km·h^{-1},北偏西 $\theta=36.87°$,

$v_{12}=50$ km·h^{-1},南偏东 $\theta=36.87°$

1-14 $v=4.4$ m·s^{-1},与水流方向夹角 $\theta=116.6°$

第 2 章

2-1 $a_1=\frac{(m_1-m_2)g+m_2a'}{m_1+m_2}$

$a_2=\frac{(m_1-m_2)g-m_1a'}{m_1+m_2}$

$T=f=\frac{m_1m_2(2g-a')}{m_1+m_2}$

2-2 $\boldsymbol{r}=-\frac{13}{4}\boldsymbol{i}-\frac{7}{8}\boldsymbol{j}$ m, $\boldsymbol{v}=-\frac{5}{4}\boldsymbol{i}-\frac{7}{8}\boldsymbol{j}$ m·s^{-1}

2-3 略

2-4 mv_0,方向竖直向下

2-5 mg,方向竖直向上,不守恒

2-6 (1)$56\boldsymbol{i}$ kg·m·s^{-1}, $5.6\boldsymbol{i}$ m·s^{-1},

$56\boldsymbol{i}$ kg·m·s^{-1}

(2)10 s

2-7 (1)$\frac{a}{b}$ (2)$\frac{a^2}{2b}$ (3)$\frac{a^2}{2bv_0}$

2-8 (1)−45 J (2)75 W (3)−45 J

2-9 $\frac{\Delta x_1}{\Delta x_2}=\frac{k_2}{k_1}$, $\frac{E_{p_1}}{E_{p_2}}=\frac{k_2}{k_1}$

2-10 $k=1\,390$ N·m^{-1}, $h=0.84$ m

2-11 $v=\sqrt{\frac{2MgR}{m+M}}$

2-12 $\boldsymbol{L}=(x_1mv_y-ymv_x)\boldsymbol{k}$, $\boldsymbol{M}=y_1f\boldsymbol{k}$

2-13 5.26×10^{12} m

2-14 (1) $\Delta\boldsymbol{p}=15\boldsymbol{j}$ kg·m·s^{-1}

(2) $\Delta\boldsymbol{L}=82.5\boldsymbol{k}$ kg·m^2·s^{-1}

2-15 (1)7.06 s,约 53 转 (2)177 N

2-16 (1)6.13 rad·s^{-2} (2)17.1 N,20.8 N

2-17 $a=7.6$ m·s^{-2}

2-18 (1)$\frac{3g}{2l}$ (2)$\sqrt{\frac{3g\sin\theta}{l}}$

2-19 (1)$\frac{\sqrt{6(2-\sqrt{3})}}{12}\cdot\frac{3m+M}{m}\sqrt{gl}$

(2)$-\frac{\sqrt{6(2-\sqrt{3})}M}{6}\sqrt{gl}$

方向与小球初速度方向相反

2-20 (1)$\omega=\frac{m_0v_0\sin\theta}{(m+m_0)R}$ (2)$\frac{E_k}{E_{k_0}}=\frac{m_0\sin^2\theta}{m+m_0}$

第 3 章

3-1 $x^2+y^2+z^2=(ct)^2, x'^2+y'^2+z'^2=(ct')^2$

3-2 $\gamma\left(\frac{u}{c^2}2l\right)$

3-3 (1)-1.5×10^{8} m·s^{-1} (2)5.2×10^{4} m

3-4 (1)$0.816c$ (2)0.707 m

3-5 $c\sqrt{1-\left(\frac{a}{l_0}\right)^2}$

3-6 8.89×10^{-8} s

3-7 (1)1.8×10^{8} m·s^{-1} (2)9×10^{8} m

3-8 $4c/5$

3-9 略

3-10 略

3-11 能到达

3-12 $0.98c$

3-13 6.17 s

3-14 (1)$0.946c$ (2)$0.88c$,与x'轴夹角46.8°

3-15 与x'轴夹角98.2°

3-16 (1)2.57×10^{3} eV (2)3.21×10^{5} eV

3-17 725

3-18 9.1%

3-19 2.0×10^{3} V,2.7×10^{7} m·s^{-1}

3-20 8 m·s^{-1},1.49×10^{-18}kg·m·s^{-1}

第4章

4-1 $T=2\pi\sqrt{\frac{m(k_1+k_2)}{k_1k_2}}$,

$T'=2\pi\sqrt{\frac{m}{k_1+k_2}}$

4-2 $T=2\pi\sqrt{\frac{m+J/R^2}{k}}$

4-3 (1)$T=0.25$ s, $A=0.1$ m, $\varphi_0=\frac{2}{3}\pi$,

$v_m=2.51$ m·s^{-1}, $a_m=63.2$ m·s^{-2}

(2)$f_m=0.63$ N, $E=3.16\times10^{-2}$ J,

$E_k=1.58\times10^{-2}$ J$=E_p$,

$x=\pm\frac{\sqrt{2}}{20}$ m处时$E_k=E_p$

(3)32π

4-4 (1)$\varphi_0=\pi, x=A\cos\left(\frac{2\pi}{T}t+\pi\right)$

(2)$\varphi_0=\frac{3\pi}{2}, x=A\cos\left(\frac{2\pi}{T}t+\frac{3\pi}{2}\right)$

(3)$\varphi_0=\frac{\pi}{3}, x=A\cos\left(\frac{2\pi}{T}t+\frac{\pi}{3}\right)$

(4)$\varphi_0=\frac{5}{4}\pi, x=A\cos\left(\frac{2\pi}{T}t+\frac{5}{4}\pi\right)$

4-5 (1)0.17 m, -4.19×10^{-3} N (2)$\frac{2}{3}$ s

(3)7.1×10^{-4} J

4-6 1.26 s,$x=\sqrt{2}\times10^{-2}\cos\left(5t+\frac{5}{4}\pi\right)$ m

4-7 $x_a=0.1\cos\left(\pi t-\frac{\pi}{2}\right)$ m,

$x_b=0.1\cos\left(\frac{5}{6}\pi t-\frac{5\pi}{3}\right)$ m

4-8 $\frac{3}{2}\pi$, 3.13 rad·s^{-1}

$\theta=3.2\times10^{-3}\cos\left(3.13t+\frac{3}{2}\pi\right)$ rad

4-9 0.1 m, $\frac{\pi}{2}$

4-10 (1)0.10 m (2)0

4-11 0.1 m, $\frac{\pi}{6}$, $x=0.1\cos\left(2t+\frac{\pi}{6}\right)$ m

第5章

5-1 $y=0.1\cos\left[4\pi\left(t+\frac{x}{2}\right)+\frac{\pi}{2}\right]$ m

5-2 (1)A, $\frac{B}{C}$, $\frac{B}{2\pi}$, $\frac{2\pi}{B}$, $\frac{2\pi}{C}$

(2)$y=A\cos(Bt-Cl)$ (3)Cd

5-3 (1)2.5 m·s^{-1}, 5 Hz, 0.5 m

(2)1.57 m·s^{-1}, 49.3 m·s^{-2}

(3)$\frac{46}{5}\pi$, 0.92 s, 0.825 m处

5-4 (1)$\frac{\pi}{2},0,-\frac{\pi}{2},-\frac{3}{2}\pi$ (2)$-\frac{\pi}{2},0,\frac{\pi}{2},\frac{3}{2}\pi$

5-5 (1)$y=0.1\cos\left[5\pi\left(t-\frac{x}{5}\right)-\frac{\pi}{2}\right]$ m (2)略

5-6 (1)$y=10^{-2}\cos\left[10\pi\left(t-\frac{x}{10}\right)+\frac{\pi}{3}\right]$m

(2)$y_P=10^{-2}\cos\left(10\pi t-\frac{4}{3}\pi\right)$ m

(3)1.67 m (4)$\frac{1}{12}$ s

5-7 (1)$y=A\cos\left[\omega\left(t-\frac{x-l}{u}\right)+\varphi_0\right]$,

$y=A\cos\left[\omega\left(t+\frac{x}{u}\right)+\varphi_0\right]$

(2)$y_Q=A\cos\left[\omega\left(t-\frac{b}{u}\right)+\varphi_0\right]$,

$y_Q=A\cos\left[\omega\left(t+\frac{b}{u}\right)+\varphi_0\right]$

5-8 (1)$x=k-8.4(k=0,\pm1,\pm2\cdots)$, -0.4 m, 4 s

(2) 略

5-9 (1)6×10^{-5} J·m^{-3}, 1.2×10^{-4} J·m^{-3}

(2)9.24×10^{-7} J

5-10 (1)$A=0, I=0$ (2)$A=2A_1, I=4I_1$

5-11 (1)$\Delta\varphi=0$ (2)0.4×10^{-2} m

*(3)0.283×10^{-2} m

5-12 (1)$y=A\cos\left[2\pi\nu\left(t-\frac{x}{u}\right)-\frac{\pi}{2}\right]$ m

(2)$y=A\cos\left[2\pi\nu\left(t+\frac{x}{u}\right)-\frac{\pi}{2}\right]$ m,

$x=\frac{u}{4\nu},\frac{3u}{4\nu}$

5-13 (1)0.01 m, 37.5 $m\cdot s^{-1}$ (2)0.157 m

5-14 $y_2=0.1\cos(13t-0.0079x-\pi)$ (SI)

5-15 30 $m\cdot s^{-1}$

5-16 665 Hz, 541 Hz

第6章

6-1 $M=1.91\times10^{-6}$ kg

6-2 0.32 kg

6-3 (1) 2.44×10^{25} m^{-3} (2) 1.30 $kg\cdot m^{-3}$

(3) 6.21×10^{-21} J (4) 3.45×10^{-9} m

6-4 5.65×10^{-21} J, 7.72×10^{-21} J,

7.73×10^{3} K

6-5 (1) $p_2=3p_1$

(2) $\Delta\bar{\varepsilon}_k=0.5\bar{\varepsilon}_{k1}$, $\Delta(\sqrt{\overline{v^2}})=0.22\sqrt{\overline{v_1^2}}$

6-6 6.21×10^{-21} J, 4.14×10^{-21} J,

3.12×10^{3} J, 1.04×10^{3} J

6-7 (1) $v_p=3.94\times10^{2}\ m\cdot s^{-1}$, $\bar{v}=4.47\times10^{2}\ m\cdot s^{-1}$,

$\sqrt{\overline{v^2}}=4.83\times10^{2}\ m\cdot s^{-1}$

(2) $\bar{\varepsilon}_k=6.21\times10^{-21}$ J

6-8 (1)$f(v)=\begin{cases}av/Nv_0 & (0\leqslant v\leqslant v_0)\\ a/N & (v_0\leqslant v\leqslant 2v_0)\\ 0 & (v\geqslant 2v_0)\end{cases}$,

(2)$a=\frac{2N}{3v_0}$ (3)$\Delta N=\frac{1}{3}N$

(4)$\bar{v}=\frac{11}{9}v_0$ (5)$\bar{v}=\frac{7v_0}{9}$

6-9 1.66%

6-10 $E_t=3\,739.5$ J, $E_r=2\,493.0$ J,

$E=6\,232.5$ J

6-11 $n=3.33\times10^{17}\ m^{-3}$, $\bar{\lambda}=7.5$ m

6-12 $5.44\times10^{8}\ s^{-1}$, $0.714\ s^{-1}$

6-13 (1)$\frac{\sqrt{\overline{v^2_{初}}}}{\sqrt{\overline{v^2_{末}}}}=\frac{1}{\sqrt{2}}$ (2)$\frac{\bar{\lambda}_{初}}{\bar{\lambda}_{末}}=\frac{1}{2}$

6-14 $h=3\,253.82$ m

6-15 $h=2.3\times10^{3}$ m

6-16 $\bar{\lambda}=2.65\times10^{-7}$ m

6-17 $\bar{v}=1.20\times10^{3}\ m\cdot s^{-1}$

6-18 $\bar{\lambda}=1.3\times10^{-7}$ m, $d=2.5\times10^{-10}$ m

第7章

7-1 (1) -2.59×10^{5} J, -2.59×10^{5} J, 0;

-1.87×10^{5} J, -6.54×10^{5} J,

-4.67×10^{5} J

(2) 7.48×10^{2} Pa, 150 K

7-2 (1)$Q=266.0$ J (2)$Q=-308.0$ J

7-3 (1)$Q=\Delta E=623.25$ J, $W=0$

(2)$Q=1\,038.75$ J, $\Delta E=623.25$ J, $W=415.5$ J

7-4 $\Delta T=\frac{1}{2R}M_{mol}v^2(\gamma-1)$

7-5 等温过程：$V_2=1\times10^{-3}\ m^3$,

$T=300$ K, $W=-4.67\times10^{3}$ J

绝热过程：$V_2=1.93\times10^{-3}\ m^3$,

$T=579$ K, $W=-2.35\times10^{3}$ J

7-6 $W=RT_0/2$

7-7 略

7-8 (1)$\eta=70\%$ (2)500 K (3)100 K

7-9 $\eta=1-\frac{T_3}{T_2}$

7-10 (1) 500 K (2) 1.11×10^{3} J (3) 11.8%

7-11 3.12 kW, 48.4 kW

7-12 (1)$W_1=71.4$ J, $W_2=2\,000.0$ J

(2)略

7-13 5.76 $J\cdot K^{-1}$, 5.76 $J\cdot K^{-1}$, 5.76 $J\cdot K^{-1}$

7-14 $S-S_0=C_m\ln\frac{(T_2+T_1)^2}{4T_1T_2}$

7-15 (1)612 $J\cdot K^{-1}$

(2)-570 $J\cdot K^{-1}$

(3)-42 $J\cdot K^{-1}$

图书在版编目(CIP)数据

大学物理. 上 / 匡乐满主编. —北京：北京大学出版社，2018.7
ISBN 978-7-301-29678-3

Ⅰ. ①大…　Ⅱ. ①匡…　Ⅲ. ①物理学—高等学校—教材　Ⅳ. ①O4

中国版本图书馆 CIP 数据核字(2018)第 149194 号

书　　名　大学物理（上）
　　　　　　DAXUE WULI
著作责任者　匡乐满　主编
责 任 编 辑　王剑飞
标 准 书 号　ISBN 978-7-301-29678-3
出 版 发 行　北京大学出版社
地　　址　北京市海淀区成府路 205 号　100871
网　　址　http://www.pup.cn
电 子 信 箱　zpup@pup.cn
新 浪 微 博　@北京大学出版社
电　　话　邮购部 010-62752015　发行部 010-62750672　编辑部 010-62765014
印 刷 者　长沙雅佳印刷有限公司
经 销 者　新华书店
　　　　　　787 毫米×1092 毫米　16 开本　14.75 印张　359 千字
　　　　　　2018 年 7 月第 1 版　2023 年 7 月第 4 次印刷
定　　价　48.00 元
